建筑消防与防火监督

杨伟杰　徐　晶　王艳敏　主编

哈尔滨工程大学出版社
Harbin Engineering University Press

内容简介

随着经济建设的高速发展，人们在高效便捷的环境中轻松愉快地生活、工作，对安全问题也提出了更高的要求。一次次火灾的教训，让人们自觉提高了防火意识，同时也越来越深刻地认识到消防工程在建筑中的重要性。消防工程是构成建筑工程的基本单元，是建设项目中不可分割的重要组成部分。本书系统地介绍了建筑防火设计的基本理念和方法，并以消防技术解读的形式，介绍了国家消防标准对消防技术的要求，不仅明确了消防技术要实现的目标，还指出了实现目标的方法，内容涉及设计、施工、管理标准和基础标准。本书是以消防规范为依据，在总结消防工程实践经验的基础上，吸收了国内外先进的消防技术编写而成。同时，以图、表配合文字叙述的形式来表达文本内容，图文并茂、深广相宜、通俗易懂、实用性好，是一本具有真知灼见、理论联系实际的好书。

本书是消防工程技术人员提高技术水平的必备学习资料，可作为高等职业院校安全类、化工类、建筑电气与智能化专业及其他相关专业教材，亦可供从事消防、企业防火防爆管理、化工生产的工作人员、工程技术人员和注册消防工程师阅读参考。

图书在版编目(CIP)数据

建筑消防与防火监督 / 杨伟杰，徐晶，王艳敏主编. - 哈尔滨：哈尔滨工程大学出版社，2023.4
ISBN 978-7-5661-3899-6

Ⅰ.①建… Ⅱ.①杨… ②徐… ③王… Ⅲ.①建筑物-消防②建筑物-防火 Ⅳ.①TU998.1

中国国家版本馆CIP数据核字(2023)第068876号

建筑消防与防火监督
JIANZHU XIAOFANG YU FANGHUO JIANDU

选题策划 田　婧
责任编辑 张　曦
封面设计 李海波

出版发行 哈尔滨工程大学出版社
社　　址 哈尔滨市南岗区南通大街145号
邮政编码 150001
发行电话 0451-82519328
传　　真 0451-82519699
经　　销 新华书店
印　　刷 黑龙江天宇印务有限公司
开　　本 787 mm×1 092 mm　1/16
印　　张 18
字　　数 480千字
版　　次 2023年4月第1版
印　　次 2023年4月第1次印刷
定　　价 79.80元
http://www.hrbeupress.com
E-mail:heupress@hrbeu.edu.cn

编　委　会

主　编　杨伟杰　徐　晶　王艳敏

编　委　（按姓氏笔画排序）

王丹莹　李　敬　杨凯杰　肖　迪　张　侃

张頔晗　赵　宇　郭铁军　甄　诚

前　　言

近年来，随着社会经济和城市化建设的快速发展，现代建筑日趋大型化、复杂化、多样化、综合化。各类大型公共建筑，特别是展览馆、观赏厅、体育馆、机场、车站和大型购物中心等大空间建筑层出不穷，越来越受到人们的青睐。大空间建筑普遍具有视觉通透、规模大型化、造型非标准化、使用功能特殊化的特点，不仅增加了建筑物的艺术感和可观赏性，而且使我们的生活和工作环境变得多姿多彩、舒适便利。但与此同时，消防安全问题也日益凸显。大空间建筑火灾与普通建筑火灾的特性有较大的不同，采用传统的消防安全技术很难对其进行有效保护。因此，如何对大空间建筑进行科学、合理、经济的消防安全设计，如何客观评估其火灾风险等级，如何有效防范和避免火灾的发生，已成为亟须攻克的重要课题。研究建筑消防安全技术与设计方法，对于促进建筑消防安全水平的提高具有重要的现实意义和推动作用。

随着我国经济建设和社会发展进入新时代，建筑智能化行业快速发展，各种消防装备器材、应急救援技术手段，以及消防法律法规和技术标准不断更新、发展和完善，消防安全技术和消防工程技术不断取得新突破。为了与消防技术发展相适应，近年来，国家先后颁布了一系列与消防相关的国家标准规范，如《建筑设计防火规范》（GB 50016—2014）、《自动喷水灭火系统设计规范》（GB 50084—2017）、《消防给水及消火栓系统技术规范》（GB 50974—2014）等，这就要求相关专业的学生和行业从业人员掌握最新的消防技术和国家标准规范，以适应新形势的新变化。编者多年来对"建筑消防系统"进行实践研究及经验总结，紧密结合区域经济发展需求，优化内容，凸显价值引领，培养高素质消防工程应用型人才，将"珍爱生命，奉献社会"的理念贯穿教育全过程。编者以国家消防技术标准为依据，以实际消防案例为切入点，并结合了《公安消防部队高等专科学校人才培养方案》和消防指挥、应急救援专业课程建设的实际情况，特编写了本书。

本书以习近平新时代中国特色社会主义思想为指导，以消防院校"教、训、战一体化教学"方针为思路，删减了一些陈旧内容，补充了一些新内容，依据国家及有关部门最新颁布的《建筑防烟排烟系统技术标准》（GB 51251—2017）、《建筑内部装修设计防火规范》（GB 50222—2017）、《汽车库、修车库、停车场设计防火规范》（GB 50067—2014）、《建设工程消防设计审查规则》（GA 1290—2016）、《建设工程消防验收评定规则》（GA 836—2016）等标准，力图从基本的燃烧基础理论开始，通过引入火灾及烟气蔓延的最新研究成果、介绍基本的火灾发展及烟气流动经验公式和适用条件，帮助读者进行建筑火灾的初步理论计算与分析。

消防工程涉及建筑布局、建筑构造、建筑材料的燃烧特性、结构的力学行为、烟气蔓延规律、人员疏散行为、火灾探测、灭火技术的发展应用等多种专业知识，需要材料力学、结构力学、流体力学、热力学等专业基础理论，是一门与建筑学、土木工程、通风空调、给水排水、建筑电气等土建类专业均有交叉的专业理论课程。

消防工程包括主动灭火和被动防火两个方面，其中主动灭火主要包括各类水剂及气体灭火系统、消防排烟、火灾报警系统等，是属于消的部分；而被动防火主要包括建筑物耐火构造、防火分隔、可燃物控制、人员疏散以及防烟系统设置等，是属于防的部分。“消”和“防”是建筑消防安全的两个不同侧面，它们构成了一个有机的整体，任何一方面都不可偏废。建筑自建设之日起，就必须考虑其消防问题，特别是现代建筑，高度越来越高，地下空间越来越庞大，人员物资越来越集中，火灾现象越来越复杂，所造成的损失也越来越大，“消防工程”已经成为土建类专业一门非常重要的专业理论课程。

为了让读者充分掌握建筑消防设计的有关知识，本书从建筑火灾分类、平面布置、防火分区、建筑材料、人员安全疏散、灭火系统、防排烟以及自动报警出发，重点介绍了建筑安全防火设计基础，建筑防火设计，公共聚集场所消防安全，博物馆、纪念馆消防安全，图书馆、档案馆消防安全，木结构古建筑消防安全，高等学校消防安全，中小学和幼儿园消防安全，建筑消防设施的维护管理，消防监督管理系统的设计等内容。

本书的特色主要有以下几点：

(1)保持建筑消防系统的严谨性与逻辑性。以“建筑消防系统”的时代要求与场所需求为依据编写本教材，按照认知特点，合理安排各章节知识点。

(2)按照最新的国家标准规范编写。本书中的建筑消防系统的各类名称、定义等严格以国家标准规范为准，培养参考者工程设计的规范性。

(3)理论性和工程应用性紧密结合。本书将知识点和工程应用案例相结合，从工程应用角度出发，着力解决建筑消防工程实际问题，可以为专业设计人员提供理论参考。

本书共分十章，其中，杨伟杰编写第一章、第三章和第五章，徐晶编写第二章和第六章，王艳敏编写第四章和第八章，王丹莹、李敬、杨凯杰、肖迪、张侃、张峋晗、赵宇、郭铁军和甄诚编写第七章、第九章和第十章。

在全书的编写过程中，编者参考和借鉴了大量国内外相关专著、论文等理论研究成果，在此，向诸位作者致以诚挚的谢意。

在编写过程中，由于时间仓促，且囿于编者学识眼界、学术观点、资料代表性以及学科的局限性，本书瑕疵之处难以避免，切望同行专家及读者提出批评意见。

编　者

2022 年 12 月

目　录

第一章　建筑安全防火设计基础

第一节　火灾及其危害

自人类发现并学会使用火以来,火便成为人类赖以生存和发展必不可少的一种自然之力。火增强了人类的生存能力,提高了生活质量,促进了人类文明进步和社会发展。随着人类社会生产力不断进步,生活、生产的现代化程度不断提高,火的使用范围和涉及的领域也在不断扩大。人类用火的技术不断提高,这使得火的使用和操作也越来越简单。从生活起居到航天航空,从制衣炼铁到制造飞机导弹,火在国民经济和社会发展中起着非常重要的作用。从人类生存和发展的角度来说,人类一天也离不开火,没有火的正确使用也就没有人类文明的发展和社会的进步。

但凡事都具有两面性,火也有其巨大的破坏性和潜在的危险性,若使用不当或失去控制,则会产生严重的负面影响。也就是说,当火在具备燃烧条件的空间自由地四处蔓延,就会给人类的生活、生产乃至生命安全带来破坏性甚至毁灭性的伤害。

火灾是常发性灾害中发生频率较高的灾害之一。国家标准《消防基本术语第一部分》(GB 5907—86)对火灾下了定义:在时间或空间上失去控制的燃烧所造成的灾害。

火灾使存在了千百年的广袤森林顷刻间化为乌有;火灾使大量奇珍异宝及珍贵的文物资料、古建筑、古籍等毁于一旦;火灾无情地夺取人类的生命,给幸存者的身心造成难以恢复的创伤……火灾不仅吞噬了人类经过辛勤劳动所创造的物质财富,而且污染大气、破坏生态平衡,在一定程度上影响着人们的正常生活和社会经济发展。

一、火灾的危害及其成因

(一)火灾的危害

火灾会给人类和社会带来很多危害,主要表现在以下几个方面。

1. 危害生命安全

建筑火灾会对人的生命安全构成严重威胁。一场大火会造成几人甚至几百人丧失生命。建筑火灾对人生命的威胁主要来自以下几个方面。

一是可燃的建筑材料。可燃材料燃烧时产生并释放出大量的高温烟气和火焰,火场中的高温、高热对人的肌肤,尤其对呼吸道系统会造成严重的灼伤。严重时会致人休克甚至死亡。根据火灾统计数据,火灾中由燃烧热所造成的人员死亡人数,约占火灾总死亡人数的20%。

二是建筑内可燃材料燃烧所产生的一氧化碳(CO_2)、硫化氢(H_2S)、氟化氢(HF)等有毒有害气体。火灾发生时,吸入这些气体会使人在短时间内出现头痛、恶心,呼吸道阻塞室息和神经系统功能紊乱等症状，威胁人的生命安全，甚至导致死亡。在所有类型的火灾中，因火灾烟气而死亡的人数，约占火灾总死亡人数的80%。

三是在建筑火灾的充分燃烧阶段，建筑构件达到了耐火极限，导致建筑整体或局部坍塌，从而造成人员伤亡。

2. 造成经济损失

火灾造成的经济损失多以建筑火灾损失为主，主要体现在以下几个方面。

首先，火灾烧毁建筑物内的财物，破坏设备设施，甚至会因火势蔓延使整幢建筑物整体毁坏或化为灰烬。例如，2015年3月4日，昆明市官渡区彩云北路东盟联丰农产品商贸中心发生一起火灾，现场过火面积约3 300 m^2，50余间商铺被烧毁，火灾造成9人死亡，10人受伤，直接经济损失超过850万元。

其次，建筑火灾产生的高温高热，将造成建筑结构的破坏，严重的会引起建筑物的整体倒塌。例如，2015年1月2日，位于黑龙江省哈尔滨市道外区太古头道街的北方南勋陶瓷大市场的三层仓库起火，过火面积1.1万 m^2。发生火灾的仓库位于一栋层数为11层的居民楼内，其中1～3层为仓库，4～11层为居民楼。在该起火灾扑救的过程中，起火建筑多次坍塌，坍塌面积约3 000 m^2，造成5名消防员遇难、14人受伤，直接经济损失5 913万元。

再次，扑救建筑火灾所用的水、干粉、泡沫等灭火剂所带来的资源浪费及其造成的财物损失。使用灭火剂本身就是一种资源损耗，而且灭火之后建筑物内的财物和设备将遭受水渍等污染，造成二次损失。

最后，巨大的间接经济损失。建筑物发生火灾后，后期的修建或重建、人员的善后安置、生产经营停业等，在一定程度和范围内也会造成很大的经济损失。

3. 破坏文明成果

一些历史保护建筑、文化遗址一旦发生火灾，除了会造成人员伤亡和财产损失外，大量文物、典籍、古建筑等稀世珍宝将面临被烧毁的危险。由于古建筑物不具有再生性，因此造成的损失无法挽回。如1985年4月，坐落在甘南高原上的拉卜楞寺发生火灾，连同正在展出的1 000多件珍贵文物，被无情的大火毁于一旦。又如2008年2月10日，韩国首尔标志性建筑、有600多年历史的一号国宝崇礼门（也叫南大门）被人纵火，城门楼阁被大火焚烧殆尽，木质建筑构架整体坍塌，整个南大门烧得只剩下四根大柱子，大火焚毁了95%的瓦片。

4. 影响社会稳定

当重要的公共建筑、人群密集的建筑物发生火灾时，会在很大范围内甚至在国际上引起关注，并造成一定程度的负面效应，影响社会的稳定。如2015年8月12日，天津港瑞海公司危险品仓库特别重大火灾爆炸事故，此次事故造成165人遇难、8人失踪、798人受伤，304幢建筑物、12 428辆商品汽车、7 533个集装箱受损。事故共造成直接经济损失68.66亿元。此起火灾爆炸事故原因复杂，涉及严重的违法行为：无视安全生产主体责任，严重违反天津市城市总体规划和滨海新区控制性详细规划，违法建设危险货物堆场，违法经营，违规储存危险货物；弄虚作假，违法违规进行安全审查、评价和验收，提供虚假证明文件等。同时，又存在安全管理极其混乱、安全隐患长期存在等问题。因此，火灾事故的认定及责任追究受到了广泛的社会关注，造成了很大的社会影响。

从许多火灾案例可以看出，当学校、宾馆、医院、办公楼等公共场所发生群死群伤的火灾事故，或者涉及粮食、能源、资源等国计民生的重要工业建筑发生火灾时，会给民众造成很大的心理恐慌。家庭是社会的细胞，居民家庭遭遇火灾，群众的利益遭受损害，也会在一定范围内造成负面影响，影响民众的安全感，对社会的和谐和稳定造成一定的威胁。

5. 破坏生态环境

火灾造成的危害不仅表现在毁坏财物、给人的生命造成伤害，而且还会破坏生态环境。如 2015 年 7 月 26 日，中国石油庆阳石化公司（即甘肃庆阳石化）常压装置渣油换热器发生泄漏着火，事故共造成 3 人死亡，4 人烫伤。甘肃庆阳石化主要以石油炼制、石油助剂和石油化工为主，主要产品有汽油、煤油、柴油、石油液化气、聚丙烯、甲基叔丁基醚、活性炭以及甘草酸系列产品等。这些物质流散会对该区域的水土造成很大的污染，破坏区域内的生态环境。同样，森林火灾的发生还会使大量的动植物遭遇灭绝，生态破坏的同时，会引起环境的恶化，从而导致洪涝灾害或干旱少雨、多风沙等气候异常，甚至引发饥荒，导致疾病的流行，对人类的生存安全和健康发展造成严重的威胁。

（二）火灾的成因

从本质上说，火是燃烧反应的一种形式，是可燃物与氧化剂之间发生的一种化学反应，在燃烧过程中通常会散发大量的热，有些燃烧还伴有火焰、发光和冒烟现象。燃烧过程中燃烧区的温度较高，使其中白炽的固体粒子和某些不稳定（或受激发）的中间物质分子内电子发生能级跃迁，从而发出各种波长的光。发光的气体燃烧区就是火焰，它是燃烧过程中最明显的标志。由于燃烧不完全等原因，会使其产生一些小颗粒，这样就形成了烟。

燃烧可分为有焰燃烧和无焰燃烧。通常我们看到的明火都是有焰燃烧，有些固体发生表面燃烧时，有发光发热的现象，但并没有火焰产生，这种燃烧方式为无焰燃烧。着火是可燃物发生燃烧的起始阶段。对于火灾防治来说，研究着火过程对防止起火具有非常重要的意义。燃烧的发生和发展，必须具备三个必要条件，即可燃物、助燃物（氧化剂）、引火源（温度）。若有一个条件不具备，那么燃烧就不会发生。

通常来说，可燃物和氧化剂是普遍存在的，使它们开始相互反应的关键在于提供足够的温度；可燃物与氧化剂之间的氧化反应不是直接进行的，而是借助在高温中生成的活性基团和原子等中间物质，通过连锁反应进行的。如果消除活性基团、中断连锁反应，连续的燃烧就会停止。凡是具备燃烧条件的地方，如果用火不当，或者由于其他原因造成了燃烧区域不受限制地向外扩展，或者在人们根本不希望燃烧的时间或空间内发生了燃烧，就可能引发火灾。

火灾是灾害的一种。导致火灾的发生既有自然因素，又有许多人为因素。分析起火的原因，了解火灾发生的特点，是有效控火、防止和减少火灾危害的前提。

火灾的成因主要表现在以下几个方面。

1. 电气引发火灾

据有关资料显示，在全国的火灾统计中，由各种诱因引发的电气火灾一直居于各类火灾起因的首位，每年都在 10 万起以上，占全年火灾总数的 30% 左右。

电气火灾的成因主要表现在：接头接触不良导致电阻增大，发热起火；可燃油浸变压器，油温过高导致起火；高压开关的油断路器中，由于油量过高或过低引起爆炸起火；熔断器熔体熔断时产生电火花，引燃周围可燃物；使用电加热装置时，不慎放入高温易爆物品导致爆炸起火；机械撞击损坏线路，导致漏电起火；设备过载导致线路温度升高，在线路散热条件不好时，经过长时间的热量集聚，导致电缆起火或引燃周围可燃物；照明灯具的内部漏电或发热引起燃烧，或引燃周围可燃物等。例如，2012 年 4 月 9 日发生在东莞建晖纸厂的一起特大火灾，相关资料表明，造成此起火灾的原因是用电负荷过载，致使地下电缆发生爆炸，引燃两个仓库的印刷用纸。

2016 年，全国共接报火灾 31.2 万起，其中因违反电气安装使用规定等引发的火灾占火灾总数的 30.4%。

2. 用火不慎

生活用火不慎主要是指城乡居民家庭生活用火不慎。例如，炊事用燃气灶具、器具等安装不当或不按安全技术规程使用而引发的火灾事故。

生产、生活用火不慎引发的火灾主要表现为：用易燃液体引火或灶前堆放柴草过多，引燃其他可燃物；用液化气、煤气等气体燃料时，因各种原因出现气体泄漏，在房间内形成可燃性混合气体，遇明火发生爆炸起火；家庭炒菜炸食品，油锅过热起火；未完全熄灭的燃料灰随意倾倒，引燃其他可燃物；夏季驱蚊，蚊香摆放不当或点火生烟时无人看管；停电时使用明火照明，不慎靠近可燃物，引起火灾；烟囱积油高温起火。例如，2016 年 5 月 21 日，大连市长兴岛经济开发区三堂村三堂街 292 号，一家商店二楼的补习班着火。起火部位为商店一楼东侧的厨房，起火原因为商店经营业主使用电炒锅加热食物，导致油温过高而着火，后处置不当，致使带火的高温油洒落，引燃周围可燃物继而引发火灾。

2016 年，因生活、生产用火不慎引发的火灾占全国火灾总数的 17.5%。

3. 吸烟

由乱扔烟蒂、无意间落下的烟灰以及忘记熄灭烟蒂和点燃烟后未熄灭的火柴等引起可燃物燃烧进而引发的火灾事故，在建筑火灾中占有相当大的比重。

由香烟引起的火灾，主要以引燃固体可燃物，尤其是引燃床上用品、衣服织物、室内装潢、家具摆设等居多。据有关试验证明，烧着的烟头温度范围为 288 ℃（不吸时香烟表面的温度）到 732 ℃（吸烟时香烟中心的温度），一支香烟停放在一个平面上可连续燃烧 24 min。炽热的香烟温度从理论上讲足以引起大多数可燃固体以及可燃液体、气体的燃烧。公安部消防局的统计数据显示：2015 年 1 月至 11 月，全国共发生火灾 16 392 起，平均每 10 起火灾中就有 1 起由烟头引起。2016 年，全国由吸烟引发的火灾占到了火灾总数的 5.2%。

4. 生产作业不慎

因违反生产安全制度而引起的火灾，主要表现为：在易燃易爆的车间内动用明火，引起爆炸起火；将性质相抵触的物品混存在一起，引起燃烧爆炸；在用气焊焊接和切割时，因未采取有效的防火措施，飞迸出的大量火星和熔渣，引燃周围可燃物；在机器运转过程中，不按时加油润滑，或者没有清除附在机器轴承上面的杂质、废物，使机器某些部位摩擦发热，引起附着物起火；化工生产设备失修，出现可燃气体以及易燃、可燃液体跑、冒、滴、漏，遇到明火燃烧或爆炸等。

生产作业不慎引发的火灾案例，如 2016 年 10 月 16 日，位于广东省某工业区鞋厂发生较大火灾事故，造成 4 人死亡。经查实，鞋厂消防安全主体责任不落实，内部安全管理混乱，喷漆房长时间不清理，到处都是油垢，物品随意放置，导致水帘喷漆柜照明线路短路，喷溅的熔珠引燃油垢等可燃物起火。2016 年上半年全国火灾统计数据表明，生产作业不慎引发的火灾占全国上半年火灾总数的 2.6%。

5. 玩火

玩火也是引发火灾的主要原因之一。尤其是未成年人因缺乏看管，玩火取乐（燃放烟花爆竹也属于玩火的范畴)，我国每年由儿童玩火引发的火灾事故呈逐年上升趋势，据2004年国家统计局和公安部消防局的一项联合调查显示，近四成的中小学校没有进行过消防安全教育，有30%的学生对火灾危害性缺乏认识，40%的学生有过玩火经历。

6. 纵火

纵火主要是指以人为放火的方式引发的火灾，纵火造成的人员伤亡仅次于用火不慎。纵火通常为当事人经过一定的策划和准备，因而往往缺乏初期救助，火灾发展迅速，后果严重。根据火灾燃烧学的基本原理，只要同时满足物质燃烧的三要素，即引火源、可燃物和助燃剂就会发生燃烧。

7. 气象等自然因素引起的火灾

由大风、降水、高温以及雷电等气象条件的变化而引发的火灾事故也占有一定的比例。

(1)雷击

雷电导致的火灾大体上有三种：一是雷电直接击在建筑物上产生热效应、机械效应等；二是雷电产生静电感应作用和电磁感应作用；三是高电位电波沿着电气线路或金属管道系统侵入建筑物内部，在雷击较多的地区，建筑物上如果没有设置可靠的防雷保护设施，便有可能发生雷击起火。

(2)自燃

自燃是指在没有明火的情况下，物质受空气氧化或外界温度、湿度的影响，经过长时间的发热和蓄热，逐渐达到自燃点而发生的燃烧现象。如大量积压在库房里的油纸、油布、漆布、油绸及其制品等，若通风条件差，内部积热不易散失，便很容易发生自燃。高温也能引发自燃。对于存在自燃起火危险的物品，高温环境有利于其自然氧化，从而引起燃烧；在高温环境下长期堆放、散热不畅而造成的受热也会引起自燃。

(3)静电

静电通常是由摩擦、撞击而产生的。静电放电引起的火灾事故屡见不鲜。如易燃、可燃液体在塑料管中流动，由于摩擦产生静电，引起易燃、可燃液体燃烧爆炸；输送易燃液体流速过快，无导除静电设施或者导除静电设施不良，致使大量静电荷积聚，产生火花，引起爆炸起火；在大量有爆炸性混合气体存在的地点，化纤织物、鞋等与地面摩擦产生的静电能够引起爆炸性混合气体的爆炸等。

燃油，特别是航空煤油在受冲击时最容易产生静电，蒸气或气体在管道内高速流动或由阀门、缝隙高速喷出时可产生气体静电，飞机库内维修人员穿的高电阻的鞋靴、衣服因摩擦会产生人体静电。另外，液体和固体摩擦也会产生静电。

(4)大风、降水及地震

大风是致使火灾发生的重要因素。大风引发火灾主要表现在：大风可能吹倒建筑物、刮倒电线杆或者吹断树木、电线等，引起燃烧，而且大风可以作为火的媒介，将某处的飞火吹落至别处，导致燃烧扩大或产生新的火源，引发新的火灾。降水引发的火灾主要表现在：由于降水增大了空气湿度，自燃物质的湿度增大，加速了自燃物质的氧化，从而引起燃烧；降雨量增大，尤其是出现暴雨的时候，由于降水具有突发性、来势猛、强度大及局地性强等特点，往往会在短时间内积聚大量的雨水，如果排水不畅，则可能造成局部积水或形成局部洪涝，导致电气线路和设备短路，引起火灾。发生地震时，由于急于疏散，人们往往来不及切断电源、熄灭火源，以及处理好易燃、易爆生产装置和危险物品，因而会引发火灾事故。

二、火灾的分类

根据火灾发生的场合和燃烧对象，火灾可分为森林火灾、草原火灾、建筑火灾、交通工具火灾、矿山火灾、石油化工火灾等。建筑火灾也可以按不同的方式进行分类。

（一）根据燃烧对象的性质

按照《火灾分类》（GB/T 4986—2008）的规定，火灾分为A、B、C、D、E、F六类。

A类火灾：固体物质火灾。这类固体物质通常具有有机物质性质，一般在燃烧时能产生灼热的余烬。例如，化学、人造纤维及其织物，纸张，棉、毛、丝、麻及其织物，天然橡胶及其制品等火灾。

B类火灾：液体或可熔化固体物质火灾。例如，汽油、煤油、机油、溶剂油、樟脑油、沥青、蜡等所引发的火灾。

C类火灾：气体火灾。例如，液化石油气、水煤气、甲烷、乙炔、环氧乙炔等所引发的火灾。

D类火灾：金属火灾。例如，钾、钠、钙、锂等所引发的火灾。

E类火灾：带电火灾。物体带电燃烧所引发的火灾。例如，变压器等电气设备所引发的火灾。

F类火灾：烹饪器具内的烹饪物（如动物油脂）所引发的火灾。

（二）按照火灾事故所造成的灾害损失程度分类

依据国务院2007年4月9日颁布的《生产安全事故报告和调查处理条例》中规定的生产安全事故等级标准，消防部门将火灾相应地分为特别重大火灾、重大火灾、较大火灾和一般火灾四个等级，见表1－1。

表1－1　火灾等级的划分标准

火灾等级	重伤人数(n)/人	死亡人数(n)/人	直接财产损失(m)/亿元
特别重大火灾	$n \geq 100$	$n \geq 30$	$m \geq 1$
重大火灾	$50 \leq n < 100$	$10 \leq n < 30$	$0.5 \leq m < 1$
较大火灾	$10 \leq n < 50$	$3 \leq n < 10$	$0.1 \leq m < 0.5$
一般火灾	$n < 10$	$n < 3$	$m < 0.1$

第二节　火灾的发展及蔓延的机理与途径

一、建筑火灾蔓延的传热方式

通常情况下，火灾的发生和发展都有一个由小到大、由发展到熄灭的过程，了解清楚不同的环境和燃烧条件下火灾呈现的不同特点，才更有利于指导建筑防火设计，达到更好被动防火的设计目的。

热量的传递有热传导、热对流和热辐射三种基本方式。在建筑火灾中，燃烧物质所放出的热能通常是通过以上三种方式进行传播，并影响火势的蔓延和扩大。热传播的形式与起火部位，火源，建筑材料，燃烧空间的大小、形状、开口、通风，燃烧物品的性质、数量、分布等因素有关。

（一）热传导

热传导又称导热，导热是由不同的质点（分子、原子、自由电子）在热运动中引起的热能传递现象，属于接触传热。在固体、液体和气体中均能产生导热现象，但其机理却并不相同。固体导热是由相邻分子发生的碰撞和自由电子迁移所引起的热能传递；液体中的导热是由平衡位置间歇移动着的分子振动引起的；气体中的导热则是由分子无规则运动时互相碰撞而引起的。

在建筑工程中，由密实固体材料构成的建筑墙体、楼板和屋顶，通常可以认为通过这些材料进行传热是导热过程。不同物质的导热能力各异，通常用导热系数（或导热率）来表示，材料的导热系数直接关系到导热传热量，是一个非常重要的热物理参数。材料或物质的导热系数的大小受多种因素的影响，如材料的组成成分或者结构、材料干密度、材料的含湿量等。一些常用建筑材料的导热系数见表1－2。

对于起火的场所，由于受到高温作用能迅速加热，导热率大的材料会很快地把热能传导出去。在这种情况下，就有可能引起没有直接受到火的作用的易燃、可燃物发生燃烧，从而导致火势的进一步扩大或火灾的蔓延。

表1－2　一些常用建筑材料的导热系数

材料	干密度ρ /（kg/m^3）	导热系数λ /［W/（m·K）］	材料	干密度ρ /（kg/m^3）	导热系数λ /［W/（m·K）］
钢筋混凝土	2 500	1.740	水泥砂浆	1 800	0.930
矿棉、岩棉、玻璃棉板	80～200 80以下	0.045 0.050	聚氨酯硬泡沫塑料	30	0.033
矿棉、岩棉、玻璃棉毡	70～200 70以下	0.045 0.050	橡木、枫树（热流方向垂直木纹）	700	0.170
矿棉、岩棉、玻璃棉松散料	70～120 70以下	0.045 0.050	橡木、枫树（热流方向顺木纹）	700	0.350
灰砂砖砌体	1 900	1.100	平板玻璃	2 500	0.760
空心砖砌体	1 400	0.580	玻璃钢	1 800	0.520
石灰石膏砂浆	1 500	0.760	青铜	8 000	64.000

（二）热对流

热对流又称对流，对流是温度不同的各部分流体之间发生相对运动、互相掺和而传递热能。因此，对流换热只发生在流体之中或者固体表面和与其紧邻的运动流体之间。对流换热作为热传递的另一种形式，在火灾的发展和蔓延中起着非常重要的作用，它存在于整个火灾过程中，在大多数火灾中，热对流主要是由温度差引起的密度差驱动产生的。火灾中流动的热物质是燃烧产生的气体产物,环境中的空气也被加热,膨胀变轻后产生向上的运动,导致火灾烟气蔓延。

在不存在强迫对流的火灾中,伴随着对流换热的气体运动是由浮力控制的,同时浮力还影响着扩散火焰的形状和行为。因受摩擦力的影响,在紧贴固体壁面处有一平行于固体壁面流动的液体薄层,称为层流边界层。对流换热的强弱主要取决于层流边界层内的换热与流体运动发生的原因,流体运动状况,流体与固体壁面温差,流体的物理特性,固体壁面的形状、大小及位置等因素。

建筑物发生火灾后,高温烟气和火焰在传播和蔓延过程中,一般来说,通风口的面积越大,对流换热速度越快;通风口所处位置越高,对流换热速度越快。热对流对初期火灾的发展起着重要的作用。

(三)热辐射

辐射是物体通过电磁波来传递能量的方式。凡是温度高于绝对零度的物体,由于物体原子中的电子振动或被激发,因而它们不论温度高低都在不间断地从表面向外界空间辐射不同波长的电磁波。与导热和对流不同的是,电磁波的传播不需要任何中间介质,也不需要冷、热物体的直接接触,它是电磁波形式的能量传递,像可见光一样可以被物体表面吸收、反射等。

各种物体对不同波长的热辐射的吸收、反射及投射性能不同,这不仅取决于材料的材质、分子结构、表面光洁程度等因素,对短波热辐射的吸收还与物体表面的颜色有关。火场中的火焰、烟气都是热辐射能,其强弱取决于燃烧物质的热值和火焰温度。物质的热值越大,火焰温度越高,热辐射也越强。当建筑物顶棚下的烟气温度接近600 ℃时,地板平面上的可燃物就会发生轰燃现象,火灾进入充分发展阶段。同时,辐射传热还与物体间的相互位置有关,即与接收热辐射的表面与辐射路径是垂直还是平行有很大的关系。这也是在确定防火间距时要重点考虑火灾热辐射的原因。热辐射作用于附近的物体上,能否引起可燃物着火,还要看热源的温度、距离和角度。

二、建筑火灾发展的过程

建筑物大都有多个内部空间,通常称之为“室”。对建筑火灾而言,包括一两个房间在内的火灾是建筑物火灾的基本形式。火灾最初发生在某个房间或某个位置,相邻房间或区域以及整栋建筑的火灾是由此蔓延发展而来的。

(一)火灾的发展过程

火灾初期发展阶段,可燃物是影响火灾严重性与持续时间的决定性因素。在一般建筑火灾中,初始火源大多数是固体可燃物,当然也存在气体和液体起火的情况,但较为少见。固体可燃物可由多种火源引燃,如掉在织物上的烟头、可燃物附近异常发热的电器等,通常可燃固体先发生阴燃,当其达到一定温度或周围形成合适的条件时,阴燃便转为明火燃烧。此阶段燃烧面积较小,只局限于着火点处的可燃物燃烧。

明火出现后,燃烧速率大大增加,放出的热量和热烟气迅速增多,在对流、辐射传热的作用下,于可燃物上方形成温度较高、不断上升的火羽流。周围相对静止的空气受到卷吸作用不断进入羽流内,并与羽流中原有的气体发生掺混。随着高度增加,羽流向上运动,总的质量流量不断增加而其平均温度则不断降低。

当羽流受到房间顶棚阻挡后，便在顶棚下方向四面扩散开来，形成了沿顶棚表面平行流动的较薄的热烟气层，即顶棚射流。在顶棚射流向外扩展的过程中，卷吸其下方的空气。然而由于其温度高于冷空气的温度，容易浮在上部，所以它对周围气体的卷吸能力比垂直上升的羽流小得多，这使得顶棚射流的厚度增长不快。当火源功率较大或受限空间的高度较低时，火焰甚至可以直接撞击在顶棚上。这时在顶棚之下不仅有烟气的流动，还有火焰的传播，从而使火势得到进一步的蔓延。

当顶棚射流受到房间墙壁的阻挡，便开始沿墙壁转向下流，但由于此时烟气温度仍较高，它将只下降不大的距离便又转向上浮。重新上升的热烟气先在墙壁附近积聚起来，达到了一定厚度时又会慢慢向室内中部扩展，不久就会在顶棚下方形成逐渐增厚的热烟气层。在顶棚射流卷吸热烟气的作用下，贴近顶棚附近的温度越来越高。

如果着火房间有通向外部的开口，则当烟气层的厚度超过开口的拱腹（即开口上边缘到顶棚的隔墙）高度时，烟气便可由此流到室外。拱腹越高，形成的烟气层越厚。开口不仅起着向外排烟的作用，而且起着向里吸入新鲜空气的作用，因而开口的大小、高度、位置、数量等都对室内燃烧状况有着重要的影响。烟气从开口排出后，可能进入外界环境，也可能进入建筑物的走廊或与起火房间相邻的房间。当辐射传热很强时，离起火物较远的可燃物也会被引燃，火势将进一步增强，室内温度继续升高。火灾转化为一种极为猛烈的燃烧，即轰燃，室内的可燃物基本上都开始燃烧，从而引起更大规模或整个建筑物的火灾。

（二）火灾发展的主要阶段

1. 火灾初期增长阶段

初期增长阶段从出现明火算起，此阶段火区体积不大，其燃烧状况类似于敞开环境中的燃烧，如果没有外来干预，火区将逐渐增大，或者是火焰在原先的着火物体上扩展开来，或者是起火点附近的其他物体被引燃。在此阶段，由于总的热释放速率不高，除着火物附近及火焰处的局部温度较高外，室内的平均温度还比较低。

这一阶段，由于受到可燃物性能、分布和通风、散热等条件的影响，燃烧的发展大多比较缓慢，有可能形成火灾，也可能自行熄灭。如果房间的通风足够好，火区将继续增大，逐渐达到燃烧状况与房间边界的相互作用变得非常重要的阶段，即轰燃阶段。

2. 火灾充分发展阶段

在建筑室内火灾持续燃烧一定的时间后，燃烧范围不断扩大，火场温度继续升高，当房间内温度达到400 ~600 ℃时，室内所有可燃物都将着火燃烧，火焰基本上充满全室。当燃烧释放的热量在室内逐渐积累及燃烧速率急剧增加到一定程度时，火灾燃烧瞬间进入轰燃阶段。

火灾燃烧进入轰燃阶段后，燃烧强度仍在增加，热释放速率逐渐达到某一最大值，室内温度经常会升到800 ~1 000 ℃，此时标志着室内火灾进入全面发展阶段。因而，火焰和高温在火风压的作用下，会从房间的门窗、洞口等处大量喷涌而出，沿走廊、顶棚迅速向水平方向蔓延，扩展的高温火焰和烟气还会携带着相当多的可燃成分从起火室向邻近房间或相邻建筑物蔓延。同时，由于烟囱效应，火势会通过竖向管井、共享空间等向上蔓延。火灾产生的高温会严重损坏室内的设备及建筑物本身的结构，甚至造成建筑物的部分损坏或全部毁坏。此时，室内尚未逃出的人员是极难生还的。但不是每个火场都会出现轰燃，发生在大空间建筑、比较潮湿场所的火灾就不易发生轰燃。

3. 火灾衰减阶段

在火灾全面发展阶段的后期，室内可燃物的数量减少，可燃物的挥发成分大量消耗致使燃烧速率减小，燃烧强度减弱，明火燃烧无法维持，温度逐渐下降，火区逐渐冷却。由于燃烧放出的热量不会很快散失，室内平均温度仍然较高，在焦炭附近还会存在局部的高温。一般认为，此阶段是从室内温度降到其峰值的80%左右时开始的。直到室内外温度达到平衡为止，火才会完全熄灭。

以上火灾的发展阶段是室内火灾的自然发展过程，没有涉及人员扑救的行为。实际上，一旦室内发生火灾，通常会伴有人为的灭火行动或自动灭火设施的启动，这些行为都可改变火灾的发展进程。如果轰燃前期能将火扑灭，就可以有效地保护人员的生命安全和室内财产的安全，因此火灾初期的探测报警、及时扑救具有重要的意义。

若火灾尚未发展到减弱阶段就被扑灭，可燃物中还会含有较多的可燃挥发分，而火区周围的温度在一段时间内还会比较高，可燃挥发分可能继续析出，如果达到了合适的温度与浓度，还会再次出现有焰燃烧，即灭火后的"死灰复燃"。

三、建筑火灾的烟气蔓延

在建筑火灾中，烟气可由起火区域向非起火区域蔓延，那些与起火区相连的走廊、楼梯及电梯井等处都会充入烟气。烟气流动的方向通常是火势蔓延的一个主要方向。一般情况下，500 ℃以上热烟气所到之处，遇到可燃物都有可能引起燃烧。为了有效减少烟气的危害，应当了解烟气的运动特性。

（一）烟气的扩散路线

建筑火灾中产生的高温烟气，其密度比冷空气小，由于浮力作用向上升起，遇到水平楼板或顶棚时，改为水平方向继续流动，这就形成了烟气的水平扩散。由上述火灾的发展阶段可知，如果高温烟气的温度不降低，则上层将是高温烟气，下层是常温空气，烟气在流动扩散过程中，由于受到冷空气的掺混及楼板、顶棚等建筑围护结构的冷却，温度逐渐下降；沿水平方向流动扩散的烟气碰到四周围护结构时，进一步冷却并向下流动。逐渐冷却的烟气和冷空气流向燃烧区，形成了室内的自然对流，加速了燃烧。

烟气扩散流动速度与烟气温度和流动方向有关。

烟气在水平方向的扩散流动速度较慢，火灾初期为0.1～0.3 m/s，火灾中期为0.5～0.8 m/s。烟气在垂直方向的扩散流动速度较快，通常为1～5 m/s。在楼梯间或管道竖井中，烟囱效应所产生的抽力，使烟气上升流动速度变快，可达6～8 m/s，甚至更快。

当高层建筑发生火灾时，烟气在其内的流动扩散一般有三条路径：第一条是着火房间→走廊→楼梯间→上部各楼层→室外，这也是最主要的一条路径；第二条是着火房间→室外；第三条是着火房间→相邻上层房间→室外。

（二）烟气流动的驱动力

烟气流动的驱动力包括室内外温差引起的烟囱效应、风的影响、火灾燃气的浮力和膨胀力、空调系统对烟气流动的影响以及电梯的活塞效应等。本节重点讨论烟囱效应和风对烟气运动的影响，对于烟气运动的其他驱动力只作简要说明。

1. 烟囱效应

当建筑物的室内外存在温差时，室内外空气的密度也随之出现差值，不同密度空气之间将引发浮力驱动的流动。若室内空气的密度比室外空气的密度小,即室内温度高于室外,便会产生使气体向上运动的浮力。建筑物越高,这种流动越强。建筑物中的竖井,如楼梯井、电梯井、竖直的机械管道及通信槽等,是发生这种现象的主要场所。在竖井中,浮力作用所产生的气体运动十分显著,即烟囱效应(stack effect),烟囱效应是建筑火灾中烟气流动的主要因素。

首先来看仅有下部开口的竖井,当竖井内部温度比外部高时,其内部压力也会比外部高。如果竖井的上部和下部都有开口,就会产生向上流动的气体,且在高处形成压力中性平面,如果建筑物的外部温度比内部温度高,例如在盛夏季节安装空调的建筑内的气体则是向下运动的。一般将内部气流上升的现象称为正烟囱效应,将内部气流下降的现象称为逆烟囱效应。

在出现正烟囱效应时,低于中性面火源产生的烟气将与建筑物内的空气一起流入竖井,并沿竖井上升。一旦升到中性面以上,烟气便可由竖井流出来,进入建筑物的上部楼层。楼层间的缝隙也可使烟气流向着火层上部的楼层。如果楼层间的缝隙可以忽略,则中性面以下的楼层除了着火层外都将没有烟气。但如果楼层间的缝隙很大,则直接流进着火层上一层的烟气将比流入中性面下其他楼层的要多。

若中性面以上的楼层发生火灾,由正烟囱效应产生的空气流动可限制烟气的流动,空气从竖井流进着火层能够阻止烟气流进竖井。不过楼层间的缝隙却可引起少量烟气流动。如果着火层的燃烧强烈,热烟气的浮力克服了竖井内的烟囱效应,则烟气仍可进入竖井继而流入上部楼层,逆烟囱效应的空气流可使较冷的烟气向下运动,但在烟气较热的情况下浮力较大,即使楼内起初存在逆烟囱效应,但不久还会使得烟气向上运动。因此,高层建筑中的楼梯间、电梯井、天井、电缆井、排气道、中庭等竖向孔道如果防火处理不当,就形同一座高耸的烟囱,强大的抽拔力将使火沿着竖向孔道迅速蔓延。

2. 风的影响

风的存在可在建筑物的周围产生压力分布,这种压力分布能够影响建筑物内的烟气流动。建筑物外部的压力分布受到多重因素的影响,其中包括风的速度和方向、建筑物的高度和几何形状等。风的影响往往可以超过其他驱动烟气运动的力(自然的和人工的)。一般来说,风朝着建筑物吹过来会在建筑物的迎风侧产生较高滞止压力,这可增强建筑物内的烟气向下风方向流动,压力差的大小与风速的平方成正比。

通常风压系数取决于建筑物的几何形状及当地的挡风状况,并且在墙壁表面的不同部位有不同的值。

一栋建筑与其他建筑毗连状态及该建筑本身的几何形状对其表面的压力分布有着重要影响。当高层建筑的下部建有附属裙房时,其周围风的流动形式更复杂。随着风的速度与方向的变化,裙房房顶表面的压力分布也将发生很大的改变。在一定的风向条件下,裙房可以依靠房顶排烟口的自然通风来排除烟气,但当风向改变时,房顶上的通风口附近可能是压力较高的区域,这时就不能依靠自然通风把烟气排到室外。

3. 火灾燃气的浮力与膨胀力

此处的火灾燃气指的是由燃烧生成的高温烟气,这种烟气处于火源区附近。其密度比常温气体低得多,因而具有较大的浮力。在火灾充分发展阶段,着火房间窗口两侧的压力分布可用分析烟囱效应的方法分析,此处不再作进一步的讨论。

建筑火灾中,燃烧释放的热量使得燃气明显膨胀并引起气体运动。若着火房间只有一个小的墙壁开口与建筑物其他部分相连时，燃气将从开口的上半部流出，外界空气将从开口下半部流进。

当燃气温度达到600 ℃时，其体积约膨胀到原体积的3倍。若着火房间的门窗开着，由于流动面积较大，燃气膨胀引起的开口处的压差较小，可以忽略。但是如果着火房间没有开口或开口很小，并假定其中有足够多的氧气支持较长时间燃烧，则燃气膨胀引起的压差就比较重要了。

4. 空调系统对烟气流动的影响

为了调节室内热环境，现代建筑大都安装了取暖、通风和空气调节系统（heating ventilation and air conditioning，HVAC）。在这种情况下，即使引风机不启动，HVAC 的管道也能起到通风网的作用。在各种烟气流动驱动力（特别是烟囱效应）的作用下，烟气将会沿着管道流动，从而加速火灾烟气或火焰在整个建筑物内的蔓延。若此时 HVAC 系统在工作，通风网的影响还会加强。当火灾发生在建筑物中没人的区域时，HVAC 系统能将烟气传播到有人的区域。

在建筑物的局部区域发生火灾后，火灾烟气会通过 HVAC 系统送到建筑物的其他区域，从而使得尚未发生火灾的空间也受到烟气的影响。在这种情况下，应及时关闭 HVAC 系统以避免烟气扩散并中断向着火区域提供新鲜的空气，这样能防止机械作用下烟气进入回风管，但并不能避免由压差等因素引起的烟气沿通风管道扩散。

图 1－1 所示为某个安装有 HVAC 系统的剧场，在有火与无火情况下室内气体流动的状况。因此，在有火的情况下，烟气羽流的形状发生明显的变化，部分烟气开始向 HVAC 系统的回风口流动。

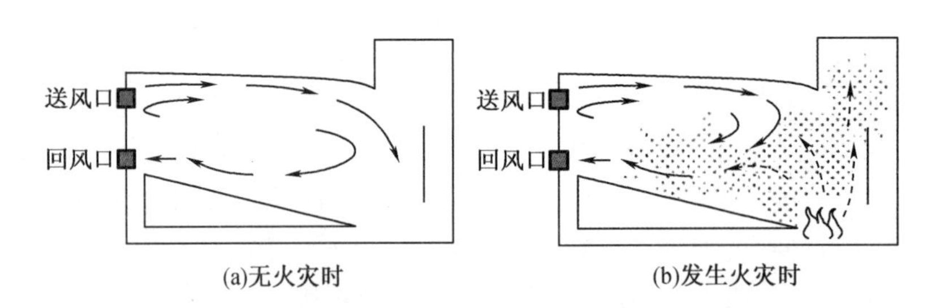

图 1－1　某装有 HVAC 系统建筑中的气体流动情况

5. 电梯的活塞效应

电梯在电梯井中运行时，能够使井内出现瞬时压力变化，这称为电梯的活塞效应。电梯的活塞效应能够在较短时间内影响电梯附近门厅和房间的烟气流动方向和速度。向下运行的电梯使得电梯以下空间向外排气，电梯以上空间向内吸气。

（三）烟气蔓延的途径

火灾发生时，烟气沿着水平方向和垂直方向流动。烟气在建筑物中蔓延的途径主要有内外墙上的门、窗洞口，房间隔墙，空心构件及结构中的间层、孔洞或空腔，闷顶，楼梯间，各种竖井管道，楼板上的孔洞，以及穿越楼板、墙体的管线和缝隙等。

对于主体为耐火结构的建筑来说，造成火灾烟气蔓延的主要原因如下：

（1）未设有效的防火分区。没有划定合理的防火分区，没设置防火墙及相应的防火门等控制火灾的区域空间，火灾在未受限制的条件下蔓延。

(2)洞口处的分隔处理不完善。如在管道穿孔处未采用防火封堵材料进行密封处理，或普通防火卷帘无水幕保护，使得火灾烟气及火焰穿越防火分隔区域蔓延。

(3)防火隔墙和房间隔墙未砌至顶板。装设顶棚的建筑，顶棚在房间与房间、房间与走廊之间没有进行彻底分隔，形成连通的空间，火灾时极易引发高温烟气在顶棚内部空间蔓延。

(4)采用可燃构件与装饰物。火灾引燃可燃的隔墙、顶棚、装饰织物等进而蔓延。

(5)通过竖井蔓延。建筑中的楼梯间、电梯井、空调系统的管道井等都是火灾及其烟气蔓延的主要竖向通道，这些竖井往往贯穿整个建筑物，若建筑物未做完善的防火分隔，建筑物内发生火灾就可以蔓延到建筑的其他楼层。

概括地讲，火灾烟气的主要蔓延途径有如下几种。

1. 通过孔、洞等开口蔓延

建筑物与外界相通的开口大体上可分为竖直开口和水平开口，前者如墙上的门、窗洞口，后者如房间顶棚或地板上的水平开口等。建筑物发生火灾时，火灾可以通过诸如可燃的木质户门、无水幕保护的普通卷帘、未用不燃材料封堵的管道穿孔等实现水平下延。此外，一些防火设施未能正常启动、出现故障或者损坏变形，例如防火卷帘箱开口、导轨等受热变形，或者因卷帘下方堆放物品，或者电动防火门、电动防火卷帘等因无人操作手动启动装置而无法正常下降，都会造成火灾在建筑内部的蔓延。

2. 穿越管线和缝隙蔓延

建筑设备的管线和缝隙等若未按规定设防火阀及采用防火密封材料封堵，或者采用可燃材料的管线，都容易造成火灾及烟气的蔓延。

建筑内发生火灾时，由于热烟气上升，室内上部空间处于较高的压力状态下，该位置穿越楼板和墙壁(或墙体)的管线和缝隙很容易把火焰、烟气传播出去，造成火势的进一步蔓延和扩大。而且，穿过房间的金属管线在火灾高温的作用下，往往会通过导热传热的方式将热量传递到相邻房间或区域一侧，从而引起与管线接触的可燃物燃烧。

3. 闷顶内部蔓延

由于烟气是向上流动的，因此顶棚上的人孔、通风口等都是烟火进入的通道。闷顶内往往没有防火分隔，空间大，很容易造成火灾在水平方向蔓延，并通过内部的孔、洞向四周空间蔓延。

4. 沿外墙面蔓延

在外墙面，高温热烟气流会促使火焰蹿出窗口并紧靠外墙外边界壁面的层流边界层向上部楼层和区域蔓延、扩散。一方面，火焰与外墙面之间的空气受热逃逸形成负压，周围冷空气的压力致使烟火贴墙面向上流动，使火焰或高温烟气蔓延到上部楼层。另一方面，火焰贴附外墙面向上部楼层蔓延，致使热量透过墙体引燃起火层上部楼层房间内的易燃、可燃物；同时，火焰贴附着外墙面向上部蔓延时也会引燃外墙可燃的外保温材料，或沿着外墙的空腔向上蔓延，引燃上部楼层房间内的易燃、可燃物。

建筑物发生火灾后，火焰和烟气往往会从起火房间窗口向外喷出，并沿着窗槛墙经窗口向上逐层蔓延。建筑火灾及烟气沿建筑物外墙壁的蔓延程度受建筑物的外墙窗口的形状、数量、窗洞口的大小，以及窗框和窗扇的材料等因素影响。

5. 通过竖井蔓延

由前面烟气流动驱动力的分析可知，电梯井、楼梯间、设备管道井、垃圾井等竖井是形成烟囱效应的主要通道。楼梯间、楼梯井等若没有设置防烟前室或者防火分隔不完善，建筑中的通风竖井、管道井、电缆井、垃圾井等竖井没有完全封堵或封堵不完善等，一旦建筑物发生火灾，则这些井道便会形成一座座竖向“烟囱”，对火灾烟气及火焰有抽拔的作用，从而导致火灾迅速向上部蔓延。

第三节　建筑安全防火设计基本概念

一、火灾荷载

火灾荷载是衡量建筑物室内所容纳可燃物数量多少的一个参数，是研究火灾发生、发展及其控制的重要因素。当建筑物发生火灾时，火灾荷载直接决定着火灾持续时间和室内温度的变化。因而，在进行建筑防火设计时，首先要掌握火灾荷载的概念，合理确定火灾荷载的数值。

建筑物内的可燃物可分为固定可燃物和容载可燃物两类。固定可燃物是指墙壁、顶棚、木柱、木地板等构件的材料和装修装饰、门窗、固定家具等所采用的可燃材料及构配件。容载可燃物是指家具、书籍、衣服、装饰织物、寝具等构成的可燃物。固定可燃物的数量可以通过建筑设计及装修装饰图纸准确计算得到。容载可燃物因物品的数量、品种、材质等的差别很大而难以准确计算，一般由调查统计来确定。

由于建筑物中可燃物的种类繁多，可燃物成分变化很大，热值也不固定，不同的材料在完全燃烧时的燃烧发热量也各不同。因此，为了便于研究火灾燃烧热值，在实际计算中通常根据燃烧热值把某种材料换算为等效发热量的木材，用等效木材的质量表示可燃物的数量，即等效可燃物量。

二、建筑高度

由于建筑物的屋面形式不同，建筑高度的计算应符合下列规定。

(1)建筑屋面为坡屋面时，建筑高度应为建筑室外设计地面至其檐口与屋脊的平均高度。

(2)建筑屋面为平屋面(包括有女儿墙的平屋面)时，建筑高度应为建筑室外设计地面至其屋面面层的高度。

(3)同一座建筑有多种形式的屋面时，建筑高度应按上述方法分别计算后，取其中最大值。

(4)对于台阶式地坪，当位于不同高程地坪上的同一建筑之间有防火墙分隔，各自有符合规定的安全出口，且可沿建筑的两个长边设置贯通式或尽头式消防车道时，可分别计算各自的建筑高度。否则应按其中建筑高度最大者确定该建筑的建筑高度。

(5)局部突出屋顶的瞭望塔、冷却塔、水箱间、微波天线间或设施、电梯机房、排风和排烟机房以及楼梯出口小间等辅助用房占屋面面积不大于1/4者，可不计入建筑高度。

(6)对于住宅建筑,设置在底部且室内高度不大于2.2 m的自行车库、储藏室、敞开空间,室内外高差或建筑的地下或半地下室的顶板面高出室外设计地面的高度不大于1.5 m的部分,可不计入建筑高度。

三、建筑层数

建筑层数应按建筑的自然层数计算,下列空间可不计入建筑层数。

室内顶板面高出室外设计地面的高度不大于1.5 m的地下或半地下室;设置在建筑底部且室内高度不大于2.2 m的自行车库、储藏室、敞开空间;建筑屋顶上突出的局部设备用房、出屋面的楼梯间等。

四、建筑防火间距

防火间距是不同建筑间的空间间隔,既是防止在建筑火灾燃烧过程中发生蔓延的间隔,也是保证灭火救援行动既方便又安全的空间。防火间距的计算方法应符合下列规定。

(1)建筑物之间的防火间距应按相邻建筑外墙的最小水平距离计算,当外墙有凸出的可燃或难燃构件时,应从其凸出部分外缘算起。

建筑物与储罐、堆场的防火间距,应为建筑外墙至储罐外壁或堆场中相邻堆垛外缘的最小水平距离。

(2)储罐之间的防火间距应为相邻两储罐外壁的最近水平距离。储罐与堆场的防火间距应为储罐外壁至堆场中相邻堆垛外围的最小水平距离。

(3)堆场之间的防火间距应为两堆场中相邻堆垛外缘的最小水平距离。

(4)建筑物、储罐或堆场与道路、铁路的防火间距,应为建筑外墙、储罐外壁或相邻堆垛外缘距道路最近一侧路边或铁路中心线的最小水平距离。

(5)变压器之间的防火间距应为相邻变压器外壁的最小水平距离。变压器与建筑物、储罐或堆场的防火间距,应为变压器外壁至建筑外墙、储罐外壁或相邻堆垛外缘的最小水平距离。

五、建筑安全防火设计基本术语

(1)高层建筑:建筑高度大于27 m的住宅建筑和建筑高度大于24 m的非单层厂房、仓库和其他民用建筑。

(2)裙房:在高层建筑主体投影范围外,与建筑主体相连且建筑高度不大于24 m的附属建筑。

(3)重要公共建筑:发生火灾可能造成重大人员伤亡、财产损失和严重社会影响的公共建筑。

(4)商业服务网点:设置在住宅建筑的首层或首层及二层,每个分隔单元建筑面积不大于300 m^2的商店、邮政所、储蓄所、理发店等小型营业性用房。

(5)半地下室:房间地面低于室外设计地面的平均高度,大于该房间平均净高1/3且不大于1/2者。

(6)地下室:房间地面低于室外设计地面的平均高度,大于该房间平均净高1/2者。

(7)防火墙:防止火灾蔓延至相邻建筑或相邻水平防火分区且耐火极限不低于3 h的不

燃性墙体。

(8)防火隔墙:建筑内防止火灾蔓延至相邻区域且耐火极限不低于规定要求的不燃性墙体。

(9)避难层(间):建筑内用于人员暂时躲避火灾及其烟气危害的楼层(房间)。

(10)封闭楼梯间:在楼梯间入口处设置门,以防止火灾的烟和热气进入的楼梯间。

(11)防烟楼梯间:在楼梯间入口处设置防烟的前室、开敞式阳台或凹廊(统称前室)等设施,且通向前室和楼梯间的门均为防火门,以防止火灾的烟和热气进入的楼梯间。

(12)避难走道:采取防烟措施且两侧设置耐火极限不低于3 h的防火隔墙,用于人员安全通行至室外的走道。

(13)防火分区:在建筑内部采用防火墙、楼板及其他防火分隔设施分隔而成,能在一定时间内防止火灾向同一建筑的其余部分蔓延的局部空间。

(14)闪点:在规定的试验条件下,可燃性液体或固体表面产生的蒸气与空气形成的混合物,遇火源能够闪燃的液体或固体的最低温度(采用闭杯法测定)。

第四节　建筑分类与耐火设计

一、建筑分类

建筑物有多种分类方式,按其使用性质分为民用建筑、工业建筑和农业建筑;按材料及其结构形式可分为木结构、砖木结构、砌体结构、钢结构、钢筋混凝土结构建筑等;按其高度和层数可分为单层、多层及高层建筑等。

(一)按建筑的使用性质分类

建筑物按其使用性质分为民用、工业和农业建筑。

1. 民用建筑

按照《建筑设计防火规范》(GB 50016—2014),根据民用建筑高度和层数,民用建筑可分为单层、多层和高层民用建筑。其中,高层民用建筑根据其建筑高度、使用功能和楼层的建筑面积可分为一类和二类。民用建筑的分类参见表1-3。

表1-3　民用建筑的分类

名称	高层民用建筑		单层、多层民用建筑
	一类	二类	
住宅建筑	建筑高度大于54 m的住宅建筑(包括设置商业服务网点的住宅建筑)	建筑高度大于27 m、但不大于54 m的住宅建筑(包括设置商业服务网点的住宅建筑)	建筑高度不大于27 m的住宅建筑(包括设置商业服务网点的住宅建筑)

表 1－3(续)

名称	高层民用建筑		单层、多层民用建筑
	一类	二类	
公共建筑	1. 建筑高度大于 50 m 的公共建筑； 2. 建筑高度 24 m 以上，任一楼层建筑面积大于 1 000 m^2 的商店、展览、电信、邮政、财贸金融建筑和其他多种功能组合的建筑； 3. 医疗建筑、重要公共建筑； 4. 省级及以上的广播电视和防灾指挥调度建筑、网局级和省级电力调度建筑； 5. 藏书超过 100 万册的图书馆、书库	除一类高层公共建筑外的其他高层公共建筑	1. 建筑高度大于 24 m 的单层公共建筑； 2. 建筑高度不大于 24 m 的其他公共建筑

注：①表中未列入的建筑，其类别应根据本表类比确定。

②除另有规定外，宿舍、公寓等非住宅类居住建筑的防火要求，应符合公共建筑的有关规定。

③除规范另有规定外，裙房的防火要求应符合高层民用建筑的有关规定。

上表中，住宅建筑是指供单身或家庭成员短期或长期居住使用的建筑。公共建筑是指供人们进行各种公共活动的建筑，包括文教建筑、办公建筑、科研建筑、体育建筑、商业建筑、医疗建筑、交通建筑、观演建筑、展览建筑、园林建筑、托幼建筑及综合类建筑等。

2. 工业建筑

工业建筑即工业生产性建筑，主要包括生产厂房、辅助生产厂房等。工业建筑按其使用性质分为加工、生产类厂房和仓库类库房两大类。

3. 农业建筑

农业建筑是指农副业生产建筑，包括温室、粮仓、牲畜饲养场、农副业产品加工厂、烤烟房、蚕房等建筑。

以上建筑都为生产性厂房或仓库建筑，根据生产中使用或产生的物质性质及其数量等因素划分，厂房又可分为甲、乙、丙、丁、戊类厂房；根据储存物品的性质和储存物品中的可燃物数量等因素划分，仓库可分为甲、乙、丙、丁、戊类仓库。

(二)按建筑的结构分类

建筑物按结构形式和建造材料可分为木结构、砖木结构、砌体结构、钢筋混凝土结构、钢结构以及钢—混凝土混合结构等。

1. 木结构

木结构是指主要的承重构件为木材的建筑。

2. 砖木结构

砖木结构是指主要承重构件为砖石和木材，如采用砖或石作为墙体材料，楼板和屋盖采用木质构件的建筑。

3. 砌体结构

砌体结构也称为混合结构。这种结构是以普通黏土砖、页岩砖、灰砂砖、混凝土多孔砖或承重混凝土空心小砌块等材料砌筑的墙体或柱作为竖向承重构件，水平承重构件是钢筋混凝土楼板及屋面板。

4. **钢筋混凝土结构**

钢筋混凝土结构的主要承重构件,加梁、柱、楼板、屋面板等采用钢筋混凝土构件,以砖或其他轻质材料砌块作为墙体等围护构件的结构形式。如大板建筑、装配式框架板材建筑、大模板建筑,以及滑模建筑、升板建筑等采用工业化方法建造的建筑。

5. **钢结构**

钢结构主体由型钢和钢板等制成的钢梁、钢柱、钢桁架等构件组成,其主要构件或各部件之间通常采用焊缝、螺栓或铆钉连接。因其自重较轻,且施工简便,广泛应用于大型厂房、场馆、超高层等领域,是主要建筑结构类型之一。

6. **钢—混凝土混合结构**

钢—混凝土混合结构一般是指由钢筋混凝土筒体或剪力墙以及钢框架组成抗侧力体系,以刚度很大的钢筋混凝土部分承受风力和地震作用,钢框架主要承受竖向荷载的结构。

7. **其他结构**

其他结构包括生土建筑、充气建筑及塑料建筑等。

(三)按建筑高度分类

建筑物按高度可分为单层、多层和高层建筑。

1. **单层、多层建筑**

单层、多层建筑是指建筑高度不大于 27 m 的住宅建筑(包括设置商业服务网点的住宅建筑)、建筑高度不大于 24 m 的(或建筑高度大于 24 m,但为单层的)公共建筑和工业建筑。

2. **高层建筑**

高层建筑是指建筑高度大于 27 m 的住宅建筑(包括设置商业服务网点的住宅建筑)和建筑高度大于 24 m 的非单层建筑。我国把建筑高度超过 100 m 的高层建筑称为超高层建筑。

二、建筑构件的燃烧性能和耐火极限

建筑构件主要包括建筑物的墙、柱、梁、楼板、门、窗等。一般来说,建筑构件的耐火性能包括构件的燃烧性能与构件的耐火极限。耐火建筑构配件在火灾中起着阻止火势蔓延、延长支撑时间的作用。

(一)建筑构件的燃烧性能

建筑构件的燃烧性能主要是指组成建筑构件材料的燃烧性能。建筑材料的燃烧性能分为三类,即不燃性、难燃性和可燃性。

1. **不燃性构件**

不燃性构件由不燃烧材料制成,如用砖、天然石材、人工石材、金属等材料制作的建筑构件为不燃性构件。不燃烧材料是指在空气中受到火烧或高温作用时,不起火、不微燃、不碳化的材料。

2. **难燃性构件**

难燃性构件由难燃烧材料制成,如用沥青混凝土、经过防火处理的木材、木板条抹灰等做成的构件或用燃烧材料做成而用非燃烧材料做保护层的构件。难燃烧材料是指在空气中受到火烧或高温作用时，难起火、难微燃、难碳化，当火源移走后，燃烧或微燃立即停止的材料，如刨花板和经过防火处理的有机材料。

3. 可燃性构件

可燃性构件由燃烧材料制成，如用木材、纸板、胶合板等材料制作的建筑构件。燃烧材料是指在空气中受到火烧或高温作用时，立即起火或微燃，且火源移走后仍继续燃烧或微燃的材料，如木材等。

为确保建筑物在受到火灾危害时能够在一定的时间内不垮塌，并阻止、延缓火灾的蔓延，建筑构件多采用不燃烧材料或难燃烧材料制作。这些材料在受到火烧或高温作用时，不会被引燃或很难被引燃，从而降低了结构在短时间内被破坏的可能性。这些材料主要有混凝土、陶粒、钢材、珍珠岩、石膏、粉煤灰、炉渣及一些经过阻燃处理的有机材料等不燃或难燃材料。为了减少或不增加建筑物的火灾荷载，选用建筑构件时，应尽可能选择由这些材料制作的构件。

（二）建筑构件的耐火极限

1. 耐火极限的概念

耐火极限是在标准耐火试验条件下，建筑构件、配件或结构从受到火的作用时起，至失去支持能力、完整性或失去隔热性时止所用的时间。

耐火极限的判定如下。

（1）失去支持能力：非承重构件失去支持能力的表现为自身解体或垮塌；梁、楼板等受弯承重构件挠曲率发生突变、失去支持能力的情况，当简支钢筋混凝土梁、楼板和预应力钢筋混凝土板跨总挠度值分别达到试件计算长度的2%、3.5%和5%时，则表明试件失去支持能力。

（2）完整性破坏：楼板、隔墙等具有分隔作用的构件，在试验中，当出现穿透裂缝或穿火的孔隙时，表明试件的完整性被破坏。

（3）失去隔火作用：具有防火分隔作用的构件，试验中背火面测点测得的平均温升超过初始平均温度140 ℃；或背火面测温点任一测点位置的温升超过初始温度（包括移动热电偶）180 ℃（初始温度应是试验开始时背火面的初始平均温度），则表明试件失去隔火能力。

这里的“标准耐火试验条件”是指符合国家标准规定的耐火试验条件。对于升温条件，不同使用性质和功能的建筑，其火灾类型可能不同，因而在建筑构配件的标准耐火性能测定过程中，受火条件也有所不同，需要根据实际的火灾类型确定不同标准的升温条件。

例如，我国对于以纤维类火灾为主的建筑构件耐火试验主要参照ISO 834标准规定的时间—温度标准曲线进行试验；对于石油化工建筑、通行大型车辆的隧道等以烃类为主的场所，结构的耐火极限则需采用碳氢时间—温度曲线（即RABT和HC标准升温曲线）等与之相适应的升温曲线进行测定。对于不同类型的建筑构件，耐火极限的判定标准不一样，比如非承重墙体，其耐火极限测定主要考察该墙体在试验条件下的完整性能和隔热性能；而柱的耐火极限测定则主要考察其在试验条件下的承载力和稳定性能。因此，对于不同的建筑结构或构配件，耐火极限的判定标准和所代表的含义也不完全一致。

2. 影响建筑构件耐火极限的要素

在建筑火灾中，耐火的构配件起着阻止火势蔓延扩大、延长建筑物支撑时间的作用。建筑构配件的耐火性能直接决定着建筑物在火灾中的失稳和倒塌的时间。影响建筑构配件耐火性能的因素较多,主要有材料本身的属性、构配件的耐火特性、材料与结构间的构造方式、标准所规定的试验条件、材料的老化性能、火灾种类和使用环境要求等。

(1)材料本身的属性。材料本身的属性是构配件耐火性能主要的内在影响因素,决定其用途和适用性,如果材料本身就不具备防火性能甚至是可燃材料,就会在高温或火的作用下出现燃烧和烟气,建筑物中的可燃物越多,燃烧时释热量就越大,火灾带来的危害就越严重。

建筑材料的种类繁多,在火灾燃烧中可燃固体包括建筑物中的构件、材料、某些工厂的原材料及室内物品等,它们大多是由人工聚合物和木材制成或构成。

可燃建筑材料在一定的外部热量作用下,物质发生热分解,生成可燃挥发分和固定碳:若挥发分达到燃点或受到点火源的作用,即发生明火燃烧。而稳定的明火又可向固体燃烧面反馈热量,使其热分解加速、热释放速率加大、火场温度急剧上升,从而引燃附近其他可燃物,使火灾进入轰燃阶段。有些可燃材料受热后,先熔化为液体,由液体蒸发生成可燃蒸气,再以燃料气的形式发生气相燃烧,使对流和辐射换热加强。若有足够的可燃物,则会引发更为猛烈的燃烧。同时,产生大量的浓烟并释放出大量的有毒、有害气体。

建筑材料对火灾的影响主要表现在四个方面:①影响点燃和轰燃的速度;②造成火焰的连续蔓延;③助长火灾的热温度;④产生浓烟及有毒气体。在其他条件相同的情况下,材料的属性决定了构配件的耐火极限。

(2)建筑构配件结构特性。构配件的受力特性决定其结构特性,在其他条件相同时,不同的结构处理和构造方法会使建筑构配件的耐火极限不同。比如在对节点进行处理时,采取焊接、铆接、螺钉连接等不同的连接方式,构配件的耐火性能就会出现较大的差异;在构件的支承方式上采用简支座和固定支座,二者的耐火极限也会不同。不同的结构形式,如网架结构、桁架结构、钢结构和组合结构等,以及断面或截面的规则程度不同等都会影响建筑构配件的耐火极限。结构越复杂,高温时结构的温度应力分布和变化越复杂,火灾隐患越大。因此,构配件的结构特性决定了防火保护措施和技术的选择方案。

(3)材料与结构间的构造方式。材料与结构间的构造方式取决于材料自身的属性和基材的结构特性,即使使用品质优良的材料,构造方式不恰当也同样难以起到应有的防火作用。如厚涂型结构防火涂料在使用中厚度超过一定范围后就需要用钢丝网来提升涂层与构件之间的附着力;薄涂型和超薄型防火涂料若在一定厚度范围内耐火极限达不到工程要求,而增加的厚度并不一定能提高耐火极限时,则可采用在涂层内包裹建筑纤维布的办法来增强已发泡涂层的附着力,提高耐火极限,满足工程的防火要求。

(4)标准所规定的试验条件。标准规定的耐火性能试验与所选择的执行标准有关,其中包括试件的制作和养护条件、使用场合、升温条件、试验炉压力条件、受力情况、判定指标等。在试件不变的情况下,试验条件要求越苛刻,耐火极限越低。虽然这些条件属于外在因素,但却是必要条件,任何一项条件不满足都会影响试验结果的科学性和准确性。不同建筑构配件由于在建筑中所起的作用不同,因而在试验条件上有一定的差别,由此得出的耐火极限也有所不同。

(5)材料的老化性能。建筑中的各种构配件在工程中发挥了一定的作用,但其能否持久地发挥作用则取决于所使用的材料是否具有良好的耐久性和较长的使用寿命,尤其是以化学建材制成的构配件、防火涂料所保护的结构构件等,在使用过程中受使用年限、环境温湿度、气候条件及振动等各种因素的影响最为突出。因此,在防火材料的选用上尽量选用抗老化性能良好的无机材料或那些具有长期使用经验的防火材料做防火保护。

(6)火灾种类和使用环境的要求。由前面章节的分析可知,建筑物中可燃物种类决定了火灾场合的燃烧类型,由不同的火灾种类分析得出的构配件的耐火极限是不同的。构配件所在环境决定了其在耐火试验时应遵循的火灾试验条件,应对建筑物可能发生的火灾类型进行充分考虑和分析。目前已经掌握的火灾种类有普通建筑纤维类火灾、电力火灾、石油化工火灾、隧道火灾、地铁火灾、海上建(构)筑物火灾、储油罐区火灾、油田火灾等。

三、建筑耐火等级

耐火等级是衡量建筑物耐火程度的分级标准,是建筑设计防火技术措施中最基本的措施之一。在确定建筑物的耐火等级时,应根据建筑物的使用性质、重要程度、规模大小、建筑高度、火灾危险性及火灾扑救难度等,对不同的建筑物提出不同的耐火等级要求。选定建筑物耐火等级的目的在于使不同用途的建筑物具有与之相适应的耐火安全储备,既利于消防安全又利于节约基本建设投资。

(一)建筑耐火等级的确定

在防火设计中,建筑整体的耐火性能是建筑结构在火灾时不发生较大破坏的根本保证,单一建筑结构构件的燃烧性能和耐火极限是确定建筑整体耐火性能的基础。建筑的耐火等级是由组成建筑物的墙、柱、梁、屋顶这些承重构件和顶棚等主要构件的燃烧性能及耐火极限决定的,共分为四级。民用建筑的耐火分级是为了便于根据建筑自身结构的防火性能来确定该建筑的其他防火要求,根据这个分级及其对应建筑构件的耐火性能,也可以确定既有建筑的耐火等级,从而提出相应的保护或改造措施。

在建筑耐火极限的分级中,建筑构件的耐火性能是以楼板的耐火极限为基准,再根据其他构件在建筑物中的重要性和耐火性能可能的目标值调整后确定的。楼板的耐火极限确定之后,根据其他结构构件在结构中所起的作用以及耐火等级的要求,通过建筑结构中力的传递过程,从而确定其耐火极限。凡是比楼板重要的构件,其耐火极限都应有相应的提高。因此,将耐火等级为一级的建筑楼板的耐火极限定为1.5 h,二级建筑物楼板的耐火极限定为1 h,三级民用建筑楼板的耐火极限定为0.5 h,三级工业建筑楼板的耐火极限则为0.75 h,四级为0.5 h。火灾统计数据显示,在1.5 h以内扑灭的火灾占火灾总数的88%;在1 h以内扑灭的占火灾总数的80%。

除了建筑构件的耐火极限外,燃烧性能也是确定建筑构件耐火等级的决定条件。一般来说,一级耐火等级的建筑构件应全部为不燃性构件,比如钢筋混凝土结构或砖混结构;二级耐火等级建筑和一级耐火等级建筑基本相似,但有些构件的耐火极限相应降低一些;三级耐火等级建筑的部分构件可以采用难燃性构件;四级耐火等级建筑的构件除了防火墙外,对其他构件燃烧性能的要求相对较低,可采用难燃性或可燃性构件。

(二)厂房和仓库的耐火等级

厂房、仓库主要是指除了火药、炸药及其制品的厂房(仓库)、花炮厂房(仓库)、炼油厂之外的厂房和仓库。厂房和仓库的耐火等级可分为一、二、三、四,四个等级,相应建筑构件的燃烧性能和耐火极限见表1-4。

表1-4　不同耐火等级的厂房和仓库建筑构件的燃烧性能和耐火极限　单位:h

构件名称		耐火等级			
		一级	二级	三级	四级
墙	防火墙	不燃性3.00	不燃性3.00	不燃性3.00	不燃性3.00
	承重墙	不燃性3.00	不燃性2.50	不燃性2.00	难燃性0.50
	楼梯间、前室的墙,电梯井的墙	不燃性2.00	不燃性2.00	不燃性1.50	难燃性0.50
	疏散走道两侧的隔墙	不燃性1.00	不燃性1.00	不燃性0.50	难燃性0.25
	非承重外墙,房间隔墙	不燃性0.75	不燃性0.50	难燃性0.50	难燃性0.25
柱		不燃性3.00	不燃性2.50	不燃性2.00	难燃性0.50
梁		不燃性2.00	不燃性1.50	不燃性1.00	难燃性0.50
楼板		不燃性1.50	不燃性1.00	不燃性0.75	难燃性0.50
屋顶承重构件		不燃性1.50	不燃性1.00	难燃性0.50	可燃性
疏散楼梯		不燃性1.50	不燃性1.00	不燃性0.75	可燃性
顶棚(包括顶棚搁栅)		不燃性0.25	难燃性0.25	难燃性0.15	可燃性

注:二级耐火等级建筑内采用不燃材料的顶棚,其耐火极限不限。

厂房、仓库的耐火等级、建筑面积、层数等与其生产或储存物品的火灾危险性类别有着密切的关系。具体设计、使用时应结合厂房、仓库的具体防火等级要求进行选择和确定。因此,对表1-4做如下补充说明。

(1)对于甲、乙类的厂房或仓库,由于其生产或储存物品的火灾危险性大,因此,甲、乙类厂房和甲、乙、丙类仓库内的防火墙,其耐火极限不应低于4 h;对于高层厂房,甲、乙类厂房的耐火等级不应低于二级。

(2)建筑面积不大于300 m^2的独立甲、乙类单层厂房可采用三级耐火等级,单、多层丙类厂房和多层丁、戊类厂房的耐火等级不应低于三级。

(3)使用或产生丙类液体的厂房和有火花、赤热表面、明火的丁类厂房,其耐火等级均不应低于二级;建筑面积不大于500 m^2的单层丙类厂房或建筑面积不大于1 000 m^2的单层丁类厂房,可采用三级耐火等级。使用或储存特殊贵重的机器、仪表、仪器等设备或物品的建筑,其耐火等级不应低于二级。

(4)高架仓库、高层仓库、甲类仓库、多层乙类仓库和储存可燃液体的多层丙类仓库,其耐火等级不应低于二级。单层乙类仓库,单、多层丙类仓库和多层丁、戊类仓库,其耐火等级不应低于三级。

(5)对于屋顶承重构件来说,一、二级耐火等级厂房(仓库)的屋面板应采用不燃材料。屋面防水层宜采用不燃、难燃材料,当采用可燃防水材料且铺设在可燃、难燃保温材料上时,防水材料或可燃、难燃保温材料应采用不燃材料作为防护层。

二级耐火等级多层厂房和多层仓库内采用预应力钢筋混凝土的楼板,其耐火极限不应低于0.75 h。一、二级耐火等级厂房(仓库)的上人平屋顶,其屋面板的耐火极限分别不应低于1.5 h和1 h。

(6)二级耐火等级厂房(仓库)内的房间隔墙,当采用难燃性墙体时,其耐火极限应提高0.25 h。除甲、乙类仓库和高层仓库外,一、二级耐火等级建筑的非承重外墙,当采用不燃性墙体时，其耐火极限不应低于0.25 h；当采用难燃性墙体时，其耐火极限不应低于0.5 h。

4层及4层以下的一、二级耐火等级丁、戊类地上厂房（仓库）的非承重外墙，当采用不燃性墙体时，其耐火极限不限。

（7）预制钢筋混凝土构件的节点外露部位应采取防火保护措施，且节点的耐火极限不应低于相应构件的耐火极限。

（三）民用建筑的耐火等级

民用建筑的耐火等级分为一、二、三、四，四个等级。除《建筑设计防火规范》（GB 50016—2014）另有规定外，不同耐火等级建筑相应构件的燃烧性能和耐火极限不应低于表1－5的规定。

表1－5　不同耐火等级建筑相应构件的燃烧性能和耐火极限　　单位：h

构件名称		耐火等级			
		一级	二级	三级	四级
墙	防火墙	不燃性3.00	不燃性3.00	不燃性3.00	不燃性3.00
	承重墙	不燃性3.00	不燃性2.50	不燃性2.00	难燃0.50
	非承重外墙	不燃性1.00	不燃性1.00	不燃性0.50	可燃性
	楼梯间和前室的墙，电梯井的墙，住宅建筑单元之间的墙和分户墙	不燃性2.00	不燃性2.00	不燃性1.50	难燃性0.50
	疏散走道两侧的隔墙	不燃性1.00	不燃性1.00	不燃性0.50	难燃性0.25
	房间隔墙	不燃性0.75	不燃性0.50	难燃性0.50	难燃性0.25
柱		不燃性3.00	不燃性2.50	不燃性2.00	难燃性0.50
梁		不燃性2.00	不燃性1.50	不燃性1.00	难燃性0.50
楼板		不燃性1.50	不燃性1.00	不燃性0.50	可燃性
屋顶承重构件		不燃性1.50	不燃性1.00	可燃性0.50	可燃性
疏散楼梯		不燃性1.50	不燃性1.00	不燃性0.50	可燃性
顶棚（包括顶棚搁栅）		不燃性0.25	难燃性0.25	难燃性0.15	可燃性

注：①除另有规定外，以木柱承重，且墙体采用不燃材料的建筑，其耐火等级应按四级确定。

②住宅建筑构件的耐火极限和燃烧性能可按现行国家标准《住宅建筑规范》（GB 50368—2005）的规定执行。

对于表1－5做如下补充说明。

（1）一、二级耐火等级建筑的屋面板应采用不燃材料。屋面防水层宜采用不燃、难燃材料，当采用可燃防水材料且铺设在可燃、难燃保温材料上时，防水材料或可燃、难燃保温材料应采用不燃材料做防护层。

（2）二级耐火等级建筑内采用难燃性墙体的房间隔墙，其耐火极限不应低于0.75 h；当房间的建筑面积不大于100 m^2 时，房间隔墙可采用耐火极限不低于0.5 h的难燃性墙体或耐火极限不低于0.3 h的不燃性墙体。二级耐火等级多层住宅建筑内采用预应力钢筋混凝土的楼板，其耐火极限不应低于0.75 h。

(3)二级耐火等级建筑内采用不燃材料的顶棚,其耐火极限不限。三级耐火等级的医疗建筑、中小学校的教学建筑、老年人建筑,以及托儿所、幼儿园的儿童用房和儿童游乐厅等儿童活动场所的顶棚,应采用不燃材料;当采用难燃材料时,其耐火极限不应低于0.25 h。二、三级耐火等级建筑内门厅、走道的顶棚应采用不燃材料。

(4)建筑内预制钢筋混凝土构件的节点外露部位,应采取防火保护措施,且节点的耐火极限不应低于相应构件的耐火极限。

民用建筑的耐火等级根据其建筑高度、使用功能、重要性和火灾扑救难度等确定,一些性质重要、火灾扑救难度大、火灾危险性大的民用建筑,还应达到最低耐火等级要求。

(1)地下或半地下建筑(室)和一类高层建筑的耐火等级不应低于一级。

(2)单、多层重要公共建筑和二类高层建筑的耐火等级不应低于二级。

(3)建筑高度大于100 m的民用建筑,其楼板的耐火极限不应低于2 h,一、二级耐火等级建筑的上人平屋顶,其屋面板的耐火极限分别不应低于1.5 h和1 h。

(四)汽车库、修车库、停车场的耐火等级

1. 基本概念

(1)汽车库:是指用于停放由内燃机驱动且无轨道的客车、货车、工程车等汽车的建筑物。

(2)修车库:是指用于保养、修理由内燃机驱动且无轨道的客车、货车、工程车等汽车的建(构)筑物。

(3)停车场:是指专门停放由内燃机驱动且无轨道的客车、货车、工程车等汽车的露天场地或建(构)筑物。

(4)地下汽车库:是指地下室内地坪面与室外地坪面的高度之差大于该层车库净高1/2的汽车库。

(5)半地下汽车库:是指地下室内地坪面与室外地坪面的高度之差大于该层车库净高1/3且不大于1/2的汽车库。

(6)高层汽车库:是指建筑高度大于24 m的汽车库或设在高层建筑内地面层以上楼层的汽车库。

2. 汽车库、修车库、停车场的分类

汽车库、修车库、停车场根据停车(车位)数量和总建筑面积分为四类,见表1-6所示。汽车库、修车库、停车场的分类按照停车数量的多少划分是符合我国国情的,因为汽车库、修车库、停车场建筑发生火灾后确定火灾损失的大小,是按烧毁车库中车辆的多少确定的。按停车数量划分车库类别,可便于按类别提出车库的耐火等级、防火间距、防火分隔、消防给水、火灾报警等要求。

表1-6　汽车库、修车库、停车场的分类

名称		类别			
		Ⅰ	Ⅱ	Ⅲ	Ⅳ
汽车库	停车数量/辆	>300	151~300	51~150	<50
	总建筑面积 S/m^2	$S>10\ 000$	$5\ 000<S\leqslant10\ 000$	$2\ 000<S\leqslant5\ 000$	$S\leqslant2\ 000$

表 1－6(续)

名称		类别			
		Ⅰ	Ⅱ	Ⅲ	Ⅳ
修车库	车位数/个	>15	6～15	3～5	≤2
	总建筑面积 S/m^2	S>3 000	1 000<8≤3 000	500<8≤1 000	S≤500
停车场	停车数量/辆	>400	251～400	101～250	≤100

注:①当屋面露天停车场与下部汽车库共用汽车坡道时,其停车数量应计算在停车库的车辆总数内。
②室外坡道、屋面露天停车场的建筑面积可不计入汽车库的建筑面积之内。
③公交汽车库的建筑面积可按本表的规定值增加 2 倍。

3. 汽车库、修车库耐火等级的确定

建筑物的耐火等级决定着建筑抗御火灾的能力,耐火等级是由相应构件的耐火极限和燃烧性能决定的,必须明确汽车库、修车库的耐火等级以及构件的燃烧性能和耐火极限,才能更好地确定其规模。汽车库、修车库的耐火等级应分为一级、二级和三级,其构件的燃烧性能和耐火极限均不应低于表 1－7 的规定。

表 1－7　汽车库、修车库构件的燃烧性能和耐火等级　　单位:h

建筑构件名称		耐火等级		
		一级	二级	三级
墙	防火墙	不燃性 3.00	不燃性 3.00	不燃性 3.00
	承重墙	不燃性 3.00	不燃性 2.50	不燃性 2.00
	楼梯间和前室的墙、防火隔墙	不燃性 2.00	不燃性 2.00	不燃性 2.00
	隔墙、非承重外墙	不燃性 1.00	不燃性 1.00	不燃性 0.50
柱		不燃性 3.00	不燃性 2.50	不燃性 2.00
梁		不燃性 2.00	不燃性 1.50	难燃性 1.00
楼板		不燃性 1.50	不燃性 1.00	不燃性 0.50
疏散楼梯、坡道		不燃性 1.50	不燃性 1.00	不燃性 1.00
屋顶承重构件		不燃性 1.50	不燃性 1.00	可燃性 0.50
顶棚(包括顶棚搁栅)		不燃性 0.25	不燃性 0.25	难燃性 0.15

注:预制钢筋混凝土构件的节点缝隙和金属承重构件的外露部位应加设防火保护层,其耐火极限不应低于表中相应构件的规定。

地下、半地下和高层汽车库的耐火等级应为一级;甲、乙类物品运输车的汽车库、修车库和Ⅰ类汽车库、修车库的耐火等级应为一级;Ⅱ、Ⅲ类汽车库、修车库的耐火等级不应低于二级;Ⅳ类汽车库、修车库的耐火等级不应低于三级。

四、混凝土构件的耐火性能

混凝土是指以水泥、骨料(如砂、石)和水为主要原料,也可加入外加剂(如减水剂、缓凝

剂、防水剂、膨胀剂、着色剂、防冻剂等)和矿物掺合料等原材料,经拌和、成型、养护等工艺制成的硬化后具有强度的工程材料。混凝土现已发展成为用途最广、用量最大的土木工程材料。

(一)混凝土的温度变形

混凝土与其他材料一样,也会出现热胀冷缩变形现象。混凝土的温度膨胀系数约为 1.0×10^{-5},当温度升降时,1 m 厚的混凝土将产生 0.01 mm 的膨胀或收缩变形。对于大体积混凝土工程来说,混凝土的导热能力较低,水泥水化产生的大量水化热将在内部蓄积,使混凝土内部温度升高。而与大气接触的混凝土表面散热快,温度较低,这样就会造成混凝土内部和表面出现较大的温度差(可达 50~80 ℃),在内部约束应力和外部约束应力作用下就可能产生热变形温度裂缝。另外,当温度升降引起的骨料体积变化与水泥石体积变化相差较大时,也将产生具有破坏性的内应力,造成混凝土裂缝和剥落。

对于大体积混凝土工程,须采取措施减小混凝土的内外温差,以防止混凝土温度裂缝。如选用低热水泥、预先冷却原材料、掺入缓凝剂降低水泥水化速度、在混凝土中埋设冷却水管导出内部水化热、设置温度变形缝等措施。

(二)混凝土在高温下的抗压强度

大量试验结果表明,混凝土在热作用下,受压强度随温度的上升基本上呈直线下降的趋势。在温度低于 300 ℃时,温度对混凝土强度的影响不大。在部分试验中,当温度低于 300 ℃时,混凝土的抗压强度甚至还会出现高于常温下混凝土强度的现象,当温度达 600 ℃时,混凝土的抗压强度仅是常温下强度的 45%;而当温度上升到 1 000 ℃时,混凝土的抗压强度值趋于 0。

(三)混凝土的抗拉强度

工程中通常所说的强度即材料的实际强度。强度是指材料抵抗外力破坏的能力,以材料在外力作用下失去承载能力时的极限应力表示,亦称极限强度。根据混凝土所受外力的作用方式,混凝土的强度可分为抗压强度、抗拉强度、抗剪强度和抗弯强度。强度作为混凝土材料的主要力学性质,在一般的结构设计中,抗拉强度是混凝土在正常使用阶段计算的重要物理指标之一,它的特征值直接影响构件的开裂、变形和钢筋锈蚀等性能。在建筑防火设计中,混凝土的抗拉强度更为重要。

由前面的分析可知,在火灾高温的作用下,构件过早地开裂将会使钢筋直接暴露于火中,并由此产生过大的变形。混凝土抗拉强度随温度上升而下降,混凝土抗拉强度在 50~600 ℃的下降规律基本上可用一条直线表示,当温度达到600 ℃时,混凝土的抗拉强度为0。与抗压强度相比,混凝土的抗拉强度对温度的敏感度更高。

(四)弹性模量的变化

材料在极限应力作用下会因破坏而失去使用功能,在非极限应力作用下则会发生某种变形。弹性是指材料在应力作用下产生变形,外力取消后,材料变形即可消失并能完全恢复原来形状的性质。当外力取消瞬间即可完全消失的变形称为弹性变形。明显具有弹性变形特征的材料称为弹性材料。在弹性范围内,应力和应变成正比,比例常数称为弹性模量,它是衡量材料抗变形能力的重要指标。弹性模量越大,材料越不易变形,即刚度越好。

混凝土的弹性模量是结构计算的一个重要指标。混凝土的弹性模量同样会随着温度的上升而迅速降低。当温度低于 50 ℃时,混凝土的弹性模量基本没有下降;当温度在 50 ~ 200 ℃时,混凝土的弹性模量下降最为明显;而在 200 ~ 400 ℃时,弹性模量的下降速度逐渐减缓,在 400 ~ 600 ℃时弹性模量的变化幅度很小,在 600 ℃时的弹性模量基本接近 0。

(五)保护层厚度对混凝土构件耐火性能的影响

为了有效预防火灾,必须掌握混凝土保护层厚度对构件耐火性能的影响,即混凝土构件内部温度梯度的变化。混凝土构件在不同保护层厚度下,受到高温作用后,在一定的时间内,混凝土构件的保护层厚度越大,构件内部受到高温作用的影响越小;保护层厚度越薄,构件内部升温越快。混凝土构件内部温度随着保护层厚度的增加由表及里呈递减状态。由此可知,适当加大受拉区混凝土构件的保护层厚度,可以有效地降低钢筋温度、提高混凝土构件耐火性能。

大量研究表明,建筑构件的耐火极限与构件的材料性能、构件尺寸、保护层厚度、构件在结构中的连接方式等有着密切的关系。钢筋混凝土墙(含砖墙)的耐火极限与其厚度成正比。钢筋混凝土梁的耐火极限随其主筋保护层厚度成正比例增加。

不同种类钢筋混凝土楼板在不同荷载及保护层厚度下的耐火极限也不相同。四川消防科学研究所对不同保护层厚度的预应力钢筋混凝土楼板做了耐火试验,楼板耐火极限随着保护层厚度的增加而增加,随着荷载的增大而减小;当楼板的支承方式或布置状态改变时,构件的耐火极限也各不相同。其基本规律是:四面简支现浇板 > 非预应力板 > 预应力板。因为在火灾的高温作用下,四面简支现浇板的挠度比非预应力和预应力板挠度的增加速度慢,而预应力板的挠度增加又比非预应力板慢。

适当增厚预应力钢筋混凝土楼板的保护层,对提高耐火时间是十分有效的。在客观条件允许的情况下,也可以在楼板的受火(拉)面涂覆防火涂料,从而较大幅度延长构件的耐火时间。

对于钢筋混凝土构件,在同等配筋的情况下,预应力构件在使用阶段承受的荷载要大于非预应力构件。因此,一般情况下预应力混凝土构件要比非预应力构件的耐火时间短,即在受高温作用时,预应力钢筋是处于高应力状态,而高应力状态一定会导致钢筋在高温下的徐变。例如,常温状态下低碳冷拔钢丝强度为 600 N/mm^2,当温度达到 300 ℃时,预应力几乎全部消失,而此时构件的刚度则降低至常温状态下的 2/3 左右。

(六)高温时钢筋混凝土的破坏

钢筋混凝土的黏结力,主要是由混凝土凝结时将钢筋紧紧握固而产生的摩擦力、钢筋表面凹凸不平而产生的机械咬合力,以及钢筋与混凝土接触表面的相互胶结力所组成。黏结力与钢筋表面的粗糙程度有很大的关系。

一方面,当钢筋混凝土受到高温时,钢筋与混凝土的黏结力要随着温度的升高而降低。试验表明,光面钢筋在 100 ℃时,黏结力降低约 25%;200 ℃时,降低约 45%;250 ℃时,降低约 60%;而在 450 ℃时,黏结力几乎完全消失。但非光面钢筋在 450 ℃时才降低的原因在于,光面钢筋与混凝土之间的黏结力主要取决于摩擦力和胶结力。在高温作用下,混凝土中水分排出,出现干缩的微裂缝,混凝土的抗拉强度急剧降低,二者的摩擦力与胶结力迅速降低。而非光面钢筋与混凝土的黏结力,主要取决于钢筋表面螺纹与混凝土之间的咬合力。在 250 ℃以下时,由于混凝土抗压强度的增加,二者之同的咬合力降低较小;随着温度继续升高,混凝土被拉出裂缝,黏结力逐渐降低。

另一方面,钢筋混凝土受火情况不同,耐火时间也不同。对于一面受火的钢筋混凝土板来说,随着温度的升高,钢筋由荷载引起的蠕变不断加大,350 ℃以上时更加明显。蠕变加大,使钢筋截面减小,构件中部挠度加大,受火面混凝土裂缝加宽,使受力主筋直接受火作用承载能力降低;同时,混凝土在300~400 ℃时强度下降,最终导致钢筋混凝土完全失去承载能力而被破坏。

五、钢结构耐火设计

(一)钢材在高温下的物理力学性能

钢材与混凝土、砖石、木材等材料相比,在物理力学性能上具有许多优点,如品质均匀、抗拉、抗压、抗弯和抗剪强度均较高;塑性和韧性好,具有一定的弹性和塑性变形能力,可以承受较大的冲击与振动荷载,工艺性能好,可通过焊接、铆接、机械连接等多种方式进行连接与施工。

1. 钢材在高温作用下的强度

结构钢材在常温下的抗拉性能很好,但在高温条件下存在强度降低和蠕变现象。对建筑用钢而言,钢材的强度是随温度的升高而逐渐下降的,当温度小于175 ℃时,受热钢材强度略有升高,在260 ℃以下时强度不变,260~280 ℃时开始下降;达到400 ℃时,屈服现象消失,强度明显降低;达到450~500 ℃时,钢材内部再结晶使强度快速下降,温度为500 ℃时,受热钢材强度仅为其常温强度的30%;随着温度的进一步升高(如,当温度达到750 ℃)时,钢材将会失去承载力。从高温作用的时间看,钢梁遇火15~20 min后就急剧软化,这样便可使建筑物整体失去稳定而被破坏。蠕变在较低温度时也会发生,但温度越高蠕变越明显。

2. 钢材的弹性模量

弹性模量反映钢材抵抗变形的能力,它是计算钢结构在受力条件下结构变形能力的重要指标,其值越大,在相同应力下产生的弹性变形越小。土木工程中常用低碳钢的弹性模量为2.0×10^5~2.1×10^5 MPa,弹性极限为180~200 MPa。在火灾及高温作用下,钢材的弹性模量会随着温度升高而连续下降。在0~1 000 ℃时,钢材弹性模量的变化可用两个方程描述。

3. 热膨胀系数

钢材在高温作用下产生膨胀,当温度在0~600 ℃时,钢材的热膨胀系数与温度成正比。

(二)钢结构的耐火特性

钢材虽然是不燃材料,但并不表明钢材具有能够抵抗火灾的能力,钢材在火灾发生及高温条件下将失去原有的性能和承载能力。因为在火灾及高温条件下,裸露的钢结构会在几分钟内发生倒塌破坏。

耐火试验和大量的火灾案例表明,以失去支承能力为标准,无保护层时,钢柱和钢屋架的耐火极限只有0.25 h,而裸露钢梁的耐火极限仅为0.15 h。因此,为了提高钢结构耐火极限,必须充分掌握钢材在不同场合的使用及其结构形式,并做好相应的防火设计。如在危险性大、又不宜用水扑救的火灾场合,由于火灾燃烧速度快、热量大、温度高,对无保护的金属结构柱和梁的威胁较大,因而对使用和储存甲、乙、丙类液体或可燃气体的厂房和仓库钢结构的使用要有所限制。对于火灾危险性较低的场所也要考虑局部高温或火焰,如可燃液体或可燃气体燃烧所产生的辐射热或火焰对建筑金属构件的影响,应采取必要的保护措施。

(三)钢结构防火保护

1.主要的防火保护材料及构造做法

(1)防火涂料

防火涂料是一种类似油漆、可直接喷涂于金属表面的膨胀涂料。防火涂料主要有饰面型防火涂料、电缆防火涂料、钢结构防火涂料、透明防火涂料等。按防火原理,防火涂料可分为膨胀型(薄型)和非膨胀型(厚型)防火涂料两种。

膨胀型防火涂料的涂层厚度为 2 ~7 mm,附着力较强,成膜后,在常温下其黏结和硬化与普通油漆相似,并有一定的装饰效果。在火焰或高温作用下,涂层发生膨胀炭化,形成一种比原来厚度大几十倍甚至几百倍的不燃的海绵状的炭质层,它可以切断外界火源对基材的加热,从而起到阻燃作用。

非膨胀型防火涂料的涂层厚度一般为 8 ~50 mm,密度小、强度低,喷涂后再用装饰面层隔护,耐火极限可达 0.5 ~3.0 h。

由于钢结构防火涂料在使用过程中还存在一定的缺陷和不足,对于钢结构或其他金属结构的防火隔热保护,应首先考虑采用砖石、砂浆、防火板等无机耐火材料包覆的方式,通过对相应部位的金属结构进行防火保护,以达到规定的相应耐火等级建筑对该结构的耐火极限要求。

(2)混凝土

混凝土作为钢构件的防火保护材料,主要基于其具有以下特性。

①混凝土可以延缓金属构件的升温,而且可承受与其面积和刚度成比例的一部分荷载。

②根据耐火试验,耐火性能最佳的粗集料为石灰岩碎石集料;花岗岩、砂岩和硬煤渣集料次之;由石英和燧石颗粒组成的粗集料最差。

③混凝土防火性能的主要决定因素是其厚度。

采用混凝土作为钢结构的防火保护时,一般采用普通混凝土、轻质混凝土或加气混凝土。混凝土现浇法是钢结构防火保护最为可靠的方法。钢结构现浇法防火保护的优点是防护材料费用低,对金属件有一定的防锈作用,无接缝,耐冲击性能好,表面装饰方便,可以预制。现浇法因为支模、浇筑、养护等使得施工周期长,用普通混凝土时,自重较大。

现浇施工采用组合钢模,用钢管加扣件做抱箍。浇灌时每隔约 2 m 设一道门子板,用振动棒振实。为保证混凝土层断面尺寸的准确,应先在柱脚四周地坪上弹出保护层外边线,浇灌高 50 mm 的定位底盘作为模板基准,模板上部位置则用厚 65 mm 的小垫块控制。

(3)石膏

石膏胶凝材料在土木工程中的应用历史悠久,石膏及其制品具有许多优良的性能,如轻质、节能、防火、吸声等。石膏具有良好的耐火性能,表现在当其暴露在高温下时,可释放出结晶水而被火灾的热量所汽化(每蒸发 1 kg 的水,吸收 232.4×10^{4} J 的热)。如,当加热温度为 65 ~75 ℃时,二水石膏开始脱水;当温度升至 107 ~170 ℃时,二水石膏脱去部分结晶水而成为熟石膏;当加热温度为 170 ~200 ℃时,石膏继续脱水成为可溶性硬石膏;当加热温度升至200～250 ℃时，石膏中残留很少的水，凝结硬化非常缓慢；当加热温度高于400 ℃时，石膏完全失去水分成为不溶性硬石膏；当温度高于800 ℃时，部分石膏分解出的氧化钙起催化作用，具有凝结硬化的性能；当温度高于1 600 ℃时，石膏中的硫酸钙全部分解为石灰。所以，火灾中石膏一直保持相对稳定的状态，直至被完全燃烧脱水为止。

石膏作为防火材料，既可做成板材（分普通和加筋两类）粘贴于钢构件表面，也可制成灰浆喷涂或涂刷到钢构件表面。普通石膏板和加筋石膏板在热工性能上差别不大，加筋石膏板的结构整体性比前者有一定的提高。石膏板质量轻，施工速度快，操作简便，表面平整，不需专用机械，可做装饰层。石膏灰浆既可机械喷涂，也可手工涂刷。喷涂施工时，把混合干料加水拌和，密度为2.4～4 kg/m^2。当这种涂层暴露于火灾中时，大量的热被石膏的结晶水所吸收，加上其中轻骨料的绝热性能，使耐火性能更为优越。

（4）矿物纤维

矿物纤维是最有效的轻质防火材料，其原材料为岩石或矿渣，在1 371 ℃高温下制成。矿物纤维类建筑防火隔热材料主要特点是作为隔热填料的矿物纤维对涂层强度可起到增强作用，具有良好的防火、隔热、吸音作用，同时具有良好的抗化学侵蚀性能。矿物纤维涂料是由无机纤维、水泥类胶结料以及少量的掺合料配成，混合料中还掺有空气凝固剂、水化凝固剂和陶瓷凝固剂。矿棉板和岩棉板的导热系数小，能够在600 ℃的环境温度下使用。矿棉板（岩棉板）的厚度和密度越大，耐火性能越好。当矿棉板的厚度为63.5 mm时，耐火极限可达2 h。

由于矿棉板（岩棉板）的质量轻，因此其加工和施工的工艺简单：可以采用电阻焊焊在翼缘板内侧的销钉上；也可用电阻焊焊在翼缘板外侧的销钉上（距边缘20 mm）；或者用薄钢带固定在柱的角铁形固定件上。

2. 钢结构的其他防火保护工艺

钢材的防火措施除了前面提及的现浇法外，也采用包覆的办法，即用防火涂料或不燃性板材将钢构件包裹起来，阻隔火焰和高温的传递，以延缓钢结构的升温速度。钢结构耐火等级要求不同，采用的防火材料不同，施工方法随之而异。常用的不燃性板材主要有混凝土、石膏板、硅酸钙板、硅石板、矿棉板、珍珠岩板、岩棉板等，通过胶黏剂或圆钉、钢箍等方式进行固定。

（1）喷涂法

喷涂法是目前钢结构防火保护使用最多的方法，可分为直接喷涂，以及先在工字形钢构件上焊接钢丝网，而将防火保护材料喷涂在钢丝网上，形成中空层的方法。喷涂材料一般用岩棉、矿棉等绝热性材料。喷涂法的优点是价格低，适合于形状复杂的钢构件，施工快，可形成装饰层。其缺点是养护、清扫麻烦，涂层厚度难以掌握，表面平整度及喷涂质量会因工人技术水平的不同而有差异。

喷涂法最为关键的技术要点首先是要严格控制喷涂厚度，每次喷涂厚度不得超过20 mm，否则会出现滑落或剥落现象；其次是养护条件，在一周之内不得使喷涂结构发生振动，否则会造成剥落或日后剥落。

（2）粘贴法

粘贴法主要用于石棉板、矿棉板及轻质石膏等防火材料。先将石棉硅酸钙、矿棉、轻质石膏等防火保护材料预制成板材，用黏结剂粘贴在钢结构构件上，当构件的接合部有螺栓、铆钉等不平整时，可先在螺栓、铆钉等附近粘垫衬板材，然后再将保护板材粘到垫衬板材上。

防火板材与钢构件的黏结,关键要把握好黏结剂的涂刷方法。钢构件与防火板材之间的黏结涂刷面积应在30%以上,且涂成不少于3条带状,下层垫板与上层板之间应全面涂刷,不应采用金属件加强。粘贴法的优点是材质、厚度等易掌握,对周围无污染,损坏后容易修复;对于质地好的石棉硅酸钙板,也可以直接用作装饰层,而不需要再做饰面层。但由于这些材料本身强度低,吸水性较强,成型板材不耐撞击,易受潮吸水,降低黏结剂的黏结强度,因此矿棉板材及石膏系列板材在钢结构防火保护中的使用较少。

(3)组合法

组合法是用两种及以上的防火保护材料组合成的防火保护措施。例如,将预应力混凝土幕墙及蒸压轻质混凝土板作为防火保护材料的一部分加以利用,既可加快施工周期,又可以减少费用。这种方法尤其适用于超高层建筑物,既可以减少外部作业带来的施工危险,还可以减少粉尘等对空气和环境的污染。

(4)顶棚法

顶棚法是采用轻质、薄型、耐火的材料制作顶棚,使顶棚具有一定的防火性能。这种做法可以省去钢桁架、钢网架、钢屋面等的防火保护层(但主梁还须做防火保护层);若是采用滑槽式连接,可有效防止防火保护板的热变形。

第二章　建筑防火设计

第一节　建筑总平面防火设计

建筑总平面布局不仅影响周围环境和人们的生活，而且对建筑自身及相邻建筑物的使用功能和安全都有较大的影响，是建筑消防设计的一个重要内容。

一、建筑消防安全布局

建筑的总平面布局应满足城市规划和消防安全的要求。一般要根据建筑物的使用性质、生产经营规模、建筑高度、体量及火灾危险性等，合理确定建筑位置、防火间距、消防车道和消防水源等，不宜将民用建筑布置在甲、乙类厂（库）房，甲、乙、丙类液体储罐，可燃气体储罐和可燃材料堆场的附近。

（一）建筑选址

1. 周围环境

各类建筑在规划建设时，要考虑周围环境的相互影响。特别是工厂、仓库选址时，既要考虑本单位的安全，又要考虑邻近的企业和居民的安全。生产、储存和装卸易燃易爆危险物品的工厂、仓库和专用车站、码头，必须设置在城市的边缘或者相对独立的安全地带。易燃易爆气体和液体的充装站、供应站、调压站应当设置在合理的位置，符合防火、防爆要求。

2. 地势条件

建筑选址时，还要充分考虑和利用自然地形、地势条件。甲、乙、丙类液体的仓库，宜布置在地势较低的地方，以免火灾对周围环境造成威胁；若布置在地势较高处，则应采取防止液体流散的措施。乙炔站等遇水产生可燃气体，容易发生火灾爆炸的企业，严禁布置在可能被水淹没的地方。生产、储存爆炸物品的企业应利用地形，选择多面环山、附近没有建筑的地方。

3. 主导风向

散发可燃气体、可燃蒸气和可燃粉尘的车间及装置等，宜布置在明火或散发火花地点的常年主导风向的下风或侧风向。液化石油气储罐区宜布置在本单位或本地区全年最小频率风向的上风侧，并选择通风良好的地点独立设置。易燃材料的露天堆场宜设置在天然水源充足的地方，并宜布置在本单位或本地区全年最小频率风向的上风侧。

（二）建筑总平面布局

1. 合理布置建筑

应根据各建筑物的使用性质、规模、火灾危险性，以及所处的环境、地形、风向等因素合理布置，建筑之间留有足够的防火间距，以消除或减少建筑物之间及周边环境的相互影响和火灾危害。

2. 合理划分功能区域

规模较大的企业，要根据实际需要合理划分生产区、储存区（包括露天储存区）、生产辅助设施区、行政办公区和生活福利区等。同一企业内，若有不同火灾危险的生产建筑，则应尽量将火灾危险性相同的或相近的建筑集中布置，以利于采取防火防爆措施，便于安全管理。易燃、易爆的工厂及仓库的生产区、储存区内不得修建办公楼、宿舍等民用建筑。

二、建筑防火间距

防火间距是防止着火建筑在一定时间内引燃相邻建筑，便于消防扑救的间隔距离。

建筑物起火后，其内部的火势在热对流和热辐射的作用下迅速扩大，在建筑物外部则会因强烈的热辐射作用对周围建筑物构成威胁。火场热辐射的强度取决于火灾规模的大小、持续时间的长短，以及与邻近建筑物的距离及风速、风向等因素。通过对建筑物进行合理布局和设置防火间距，可防止火灾在相邻的建筑物之间相互蔓延，合理利用和节约土地，并为人员疏散、消防人员的救援和灭火提供条件，减少失火建筑对相邻建筑及其使用者强烈的辐射和烟气的影响。

（一）防火间距的确定原则

影响防火间距的因素有很多，火灾时建筑物可能产生的热辐射强度是确定防火间距时应考虑的主要因素。热辐射强度与消防扑救力量、火灾延续时间、可燃物的性质和数量、相对外墙开口面积的大小、建筑物的长度和高度以及气象条件等有关，但在实际工程中不可能都考虑。防火间距主要是根据当前消防扑救力量，并结合火灾实例和消防灭火的实际经验确定的。

1. 防止火灾蔓延

分析火灾发生后产生的热辐射对相邻建筑的影响一般不考虑飞火、风速等因素。火灾实例表明，一、二级耐火等级的低层建筑保持6～10 m的防火间距，在有消防队进行扑救的情况下，一般不会蔓延到相邻建筑物。根据建筑的实际情形，将一、二级耐火等级多层建筑之间的防火间距定为6 m。其他三、四级耐火等级的民用建筑因耐火等级低，受热辐射作用易着火而致火势蔓延，所以其防火间距在一、二级耐火等级建筑要求的基础上有所增加。

2. 保障灭火救援场地需要

防火间距还应满足消防车的最大工作回转半径和扑救场地的需要。建筑物高度不同，需使用的消防车不同，操作场地也就不同。对低层建筑，普通消防车即可；而对高层建筑，则还要使用曲臂、云梯等登高消防车。为满足消防车辆通行、停靠、操作的需要，结合实践经验，规定一、二级耐火等级高层建筑之间的防火间距不应小于13 m。

3. 节约土地资源

确定建筑之间的防火间距，既要综合考虑防止火灾向邻近建筑蔓延扩大和灭火救援的需要，同时也要考虑节约用地的因素。如果设定的防火间距过大，就会造成土地资源的浪费。

（二）厂房的防火间距

（1）厂房之间及其与甲、乙、丙、丁、戊类厂房和民用建筑等的防火间距不应小于表2－1的规定。

表 2－1　厂房之间及其与甲、乙、丙、丁、戊类厂房和民用建筑等的防火间距

单位:m

名称			甲类厂房	乙类厂房(仓库)			丙、丁、戊类厂房(仓库)				民用建筑				
			单、多层	单、多层		高层	单、多层			高层	裙房,单、多层			高层	
			一、二级	一、二级	三级	一、二级	一、二级	三级	四级	一、二级	一、二级	三级	四级	一类	二类
甲类厂房	单、多层	一、二级	12	12	14	13	12	14	16	13	25			50	
乙类厂房	单、多层	一、二级	12	10	12	13	10	12	14	13					
		三级	14	12	14	15	12	14	16	15					
	高层	一、二级	13	13	15	13	13	15	17	13					
丙类厂房	单、多层	一、二级	12	10	12	13	10	12	14	13	10	12	14	10	15
		三级	14	12	14	15	12	14	16	15	12	14	16	25	20
		四级	16	14	16	17	14	16	18	17	14	16	18		
	高层	一、二级	13	13	15	13	13	15	17	13	13	15	17	20	15
丁、戊类厂房	单、多层	一、二级	12	10	12	13	10	12	14	13	10	12	14	15	13
		三级	14	12	14	15	12	14	16	15	12	14	16	18	15
		四级	16	14	16	17	14	16	18	17	14	16	18		
	高层	一、二级	13	13	15	13	13	15	17	13	13	15	14	15	13
室外变、配电站	变压器总油量/t	5～10	25	25	25	25	12	15	20	12	15	20	25	20	
		11～50					15	20	25	15	20	25	30	25	
		＞50					20	25	30	20	25	30	35	30	

在执行表 2－1 时应注意以下几点。

①乙类厂房与重要公共建筑的防火间距不宜小于 50 m；与明火或散发火花地点不宜小于 30 m。明火地点（open flame location）：室内外有外露火焰或赤热表面的固定地点（民用建筑内的灶具、电磁炉等除外）。散发火花地点（sparking site）：有明火的烟囱或进行室外砂轮、电焊、气焊、气割等作业的固定地点，单、多层戊类厂房之间及与戊类仓库的防火间距可按本表的规定减少 2 m，与民用建筑的防火间距可将戊类厂房等同民用建筑即按民用建筑之间的防火间距执行。为丙、丁、戊类厂房服务而单独设置的生活用房应按民用建筑确定，与所属厂房的防火间距不应小于 6 m。

②两座厂房相邻较高一面外墙为防火墙时，或相邻两座高度相同的一、二级耐火等级建筑中，相邻的任一侧外墙为防火墙且屋顶的耐火极限不低于 1 h 时，其防火间距不限，但甲类厂房之间不应小于 4 m。两座丙、丁、戊类厂房相邻的两面外墙均为不燃性墙体，当无外露的可燃性屋檐，每面外墙上的门、窗、洞口面积之和均不大于该外墙面积的 5%，且门、窗、洞口不正对开设时，其防火间距可按表 2－1 的规定减少 25%。

③两座一、二级耐火等级的厂房，当相邻的较低一面的外墙为防火墙且较低一座厂房的屋顶无天窗时，屋顶的耐火极限不低于 100 h，或相邻较高一面外墙的门、窗等开口部位设置甲级防火门、窗或防火分隔水幕，或按《建筑设计防火规范》（GB 50016—2014）的规定设置防火卷帘时，甲、乙类厂房之间的防火间距不应小于 6 m；丙、丁、戊类厂房之间的防火间距不应小于 4 m。

④发电厂内的主变压器，其油量可按单台确定。

⑤耐火等级低于四级的既有厂房，其耐火等级可按四级确定。

⑥当丙、丁、戊类厂房与丙、丁、戊类仓库相邻时，应符合以上第②③条的规定。

（2）甲类厂房与重要公共建筑的防火间距不应小于 50 m，与明火或散发火花地点的防火间距不应小于 30 m。

（3）丙、丁、戊类厂房与民用建筑的耐火等级均为一、二级时，丙、丁、戊类厂房与民用建筑的防火间距可适当减小，但应符合下列规定。

①当较高一面外墙为无门、窗、洞口的防火墙，或比相邻的较低一座建筑屋面高 15 m 及以下范围的外墙为无门、窗、洞口的防火墙时，其防火间距不限。

②相邻较低一面的外墙为防火墙，且屋顶无天窗、屋顶的耐火极限不低于 100 h，或相邻较高一面的外墙为防火墙，且墙上开口部位采取了防火措施，其防火间距可适当减小，但不应小于 4 m。

（4）厂房外附设化学易燃物品的设备时，其外壁与相邻厂房室外附设设备的外壁或相邻厂房的墙的防火间距，不应小于表 2－1 的规定。用不燃材料制作的室外设备，可按一、二级耐火等级建筑确定。总容量不大于 15 m^3 的丙类液体储罐，当直埋于厂房外墙外，且面向储罐一面 4 m 范围内的外墙为防火墙时，其防火间距不限。

（5）同一座 U 形或山形厂房中相邻两翼之间的防火间距不宜小于表 2－1 的规定，但当厂房的占地面积小于《建筑设计防火规范》（GB 50016—2014）规定的每个防火分区最大允许建筑面积时，其防火间距可为 6 m。

（6）除高层厂房和甲类厂房外，其他类别的数座厂房占地面积之和小于《建筑设计防火规范》（GB 50016—2014）规定的防火分区最大允许建筑面积（按其中较小者确定，但防火分区的最大允许建筑面积不限者，不应大于 10 000 m^2）时，可成组布置。当厂房建筑高度不大于7 m时,组内厂房之间的防火间距不应小于4 m;当厂房建筑高度大于7 m时,组内厂房之间的防火间距不应小于6 m。组与组或组与相邻建筑的防火间距,应根据相邻两座中耐火等级较低的建筑,按表2-1的规定确定。

(7)一级汽车加油站、一级汽车加气站和一级汽车加油加气合建站不应布置在城市建成区内。

(8)厂区围墙与厂区内建筑的间距不宜小于5 m,围墙两侧建筑的间距应满足相应建筑的防火间距要求。

(三)仓库的防火间距

(1)甲类仓库之间及与其他建筑、明火或散发火花地点、铁路、道路等的防火间距不应小于表2-2的规定。

表2-2 甲类仓库之间及与其他建筑、明火或散发火花地点、铁路、道路等的防火间距 单位:m

名称		甲类仓库(储量/t)			
		甲类储存物品第3、4项		甲类储存物品第1、2、5、6项	
		≤5	>5	≤10	>10
高层民用建筑、重要公共建筑		50			
裙房、其他民用建筑、明火或散发火花地点		30	40	25	30
甲类仓库		20	20	20	20
厂房和乙、丙、丁、戊类仓库	一、二级	15	20	12	15
	三级	20	25	15	20
	四级	25	30	20	25
电力系统电压为35~500 kV且每台变压器容量不小于10 MVA的室外变、配电站,工业企业的变压器总油量大于5 t的室外降压变电站		30	40	25	30
厂外铁路线中心线		40			
厂内铁路线中心线		30			
厂外道路路边		20			
厂内道路路边	主要	10			
	次要	5			

注:甲类仓库之间的防火间距,当第3、4项储存物品不大于2 t,第1、2、5、6项储存物品不大于5 t时,不应小于12 m,甲类仓库与高层仓库的防火间距不应小于13 m。

(2)乙、丙、丁、戊类仓库之间及其与民用建筑之间的防火间距不应小于表2-3的规定。

表 2-3　乙、丙、丁、戊类仓库之间及其与民用建筑之间的防火间距　　单位：m

名称			乙类仓库			丙类仓库				丁、戊类仓库			
			单、多层		高层	单、多层			高层	单、多层			高层
			一、二级	三级	一、二级	一、二级	三级	四级	一、二级	一、二级	三级	四级	一、二级
乙、丙、丁、戊类仓库	单、多层	一、二级	10	12	13	10	12	14	13	10	12	14	13
		三级	12	14	15	12	14	16	15	12	14	16	15
		四级	14	16	17	14	16	18	17	14	16	18	17
	高层	三级	13	15	13	13	15	17	13	13	15	17	13
民用建筑	裙房，单、多层	一、二级	25			10	12	14	13	10	12	14	13
		三级	25			12	14	16	15	12	14	16	15
		四级	25			14	16	18	17	14	16	18	17
	高层	一类	50			20	25	25	20	15	18	18	15
		二类	50			15	20	20	15	13	15	15	13

执行表 2-3 时应注意以下几点。

①单、多层戊类仓库之间的防火间距，可按本表减少 2 m。

②两座仓库的相邻外墙均为防火墙时，防火间距可以减小，但丙类仓库不应小于 6 m；丁、戊类仓库不应小于 4 m。两座仓库相邻，较高一面外墙为防火墙，或相邻两座高度相同的一、二级耐火等级建筑中相邻任一侧外墙为防火墙且屋顶的耐火极限不少于 1 h，同时总占地面积不大于《建筑设计防火规范》（GB 50016—2014）规定的一座仓库的最大允许占地面积时，其防火间距不限。

③除乙类第 6 项物品外的乙类仓库，与民用建筑之间的防火间距不宜小于 25 m，与重要公共建筑的防火间距不应小于 50 m，与铁路、道路等的防火间距不宜小于表 2-2 中甲类仓库与铁路、道路等的防火间距。

（3）丁、戊类仓库与民用建筑的耐火等级均为一、二级时，仓库与民用建筑的防火间距可适当减小，但应符合下列规定。

①当较高一面外墙为无门、窗、洞口的防火墙，或比相邻的较低一座建筑屋面高 15 m 及以下范围的外墙为无门、窗、洞口的防火墙时，其防火间距不限。

②相邻较低一面外墙为防火墙，且屋顶无天窗或洞口，屋顶耐火极限不少于 1 h，或相邻较高一面外墙为防火墙，且墙上开口部位采取了防火措施，其防火间距可适当减小，但不应小于 4 m。

（4）库区围墙与库区内建筑的间距不宜小于 5 m，围墙两侧建筑的间距应满足相应建筑的防火间距要求。

（四）民用建筑的防火间距

民用建筑之间的防火间距不应小于表 2-4 的规定，与其他建筑的防火间距应符合相关规定。

表 2-4　民用建筑之间的防火间距　　单位:m

建筑类别		高层民用建筑	裙房和其他民用建筑		
		一、二级	一、二级	三级	四级
高层民用建筑	一、二级	13	9	11	14
裙房和其他民用建筑	一、二级	9	6	7	9
	三级	11	7	8	10
	四级	14	9	10	12

在执行表 2-4 的规定时,应注意以下几点。

(1)相邻两座单、多层建筑,当相邻外墙为不燃性墙体且无外露的可燃性屋檐,每面外墙上无防火保护的门、窗、洞口不正对开设且该门、窗、洞口面积之和不大于外墙面积的 5% 时,其防火间距可按本表规定减少 25%。

(2)两座建筑相邻,较高一面外墙为防火墙,或高出相邻较低一座一、二级耐火等级建筑的屋面 15 m 及以下范围内的外墙为防火墙时,其防火间距可不限。

(3)相邻两座高度相同的一、二级耐火等级建筑中相邻的任一侧外墙为防火墙且屋顶的耐火极限不少于 1 h 时,其防火间距可不限。

(4)相邻两座建筑中较低一座建筑的耐火等级不低于二级,相邻较低一面外墙为防火墙且屋顶无天窗,屋顶的耐火极限不少于 1 h 时,其防火间距不应小于 3.5 m;对于高层建筑,不应小于 4 m。

(5)相邻两座建筑中较低一座建筑的耐火等级不低于二级且屋顶无天窗,相邻较高一面外墙高出较低一座建筑的屋面 15 m 及以下范围的开口部位设置甲级防火门、窗,或设置符合现行国家标准《自动喷水灭火系统设计规范》(GB 50084—2017)规定的防火分隔水幕或《建筑设计防火规范》(GB 50016—2014)规定的防火卷帘时,其防火间距不应小于 3.5 m;高层建筑不应小于 4 m。

(6)相邻建筑通过连廊、天桥或底部的建筑物等连接时,其间距不应小于本表的规定。

(7)耐火等级低于四级的既有建筑,其耐火等级可按四级确定。

建筑高度大于 100 m 的民用建筑与相邻建筑的防火间距,当符合《建筑设计防火规范》(GB 50016—2014)允许减小的条件时,仍不应减小。

除高层民用建筑外,数座一、二级耐火等级的住宅建筑或办公建筑的占地面积总和不大于 2 500 m^2 时,可成组布置,但组内建筑物的间距不宜小于 4 m。组与组或组与相邻建筑物的防火间距不应小于表 2-4 的规定。

(五)汽车库、修车库、停车场的防火间距

汽车库、修车库、停车场之间及汽车库、修车库、停车场与除甲类物品仓库外的其他建筑物的防火间距,应符合表 2-5 的规定。

表 2－5　汽车库、修车库、停车场之间及汽车库、修车库、停车场与除甲类物品仓库外的其他建筑物的防火间距

单位：m

名称	汽车库、修车库		厂房、仓库、民用建筑		
	一、二级	三级	一、二级	三级	四级
一、二级汽车库、修车库	10	12	10	12	14
三级汽车库、修车库	12	14	12	14	16
停车场	6	8	6	8	1

高层汽车库与其他建筑物，汽车库、修车库与高层工业、民用建筑的防火间距应按表 2－5 的规定值增加 3 m。汽车库、修车库与甲类厂房的防火间距应按表 2－5 的规定值增加 2 m。

甲、乙类物品运输车的汽车库、修车库、停车场与民用建筑的防火间距不应小于 25 m，与重要公共建筑的防火间距不应小于 50 m。甲类物品运输车的汽车库、修车库与明火或散发火花地点的防火间距不应小于 30 m，与厂房、仓库的防火间距应按表 2－5 的规定值增加 2 m。

汽车库、修车库之间或汽车库、修车库与其他建筑之间的防火间距可适当减少，但应符合下列规定。

（1）当两座建筑物相邻的较高一面外墙为无门、窗、洞口的防火墙或当较高一面外墙比较低的一座一、二级耐火等级建筑屋面高 15 m 及以下范围的墙为无门、窗、洞口的防火墙时，其防火间距可不限。

（2）当两座建筑相邻较高一面外墙，且同较低建筑等高的以下范围内的墙为无门、窗、洞口的防火墙时，其防火间距可按表 2－5 的规定值减小 50%。

（3）相邻的两座一、二级耐火等级建筑，当较高一面外墙的耐火极限不少于 2 h。墙上开口部位设置甲级防火门、窗或耐火极限不少于 2 h 的防火卷帘、水幕等防火设施时，其防火间距可减小，但不应小于 4 m。

（4）相邻的两座一、二级耐火等级建筑，当较低一座的屋顶无开口，屋顶的耐火极限不少于 1 h，且较低一面外墙为防火墙时，其防火间距可减小，但不应小于 4 m。

停车场与相邻的一、二级耐火等级建筑之间，当相邻建筑的外墙为无门、窗、洞口的防火墙，或比停车位置高 15 m 范围以下的外墙均为无门、窗、洞口的防火墙时，防火间距可不限。

三、防火间距不足时的消防技术措施

由于场地等原因，防火间距难以满足国家有关消防技术规范的要求时，可根据建筑物的实际情况，采取以下补救措施。

（1）改变建筑物的生产和使用性质，尽量降低建筑物的火灾危险性，改变房屋部分结构的耐火性能，提高建筑物的耐火等级。

（2）调整生产厂房的部分工艺流程，限制库房内储存物品的数量，提高部分构件的耐火极限和燃烧性能。

（3）将建筑物的普通外墙改造为防火墙或减少相邻建筑的开口面积，如开设门窗，应采用防火门窗或加防火水幕保护。

(4)拆除部分耐火等级低、占地面积小、使用价值低且与新建筑物相邻的原有陈旧建筑物。

(5)设置独立的室外防火墙。在设置防火墙时,应兼顾通风排烟和破拆扑救,切忌盲目设置,顾此失彼。

第二节 消防车道

消防车道是供消防车灭火时通行的道路,设置消防车道的目的在于,一旦发生火灾,可确保消防车畅通无阻,迅速到达火场,为及时扑灭火灾创造条件。消防车道可以利用交通道路,但在通行的净高度、净宽度、地面承载力、转弯半径等方面应满足消防车通行与停靠的需求,并保证畅通。街区内的道路应考虑消防车的通行,室外消火栓的保护半径在150 m左右,按规定一般设在城市道路两旁,故将道路中心线间的距离设定为不宜大于160 m。

消防车道的设置应根据当地消防部队使用的消防车辆的外形尺寸、载重、转弯半径等消防车技术参数,以及建筑物的体量大小、周围通行条件等因素确定。

一、消防车道设置要求

(一)环形消防车道

(1)对于那些高度高、体量大、功能复杂、扑救困难的建筑应设环形消防车道。高层民用建筑,超过3 000个座位的体育馆,超过2 000个座位的会堂,占地面积大于3 000 m^2的展览馆等单、多层公共建筑的周围应设置环形消防车道。确有困难时,可沿建筑的两个长边设置消防车道。对于山坡地或河道边临空建造的高层建筑,可沿建筑的一个长边设置消防车道,但该长边所在建筑立面应为消防车登高操作面。

沿街的高层建筑,其街道的交通道路,可作为环形车道的一部分。

(2)高层厂房、占地面积大于3 000 m^2的甲、乙、丙类厂房和占地面积大于1 500 m^2的乙、丙类仓库,应设置环形消防车道,确有困难时,应沿建筑物的两个长边设置消防车道。

(3)设置环形消防车道时至少应有两处与其他车道连通,必要时还应设置与环形车道相连的中间车道,且道路设置应考虑大型车辆的转弯半径。

(二)穿过建筑的消防车道

(1)对于一些使用功能多、面积大、建筑长度长的建筑,如L形、U形、口形建筑,当其沿街长度超过150 m或总长度大于220 m时,应在适当位置设置穿过建筑物的消防车道。

(2)为了日常使用方便和消防人员能够快速进入建筑内院救火,有封闭内院或天井的建筑物,当内院或天井的短边长度大于24 m时,宜设置进入内院或天井的消防车道。

有封闭内院或天井的建筑物沿街时,应设置连通街道和内院的人行通道(可利用楼梯间),人行通道的间距不宜大于80 m。

(3)在穿过建筑物或进入建筑物内院的消防车道两侧,不应设置影响消防车通行或人员安全疏散的设施。

（三）尽头式消防车道

当建筑和场所的周边受地形环境条件限制，难以设置环形消防车道或与其他道路连通的消防车道时，可设置尽头式消防车道。

（四）消防水源地消防车道

供消防车取水的天然水源和消防水池应设置消防车道。消防车道边缘距离取水点不宜大于 2 m。

二、消防车道设置的技术要求

（一）消防车道的净宽和净高

消防车道一般按单行线考虑，为便于消防车顺利通过，消防车道的净宽度和净空高度均不应小于 4 m，消防车道的坡度不宜大于 8%。

（二）消防车道的荷载

轻、中系列消防车最大总质量不超过 11 t；重系列消防车最大总质量为 15～50 t。作为车道，不管是市政道路还是小区道路，一般都应满足重系列消防车的通行。消防车道的路面、救援操作场地及消防车道和救援操作场地下面的管道和暗沟等，应能承受重系列消防车的压力，且应考虑建筑物的高度、规模及当地消防车的实际参数。

（三）消防车道的最小转弯半径

车道转弯处应考虑消防车的最小转弯半径，以便于消防车顺利通行。消防车的最小转弯半径是指消防车回转时消防车的前轮外侧循圆曲线行走轨迹的半径。轻系列消防车最小转弯半径≥7 m，中系列消防车最小转弯半径≥9 m，重系列消防车最小转弯半径≥12 m，因此，弯道外侧需要保留一定的空间，保证消防车紧急通行，停车场或其他设施不能侵占消防车道的宽度，以免影响扑救工作。

（四）消防车道的回车场

尽头式车道应根据消防车辆的回转需要设置回车道或回车场。回车场的面积不应小于 12 m×12 m；对于高层建筑，回车场不宜小于 15 m×15 m；供重系列消防车使用时，回车场不宜小于 18 m×18 m。

（五）消防车道的间距

室外消火栓的保护半径在 150 m 左右，按规定一般设在城市道路两旁，故消防车道的间距应为 160 m。

第三节　消防登高面、消防救援场地和灭火救援窗

建筑的消防登高面、消防救援场地和灭火救援窗，是火灾时进行有效灭火救援行动的重要设施。本节主要介绍这些消防救援设施的设置要求。

一、定义

(一)消防登高面

登高消防车能够靠近高层主体建筑,便于消防车作业和消防人员进入高层建筑抢救人员和扑救火灾的建筑立面称为该建筑的消防登高面,也叫建筑的消防扑救面。

(二)消防救援场地

在高层建筑的消防登高面一侧,地面必须设置消防车道和供消防车停靠并进行灭火救人的作业场地,该场地就叫作消防救援场地。

(三)灭火救援窗

在高层建筑的消防登高面一侧外墙上设置的供消防人员快速进入建筑主体且便于识别的灭火救援窗口称为灭火救援窗。厂房、仓库、公共建筑的外墙应每层设置灭火救援窗。

二、消防登高面

对于高层建筑,应根据建筑的立面和消防车道等情况,合理确定建筑的消防登高面。根据消防举高车变幅角的范围以及实地作业,进深不大于4 m的裙房不会影响举高车的操作。因此,高层建筑应至少沿一条长边或周边长度的1/4且不小于一条长边长度的底边连续布置消防车登高操作场地,该范围内的裙房进深不应大于4 m。建筑高度不大于50 m的建筑,连续布置消防车登高操作场地有困难时,可间隔布置,但间隔距离不宜大于30 m,且消防车登高操作场地的总长度仍应符合上述规定。

建筑物与消防车登高操作场地相对应的范围内,应设置直通室外的楼梯或直通楼梯间的入口,方便救援人员快速进入建筑展开灭火和救援。

三、消防救援场地

(一)最小操作场地面积

消防登高场地应结合消防车道设置。考虑到举高车的支腿横向跨距不超过6 m,同时考虑普通车(宽度为2.5 m)的交会以及消防队员携带灭火器具的通行,一般以10 m为妥。根据举高车的车长15 m以及车道的宽度,最小操作场地长度和宽度不宜小于15 m×10 m。对于建筑高度大于50 m的建筑,操作场地的长度和宽度分别不应小于20 m×10 m,且场地的坡度不宜大于3%。

(二)场地与建筑的距离

根据火场经验和举高车的实际操作,场地一般离建筑5 m,最大距离可由建筑高度、举高车的额定工作高度确定。一般情况下,如果扑救50 m以上建筑的火灾,5~13 m的消防举高车可达其额定高度,为方便布置,登高场地距建筑外墙不宜小于5 m,且不应大于10 m。

(三)操作场地荷载计算

作为消防车登高操作场地,由于需承受30~50 t举高车的重量,对中后桥的荷载需从结构上考虑做局部处理还是十分必要的。虽然地下管道、暗沟、水池、化粪池等不会影响消防车荷载,但为安全起见,不宜把上述地下设施布置在消防登高操作场地内。同时,在地下建筑上布置消防登高操作场地时，地下建筑的楼板荷载应按承载重系列消防车计算。

(四)操作空间的控制

应根据高层建筑的实际高度，合理控制消防登高场地的操作空间。场地与建筑之间不应设置妨碍消防车操作的架空高压电线、树木、车库出入口等障碍，同时要避开地下建筑内设置的危险场所等的泄爆口。

四、灭火救援窗

在灭火时，只有将灭火剂直接作用于火源或燃烧的可燃物，才能有效灭火。除少数建筑外，大部分建筑的火灾在消防队到达时均已发展到比较大的规模，从楼梯间进入有时难以接近火源，因此有必要在外墙上设置供灭火救援用的入口。厂房、仓库、公共建筑的外墙应每层设置可供消防救援人员进入的窗口。窗口的净高度和净宽度分别不应小于0.8 m和1.0 m，下沿距室内地面不宜大于1.2 m，间距不宜大于30 m。且每个防火分区不应少于2个，设置位置应与消防车登高操作场地相对应。窗口的玻璃应易破碎，并应设置可在室外识别的明显标志。

第四节　建筑平面防火设计

建筑物内某处失火时，火灾会通过热对流、热辐射和热传导向周围区域传播。建筑物内空间面积大，则发生火灾时燃烧面积大、蔓延扩展快，火灾损失也大。所以，有效地阻止火灾在建筑物的水平及垂直方向蔓延，将火灾限制在一定范围之内是十分必要的。在建筑物内划分防火分区，可有效地控制火势的蔓延，有利于人员安全疏散和扑救火灾，从而达到减少火灾损失的目的。

一、防火分区设计

防火分区是指在建筑内部采用防火墙、楼板及其他防火分隔设施分隔而成，能在一定时间内防止火灾向同一建筑的其余部分蔓延的局部空间。

防火分区的面积大小应根据建筑物的使用性质、高度、火灾危险性、消防扑救能力等因素确定。不同类别的建筑其防火分区的划分有不同的标准。

(一)民用建筑的防火分区

1. 民用建筑防火分区

当建筑面积过大时，室内容纳的人员和可燃物的数量相应增多，为了减少火灾损失，建筑物防火分区的面积应按照建筑物耐火等级的不同给予相应的限制。

2. 中庭等的防火分区

(1)上、下层相连通的建筑的防火分区。建筑内设置自动扶梯、敞开楼梯等上、下层相连通的开口时，其防火分区的建筑面积应按上、下层相连通的建筑面积叠加计算；当叠加计算后的建筑面积大于一个防火分区的最大允许建筑面积时，应划分防火分区。

建筑内连通上下楼层的开口破坏了防火分区的完整性，会导致火灾在多个区域和楼层蔓延发展。这样的开口主要有自动扶梯、中庭、敞开楼梯等。中庭等共享空间，贯通数个楼层,甚至从首层直通到顶层,四周与建筑物各楼层的廊道、营业厅、展览厅或窗口直接连通;自动扶梯、敞开楼梯也连通上、下两层或数个楼层。火灾发生时,这些开口是火势竖向蔓延的主要通道,火势和烟气会从开口部位侵入上、下楼层,给人员疏散和火灾控制带来困难。因此,应对这些相连通的空间采取可靠的防火分隔措施,以防止火灾通过连通空间迅速向上蔓延。

对于《建筑设计防火规范》(GB 50016—2014)允许采用敞开楼梯间的建筑,如5层或5层以下的教学建筑、普通办公建筑等,该敞开楼梯间可以不按上、下层相连通的开口考虑。

(2)中庭的防火分区。中庭是建筑中由上、下楼层贯通而形成的一种共享空间。近年来,随着建筑物大规模化和综合化趋势的发展,出现了贯通数层,乃至数十层的大型中庭。建筑中庭的设计在世界上非常流行,大型中庭空间可以用于集会、举办音乐会、舞会和各种演出,大空间可以营造出良好的团聚气氛。中庭空间具有以下特点:在建筑物内部,上下贯通多层空间;多数为采用钢结构和玻璃的顶棚或外墙的一部分,使阳光充满内部空间;中庭空间的用途不确定。

设置了中庭的建筑最大的问题是发生火灾时,其防火分区被上、下贯通的大空间所破坏。因此,当中庭防火设计不合理或管理不善时,存在火灾急速扩大的可能性。中庭建筑的火灾危险性有以下几点。

①火灾不受限制地急剧扩大。中庭空间一旦失火,属于"燃料控制型"燃烧,因此火势很容易迅速扩大。

②烟气迅速扩散。由于中庭空间形似烟囱,因此易产生烟囱效应。若在中庭下层发生火灾,烟火易进入中庭;若在上层发生火灾,中庭空间未考虑排烟时,就会向下部楼层扩散,进而扩散到整个建筑物。

③疏散危险。由于烟气在多楼层迅速扩散,楼内人员会产生恐惧心理,会争先恐后夺路逃命,极易出现伤亡。

④自动喷水灭火设备难启动。中庭空间的顶棚很高,因此采用普通的火灾探测装置和自动喷水灭火装置等不能达到火灾早期探测和初期灭火的效果。即使在顶棚下设置了自动洒水喷头,但由于高度太高,如果温度达不到额定值,洒水喷头便无法启动。

⑤灭火和救援活动可能受到的影响:可能出现要同时在几层楼进行灭火的状况;消防队员不得不逆疏散人流的方向进入火场;火势迅速地多方位扩散,消防队员难以围堵、扑救火灾;火灾时,顶棚和壁面上的玻璃因受热破裂而散落,对扑救人员造成威胁;建筑物中庭的用途不明确,将会有大量不熟悉建筑情况的人员在其中活动,并可能增加大量的可燃物,如临时舞台、照明设施、座位等,将会加大发生火灾发生的概率,加大火灾时疏散人员的难度。

中庭建筑火灾的防火设计要求:建筑物内设置中庭时,防火分区的建筑面积应按上、下层相连通的建筑面积叠加计算;当叠加计算之和大于一个防火分区的最大允许建筑面积时,应符合下列规定。

①中庭应与周围连通空间进行防火分隔:采用防火隔墙时,其耐火极限不应低于1 h;采用防火玻璃墙时,其耐火隔热性和耐火完整性不应低于1 h,采用耐火完整性不低于1 h的非隔热性防火玻璃墙时,应设置自动喷水灭火系统进行保护;采用防火卷帘时,其耐火极限不应低于3 h,并应符合《建筑设计防火规范》(GB 50016—2014)的相关规定;与中庭相连通的门、窗,应采用火灾时能自行关闭的甲级防火门、窗。

②高层建筑内的中庭回廊应设置自动喷水灭火系统和火灾自动报警系统。

③中庭应设置排烟设施。

④中庭内不应布置可燃物。

3. 商店的防火分区

(1)商店营业厅、展览厅。一、二级耐火等级建筑内的商店营业厅、展览厅,当设置自动灭火系统和火灾自动报警系统并采用不燃或难燃装修材料时,其每个防火分区的最大允许建筑面积应符合下列规定。

①设置在高层建筑内时,不应大于 4 000 m^2。

②设置在单层建筑内或仅设置在多层建筑的首层内时,不应大于 100 000 m^2。

③设置在地下或半地下时,不应大于 2 000 m^2。

当营业厅、展览厅仅设置在多层建筑(包括与高层建筑主体采用防火墙分隔的裙房)的首层,其他楼层用于火灾危险性较营业厅或展览厅小的其他用途,或所在建筑本身为单层建筑时,考虑到人员安全疏散和灭火救援均具有较好的条件,且营业厅和展览厅需与其他功能区域划分为不同的防火分区,分开设置各自的疏散设施,并将防火分区的建筑面积设置为 10 000 m^2。但需注意,尽管增大了这些场所的防火分区面积,但其疏散距离仍应满足《建筑设计防火规范》(GB 50016—2014)要求。

当营业厅、展览厅设置在多层建筑的首层及其他楼层时,应考虑涉及多个楼层的疏散和火灾蔓延危险。

当营业厅内设置餐饮场所时,防火分区的建筑面积需要按照民用建筑的其他功能的防火分区要求进行划分,并要与其他商业营业厅进行防火分隔。

当营业厅、展览厅按要求进行设计时,这些场所不仅要设置自动灭火系统和火灾自动报警系统,而且装修材料要采用不燃或难燃材料,且不能低于《建筑内部装修设计防火规范》(GB 50222—2017)的要求,不能再按照该规范的要求降低材料的燃烧性能。

(2)地下或半地下商店。总建筑面积大于 20 000 m^2的地下或半地下商店,应采用无门、窗、洞口的防火墙以及耐火极限不低于 2 h 的楼板分隔成多个建筑面积不大于 20 000 m^2的区域。相邻区域确需局部连通时,应采用下沉式广场等室外开敞空间、防火隔间、避难走道、防烟楼梯间等方式进行连通,并应符合下列规定。

①下沉式广场等室外开敞空间应能防止相邻区域的火灾蔓延和便于安全疏散,并应符合《建筑设计防火规范》(GB 50016—2014)的规定。

②防火隔间的墙应为耐火极限不低于 3 h 的防火隔墙,并应符合《建筑设计防火规范》(GB 50016—2014)的规定。

③避难走道应符合《建筑设计防火规范》(GB 50016—2014)的规定。

④防烟楼梯间的门应采用甲级防火门。

4. 汽车库、修车库防火分区

汽车库应设防火墙、划分防火分区。

敞开式、错层式、斜楼板式汽车库的上下连通层面积应叠加计算,每个防火分区的最大允许建筑面积不应大于规定的 2 倍;室内有车道且有人员停留的机械式汽车库,其防火分区最大允许建筑面积应按规定的减少 35%。汽车库内设置自动灭火系统时,其每个防火分区的最大允许建筑面积不应大于规定的 2 倍。

(1)机械式汽车库要求。室内无车道且无人员停留的机械式汽车库,当停车数量超过

100 辆时，应采用无门、窗、洞口的防火墙，分隔为多个停车数量不大于 100 辆的区域；但当采用防火隔墙和耐火极限不低于 1 h 的不燃性楼板分隔成多个停车单元，且停车单元内的车辆数不大于 3 辆时，应分隔为停车数量不大于 300 辆的区域。

（2）甲、乙类物品运输车的汽车库、修车库要求。甲、乙类物品运输车的汽车库、修车库，每个防火分区的最大允许建筑面积不应大于 500 m^2。

（3）修车库要求。修车库每个防火分区的最大允许建筑面积不应大于 2 000 m^2，当修车部位与相邻使用有机溶剂的清洗和喷漆工段采用防火墙分隔时，每个防火分区的最大允许建筑面积不应大于 4 000 m^2。

（二）厂房的防火分区

根据不同的生产火灾危险性类别，合理确定厂房的层数和建筑面积，可以有效防止火灾蔓延扩大，减少损失。

甲类生产具有易燃、易爆的特性，容易发生火灾和爆炸，疏散和救援困难，如层数多则更难扑救，严重者会对结构产生严重破坏。因此，甲类厂房除因生产工艺需要外，宜采用单层建筑。

为适应生产需要，在建设大面积厂房和布置连续生产线时，防火分区采用防火墙分隔比较困难。对此，除甲类厂房外，《建筑设计防火规范》（GB 50016—2014）允许采用防火分隔水幕或防火卷帘等进行分隔。厂房的防火分区面积应根据其生产的火灾危险性类别、厂房的层数和厂房的耐火等级等因素确定。

对于一些特殊的工业建筑，防火分区的面积可适当扩大，但必须满足《建筑设计防火规范》的相关要求。厂房内的操作平台、检修平台，当使用人数少于 10 人时，其面积可不计入所在防火分区的建筑面积内。

自动灭火系统能及时控制和扑灭防火分区内的初起火灾，有效地控制火势蔓延。运行维护良好的自动灭火设施，能较大地提高厂房的消防安全性。因此，厂房内设置自动灭火系统时，每个防火分区的最大允许建筑面积可按规定的增加 1 倍。当丁、戊类的地上厂房内设置自动灭火系统时，每个防火分区的最大允许建筑面积不限。厂房内局部设置自动灭火系统时，其防火分区的增加面积可按该局部面积的 1 倍计算。

厂房的防火分区之间应采用防火墙分隔。除甲类厂房外的一、二级耐火等级厂房，当其防火分区的建筑面积大于规定的，且设置防火墙确有困难时，可采用防火卷帘或防火分隔水幕分隔。采用防火卷帘时，应符合《建筑设计防火规范》（GB 50016—2014）的规定；采用防火分隔水幕时，应符合现行国家标准《自动喷水灭火系统设计规范》（GB 50084—2017）的规定。

（三）仓库的防火分区

仓库物资储存比较集中，可燃物数量多，一旦发生火灾，灭火救援难度大，常造成严重的经济损失。因此，除了对仓库总的占地面积进行限制外，仓库内的防火分区之间必须采用防火墙分隔，不能采用其他分隔方式替代。甲、乙类物品着火后蔓延快、火势猛烈，甚至可能发生爆炸，危害大，因此甲、乙类仓库内的防火分区之间应采用不开设门、窗、洞口的防火墙分隔，且甲类仓库应为单层建筑。而丙、丁、戊类仓库，在实际使用中确因生产工艺、物流等用途需要开口的部位，需采用与防火墙等效的措施，如甲级防火门、防火卷帘分隔，开口部位的宽度一般控制在不大于 6 m，高度宜控制在 4 m 以下，以保证该部位分隔的有效性。

设置在地下、半地下的仓库，火灾发生时室内气温高，烟气浓度比较高，热分解产物成分复杂、毒性大，而且威胁上部仓库的安全，因此甲、乙类仓库不应附设在建筑物的地下室和半地下室内。

仓库内设置自动灭火系统时，除冷库的防火分区外，每座仓库的最大允许占地面积和每个防火分区的最大允许建筑面积可按规定增加 1 倍。冷库的防火分区面积应符合现行国家标准《冷库设计规范》(GB 50072—2021)的规定，甲、乙类生产场所(仓库)不应设置在地下或半地下。

(四)木结构建筑的防火分区

建筑高度不大于 18 m 的住宅建筑，建筑高度不大于 24 m 的办公建筑或丁、戊类厂房(库房)的房间隔墙和非承重外墙可采用木骨架组合墙体，其他建筑的非承重外墙不得采用木骨架组合墙体。

甲、乙、丙类厂房(库房)不应采用木结构或木结构组合。丁、戊类厂房(库房)和民用建筑，当采用木结构或木结构组合时，其允许层数和建筑高度应符合规定。

当设置自动喷水灭火系统时，防火墙间的允许建筑长度和每层最大允许建筑面积可按规定增加 1 倍；对于丁、戊类地上厂房，防火墙间的每层最大允许建筑面积不限。体育场馆等高大空间建筑，其建筑高度和建筑面积可适当增加。

设置在木结构住宅建筑内的机动车库、发电机间、配电间、锅炉间等火灾危险性较大的场所，应采用耐火极限不低于 2 h 的防火隔墙和耐火极限不低于 1 h 的不燃性楼板与其他部位分隔，不宜开设与室内相通的门、窗、洞口，确需开设时，可开设一樘不直通卧室的单扇乙级防火门。机动车车库的建筑面积不宜大于 60 m^2。

(五)城市交通隧道的防火分区

隧道内的变电站、管廊、专用疏散通道、通风机房及其他辅助用房等，应采取耐火极限不低于 2 h 的防火隔墙和乙级防火门等分隔措施与车行隧道分隔。隧道内地下设备用房的每个防火分区的最大允许建筑面积不应大于 1 500 m^2。

二、建筑平面防火布置

一座建筑在建设时，要考虑城市的规划和其在城市中的设置位置。单体建筑内，除了要考虑满足功能需求的划分外，还应根据建筑的耐火等级、火灾危险性、使用性质、人员密集场所人员快速疏散和火灾扑救等因素，对建筑物内部空间进行合理布置，以防止火灾和烟气在建筑内部蔓延扩大，确保火灾发生时人员的生命安全，减少财产损失。

(一)布置原则

(1)建筑内部某处着火时，能限制火灾和烟气通过建筑内部向外部蔓延，并为人员疏散、消防人员的救援和灭火提供保护。

(2)建筑内部某处发生火灾时，能减少强热辐射和烟气对邻近(上下层、水平相邻空间)分隔区域的影响。

(3)能方便消防人员进行救援、利用灭火设施进行救灾活动。

(4)有火灾或爆炸危险的建筑设备设置的部位，能防止对人员和贵重设备造成影响或危害；或采取措施防止发生火灾或爆炸，及时控制灾害的蔓延扩大。

(5)除了为满足民用建筑使用功能所设置的附属库房外,民用建筑内不应设置生产车间和其他库房。经营、存放和使用甲、乙类火灾危险品的商店、作坊和储藏间,严禁附设在民用建筑内。

(二)设备用房布置

由于建筑规模的扩大、用电负荷的增加和集中供热的需要,建筑所需锅炉的蒸发量和变配电设备越来越大,但锅炉和变压器等在运行中又存在较大的危险,发生事故后的危害也较大,特别是燃油、燃气锅炉,容易导致燃烧爆炸事故的发生。可燃油油浸电力变压器发生故障产生电弧时,将使变压器内的绝缘油迅速发生热分解,析出氢气、甲烷、乙炔等可燃气体,使压力骤增,造成外壳爆裂而大面积喷油,或者析出的可燃气体与空气形成爆炸性混合物,在电弧或火花的作用下极易引起燃烧和爆炸。变压器爆炸后,火势将随高温变压器油的流淌而蔓延,造成更大的火灾。

1. 锅炉房、变压器室布置

燃油或燃气锅炉、油浸变压器、充有可燃油的高压电容器和多油开关等,宜设置在建筑外的专用房间内;确需贴邻民用建筑布置时,应采用防火墙与所贴邻的建筑分隔,且不应贴邻人员密集场所,该专用房间的耐火等级不应低于二级;确需布置在民用建筑内时,不应布置在人员密集场所的上一层、下一层或贴邻,并应符合下列规定。

(1)燃油或燃气锅炉房、变压器室应设置在首层或地下一层的靠外墙部位,但常(负)压燃油或燃气锅炉可设置在地下二层或屋顶上。设置在屋顶上的常(负)压燃气锅炉,距离通向屋面的安全出口不应小于6 m。

采用相对密度(与空气密度的比值)不小于0.75的可燃气体为燃料的锅炉,不得设置在地下或半地下。

(2)锅炉房、变压器室的疏散门均应直通室外或安全出口。

(3)锅炉房、变压器室等与其他部位之间应采用耐火极限不低于2 h的防火隔墙和1.5 h的不燃性楼板分隔。在隔墙和楼板上不应开设洞口,确需在隔墙上设置门、窗时,应采用甲级防火门、窗。

(4)锅炉房内设置储油间时,其总储存量不应大于1 m^3,且储油间应采用耐火极限不低于3 h的防火隔墙与锅炉间分隔;确需在防火隔墙上设置门时,应采用甲级防火门。

(5)变压器室之间、变压器室与配电室之间,应设置耐火极限不低于2 h的防火隔墙。

(6)油浸变压器、多油开关室、高压电容器室,应设置防止油品流散的设施。油浸变压器下面应设置能储存变压器全部油量的事故储油设施。

(7)应设置火灾报警装置。

(8)应设置与锅炉、变压器、电容器和多油开关等的容量及建筑规模相适应的灭火设施,当建筑内其他部位设置自动喷水灭火系统时,应设置自动喷水灭火系统。

(9)锅炉的容量应符合现行国家标准《锅炉房设计规范》(GB 50041—2020)的规定。油浸变压器的总容量不应大于1 260 kVA,单台容量不应大于630 kVA。

(10)燃气锅炉房应设置爆炸泄压设施。燃油或燃气锅炉房应设置独立的通风系统,并应符合通风设计的相关规定。

2. 柴油发电机房布置

布置在民用建筑内的柴油发电机房应符合下列规定。

（1）宜布置在首层或地下一、二层。

（2）不应布置在人员密集场所的上一层、下一层或贴邻。

（3）应采用耐火极限不低于 2 h 的防火隔墙和 1.5 h 的不燃性楼板与其他部位分隔，门应采用甲级防火门。

（4）机房内设置储油间时，其总储存量不应大于 1 m^3，储油间应采用耐火极限不低于 3 h 的防火隔墙与发电机间分隔；确需在防火隔墙上开门时，应设置甲级防火门。

（5）应设置火灾报警装置。

（6）应设置与柴油发电机容量和建筑规模相适应的灭火设施，当建筑内其他部位设置自动喷水灭火系统时，机房内应设置自动喷水灭火系统。

3. 消防水泵房布置

消防水泵房需保证泵房内部设备在火灾情况下仍能正常工作，设备和进入房间进行操作的人员不会受到火灾威胁。消防水泵房的设置应符合下列规定。

（1）单独建造的消防水泵房，其耐火等级不应低于二级。

（2）附设在建筑内的消防水泵房，不应设置在地下三层及以下，或室内地面与室外出入口地坪高差大于 10 m 的地下楼层。

（3）疏散门应直通室外或安全出口，且开向疏散走道的门应采用甲级防火门。

（4）应采用耐火极限不低于 2 h 的隔墙和 1.5 h 的楼板与其他部位分隔。

（5）应采取防水淹的技术措施。

4. 消防控制室布置

设置火灾自动报警系统和需要联动控制的消防设备的建筑（群）应设置消防控制室。消防控制室的设置应符合下列规定。

（1）单独建造的消防控制室，其耐火等级不应低于二级。

（2）附设在建筑内的消防控制室，宜设置在建筑内首层或地下一层，并宜布置在靠外墙部位。

（3）不应设置在电磁场干扰较强及其他可能影响消防控制设备正常工作的房间附近。

（4）疏散门应直通室外或安全出口。

（5）消防控制室内的设备构成及其对建筑消防设施的控制与显示功能以及向远程监控系统传输相关信息的功能，应符合现行国家标准《火灾自动报警系统设计规范》（GB 50116—2013）和《消防控制室通用技术要求》（GB 25506—2010）的规定。

（6）应采用耐火极限不低于 2 h 的防火隔墙和 1.5 h 的楼板与其他部位分隔。

（7）开向建筑内的门应采用乙级防火门。

（8）应采取防水淹的技术措施。

5. 其他消防设备用房布置

附设在建筑物内的其他消防设备用房，如固定灭火系统的设备室、通风空气调节机房、防排烟机房等，应采用耐火极限不低于 2 h 的隔墙和 1.5 h 的楼板与其他部位分隔。

设置在丁、戊类厂房内的通风机房，应采用耐火极限不低于 1 h 的隔墙和 1.5 h 的楼板与其他部位分隔。

通风、空气调节机房和变配电室开向建筑内的门应采用甲级防火门，其他设备房间开向建筑内的门应采用乙级防火门。消防电梯机房与相邻普通电梯机房之间应设置耐火极限不低于 2 h 的防火隔墙，隔墙上的门应采用甲级防火门。

（三）人员密集场所布置

1. 剧场、电影院、礼堂

（1）平面布置要求。剧场、电影院、礼堂宜设置在独立的建筑内；建筑采用三级耐火等级时，不应超过2层；确需设置在其他民用建筑内时，至少应设置1个独立的安全出口和疏散楼梯，并应符合下列规定。

①应采用耐火极限不低于2 h的防火隔墙和甲级防火门与其他区域分隔。

②设置在一、二级耐火等级的建筑内时，观众厅宜布置在首层、二层或三层；确需布置在四层及以上楼层时，一个厅、室的疏散门不应少于2个，且每个观众厅的建筑面积不宜大于400 m^2。

③设置在三级耐火等级的建筑内时，不应布置在三层及以上楼层。

④设置在地下或半地下时，宜设置在地下一层，不应设置在地下三层及以下楼层。

（2）消防设施的设置要求。

①设置在高层建筑内时，应设置火灾自动报警系统及自动喷水灭火系统等。

②特等、甲等剧场，超过800个座位的其他等级的剧场和电影院等，以及超过1 200个座位的礼堂、体育馆等单、多层建筑，应设置室内消火栓系统。

③特等、甲等剧场，超过1 500个座位的其他等级的剧场和电影院等，以及超过2 000个座位的会堂或礼堂，应设置自动灭火系统，并宜采用自动喷水灭火系统。

④特等、甲等剧场，超过1 500个座位的其他等级的剧场，超过2 000个座位的会堂或礼堂和高层民用建筑内超过800个座位的剧场或礼堂的舞台口，以及上述场所内与舞台相连的侧台、后台的洞口，宜设置水幕系统。

⑤特等、甲等剧场，超过1 500个座位的其他等级剧场和超过2 000个座位的会堂或礼堂的舞台前葡萄架下部，应设置雨淋自动喷水灭火系统。

⑥建筑面积不小于400 m^2的演播室，建筑面积不小于500 m^2的电影摄影棚，应设置雨淋自动喷水灭火系统。

⑦特等、甲等剧场，超过1 500个座位的其他等级的剧场或电影院，超过2 000个座位的会堂或礼堂，应设置火灾自动报警系统。

（3）建筑构件的设置要求。剧场、电影院、礼堂的建筑构件的设置要求应符合下列规定。

①剧场等建筑的舞台与观众厅之间的隔墙应采用耐火极限不低于3 h的防火隔墙。

②舞台上部与观众厅闷顶之间的隔墙可采用耐火极限不低于1.5 h的防火隔墙，隔墙上的门应采用乙级防火门。

③舞台下部的灯光操作室和可燃物储藏室应采用耐火极限不低于2 h的防火隔墙与其他部位分隔。

④电影放映室、卷片室应采用耐火极限不低于1.5 h的防火隔墙与其他部位分隔，观察孔和放映孔应采取防火分隔措施。

2. 会议厅、多功能厅

建筑内的会议厅、多功能厅等人员密集的场所，宜布置在首层、二层或三层。设置在三级耐火等级的建筑内时，不应布置在三层及以上楼层。确需布置在一、二级耐火等级建筑的其他楼层时，应符合下列规定。

（1）一个厅、室的疏散门不应少于 2 个，且建筑面积不宜大于 400 m²。

（2）设置在地下或半地下时，宜设置在地下一层，不应设置在地下三层及以下楼层。

（3）设置在高层建筑内时，应设置火灾自动报警系统和自动喷水灭火系统等。

确需布置在四层及以上楼层时，一个厅、室的疏散门不应少于 2 个，且每个观众厅或多功能厅的建筑面积宜约 400 m²。

3. 歌舞娱乐放映游艺场所

歌舞厅、录像厅、夜总会、卡拉 OK 厅（含具有卡拉 OK 功能的餐厅）、游艺厅（含电子游艺厅）、桑拿浴室（不包括洗浴部分）、网吧等歌舞娱乐放映游艺场所（不含剧场、电影院）的布置应符合下列规定。

（1）不应布置在地下二层及以下楼层。

（2）宜布置在一、二级耐火等级建筑内的首层、二层或三层的靠外墙部位。

（3）不宜布置在袋形走道的两侧或尽端。

（4）确需布置在地下一层时，地下一层的地面与室外出入口地坪的高差不应大于 10 m。

（5）确需布置在地下或四层及以上楼层时，一个厅、室的建筑面积不应大于 200 m²。

（6）厅、室之间及与建筑的其他部位之间，应采用耐火极限不低于 2 h 的防火隔墙和 1 h 的不燃性楼板分隔，设置在厅、室墙上的门和该场所与建筑内其他部位相通的门均应采用乙级防火门。

（7）应设置火灾自动报警系统。

（8）高层民用建筑内的歌舞娱乐放映游艺场所应设置自动灭火系统，并宜采用自动喷水灭火系统。

（9）设置在地下或半地下或地上四层及以上楼层的歌舞娱乐放映游艺场所（除游泳场所外），设置在首层、二层和三层且任一层建筑面积大于 300 m²的地上歌舞娱乐放映游艺场所（除游泳场所外），应设置自动灭火系统，并宜采用自动喷水灭火系统。

（10）设置在一、二、三层且房间建筑面积大于 1 000 m²的歌舞娱乐放映游艺场所，设置在四层及以上楼层、地下或半地下的歌舞娱乐放映游艺场所，应设置排烟设施。

4. 商店、展览建筑

商店、展览建筑采用三级耐火等级时，不应超过 2 层；采用四级耐火等级时，应为单层。营业厅、展览厅设置在三级耐火等级的建筑内时，应布置在首层或二层；设置在四级耐火等级的建筑内时，应布置在首层。

营业厅、展览厅不应设置在地下三层及以下楼层。地下或半地下营业厅、展览厅不应经营、储存和展示甲、乙类火灾危险性物品。

占地面积大于 3 000 m²的商店建筑、展览建筑等应设置环形消防车道，确有困难时，可沿建筑的两个长边设置消防车道。

面积大于 5 000 m²的展览建筑、商店建筑等应设置室内消火栓系统，任一层建筑面积大于 1 500 m²或总建筑面积大于 3 000 m²的展览建筑、商店建筑，应设置自动灭火系统，并宜采用自动喷水灭火系统。

任一层建筑面积大于 1 500 m²或总建筑面积大于 3 000 m²的商店、展览、财贸金融、客运和货运等类似用途的建筑，总建筑面积大于 500 m²的地下或半地下商店，应设置火灾自动报警系统。

二类高层公共建筑内建筑面积大于 50 m²的可燃物品库房和建筑面积大于 500 m²的营

业厅,应设置火灾自动报警系统。

5. 体育馆

超过1 200个座位的体育馆应设置室内消火栓系统。

超过3 000个座位的体育馆,超过5 000个座位的体育场的室内人员休息室与器材间等,应设置自动灭火系统,并宜采用自动喷水灭火系统。

超过3 000个座位的体育馆应设置火灾自动报警系统。

超过3 000个座位的体育馆应设置环形消防车道,确有困难时,可沿建筑的两个长边设置消防车道。

(四)特殊场所布置

1. 老年人及儿童活动场所

老年人活动场所主要指老年公寓、养老院、托老所等建筑中的老年人公共活动场所。

儿童活动场所主要指设置在建筑内的儿童游乐厅、儿童乐园、儿童培训班、早教中心等类似用途的场所。

儿童和老年人的行为能力均较弱,需要其他人协助进行疏散。因此,托儿所、幼儿园的儿童用房,老年人活动场所和儿童游乐厅等儿童活动场所宜设置在独立的建筑内,且不应设置在地下或半地下;当建筑采用一、二级耐火等级时,不应超过3层;采用三级耐火等级时,不应超过2层;采用四级耐火等级时,应为单层;确需设置在其他民用建筑内时,应符合下列规定。

(1)设置在一、二级耐火等级的建筑内时,应布置在首层、二层或三层。

(2)设置在三级耐火等级的建筑内时,应布置在首层或二层。

(3)设置在四级耐火等级的建筑内时,应布置在首层。

(4)设置在高层建筑内时,应设置独立的安全出口和疏散楼梯。

(5)设置在单、多层建筑内时,宜设置独立的安全出口和疏散楼梯。

(6)附设在建筑内的托儿所、幼儿园的儿童用房和儿童游乐厅等儿童活动场所、老年人活动场所,应采用耐火极限不低于2 h的防火隔墙和1 h的楼板与其他场所或部位分隔,墙上必须设置的门、窗应采用乙级防火门、窗。

(7)大、中型幼儿园,总建筑面积大于500 m^2的老年人建筑,应设置自动灭火系统,并宜采用自动喷水灭火系统。

(8)大、中型幼儿园的儿童用房等场所,老年人建筑和其他儿童活动场所,应设置火灾自动报警系统。

2. 医疗建筑

医院和疗养院的住院部分不应设置在地下或半地下。

医院和疗养院的住院部分采用三级耐火等级时,不应超过2层;采用四级耐火等级时,应为单层;设置在三级耐火等级的建筑内时,应布置在首层或二层;设置在四级耐火等级的建筑内时,应布置在首层。

医院和疗养院的病房楼内相邻护理单元之间应采用耐火极限不低于2 h的防火隔墙分隔,隔墙上的门应采用乙级防火门,设置在走道上的防火门应采用常开防火门。

医疗建筑内的手术室或手术部、产房、重症监护室、贵重精密医疗装备用房、储藏间、实验室、胶片室等,应采用耐火极限不低于2 h的防火隔墙和1 h的楼板与其他场所或部位分隔，墙上必须设置的门、窗应采用乙级防火门、窗。

任一层建筑面积大于1 500 m^2 或总建筑面积大于3 000 m^2的病房楼、门诊楼和手术部，应设置自动灭火系统，并宜采用自动喷水灭火系统。

任一层建筑面积大于1 500 m^2或总建筑面积大于3 000 m^2的疗养院的病房楼，不少于200张床位的医院门诊楼、病房楼和手术部等，应设置火灾自动报警系统。

3. 办公建筑、图书馆、教学建筑、食堂、菜市场等

教学建筑、食堂、菜市场采用三级耐火等级建筑时，不应超过2层；采用四级耐火等级建筑时，应为单层；设置在三级耐火等级的建筑内时，应布置在首层或二层，设置在四级耐火等级的建筑内时应布置在首层。

体积大于5 000 m^3的图书馆建筑，建筑高度大于15 m或体积大于10 000 m^3的办公建筑、教学建筑，应设置室内消火栓系统。

藏书量超过50万册的图书馆，应设置自动灭火系统，并宜采用自动喷水灭火系统。

国家、省级或藏书量超过100万册的图书馆内的特藏库；中央和省级档案馆内的珍藏库和非纸质档案库；大、中型博物馆内的珍品库房；一级纸绢质文物的陈列室，应设置自动灭火系统，并宜采用气体灭火系统。

餐厅建筑面积大于1 000 m^2的餐馆或食堂，其烹饪操作间的排油烟罩及烹饪部位应设置自动灭火装置，并应在燃气或燃油管道上设置与自动灭火装置联动的自动切断装置。

食品工业加工场所内有明火作业或高温食用油的食品加工部位，宜设置自动灭火装置。

图书或文物的珍藏库、藏书超过50万册的图书馆、重要的档案馆，应设置火灾自动报警系统。

（五）住宅建筑及设置商业服务网点的住宅建筑

1. 住宅建筑

除商业服务网点外，住宅建筑与其他使用功能的建筑合建时，应符合下列规定。

（1）住宅部分与非住宅部分之间，应采用耐火极限不低于2 h且无门、窗、洞口的防火隔墙和1.5 h的不燃性楼板完全分隔；当为高层建筑时，应采用无门、窗、洞口的防火墙和耐火极限不低于2 h的不燃性楼板完全分隔。建筑外墙上、下层开口之间的防火措施应符合现行国家标准《建筑设计防火规范》（GB 50016—2014）的规定。

（2）住宅部分与非住宅部分的安全出口和疏散楼梯应分别独立设置；为住宅部分服务的地上车库应设置独立的疏散楼梯或安全出口，地下车库的疏散楼梯应按现行标准《建筑设计防火规范》（GB 50016—2014）的规定进行分隔。

（3）住宅部分和非住宅部分的安全疏散、防火分区和室内消防设施配置，可根据各自的建筑高度分别按照《建筑设计防火规范》（GB 50016—2014）中住宅建筑和公共建筑的有关规定执行；该建筑的其他防火设计应根据建筑的总高度和建筑规模按《建筑设计防火规范》（GB 50016—2014）中公共建筑的有关规定执行。

2. 设置商业服务网点的住宅建筑

设置商业服务网点的住宅建筑，其居住部分与商业服务网点之间应采用耐火极限不低于2 h且无门、窗、洞口的防火隔墙和1.5 h的不燃性楼板完全分隔，住宅部分和商业服务网点部分的安全出口和疏散楼梯应分别独立设置。

商业服务网点中每个分隔单元之间应采用耐火极限不低于2 h且无门、窗、洞口的防火隔墙相互分隔，当每个分隔单元任一层建筑面积大于200 m^2时，该层应设置2个安全出口或疏散门。每个分隔单元内的任一点至最近直通室外的出口的直线距离不应大于现行国家标准《建筑设计防火规范》(GB 50016—2014)中规定的多层其他建筑位于袋形走道两侧或尽端的疏散门至最近安全出口的最大直线距离，室内楼梯的距离可按其水平投影长度的1.5倍计算。

(六)步行街

有顶棚的商业步行街，其主要特征是：零售、餐饮和娱乐等中小型商业设施或商铺通过有顶棚的步行街连接，步行街两端均有开放的出入口并具有良好的自然通风或排烟条件，步行街两侧均为建筑面积较小的商铺，一般不大于300 m^2。

有顶棚的商业步行街与商业建筑内的中庭的主要区别在于，步行街如果没有顶棚，则步行街两侧的建筑就成为相对独立的多座不同建筑，而中庭则不能。此外，步行街两侧的建筑不会因步行街上部设置了顶棚而明显增大火灾蔓延的危险，也不会导致火灾烟气在该空间内明显积聚。因此，其防火设计也有别于建筑内的中庭。

餐饮、商店等商业设施通过有顶棚的步行街连接，且步行街两侧的建筑需利用步行街进行安全疏散时，应符合下列规定。

(1)步行街两侧建筑的耐火等级不应低于二级。

(2)步行街两侧建筑相对面的最近距离均不应小于对相应高度建筑的防火间距要求，且不应小于9 m。步行街的端部在各层均不宜封闭，确需封闭时，应在外墙上设置可开启的门窗，且可开启门窗的面积不应小于该部位外墙面积的一半。步行街的长度不宜大于300 m。

(3)步行街两侧建筑的商铺之间应设置耐火极限不低于2 h的防火隔墙，每间商铺的建筑面积不宜大于300 m^2。

(4)步行街两侧建筑的商铺，其面向步行街一侧的围护构件的耐火极限不应低于1 h，并宜采用实体墙，其门、窗应采用乙级防火门、窗；当采用防火玻璃墙(包括门、窗)时，其耐火隔热性和耐火完整性不应低于100 HM；当采用耐火完整性不低于1 h的非隔热性防火玻璃墙(包括门、窗)时，应设置闭式自动喷水灭火系统进行保护。相邻商铺之间面向步行街一侧应设置宽度不小于1 m、耐火极限不低于1 h的实体墙。

当步行街两侧的建筑为多层时，每层面向步行街一侧的商铺均应设置防止火灾竖向蔓延的措施；设置回廊或挑檐时，其出挑宽度不应小于1.2 m；步行街两侧的商铺在上部各层需设置回廊和连接天桥时，应保证步行街上部各层的开口面积不应小于步行街地面面积的37%，且开口宜均匀布置。

(5)步行街两侧建筑内的疏散楼梯应靠外墙设置并宜直通室外，确有困难时，可在首层直接通至步行街；首层商铺的疏散门可直接通至步行街，步行街内任一点到达室外最近安全地点的步行距离不应大于60 m。步行街两侧建筑二层及以上各层商铺的疏散门至该层最近疏散楼梯口或其他安全出口的直线距离不应大于37.5 m。

(6)步行街的顶棚材料应采用不燃或难燃材料，其承重结构的耐火极限不应低于1 h，步行街内不应布置可燃物。

(7)步行街的顶棚下檐距地面的高度不应小于6 m，顶棚应设置自然排烟设施并宜采用常开式的排烟口，且自然排烟口的有效面积不应小于步行街地面面积的25%，常闭式自然排烟设施应能在火灾时手动和自动开启。

(8)步行街两侧建筑的商铺外应每隔 30 m 设置 DN65 的消火栓,并应配备消防软管卷盘或消防水龙,商铺内应设置自动喷水灭火系统和火灾自动报警系统;每层回廊均应设置自动喷水灭火系统。步行街内宜设置自动跟踪定位射流灭火系统。

(9)步行街两侧建筑的商铺内外均应设置疏散照明、灯光疏散指示标志和消防应急广播系统。

(七)工业建筑附属用房布置

1. 办公室、休息室

(1)员工宿舍严禁设置在厂房、仓库内。

(2)办公室、休息室等不应设置在甲、乙类厂房内,确需贴邻本厂房时,其耐火等级不应低于二级,并应采用耐火极限不低于 3 h 的防爆墙与厂房分隔,且应设置独立的安全出口。

甲、乙类物品生产过程中发生的爆炸,冲击波具有很大的摧毁力,用普通的砖墙很难抗御,即使原来墙体耐火极限很高,也会因墙体被破坏而失去防护作用。为保证人身安全,要求有爆炸危险的厂房内不应设置休息室、办公室等,确因条件限制需要设置时,应采用能够抵御相应爆炸作用的墙体分隔。

防爆墙为在墙体任意一侧受到爆炸冲击波作用并达到设计压力时,能够保持设计所要求的防护性能的实体墙体。防爆墙的通常做法有钢筋混凝土墙、砖墙配筋和夹砂钢木板。防爆墙的设计,应根据生产部位可能产生的爆炸超压值、地压面积大小、爆炸的概率,结合工艺和建筑中采取的其他防爆措施与建造成本等情况进行综合考虑。

(3)办公室、休息室设置在丙类厂房内时,应采用耐火极限不低于 2.5 h 的防火隔墙和 1 h 的楼板与其他部位分隔,并应至少设置 1 个独立的安全出口,如隔墙上需开设相互连通的门时,应采用乙级防火门。

在丙类厂房内设置用于管理、控制或调度生产的办公房间以及工人的中间临时休息室时,要采用规定的耐火构件与生产区域隔开,并设置不经过生产区域的疏散楼梯、疏散门等直通厂房外,为方便沟通而设置的、与生产区域相通的门要采用乙级防火门。

(4)办公室、休息室等严禁设置在甲、乙类仓库内,也不应贴邻。

(5)办公室、休息室设置在丙、丁类仓库内时,应采用耐火极限不低于 2.5 h 的防火隔墙和 1 h 的楼板与其他部位分隔,并应设置独立的安全出口。隔墙上需开设相互连通的门时,应采用乙级防火门。

2. 中间仓库

中间仓库是指为满足日常连续生产的需要,在厂房内存放从仓库或上道工序的厂房(或车间)内取得的原材料、半成品、辅助材料的场所。

厂房内设置中间仓库时,应符合下列规定。

(1)甲、乙类中间仓库应靠外墙布置,其储量不宜超过一昼夜的需用量。

中间仓库不仅要靠外墙设置,有条件时,中间仓库还要尽量设置直通室外的出口。

对于存放甲、乙类物品的中间仓库,由于工厂规模、产品不同,一昼夜需用量的绝对值有大有小,难以规定一个具体的限量数据,中间仓库的储量要尽量控制在一昼夜的需用量内。需用量较少的厂房,如有的手表厂用于清洗的汽油,每昼夜需用量只有 20 kg,可适当调整到存放 1 ~2 昼夜的用量;如一昼夜需用量较大,则要严格控制为一昼夜用量。

(2)甲、乙、丙类中间仓库应采用防火墙和耐火极限不低于1.5 h的不燃性楼板与其他部位分隔。

甲、乙、丙类仓库的火灾危险性和危害性大,故厂房内的这类中间仓库要采用防火墙进行分隔,甲、乙类仓库还需考虑墙体的防爆要求,保证发生火灾或爆炸时,不会危及生产区。

(3)丁、戊类中间仓库应采用耐火极限不低于2 h的防火隔墙和1 h的楼板与其他部位分隔。

对于丙、丁、戊类物品中间仓库,为减少库房火灾对建筑的危害,火灾危险性较大的物品库房要尽量设置在建筑的上部。

(4)仓库的耐火等级和面积应符合《建筑设计防火规范》(GB 50016—2014)的规定。

3. 液体中间储罐

厂房中的丙类液体中间储罐应设置在单独房间内,其容积不应大于5 m^3。设置中间储罐的房间,应采用耐火极限不低于3 h的防火隔墙和1.5 h的楼板与其他部位分隔,房间的门应采用甲级防火门。

第五节　防火分隔设施

对建筑物进行防火分区的划分是通过防火分隔构件来实现的。具有阻止火势蔓延的功能,能把整个建筑空间划分成若干较小防火空间的建筑构件称为防火分隔构件。防火分隔构件可分为固定式和可开启关闭式两种。固定式包括普通砖墙、楼板、防火墙等,可开启关闭式包括防火门、防火窗、防火卷帘、防火水幕等。

一、水平防火分区分隔设施

(一)防火隔墙

防火隔墙(fire partition wall)是指建筑内防止火灾蔓延至相邻区域且耐火极限不低于规定要求的不燃性墙体。

建筑内的防火隔墙应从楼地面基层隔断至梁、楼板或屋面板的底面基层。为有效控制火势和烟气蔓延,特别是烟气对人员安全的威胁,如旅馆、公共娱乐场所等人员密集场所内的防火隔墙,应注意将隔墙从地面或楼面砌至上一层楼板或屋面板底部。楼板与隔墙之间的缝隙、穿越墙体的管道及其缝隙、开口等应按照《建筑设计防火规范》(GB 50016—2014)的规定采取防火措施。

住宅分户墙和单元之间的墙应隔断至梁、楼板或屋面板的底面基层,屋面板的耐火极限不应低于0.5 h。在单元式住宅中,分户墙是主要的防火分隔墙体,户与户之间进行较严格的分隔,保证火灾不相互蔓延,也是确保住宅建筑防火安全的重要措施。单元之间的墙应无门、窗、洞口,单元之间的墙砌至屋面板底部,可使该隔墙真正起到防火隔断作用,从而把火灾限制在着火的一户或一个单元之内。

(二)防火墙

防火墙(fire wall)是指防止火灾蔓延至相邻建筑或相邻水平防火分区且耐火极限不低于3 h的不燃性墙体。防火墙是分隔水平防火分区或防止建筑间火灾蔓延的重要分隔构件,对于减少火灾损失发挥着重要作用。能在火灾初期和灭火过程中,将火灾有效地限制在一定空间内,阻断火灾在防火墙一侧而不蔓延到另一侧。在设置时应满足下列要求。

(1)防火墙应直接设置在建筑的基础或框架、梁等承重结构上,框架、梁等承重结构的耐火极限不应低于防火墙的耐火极限。

防火墙应从楼地面基层隔断至梁、楼板或屋面板的底面基层。当高层厂房(仓库)屋顶承重结构和屋面板的耐火极限低于 1 h,其他建筑屋顶承重结构和屋面板的耐火极限低于 0.5 h 时,防火墙应高出屋面 0.5 m 以上。

(2)防火墙横截面中心线水平距离天窗端面小于 4 m,且天窗端面为可燃性墙体时,应采取防止火势蔓延的措施。

(3)建筑外墙为难燃性或可燃性墙体时,防火墙应凸出墙的外表面 0.4 m 以上,且防火墙两侧的外墙应为宽度不小于 2 m 的不燃性墙体,其耐火极限不应低于外墙的耐火极限。

建筑外墙为不燃性墙体时,防火墙可不凸出墙的外表面,紧靠防火墙两侧的门、窗、洞口之间最近边缘的水平距离不应小于 2 m;采取设置乙级防火窗等防止火灾水平蔓延的措施时,该距离不限。

(4)建筑内的防火墙不宜设置在转角处,确需设置时,内转角两侧墙上的门、窗、洞口之间最近边缘的水平距离不应小于 4 m;采取设置乙级防火窗等防止火灾水平蔓延的措施时,该距离不限。

(5)防火墙上不应开设门、窗、洞口,确需开设时,应设置不可开启或火灾时能自动关闭的甲级防火门、窗。

可燃气体和甲、乙、丙类液体的管道严禁穿过防火墙,防火墙内不应设置排气道。

(6)除可燃气体和甲、乙、丙类液体管道外的其他管道不宜穿过防火墙,确需穿过时,应采用防火封堵材料将墙与管道之间的空隙紧密填实,穿过防火墙处的管道保温材料应采用不燃材料;当管道为难燃及可燃材料时,应在防火墙两侧的管道上采取防火措施。

(7)防火墙的构造应能在防火墙任意一侧的屋架、梁、楼板等受到火灾的影响而被破坏时,不会导致防火墙倒塌。

(三)防火门、窗

1. 防火门

防火门(fire resistant door)是指由门框、门扇及五金配件等组成,具有一定耐火性能的门组件。所述的门组件中,还可以包括门框上面的亮窗、门扇中的视窗以及各种防火密封件等辅助材料。建筑中设置的防火门,应保证门的防火和防烟性能符合现行国家标准《防火门》(GB 12955—2015)的有关规定,并经消防产品质量检测中心检测试验认证后才能使用。

防火门的分类、代号与标记如下。

(1)按材质分类

①木质防火门,代号为 MFM。用难燃木材或难燃木材制品制作门框、门扇骨架和门扇面板,门扇内若填充材料,则填充对人体无毒无害的防火隔热材料,并配以防火五金配件所组成的防火门。

②钢质防火门,代号为 GFM。用钢质材料制作门框、门扇骨架和门扇面板,门扇内若填充材料,则填充对人体无毒无害的防火隔热材料,并配以防火五金配件所组成的防火门。

③钢木质防火门,代号为 GMFM。用钢质和难燃木材或难燃木材制品制作门框、门扇骨

架和门扇面板，门扇内若填充材料，则填充对人体无毒无害的防火隔热材料，并配以防火五金配件所组成的防火门。

④其他材质防火门，代号为 * * FM（ * * 代表其他材质的具体表述大写拼音字母）。采用除钢质、难燃木材或难燃木材制品之外的无机不燃材料或部分采用钢质、难燃木材、难燃木材制品制作门框、门扇骨架和门扇面板，门扇内若填充材料，则填充对人体无毒无害的防火隔热材料，并配以防火五金配件所组成的防火门。

（2）按门扇数量分类

①单扇防火门，代号为 1。

②双扇防火门，代号为 2。

③多扇防火门（含有 2 个以上门扇的防火门），代号是用数字表示的门扇数量。

（3）按结构形式分类

①门扇上带防火玻璃的防火门，代号为 b。

②防火门门框：门框双槽口代号为 s，单槽口代号为 d。

③带亮窗防火门，代号为 l。

④带玻璃、带亮窗防火门，代号为 bl。

⑤无玻璃防火门，代号略。

（4）按耐火性能分类（表 2－6）

表 2－6　防火门按耐火性能分类

<table>
<tr><th>名称</th><th colspan="2">耐火性能</th><th>代号</th></tr>
<tr><td rowspan="5">隔热防火门
（A 类）</td><td colspan="2">耐火隔热性≥0.50 h
耐火完整性≥0.50 h</td><td>A0.50（丙级）</td></tr>
<tr><td colspan="2">耐火隔热性≥1.00 h
耐火完整性≥1.00 h</td><td>A1.00（乙级）</td></tr>
<tr><td colspan="2">耐火隔热性≥1.50 h
耐火完整性≥1.50 h</td><td>A1.50（甲级）</td></tr>
<tr><td colspan="2">耐火隔热性≥2.00 h
耐火完整性≥2.00 h</td><td>A2.00</td></tr>
<tr><td colspan="2">耐火隔热性≥3.00 h
耐火完整性≥3.00 h</td><td>A3.00</td></tr>
<tr><td rowspan="4">部分隔热防火门（B 类）</td><td rowspan="4">耐火隔热性
≥0.50 h</td><td>耐火完整性≥1.00 h</td><td>B1.00</td></tr>
<tr><td>耐火完整性≥1.50 h</td><td>B1.50</td></tr>
<tr><td>耐火完整性≥2.00 h</td><td>B2.00</td></tr>
<tr><td>耐火完整性≥3.00 h</td><td>B2.00</td></tr>
<tr><td rowspan="4">非隔热防火门（C 类）</td><td colspan="2">耐火完整性≥1.00 h</td><td>C1.00</td></tr>
<tr><td colspan="2">耐火完整性≥1.50 h</td><td>C1.50</td></tr>
<tr><td colspan="2">耐火完整性≥2.00 h</td><td>C2.00</td></tr>
<tr><td colspan="2">耐火完整性≥3.00 h</td><td>C3.00</td></tr>
</table>

(5)其他分类

有下框的防火门,代号为 k。

门扇顺时针方向关闭,代号为 5。

门扇逆时针方向关闭,代号为 6。

示例 1:GFM－0924－bslk5 A1.50(甲级)－1。表示隔热(A 类)钢质防火门,其洞口宽度为 900 mm,洞口高度为 2 400 mm,门扇镶玻璃、门框双槽口、带亮窗、有下框,门扇顺时针方向关闭,耐火完整性和耐火隔热性的时间均不小于 1.5 h 的甲级单扇防火门。

示例 2:MFM－1221－d6 B1.00－2。表示半隔热(B 类)木质防火门,其洞口宽度为 1 200 mm,洞口高度为 2 100 mm,门扇无玻璃、门框单槽口、无亮窗、无下框,门扇逆时针方向关闭,其耐火完整性的时间不小于 1 h、耐火隔热性的时间不小于 0.5 h 的双扇防火门。

防火门的设置要求如下。

(1)疏散通道在防火分区处应设置常开甲级防火门。

(2)设置在建筑内经常有人通行处的防火门宜采用常开防火门。常开防火门应能在火灾发生时自行关闭,并应具有信号反馈的功能。

(3)除允许设置常开防火门的位置外,其他位置的防火门均应采用常闭防火门。常闭防火门应在其明显位置设置“保持防火门关闭”等提示标识。

(4)除管井检修门和住宅的户门外,防火门应具有自行关闭功能。双扇防火门应具有按顺序自行关闭的功能。

(5)除特殊规定外,防火门应能在其内外两侧手动开启。

(6)设置在建筑变形缝附近时,防火门应设置在楼层较多的一侧,并应保证防火门开启时门扇不跨越变形缝。

(7)防火门关闭后应具有防烟性能。

(8)甲、乙、丙级防火门应符合现行国家标准《防火门》(GB 12955—2015)的规定。

2. 防火窗

防火窗(fire resistant window)是由窗框、窗扇及五金配件等部件组成,具有一定耐火性能的窗组件,一般设置在防火间距不足部位的建筑外墙上的开口或天窗部位,建筑内的防火墙或防火隔墙上需要观察的部位以及需要防止火灾竖向蔓延的外墙开口部位。

(1)防火窗按照安装方法可分固定式防火窗与活动式防火窗。

固定式防火窗,无可开启窗扇的防火窗,不能开启,平时可以采光、遮挡风雨,发生火灾时可以阻止火势蔓延。

活动式防火窗,有可开启窗扇,且装配有窗扇启闭控制装置,能够开启和关闭,起火时可以自动关闭,阻止火势蔓延,开启后可以排除烟气,平时还可以采光和通风。活动式防火窗中,控制活动窗扇开启、关闭的装置应具有手动控制启闭窗扇功能,且至少具有易熔合金件或玻璃球等热敏感元件自动控制关闭窗扇的功能。活动式防火窗的窗扇自动关闭时间不应大于 60 s。

(2)防火窗按照材质可分为钢质防火窗、木质防火窗、钢木复合防火窗和其他材质防火窗。

(3)防火窗按耐火性能分为隔热防火窗和非隔热防火窗。

设置在防火墙、防火隔墙上的防火窗,应采用不可开启的窗扇或具有火灾发生时能自行关闭的功能。

防火窗应符合现行国家标准《防火窗》(GB 16809—2008)的有关规定。

(四)防火卷帘

防火卷帘(fire resistant shutter)是由卷轴、导轨、座板、门楣、箱体、可折叠或卷绕的帘面及卷门机、控制器等部件组成,具有一定耐火性能的卷帘门组件。

1. 防火卷帘分类

(1)按启闭方式,可分为垂直卷、侧向卷、水平卷。

(2)按材料,可分为以下几种。

钢质防火卷帘(steel fire resistant shutter)指用钢质材料做帘板、导轨、座板、门楣、箱体等,并配以卷门机和控制箱所组成的能符合耐火完整性要求的卷帘。

无机纤维复合防火卷帘(mineral fibre compositus fire resistant shutter)指用无机纤维材料做帘面(内配不锈钢丝或不锈钢丝绳),用钢质材料做夹板、导轨、座板、门楣、箱体等,并配以卷门机和控制箱所组成的能符合耐火完整性要求的卷帘。

特级防火卷帘(special type fire resistant shutter)指用钢质材料或无机纤维材料做帘面,用钢质材料做导轨、座板、夹板、门楣、箱体等,并配以卷门机和控制箱所组成的能符合耐火完整性、隔热性和防烟性能要求的卷帘。

2. 性能要求

(1)耐风压性能。钢质防火卷帘的帘板应具有一定的耐风压强度。在规定的荷载下,帘板不允许从导轨中脱出,其帘板的挠度应符合现行国家标准《防火卷帘》(GB 14102—2015)的规定。

为防止帘板脱轨,可以在帘面和导轨之间设置防脱轨装置。

室内使用的钢质防火卷帘及无机纤维复合防火卷帘可以不进行耐风压试验。

(2)防烟性能。防火防烟卷帘导轨和门楣的防烟装置应符合现行国家标准《防火卷帘》(GB 14102—2005)的规定。

防火防烟卷帘帘面两侧差压为 20 Pa 时,其在标准状态下(20 ℃,101 325 Pa)的漏烟量不应大于 0.2 $m^3/(m^2 \cdot min)$。

(3)运行平稳性能。防火卷帘装配完毕后,帘面在导轨内运行应平稳,不应有脱轨和明显的倾斜现象;双帘面卷帘的两个帘面应同时升降,两个帘面之间的高度差不应大于 50 mm。

(4)噪声。防火卷帘启、闭运行的平均噪声不应大于 85 dB。

(5)电动启闭和自重下降运行速度。垂直卷卷帘电动启、闭的运行速度应为 2 ~7.5 m/min,其自重下降速度不应大于 9.5 m/min,侧向卷卷帘电动启、闭的运行速度不应小于 7.5 m/min。水平卷卷帘电动启、闭的运行速度应为 2 ~7.5 m/min。

(6)两步关闭性能。安装在疏散通道处的防火卷帘应具有两步关闭性能,即控制箱接收到报警信号后,控制防火卷帘自动关闭至中位处停止,延时 5 ~60 s 后继续关闭至全闭;或控制箱接收第一次报警信号后,控制防火卷帘自动关闭至中位处停止,接收第二次报警信号后继续关闭至全闭。

(7)温控释放性能。防火卷帘应装配温控释放装置,当释放装置的感温元件周围温度达到 73 ±0.5 ℃时,释放装置动作,卷帘应依自重下降关闭。

3. 设置要求

防火卷帘主要用于需要进行防火分隔的墙体，特别是防火墙、防火隔墙上因生产、使用等需要开设较大开口而又无法设置防火门时的防火分隔。

防火分隔部位设置防火卷帘时，应符合下列规定。

(1)除中庭外，当防火分隔部位的宽度不大于30 m时，防火卷帘的宽度不应大于10 m；当防火分隔部位的宽度大于30 m时，防火卷帘的宽度不应大于该部位宽度的1/3，且不应大于20 m。

(2)防火卷帘应具有火灾时靠自重自动关闭的功能。

(3)除本规范另有规定外，防火卷帘的耐火极限不应低于本规范对所设置部位墙体的耐火极限要求。

当防火卷帘的耐火极限符合现行国家标准《门和卷帘的耐火试验方法》(GB/T 7633—2008)中耐火完整性和耐火隔热性的有关判定条件时，可不设置自动喷水灭火系统保护。

当防火卷帘的耐火极限仅符合现行国家标准《门和卷帘的耐火试验方法》(GB/T 7633—2008)中耐火完整性的有关判定条件时，应设置自动喷水灭火系统保护。自动喷水灭火系统的设计应符合现行国家标准《自动喷水灭火系统设计规范》(GB 50084—2017)的规定，但火灾延续时间不应小于该防火卷帘的耐火极限。

有关防火卷帘的耐火时间，由于设置部位不同，所处防火分隔部位的耐火极限要求也不同，如在防火墙上设置或需设置防火墙的部位设置防火卷帘，则卷帘的耐火极限就至少需要达到3 h；如是在耐火极限要求为2 h的防火隔墙处设置，则卷帘的耐火极限就不能低于2 h。如采用防火冷却水幕保护防火卷帘时，水幕系统的火灾延续时间也需按上述方法确定。

(4)防火卷帘应具有防烟性能，与楼板、梁、墙、柱之间的空隙应采用防火封堵材料封堵。

(5)需在火灾发生时自动降落的防火卷帘，应具有信号反馈的功能。

(6)其他要求，应符合现行国家标准《防火卷帘》(GB 14102—2005)的规定。

(五)防火分隔水幕

根据水幕系统的工作特性，该系统可以用于防止火灾通过建筑开口部位蔓延或辅助其他防火分隔物实施有效分隔。水幕系统主要用于因生产工艺需要或使用功能需要而无法设置防火墙等的开口部位，也可用于辅助防火卷帘和防火幕作为防火分隔。

下列部位宜设置水幕系统。

(1)特等、甲等剧场、超过1 500个座位的其他等级的剧场、超过2 000个座位的会堂或礼堂和高层民用建筑内超过800个座位的剧场或礼堂的舞台口及上述场所内与舞台相连的侧台、后台的洞口。

(2)应设置防火墙等防火分隔物而无法设置的局部开口部位。

(3)需要防护冷却的防火卷帘或防火幕的上部。舞台口也可采用防火幕进行分隔，侧台、后台的较小洞口宜设置乙级防火门、窗。

二、竖向防火分区及其分隔设施

(一)建筑幕墙防火分隔

现代建筑中,经常采用类似幕帘式的墙板。这种墙板一般都比较薄,最外层多采用玻璃、铝合金或不锈钢等观赏性较强的材料形成饰面,改变了框架结构建筑的艺术面貌。幕墙工程技术快速发展,当前多以精心设计和高度工业化的型材体系为主。由于幕墙框料及玻璃均可预制,因此大幅度减少了工地上复杂细致的操作工作量;新型轻质保温材料、优质密封材料和施工工艺的较快发展,促使非承重轻质外墙的设计和构造发生了根本性改变。然而发生火灾时,玻璃幕墙在火灾初期即会爆裂,导致火势在建筑物内蔓延,垂直的玻璃幕墙和水平楼板、隔墙间的缝隙是火灾扩散的途径。建筑外立面开口之间如未采取必要的防火分隔措施,易导致火势通过开口部位相互蔓延。

建筑幕墙的防火措施有以下几方面要求。

(1)建筑外墙上、下层开口之间应设置高度不小于1.2 m的实体墙或挑出宽度不小于1 m、长度不小于开口宽度的防火挑檐;当室内设置自动喷水灭火系统时,上、下层开口之间的实体墙高度不应小于0.8 m。当上、下层开口之间设置实体墙确有困难时,可设置防火玻璃墙,但高层建筑的防火玻璃墙的耐火完整性不应低于1 h。多层建筑的防火玻璃墙的耐火完整性不应低于0.5 h。外窗的耐火完整性不应低于防火玻璃墙的耐火完整性要求。

当上、下层开口之间的墙体采用实体墙确有困难时,允许采用防火玻璃墙,但防火玻璃墙和外窗的耐火完整性都要达到规定的耐火完整性要求,其耐火完整性按照现行国家标准《镶玻璃构件耐火试验方法》(GB/T 12513—2006)中非隔热性镶玻璃构件的试验方法和判定标准进行测定。

国家标准《建筑用安全玻璃第一部分:防火玻璃》(GB 15763.1—2009)将防火玻璃按照耐火性能分为A、C两类,其中A类防火玻璃能够同时满足耐火完整性和耐火隔热性的有关要求,C类防火玻璃仅能满足耐火完整性的要求。火势通过窗口蔓延时需经过外部卷吸后作用到窗玻璃上,且火焰需突破着火房间的窗户经室外再蔓延到其他房间。满足耐火完整性的C类防火玻璃,可基本防止火势通过窗口蔓延。

(2)住宅建筑外墙上相邻户开口之间的墙体宽度不应小于1 m;小于1 m时,应在开口之间设置突出外墙不小于0.6 m的隔板。实体墙、防火挑檐和隔板的耐火极限和燃烧性能,均不应低于相应耐火等级建筑外墙的要求。

(3)建筑幕墙应在每层楼板外沿处采取符合《建筑设计防火规范》(GB 50016—2014)规定的防火措施,幕墙与每层楼板、隔墙处的缝隙应采用防火封堵材料封堵。

采用幕墙的建筑,主要因大部分幕墙存在空腔结构,这些空腔上下贯通,在火灾时会产生烟囱效应,如不采取一定分隔措施,会加剧火势水平和竖向的迅速蔓延,导致建筑整体着火,难以实施扑救。幕墙与周边防火分隔构件之间的缝隙、与楼板或者隔墙外沿之间的缝隙、与相邻的实体墙洞口之间的缝隙等的填充材料常用玻璃棉、硅酸铝棉等不燃材料。实际工程中,存在受震动和温差影响易脱落、开裂等问题,故规定幕墙与每层楼板、隔墙处的缝隙,要采用具有一定弹性和防火性能的材料填塞密实。这种材料可以是不燃材料,也可以是难燃材料,如采用难燃材料,应保证其在火焰或高温作用下能发生膨胀变形,并具有一定的耐火性能。

（二）竖井防火分隔

楼梯间、电梯井、采光天井、通风管道井、电缆井、垃圾井等竖井串通各层的楼板，形成竖向连通孔洞，其烟囱效应十分危险。这些竖井应该单独设置，以防烟火在竖井内蔓延。否则烟火一旦侵入，就会形成火灾向上层蔓延的通道，后果将不堪设想。建筑内的电梯井等竖井应符合下列规定。

（1）电梯井应独立设置，井内严禁敷设可燃气体和甲、乙、丙类液体管道，不应敷设与电梯无关的电缆、电线等。电梯井的井壁除设置电梯门、安全逃生门和通气孔洞外，不应设置其他开口。

（2）电缆井、管道井、排烟道、排气道、垃圾道等竖向井道，应分别独立设置。井壁的耐火极限不应低于1h，井壁上的检查门应采用丙级防火门。

（3）建筑内的电缆井、管道井应在每层楼板处采用不低于楼板耐火极限的不燃材料或防火封堵材料封堵。建筑内的电缆井、管道井与房间、走道等相连通的孔隙处应采用防火封堵材料封堵。

（4）建筑内的垃圾道宜靠外墙设置，垃圾道的排气口应直接开向室外，垃圾斗应采用不燃材料制作，并应能自行关闭。

（5）电梯层门的耐火极限不应低于1 h，并应符合现行国家标准《电梯层门耐火试验完整性、隔热性和热通量测定法》（GB/T 27903—2011）规定的完整性和隔热性要求。

（三）建筑变形缝防火分隔

建筑变形缝是在建筑长度较长的建筑中或建筑中有较大高差部分之间，为防止温度变化、沉降不均匀或地震等引起的建筑变形而影响建筑结构安全和使用功能，将建筑结构断开为若干部分所形成的缝隙。特别是高层建筑的变形缝，因抗震等需要留得较宽，在火灾中具有很强的拔火作用，会使火灾通过变形缝内的可燃填充材料蔓延，烟气也会通过变形缝等竖向结构缝隙扩散到全楼。因此，变形缝内的填充材料和变形缝的构造基层应采用不燃材料。

电线、电缆、可燃气体和甲、乙、丙类液体的管道不宜穿过建筑内的变形缝，确需穿过时，应在穿过处加设不燃材料制作的套管或采取其他防变形措施，并应采用防火封堵材料封堵。

防烟、排烟、供暖、通风和空气调节系统中的管道及建筑内的其他管道，在穿越防火隔墙、楼板和防火墙处的孔隙时应采用防火封堵材料封堵。

风管穿过防火隔墙、楼板和防火墙时，穿越处风管上的防火阀、排烟防火阀两侧各2 m范围内的风管应采用耐火风管或风管外壁应采取防火保护措施，且耐火极限不应低于该防火分隔体的耐火极限。

建筑内受高温或火焰作用易变形的管道，在贯穿楼板部位和穿越防火隔墙的两侧宜采取阻火措施。

第三章　公共聚集场所消防安全

第一节　公众聚集场所的火灾危险性

公众聚集场所是指公共娱乐场所、宾馆、饭店、商场、集贸市场等人员密集的场所。根据《公共娱乐场所消防安全管理规定》，公共娱乐场所主要包括影剧院、录像厅、礼堂等演出、放映场所；舞厅、卡拉 OK 厅等歌舞娱乐场所；具有娱乐功能的夜总会、音乐茶座和餐饮场所；游艺、游乐场所和其他公共娱乐场所等；保龄球馆、旱冰场、桑拿浴室等营业性健身、休闲场所。这些场所的特点是建筑功能复杂、社会性强、人员集中，一旦发生火灾，易造成重大人员伤亡和重大财产损失。

一、歌舞厅等娱乐场所的火灾危险性

近几年，国内外歌舞厅、酒吧是火灾频发的场所，伤亡人数多，损失大，群死群伤的恶性火灾事故时有发生。

（一）室内装饰、装修使用大量可燃材料

娱乐场所设在耐火等级较低（三级以下）的建筑内，有些歌舞厅等娱乐场所虽然建筑耐火等级较高（二级以上），但由于其内部装修大量采用可燃材料，只考虑装饰效果而不顾消防安全，人为降低了整个建筑的耐火等级。公共娱乐场所建筑内可燃物多，如一些影剧院、礼堂的屋顶是木质构件或钢结构，舞台幕布和木地板是可燃的，加上道具、布景等可燃物大量集中；为了满足声学设计音响效果，观众厅天花板和墙面大多采用可燃材料。

歌舞厅、卡拉 OK 厅、夜总会等公共娱乐场所在装潢方面更是讲究豪华气派，采用大量木材、塑料、纤维织品等可燃材料，火灾荷载大幅度增加，增大了发生火灾的概率和危害。

（二）用电设备多，着火源多，不易控制

公共聚集场所电气设备多，且很多不符合安全规定，从各类火灾事故调查中分析发现，由电气设备造成的火灾约占火灾总数的20%。娱乐场所内使用的各种照明、音响及空调等用电设备较多，功率较大，且大部分不按规定安装。有的灯具表面温度很高，如碘铝灯的石英玻璃管表面温度可达500～700 ℃，若与幕布、布景等可燃物靠近，则极易引起火灾。大多数影剧院、礼堂等观众厅的闷顶内和舞台上，电气线路纵横交错，有的电气线路不穿管，由于使用时间长，易产生线路老化、接触电阻过大、超负荷运转等，再加之大功率照明灯靠近可燃材料，这些均是导致火灾发生的必然因素。公共娱乐场所在营业时往往还需要使用各类明火或热源，而且用火用电管理不严，有的娱乐场所没有严格的用火用电管理制度，烛火、吸烟现象普遍存在，乱拉乱接线路现象严重，这些都是潜在的火灾隐患。

(三)人员集中,疏散困难,易造成人员重大伤亡

一些公共聚集场所设置在居民楼、图书馆甚至博物馆内,这些场所与原有建筑防火分隔不符合相关规范的要求,一旦发生火灾,极易蔓延。还有的娱乐场所设在建筑物的地下室或半地下室内,发生火灾后扑救困难,且人员难以疏散,易造成重大伤亡。人员聚集的公共娱乐场所,即使是小的火灾事故,也会导致人们惊慌失措、争先逃生、拥挤,常因不能及时疏散而造成重大伤亡事故。舞厅、卡拉 OK 厅等娱乐场所不同于影剧院,顾客随意性比较大,有时人员相对集中,密度很高,加上灯光昏暗,一旦起火,人员拥挤、秩序混乱,如果疏散通道不畅,极易造成大量人员伤亡。而且目前一些公共聚集场所安全疏散通道和标志不符合规范要求,安全疏散条件极差,疏散通道不畅或出口数量少,有的虽然设了足够的出口,但多数出口常常被封闭,实际能利用的只有一个;有的娱乐场所无火灾事故照明及疏散指示标志,一旦发生火灾,断电后会一片漆黑,现场混乱,人员难以及时疏散。

(四)火势蔓延快,扑救困难

公共娱乐场所如歌舞厅、影剧院、礼堂等发生的火灾,由于其建筑跨度大,空间高,空气流通,火势发展迅猛,极易造成房屋倒塌,往往给扑救带来很大困难。

(五)消防设施投入不足

有些娱乐场所经营者无视消防安全,舍不得投资安装自动报警、自动灭火等相关消防设施,有的甚至无消防水源,无灭火器材。

(六)建筑空间大,火势蔓延快

对于剧场(影剧院、会堂)观众厅等场所,空间大,门、窗多,空气对流速度快,加之箱形舞台高大的简体空间为火势迅速蔓延提供了有利条件,舞台、观众厅、放映室如未进行有效的防火分隔,互相连通,那么任何一部分着火燃烧,在火风压的作用下,会加快冷热空气对流速度,使燃烧的火焰、烟气快速蔓延扩大,形成全面燃烧。

二、宾馆、饭店的火灾危险性

宾馆、饭店是供国内外旅客住宿、就餐、娱乐和举行各种会议、宴会的场所。现代化的宾馆、饭店一般都具有多功能、综合性的特点,集餐厅、咖啡厅、歌舞厅、展览厅、会堂、客房、商场、办公室和库房、洗衣房、锅炉房、停车场等辅助用房为一体,从而组成有“小社会”之称的综合性建筑。其火灾危险性有如下几方面。

(一)室内装饰装修标准高,使用可燃物多

宾馆、饭店虽然大多数采用钢筋混凝土结构或钢结构,但大量的装饰、装修材料和家具、陈设都采用木材、塑料和棉、麻、丝、毛以及其他可燃材料,增加了建筑内的火灾荷载。一旦发生火灾,大量的可燃材料将导致燃烧猛烈、火灾蔓延迅速;大多数可燃材料在燃烧时还会产生有毒烟气,给疏散和扑救带来困难,危及人身安全。

(二)建筑结构易产生烟囱效应

现代的宾馆和饭店,很多都是高层建筑,楼梯间、电梯井、管道井、电缆井、垃圾道等竖井林立,如同一座座大烟囱;还有通风管道纵横交错,延伸到建筑的各个角落,一旦发生火灾,极易产生烟囱效应,使火焰沿着竖井和通风管道迅速蔓延、扩大,进而危及全楼。

(三)疏散困难,易造成重大伤亡

宾馆、饭店是人员比较集中的地方,且大多数是暂住的旅客,流动性很大,他们对建筑内的环境情况、疏散设施不熟悉,加之发生火灾时烟雾弥漫,心情紧张,极易迷失方向,拥堵在通道上,造成秩序混乱,给疏散和施救工作带来困难,往往造成重大伤亡。

(四)导致火灾的因素多

宾馆、饭店用火、用电、用气设备多且量大,如果疏于管理或员工违章作业就极易引发火灾;加之住店客人消防安全意识不强,乱拉电线,随意用火、卧床吸烟等也是造成火灾的常见原因,因此宾馆、饭店的消防管理十分重要,预防火灾的任务相当繁重。宾馆、饭店一旦发生火灾,损失都极为严重。

从国内外宾馆、饭店发生的火灾看,起火原因主要是:旅客酒后躺在床上吸烟,乱丢烟蒂和火柴梗;厨房用火不慎或油锅过热起火;维修管道设备或进行可燃装修施工时违章动火;电器线路接触不良,电热器具使用不当,照明灯具温度过高烤着可燃物等四个方面。宾馆、饭店最易发生火灾的位置是:客房、厨房、餐厅以及各种机房。

其余的公众聚集场所,如商场、集贸市场等,其火灾危险性与上述大致相同,表现为建筑空间大、火灾蔓延快、使用电器多、着火源多、可燃物品多、人员高度密集、火灾扑救困难、易造成群死群伤事故等,所以加强对公众聚集场所的消防安全管理非常重要。本章主要分析歌舞厅,娱乐、影音放映场所和剧场(影剧院、会堂)的消防安全。

第二节　歌舞厅,娱乐、影音放映场所防火措施

歌舞厅,娱乐、影音放映场所应严格按照现行国家相关技术规范设置完善的消防设施设备,并依据公安部《机关、团体、企业、事业单位消防安全管理规定》履行消防安全职责。公安消防机构应将歌舞厅,娱乐、影音放映场所列为消防安全的重点监督检查单位,同时按照《消防监督检查规定》的要求开展日常监督检查。

一、设置要求及耐火等级

(一)设置要求

歌舞厅,娱乐、影音放映场所不得设置在居民楼、博物馆、图书馆和被核定为文物保护单位的建筑内;不得设置在居民住宅区和学校、医院、机关周围;不得设置在车站、机场等人群密集的场所;不得设置在建筑物地下一层以下;不得毗连重要仓库或危险化学品仓库;与甲、乙类物品生产厂房、库房之间应留有不少于 50 m 的防火间距;不得在居民住宅楼内改建。在歌舞厅,娱乐、影音放映场所的上面、下面或相邻位置,不准布置燃油、燃气的锅炉房和油浸电力变压器室。娱乐、影音放映场所宜设置在一、二级耐火等级建筑物内的首层、二层或三层的靠外墙部位;不宜布置在袋形走道的两侧或尽端,当必须布置在建筑物内袋形走道的两侧或尽端时,最远房间的疏散门至最近安全出口的距离不应大于 9 m。当必须布置在建筑物内首层、二层或三层的靠外墙部位以外的其他楼层时,应按下列规定执行。

(1)场所不应布置在地下二层及二层以下,当布置在地下一层时,地下一层地面与室外出入口地坪的高差不应大于 10 m。

(2)场所内任何一个厅、室的建筑面积不应大于200 m^2,并应采用耐火极限不低于2 h的不燃烧体隔墙和不低于1 h的不燃烧体楼板与其他部位隔开;厅、室的疏散门应设置不低于乙级的防火门。

(3)应按规范的要求设置防排烟设施。

(二)耐火等级和防火分区

歌舞厅,娱乐、影音放映场所与其他建筑相毗连或设置在其他建筑物内时应当按照独立的防火分区设置。设在高层建筑内的歌舞厅,娱乐、影音放映场所应采用耐火极限不低于2 h的隔墙和不低于1 h的楼板与其他场所隔开,如墙上必须开门时应设置甲级防火门。歌舞厅,娱乐、影音放映场所耐火等级、层数和最大允许防火分区面积应满足《建筑防火设计规范》(GB 50016—2014)的要求。

二、安全疏散

(一)安全出口

歌舞厅,娱乐、影音放映场所的疏散出口的数量应经计算确定,除另有规定外,疏散出口的数量不应少于2个;相邻两个出口的最近边缘之间的水平距离不应小于5 m;当其建筑面积不大于50 m^2时,可设置1个疏散出口。设置在地下或半地下的歌舞厅,娱乐、影音放映场所的安全出口不应少于2个,其中每个厅室或房间的疏散门不应少于2个;当其建筑面积小于等于50 m^2且经常停留人数不超过15人时,可设置1个疏散门。电影院观众厅疏散门的数量应当根据计算合理设置,且数量不应少于2个,每个疏散门的平均疏散人数不应超过250人。当容纳人数超过2 000人时,其超过部分按每个疏散门平均疏散人数不超过400人计算。当观众厅建筑面积小于或等于50 m^2且容纳人数不超过15人时,可设置1个疏散门。歌舞厅,娱乐、影音放映场所的疏散门不应设置门槛,其净宽度不应小于1.4 m,且紧靠门口内、外各1.4 m范围内不应设置踏步,疏散门均应向疏散方向开启,不准采用卷帘门、转门、吊门和侧拉门,应为推闩式外开门,门口不得设置门帘、屏风等影响疏散的遮挡物。

(二)疏散楼梯

设置有歌舞厅,娱乐、影音放映场所且建筑层数超过二层的多层建筑,疏散楼梯应采用封闭楼梯间(包括首层扩大封闭楼梯间)或室外疏散楼梯。歌舞厅,娱乐、影音放映场所设置在地下建筑中时,当地下层数为三层及三层以上或地下室内地面与室外出入口地坪高差大于10 m时,应设置防烟楼梯间;其他在地下设置歌舞厅,娱乐、影音放映场所的地下建筑,应设置封闭楼梯间。设在高层建筑中的歌舞厅,娱乐、影音放映场所的疏散楼梯,应符合相关规范要求。

(三)安全疏散距离

歌舞厅,娱乐、影音放映场所的安全疏散距离根据建筑的耐火等级不同应符合相关规范的规定。设在高层建筑内的观众厅,歌舞厅,娱乐、影音放映场所内任何一点至最近的疏散出口的直线距离不宜超过30 m。

(四)安全疏散宽度指标

设置在多层建筑中的疏散走道、疏散楼梯、疏散门、安全出口的各自总宽度,应根据其通过人数和疏散净宽度指标计算确定,并应符合下列规定。

（1）观众厅内疏散走道的净宽度应按每100人不小于0.6 m的净宽度计算，且不应小于1 m，边走道的净宽度不宜小于0.8 m。在布置疏散走道时，横走道之间的座位排数不宜超过20排；纵走道之间的座位数，每排不宜超过22个；前后排座椅的排距不小于0.9 m时，可增加1倍，但不得超过50个；仅一侧有纵走道时，座位数应减少一半。

（2）电影院供观众疏散的所有内门、外门、楼梯和走道的各自总宽度，应根据规范的规定计算确定。歌舞厅，娱乐、影音放映场所的安全疏散距离，应符合相关规范要求，每100人净宽度不应小于规范规定；当每层人数不等时，疏散楼梯的总宽度可分层计算，地上建筑中下层楼梯的总宽度应按其上层人数最多一层的人数计算；地下建筑中上层楼梯的总宽度应按其下层人数最多一层的人数计算。

（3）当歌舞厅，娱乐、影音放映场所设置在地下或半地下时，其疏散走道、安全出口、疏散楼梯以及房间疏散门的各自总宽度，应按其通过人数每100人不小于1 m计算。

（4）首层外门的总宽度应按该层或该层以上人数最多一层的人数计算，不供楼上人员疏散的外门，可按本层人数计算。

（5）录像厅、放映厅的疏散人数应按该场所建筑面积以1人/m^2计算；歌舞厅、娱乐场所的疏散人数应按该场所建筑面积以0.5人/m^2计算。

设在高层建筑内的电影院的观众厅，其疏散走道、出口等应符合下列规定：厅内的疏散走道的净宽度应按通过人数每100人不小于0.8 m计算，且不宜小于1 m；边走道的最小净宽度不宜小于0.8 m。厅的疏散出口和厅外疏散走道的总宽度，平坡地面应分别按通过人数每100人不小于0.65 m计算，阶梯地面应分别按通过人数每100人不小于0.8 m计算。疏散出口和疏散走道的最小净宽度均不应小于1.4 m。观众厅座位的布置，横走道之间的排数不宜超过20排，纵走道之间每排座位不宜超过22个；当前后排座位的排距不小于0.9 m时，每排座位可为44个；只一侧有纵走道时，其座位数应减半。观众厅每个疏散出口的平均疏散人数不应超过250人。设在高层建筑内的歌舞厅，娱乐、影音放映场所的安全出口、疏散走道、疏散楼梯间及其前室的门的净宽度应按通过人数每100人不小于1 m计算。其最大容纳人数按录像厅、放映厅为1人/m^2计算，歌舞厅、娱乐场所按0.5人/m^2计算，面积按厅室建筑面积计算。

《建筑设计防火规范》（GB 50016—2014）中对观众厅的疏散走道、安全出口、疏散楼梯、疏散门的各自总宽度的规定，是根据观众厅固定座位数，按通过人数和疏散净宽度指标计算确定的。无固定座位的录像厅、放映厅的疏散走道、安全出口、疏散楼梯、疏散门的各自总宽度，是按该场所的建筑面积以1人/m^2计算疏散人数，然后按通过人数和疏散净宽度指标计算。

三、电气防火

（一）消防供配电

歌舞厅，娱乐、影音放映场所的消防供配电是结合场所的实际情况和消防负荷的用电要求，从消防用电负荷、消防电源、低压配电系统等方面进行考虑的。

1. 消防用电负荷

歌舞厅，娱乐、影音放映场所消防负荷主要包括火灾自动报警、消防给水系统、消防电梯、通风排烟系统、应急照明以及其他消防设施的用电负荷。歌舞厅，娱乐、影音放映场所的消防负荷应根据《建筑防火设计规范》(GB 50016—2014)要求确定负荷等,确保应急照明、消防及安防监控中心、消防设备等安全可靠地运行。大型歌舞娱乐以及剧场等场所的消防负荷应该属于一级负荷,小规模的歌舞娱乐场所可以采用二级负荷供电。

2. 消防电源

一级负荷的消防电源要满足两个独立电源的要求,主要有以下形式:①两路独立电源来自两个发电厂,一般来自主电网两个 37 kV 以上的发电站,可以满足两个独立电源的要求。②一路来自主电网,另一路来自柴油发电机组。对于用电量较小的负荷可以采用蓄电池电源作为第二电源。最环保的备用电源方案为第一种,但由于受城市供电电网构成和供电部门考虑其企业自身发展等因素的限制,要么投资太大,要么无法得到电力行业部门的同意与支持。消防电源通常采用发电机组与蓄电池组相结合的备用电源方式,相对集中的消防设备等负荷由发电机组提供备用电源,相对分散的安全、应急照明采用经两路电源切换后的 EPS 供电,备用电源容量是根据站房特别是重要设备的负荷计算确定的。

3. 低压配电系统

歌舞厅、影剧院等场所的消防控制室、消防水泵、消防电梯、防烟排烟风机等消防负荷的供电应采用专用的供电回路,不允许非消防负荷接入,并在最末一级配电箱处设置自动切换装置,其配电设备应设有明显标志。消防负荷的供电线路应采用耐火型电线或阻燃电缆,且暗敷设的线路保护层厚度不小于 30 mm,明敷设的线路应穿保护钢管并刷防火涂料。电气竖井内孔洞应用防火材料封堵,桥架应采用防火型电缆桥架,吊顶内穿金属管敷设的线路应做防火处理。

(二)普通用电线路及设备电路防火

公共聚集场所的重特大火灾事故大部分是由电气线路及用电设备故障引起的,因此,电气线路的防火对于公共聚集场所是非常重要的。

(1)装饰工程的配电线路应采用铜导线,导线的接头应焊接,以免接触电阻过大而发热。吊顶内的电线敷设宜采用金属管或 PVC 难燃塑料管穿管敷设的方式,并且要留有检查孔。可燃装饰夹层内电线敷设应穿金属管保护;若受装饰构造条件限制,局部不能穿金属管时,可采用金属软管。

(2)超过 60 W 的白炽灯、碘钙灯、荧光高压汞灯以及荧光灯的镇流器不能直接安装在可燃构件上;使用塑料灯罩的灯具和安装在闷顶内的灯具的灯泡,功率不可大于 60 W。

(3)照明、动力、电热等设备的高温部位靠近或接触可燃材料时,应采用岩棉、玻璃棉等非燃材料隔热,其周围应采取散热等措施。

(4)动力设备、照明电器的配线在穿越可燃装饰材料时,应采用瓷管、玻璃棉、岩棉等非燃烧材料做隔热保护。

(5)电器、空调设备的安装,必须严格执行有关施工安装规程,并采取防火、隔热等措施。

四、消防设施

(一)消火栓系统

除另有规定外,歌舞厅,娱乐、影音放映场所必须设置室内外消火栓系统,系统的设计应满足相关规定。

（二）自动灭火系统

设置在地下、半地下，建筑的首层、二层和三层且任一层建筑面积超过 300 m²，或建筑的地上四层及四层，以上以及设在高层建筑内的歌舞厅，娱乐、影音放映场所，均应设自动喷水灭火系统，系统的设置应满足相关规定。

（三）防排烟系统

设在高层建筑内三层以上的歌舞厅，娱乐、影音放映场所，应设置防烟、排烟设施并应符合相关规定。设置在多层建筑一、二、三层且房间建筑面积大于 200 m²，设置在四层及四层以上，或地下、半地下的歌舞厅，娱乐、影音放映场所，该场所中长度大于 20 m 的内走道，均应设置排烟设施。设置自然排烟设施的场所，其自然排烟口的净面积宜取该场所建筑面积的 2% ~5% 。作为自然排烟的窗口，宜设置在房间的外墙上方或屋顶上，并应有方便开启的装置；自然排烟口距该防烟分区最远点的水平距离不应超过 30 m；需设置排烟设施的场所当不具备自然排烟条件时，应设置机械排烟设施。歌舞厅，娱乐、影音放映场所的机械排烟系统与通风、空气调节系统宜分开设置；当合用时，必须采取可靠的防火安全措施，并应符合机械排烟系统的有关要求。设在地下的歌舞厅，娱乐、影音放映场所和地上这类密闭场所中设置机械排烟系统时，应同时设置补风系统。在设置机械补风系统时，其补风量不宜小于排烟量的 50% ，其排烟系统的设置应符合相关规定。

（四）火灾自动报警系统

设置在高层建筑内的地下、半地下和设置在建筑内的地上四层及四层以上的歌舞厅，娱乐、影音放映场所应设火灾自动报警装置；设有火灾自动报警装置和自动灭火装置的歌舞厅，娱乐、影音放映场所，宜设消防控制室；独立设置的消防控制室，其耐火等级不应低于二级。附设在建筑物内的消防控制室，宜设在建筑物内的底层或地下一层，应采用耐火极限分别不低于 2 h 的隔墙和不低于 1.5 h 的楼板与其他部位隔开，并设置直通室外的安全出口。

（五）灭火器配置

建筑面积在 200 m² 及以上的歌舞厅，娱乐、影音放映场所应按严重危险级配置灭火器；建筑面积在 200 m² 以下的歌舞厅，娱乐、影音放映场所应按中危险级配置灭火器。应根据配置场所可能发生的火灾种类选择相应的灭火器，在同一灭火器配置场所，当选用两种或两种以上类型的灭火器时，应采用与灭火剂相容的灭火器。灭火器的设置、配置应符合《建筑灭火器配置设计规范》（GB 50140—2005）的规定。

（六）应急照明和疏散指示标志

歌舞厅，娱乐、影音放映场所应按相关规范条文配置应急照明和疏散指示标志。歌舞厅，娱乐、影音放映场所内的疏散走道和主要疏散路线的地面或靠近地面的墙上应设置发光疏散指示标志。电光源型消防安全疏散标志应采用不间断电源（UPS）供电，并宜采用相对集中的供电方式（可按楼层、防火分区等划分供电区域），当数量较少、分置分散时可采用自带电源供电；歌舞厅、卡拉 OK 厅、夜总会、录像放映厅等公共娱乐场所，礼堂、剧院等人员密集的公共建筑和场所，当疏散走道为长度超过 20 m 的内走道时，除设置疏散指示标志外，还应设置疏散导流标志。

五、内部装修

歌舞厅,娱乐、影音放映场所内部装饰、装修应妥善处理豪华的装修效果与防火安全之间的矛盾,尽量采用不燃性材料和难燃性材料,少用可燃材料,尤其是要尽最大可能避免采用燃烧时产生大量浓烟或有毒气体的材料。同时,装修应尽量避免破坏建筑物原有的防火分区,若需改动原有防火分区时,应采用与原防火分隔物耐火极限相同的材料进行分隔,并保证隔墙上部空间和吊顶内部区域防火分区的完整性。此外,装修设计、施工不得遮挡建筑消防设施、疏散指示标志及安全出口,并且不应妨碍消防设施和疏散走道的正常使用,设计时不应减少疏散出口和走道所需的净宽度和数量。

(一)竖向疏散通道

歌舞厅,娱乐、影音放映场所内无自然采光的楼梯间、封闭楼梯间、防烟楼梯间及其前室的顶棚、墙面和地面均应采用 A 级装修材料。

(二)水平疏散通道

(1)设在地上建筑内的歌舞厅,娱乐、影音放映场所,其水平疏散通道和安全出口的门厅的顶棚装饰材料应采用 A 级装修材料,其他部位应采用不低于 B_1级的装修材料。

(2)设在地下的歌舞厅,娱乐、影音放映场所,其水平疏散通道和安全出口的门厅的顶棚、墙面和地面的装修材料应采用 A 级装修材料。

(3)歌舞厅,娱乐、影音放映场所设置在一、二级耐火等级建筑的四层及四层以上时,室内装修的顶棚材料应采用 A 级装修材料,其他部位应采用不低于 B_1级的装修材料;当设置在地下一层时,室内装修的顶棚、墙面材料应采用 A 级装修材料,其他部位应采用不低于 B_1级的装修材料。

(4)一般情况下,歌舞厅,娱乐、影音放映场所各部位的装修材料应符合下列要求。

①吊顶应选用非燃烧材料或难燃烧材料,即 A 级材料或 B_1级材料;内墙面装修材料,宜选用难燃性材料,即 B_1级材料;地面材料,通常选用非燃烧或难燃烧材料,即 A 级和 B_1级材料。

②吊灯不应采用胶合板、纤维板等可燃材料为面层,可使用阻燃材料作为面层。

③设在地下一层建筑内的歌舞厅,娱乐、影音放映场所严禁采用塑料化纤制品做装修材料,塑料壁纸也尽量不采用,以免燃烧时产生大量的烟雾和有害气体。疏散走道上的墙面和顶棚装修材料必须采用非燃烧材料。地下建筑的变形缝的表面装修层,应采用非燃烧材料,以免发生火灾时火势通过变形缝扩大蔓延。

④歌舞厅,娱乐、影音放映场所内的帷幕、窗帘、家具包布,应采用阻燃织物或者进行阻燃处理。

⑤室内的各类配电箱和电气线路不应直接安装在 B_2级或 B_3级墙面装修材料上,配电箱箱体必须采用 A 级材料制成。

⑥采用多孔或泡沫状塑料装修顶棚或墙面时,面积不得超过该房间顶棚或墙面面积的 10%,且厚度不应大于 15 mm。

⑦照明灯饰应采用不低于 B_1级的材料制成,电气设备和灯具的高温部位如靠近可燃材料,应采取隔热、散热等防火保护设施。

第三节　剧场(影剧院、会堂)防火措施

剧场(影剧院、会堂)建筑防火主要包括总平面布局和平面布置、耐火等级,以及防火分区、安全疏散设施、建筑内部装修、消防设施等方面。

一、总平面布局和平面布置

(一)剧场(影剧院、会堂)设置的位置

剧场(影剧院、会堂)设置的位置应符合下列要求。

(1)不应设置在甲、乙类厂房、库房和甲、乙、丙类易燃可燃液体、气体储罐及可燃材料堆场附近。

(2)剧场(影剧院、会堂)的位置应至少有一面与城镇道路相邻,或直接通向城市道路的空地。与城镇道路相邻时,其道路的宽度不应小于剧场安全出口宽度的总和并应符合以下要求:①800 个座位及以下剧场(影剧院、会堂),其道路宽度不应小于 8 m;②801 ~ 1 200 个座位的剧场(影剧院、会堂),其道路宽度不应小于 12 m;③1 201 个座位及以上的剧场(影剧院、会堂),其道路宽度不应小于 15 m。

(3)剧场(影剧院、会堂)室外应按不小于 0.2 m/座的要求留出集散空地。

(4)剧场(影剧院、会堂)周围应设有消防车环形通道。

(二)剧场(影剧院、会堂)的平面布置

剧场(影剧院、会堂)的平面布置应符合下列要求。

(1)供采暖用的燃油或燃气锅炉房、油浸式变压器和变配电室,宜设置在观众厅主体建筑以外的专用设备房间内,专用设备用房与观众厅主体建筑之间应保持一定的间距。如必须与观众厅主体建筑贴邻布置或上述设备房受条件限制需布置在主体建筑中时,应符合相关规定。

(2)道具、服装、布景加工间宜设置在观众厅主体建筑以外的房间,如必须与观众厅主体建筑贴邻布置时,应用防火墙进行分隔,演员宿舍、餐厅、厨房等辅助用房附建于观众厅主体建筑时,必须形成独立的防火分区,并有独立的疏散通道和出入口。

(3)消防控制中心应布置在剧场(影剧院、会堂)的独立房间内,且应用耐火极限不低于 2 h 的隔墙和不低于 1.5 h 的楼板与其他部位隔开,并设置直通室外的安全出口。

二、耐火等级和防火分区

(一)耐火等级

1. 耐火极限规定

耐火极限应符合相关规定,一级耐火等级建筑屋顶承重构件的耐火极限应为 1.5 h;二级耐火等级建筑屋顶承重构件的耐火极限应为 1 h。如剧场(影剧院、会堂)屋顶承重构件采用钢质材料,而钢质材料的耐火极限仅为 0.25 h,因此,应对钢质材料喷涂或外包耐火材料,提高其构件的耐火极限。

2. 剧场耐火等级

(1)多层剧场(影剧院、会堂)建筑的耐火等级为一、二级时,防火分区的最大允许建筑面积为2 500 m^2,耐火等级为三级时,剧场(影剧院、会堂)不应超过二层或设置在三层及三层以上楼层,且防火分区的最大允许建筑面积为1 200 m^2。

(2)高层剧场(影剧院、会堂)设置在一类高层建筑中时,耐火等级应为一级。每个防火分区的最大允许建筑面积为1 000 m^2。当剧场(影剧院、会堂)设置在二类高层建筑中时,耐火等级应不低于二级,每个防火分区的最大允许建筑面积为1 500 m^2。

(二)防火分区

(1)剧场(影剧院、会堂)建筑与其他建筑合建或相邻时,应形成独立的防火分区,以防火墙隔开,并不得开门、窗、洞;当设门时,应设甲级防火门;上下楼板耐火极限不应低于1.5 h。

(2)剧场(影剧院、会堂)舞台上部与观众厅闷顶之间应用防火墙进行分隔,防火墙上不应开设门、窗、洞孔或穿越管道;如确需在隔墙上开门时,其门应采用甲级防火门。

(3)舞台灯光操作室与可燃物储藏室之间,应用耐火极限不低于1 h的非燃烧的墙体分隔。

三、安全疏散设施

剧场(影剧院、会堂)安全疏散设施应严格按相关规范要求设置,否则一旦发生火灾,极易造成人员伤亡。安全疏散设施包括安全出口、疏散门、疏散楼梯、疏散走道、应急照明和疏散指示标志,以及火灾应急广播。

(一)安全出口

剧场(影剧院、会堂)建筑安全出口或疏散出口的数量应按相关规范规定经计算确定,除规范另有规定外,安全出口的数量不应少于2个。安全出口或疏散出口应合理分散设置,相邻2个安全出口或疏散出口最近边缘之间的水平距离不应小于5 m。安全出口直通疏散小巷时,其小巷宽度不应小于3 m。剧场(影剧院、会堂)观众厅安全出口和疏散门的数量应按相关规定经计算确定,且不应少于2个,每个疏散门的平均疏散人数应满足相关规定。

(二)疏散门

1. 疏散门的宽度

剧场(影剧院、会堂)观众厅的疏散内门和观众厅外的疏散外门,其宽度应按相关规定经计算确定。

2. 疏散门的要求

剧场(影剧院、会堂)观众厅的入场门、疏散门不应设置门槛,且宽度不应小于1.4 m,紧靠门口内外1.4 m范围内不应设置踏步;如观众厅有平时控制人员随意出入的疏散用门,应保证火灾时不需使用钥匙等任何工具即能从内部打开,并应在显著位置设置标识和使用提示。疏散门严禁用推拉门、卷帘门、转门、折叠门、铁栅门,通常将疏散门设为推闩式外开门;剧场(影剧院、会堂)观众厅有等场需要的入场门,不应作为观众厅的疏散门。

（三）疏散楼梯

多层剧场（影剧院、会堂）建筑的室内疏散楼梯宜设置楼梯间；超过两层的剧场建筑的室内疏散楼梯均应设置封闭楼梯间（包括底层扩大封闭楼梯间）或室外疏散楼梯。

当剧场（影剧院、会堂）设在一类高层建筑或超过 32 m 的二类高层建筑中时，应设置防烟楼梯间。

（四）疏散走道

1. 疏散走道的宽度

剧场（影剧院、会堂）观众厅的疏散走道宽度应按其通过人数每 100 人不小于 0.6 m（高层建筑中的观众厅按其通过人数每 100 人不小于 0.8 m）计算。但最小净宽度不应小于 1 m，边走道宽度不宜小于 0.8 m。

2. 座椅的排数和座位数

剧场（影剧院、会堂）观众厅内布置疏散走道时，横走道之间的座位排数不宜超过 20 排，纵走道之间的座位数每排不超过 22 个；观众厅内应按座椅的排数和座位数要求设置疏散走道。

（五）应急照明和疏散指示标志

剧场（影剧院、会堂）建筑中的观众厅、疏散走道、封闭楼梯间等均应设置消防应急照明灯具；消防应急照明灯具的照度应符合相关规定；剧场（影剧院、会堂）观众厅疏散门的正上方应设置灯光疏散指示标志，其设置应符合相关规定。座位数超过 1 500 个的电影院、剧院和座位数超过 3 000 个会堂或礼堂，应在其内疏散走道和主要疏散路线的地面上增设能保持视觉连续的灯光疏散指示标志或蓄光疏散指示标志。剧场（影剧院、会堂）内设置的应急照明和疏散指示标志的备用电源，其连续供电时间不应少于 30 min。

（六）火灾应急广播

剧场（影剧院、会堂）应设火灾应急广播；应急广播的供电电源应满足相关规范的要求。

四、建筑内部装修

（一）要正确选用装修材料

剧场（影剧院、会堂）内部装修应妥善处理舒适豪华的装修效果与防火安全之间的矛盾；尽量选用不燃和难燃材料，少用可燃材料；尤其是要尽最大可能避免选用燃烧时产生大量浓烟或有毒气体的材料，如观众厅顶棚应用钢龙骨、纸面石膏板材料装修，禁止使用木龙骨、纸板或塑料板等材料装修。

（二）重点部位应采用不燃材料装修

剧场（影剧院、会堂）水平疏散通道和安全出口的门厅，其顶棚装饰材料应采用不燃装修材料，剧场（影剧院、会堂）内无自然采光的楼梯间、封闭楼梯间、防烟楼梯间及其前室的顶棚、墙面和地面，均应采用不燃装修材料。

五、消防设施

(一)消火栓系统

剧场(影剧院、会堂)均应设室内外消火栓系统。除另有规定外,特等、甲等剧场超过800个座位的其他等级的剧场和超过1 200个座位的礼堂应设置DN65的室内消火栓灭火系统,且宜设置消防软管卷盘,消火栓系统的设计应满足相关规定。

(二)自动灭火系统

特等、甲等或超过1 500个座位的剧场及超过2 000个座位的会堂或礼堂,应设置自动喷水灭火系统,系统的设计应满足相关规定。特等、甲等或超过1 500个座位的剧场和超过2 000个座位的会堂、礼堂的舞台以及与舞台相连的侧台、后台的门、窗、洞口宜设置水幕系统,系统的设计应满足相关规定。特等、甲等或超过1 500个座位的其他等级的剧场和超过2 000个座位的会堂或礼堂的舞台的葡萄架下部,应设雨淋喷水灭火系统,系统的设计应满足相关规定。

(三)火灾自动报警系统

特等、甲等剧院或座位数超过1 500个的其他等级的剧院、电影院,座位数超过2 000个的会堂或礼堂,净高大于2.6 m且可燃物较多的技术夹层,净高大于0.8 m且有可燃物的闷顶或吊顶内,应设置火灾自动报警系统。设有火灾自动报警系统和自动灭火系统或设有火灾自动报警系统和机械防(排)烟设施的剧场(影剧院、会堂)建筑,应设置消防控制室,消防控制室的设置应满足相关规定。

(四)防排烟设施

剧场(影剧院、会堂)建筑中观众厅,长度大于20 m的内走道、舞台等均应设置排烟设施。当不具备自然排烟条件时,应设置机械排烟设施,系统的设计应满足相关规定。在剧场(影剧院、会堂)建筑的密闭场所中设置机械排烟系统时,应同时设置补风系统,其补风量不宜小于排烟量的50%。

(五)灭火器

剧场(影剧院、会堂)建筑灭火器配置场所的危险等级根据相关规范确定,剧场(影剧院、会堂)建筑灭火器配置应根据场所可能发生的火灾种类选择相应的灭火器。在同一灭火器配置场所,当选用两种或两种以上类型的灭火器时,应采用与灭火剂相容的灭火器,灭火器的配置应按相关规定执行。

第四节　公共聚集场所的防火管理

消防安全管理是公共聚集场所的一项长期性的工作,做好消防安全工作,必须切实做好以下几个方面的工作。

一、消防安全管理要求

(一)实行消防安全责任制

(1)公共聚集场所在进行改建扩建和建筑内部装修时,应报当地公安消防部门审核,验收合格后,方可施工和投入使用。

(2)确定公共聚集场所领导层和所属的各部门各岗位的消防安全责任人,并报当地公安消防部门备案。

(3)明确各级消防安全责任人的职责、任务,做到责任明确、职责清楚,消防工作层层有人抓,处处有人管。

(4)签订消防安全责任状,明确消防安全责任目标,制定消防安全责任评估方法,做到奖惩兑现。

(二)建立消防安全组织

建立健全消防安全组织是抓好消防安全工作落实的重要途径,在消防安全责任人的领导下,开展消防安全工作。义务消防队是公共聚集场所自防自救必不可少的队伍,一旦发生火灾事故能及时扑救和组织人员疏散。

(三)制定消防安全管理制度

消防安全管理制度主要包括消防工作制度;消防安全管理责任制度;重点部位消防安全管理制度;火源、电源消防安全管理制度;消防设施、器材管理制度。

(四)消防安全宣传教育、培训、演练

消防安全宣传教育、培训和灭火、应急疏散预案演练的目的,是使公共聚集场所工作人员认识本单位、本岗位的火灾危害性,并掌握防火措施,懂得扑救初起火灾以及自救逃生的知识和技能,明确消防安全规定要求,掌握消防设施的性能、灭火器材的使用和安全疏散的基本方法,做好消防安全工作。消防安全宣传教育、培训和灭火、安全疏散演练的内容主要包括消防安全法规、消防科普知识。演出如使用易燃易爆物品制作火焰效果,必须经相关部门审批,并在使用时有专人操作,专人负责监督;制作特殊效果的易燃易爆物品不准存放在舞台上。

(五)消防安全检查

消防安全检查就是察看消防安全工作落实情况和查找消防安全隐患,通过消防安全检查,相关部门督促落实各项消防规章制度和安全防火措施,及时发现和整改火灾隐患。消防安全检查的内容主要包括消防安全管理和消防安全设施两个方面。消防安全管理方面包括消防安全法律、法规、规章制度落实情况,消防安全宣传教育培训、演练情况,用火用电管理情况等。消防安全设施方面包括消防设施、设备、器材状态情况,电气线路和设备运行情况等。消防安全检查的形式主要包括定期检查、专项检查、抽查和巡查等。

(六)火灾隐患整改

通过消防安全检查,对发现的火灾隐患要进行分析,确定其性质,采取有针对性的措施整改,对发现的火灾隐患要认真研究整改方案。方案的内容包括负责整改工作的责任人、经费的落实、整改的方案等。对下列违反消防安全规定的行为,单位应当责成有关人员当

场改正并督促落实：

(1)违章进入生产、存储易燃易爆危险物品场所；

(2)违章使用明火作业或者违反禁令在具有火灾、易燃易爆危险的场所吸烟、使用明火等；

(3)将安全出口上锁、遮挡，或者占用、堆放物品影响疏散通道畅通；

(4)消火栓、灭火器材被遮挡，影响使用或者被挪作他用；

(5)常闭式防火门处于开启状态，防火卷帘下堆放物品影响使用；

(6)管理消防设施的值班人员和防火巡查人员脱岗；

(7)违章关闭消防设施，切断消防电源；

(8)其他可以当场改正的行为。

对不能当场改正的火灾隐患，消防工作归口管理职能部门或者专、兼职消防管理人员应当根据本单位的管理分工，及时将存在的火灾隐患向单位的消防安全管理人或者消防安全责任人报告，提出整改方案。消防安全管理人或者消防安全责任人应当确定整改措施、整改限期以及负责整改的部门、人员，并落实整改资金。在火灾隐患未消除之前，单位应当落实防范措施，保障消防安全。不能确保消防安全，随时可能引发火灾或者一旦发生火灾将严重危及人身安全的，应当将危险部位停产停业整改。

(七)消防安全管理档案

要建立包括消防安全基本情况和消防安全管理情况在内的消防档案。坚持做好动态管理，并统一保管、备查。

二、使用期间防火管理

使用期间防火管理要注意以下几方面。

(1)舞台、观众厅等部位工作人员的消防安全工作职责要明确，公共聚集场所的安全保卫人员要每两小时进行一次防火巡查和检查，并填写巡查和检查记录。

(2)观众厅要有安全可靠的疏散措施，应根据场内座位多少，划区定门，在安全出口处留服务员专座，以便火灾发生时引导观众疏散。

(3)观众厅内禁止吸烟，禁止将易燃易爆物品带入观众厅，服务员应配备手电引导观众入座，禁止使用火柴、打火机寻找座位。

(4)观众厅在演出和放映时，所有的安全出口和疏散通道必须保持畅通，在一切通向室外的通道及门厅、休息厅禁止放置易燃易爆和影响疏散的物品，疏散通道净高2 m内不得有突出物，以免阻碍疏散。

(5)公共聚集场所在使用期间，要坚持做到使用前进行一次全面性安全检查，使用中要进行反复巡查，使用后要进行彻底清场，确认无隐患后，工作人员才能离开现场。

(6)舞台上的灭火器要放置在醒目位置，一旦发生火灾，便于及时取用灭火。

(7)舞台在使用期间要明确专人管理，做到用前检查，用中监督，用后清查，发现隐患及时整改，确保安全。

三、电气火灾预防管理

电气火灾预防管理需要注意以下几方面。

(1)电气设备必须由具有电工资格的人员负责安装和检查维修，电气线路敷设应符合相关规定，应尽量选用铜芯导线；配电线路应穿管敷设，敷设在闷顶内的配电线路应穿金属管保护；移动式电气设备的电源线应采用橡胶护套电缆线，不应采用普通塑料电线。

（2）电气设备的安装应符合相关规定，严禁在线路上擅自增加电气设备，以防止过载引发火灾，日光灯镇流器不应直接安装在木质结构上或安装在木吊顶内，对每一台电气设备应安装空气限流开关，超过限定功率的、发热量大的电气设备不应直接安装在可燃装修或可燃构件上，引入线应按规定做隔热保护。

（3）配电盘接线端子应连接牢固；要经常检查配电盘有无发热、烤焦烤煳的迹象；严禁用铜丝、铝线代替熔断丝；配电盘下方严禁堆放可燃物。

（4）定期进行电气线路和设备的绝缘测试，关注老鼠对电线的危害；导线接头及电气连接应保持完好，特别是舞厅宜每月检查一次所有电线接头是否松动，避免接触电阻过大发热而引起火灾。

（5）所有电气线路均应由电源总开关控制，以保证在营业结束时切断非消防电源；消防用电设备应采用专用供电回路，其配电线路应满足火灾时连续供电的需要，其敷设应满足相关规定。

（6）公共聚集场所必须加强电气防火安全管理，及时消除火灾隐患；不得超负荷用电，不得擅自拉接临时电线。

四、公共聚集场所应急措施与逃生

（一）报警

在发生火灾的情况下，首先应及时扑救，如自己无力将火扑灭，要及早报警，可大声呼喊、启动建筑物内的报警设施、打报警电话等，牢记“119”火警电话。打报警电话时应注意说清起火单位地址，燃烧物的名称、性质及部位，火势的大小，报警电话的号码及报警人的姓名。报警后在有条件的情况下还应迅速走到街道路口等候、引导消防车。

安装有自动消防系统的建筑物，在各楼层通道均安装有手动报警按钮，如烟感报警系统的手动报警系统、消火栓箱内的报警按钮，在确认火灾的情况下，应及时报警，通知建筑内消防控制中心。因此，要求该场所工作人员应熟悉有关设施的设置部位及操作方法。

（二）引导疏散

公众聚集场所的工作人员必须牢记自己有引导在场人员疏散的义务，不得只顾自己逃命。人多场合要沉着冷静，做到有序疏散，倘若争先恐后，发生践踏事故，会造成不必要的伤亡，因此，要求公众聚集场所的工作人员应熟悉本单位的疏散设施及应急疏散预案，平日应组织学习及演练。《中华人民共和国消防法》第六十八条规定：“人员密集场所发生火灾，该场所的现场工作人员不履行组织、引导在场人员疏散的义务，情节严重，尚不构成犯罪的，处五日以上十日以下拘留。”

（三）火场逃生

（1）在火场中无路可逃时，可将床单、台布、窗帘等结成绳索，牢系窗槛，顺绳滑下；或是逃至烟、火在短时间内难以到达的相对安全且易被人发现的地带，呼救等待救援。

（2）邻室起火，万勿开门，应用湿毛巾、床单、衣服等物堵塞门缝、窗缝，然后进入阳台，呼喊救援或按上述方法脱险。

（3）烟雾较浓时，宜贴地匍匐前进，因为低处往往残留清新空气。注意呼吸要小而浅。

(4)在非上楼不可的情况下,必须屏住呼吸上楼,因为浓烟上升的速度是 3 ~5 m/s,而人上楼的速度约是0.5 m/s。

(5)逃离时,要用湿毛巾、湿衣服等布类掩住口鼻;带婴儿逃离时,可用湿布轻蒙在其脸上,一手抱着婴儿,一手着地爬行前进。

(6)逃离前必须先把有火房间的门关紧,特别是在住户多的大楼及旅馆里要采取这一措施,使火焰、浓烟禁锢在一个房间之内,不致迅速蔓延,能为逃生赢得时间。

第四章　博物馆、纪念馆消防安全

第一节　博物馆、纪念馆的火灾危险性

博物馆与纪念馆是搜集、保管、研究、陈列、展览有关革命、历史、军事、文化、艺术、自然科学、技术等方面的文物或标本的机构。按性质分类，可分为历史、自然、革命、军事等各类博物馆；按展出的内容和形式分类，又可分为综合性博物馆、遗址纪念博物馆、人物传记性博物馆，以及具有某些专业特点的博物馆和纪念馆。根据其不同的性质、方针和任务，系统地陈列文物、模型和标本等展品，向人民群众进行辩证唯物主义、历史唯物主义、爱国主义的革命传统教育，丰富人民群众的科学知识和文化生活，同时为促进工农业生产、科学研究及文学艺术创作提供资料和借鉴。在博物馆和纪念馆的藏品中，有许多是被称为“国宝”的珍贵文物，万一发生火灾，后果不堪设想。据此不难看出，做好博物馆和纪念馆的防火安全工作至关重要。

一、建筑物的火灾危险性

除现代建筑的博物馆外，其他博物馆与纪念馆的建筑不是木结构便是砖木结构，尤其是利用古建筑改建的博物馆。木质结构或砖木结构建筑的木龙骨吊顶、木窗、木门、木隔板等均为可燃材料，吊顶内多装设电气线路、通风管道等，增加了发生火灾的风险，能够加剧火势蔓延，再加上馆内其他可燃物质和电气线路、灯具、电气设备的大量使用，且人员集中，流动性又大，如不小心，极有可能着火，并迅速转化为不易控制的火灾。随着火势蔓延，势必发展成为内外燃烧的立体大火，损失不可估量，后果不堪设想。

二、内部可燃物的火灾危险性

博物馆与纪念馆的大部分藏品、展品是可燃物，如丝、棉织品，古旧图书、字画、手稿、文献资料、古木家具等。木、竹、牙雕、金、银、铜、铁、玉器、陶瓷等文物，或者本身就是可燃物，或者虽不是可燃物，但在陈列、珍藏时，使用的箱、柜、架、盒，以及包装、填充所使用的大量纸张、棉花、木、丝等都是可燃物。利用古建筑改建的博物馆、纪念馆，多数是木质结构的建筑，同时馆内的文物和展品同样存在火灾危险性。

三、电气火灾隐患

博物馆内不仅安装有许多电气照明灯具，而且设有音响设备、闭路电视及电动图表、模型、沙盘等。有的博物馆还使用计算机终端、语言处理机、微处理机、微型计算机、复印机等现代信息处理设施。大量的用电设备在使用和维修中一旦发生短路或其他故障都有可能引起火灾。如 1975 年 7 月 23 日，中国人民革命军事博物馆西一楼综合馆发生火灾，烧毁抗

战时期《敌后抗日根据地巩固和发展形势图表》和窗帘等设施。该图表结构为钢铁骨架，木材装饰，高6.5 m、宽6 m、厚1.2 m，内部分上中下三层，装有3个滚筒、37个变压器和1万多个6.3伏的小灯泡。在检修试运行时因电线短路起火，使展期向后推迟了3个月。而在某些博物馆、纪念馆展柜中安装的日光灯镇流器，有时也成了引发火灾的“肇事者”。

另外，如果有人在博物馆、纪念馆内吸烟，乱扔烟头，也可引燃可燃物，引起火灾。工作人员在文物修复时要使用明火、电热器和纸张、塑料，以及丙酮、汽油、酒精、酸类等易燃、易爆化学物品，如不注意安全，极易引起火灾。同时，雷击有时也容易使博物馆、纪念馆发生火灾。

第二节　博物馆防火措施

鉴于博物馆的重要地位与作用，博物馆的经营者、管理者、工作人员及参观人员均应了解博物馆的火灾危险性，共同做好火灾预防工作。

一、建筑防火

博物馆建筑不仅要符合城镇文化建筑的规划布局要求，反映所在地区建筑艺术、科学技术和文化发展的先进水平，而且应满足消防安全的要求。博物馆的建筑设计，既要满足藏品的收藏保管、科学研究和陈列展览等基本功能，还必须符合建筑设计防火技术方面的有关规定。对利用古建筑作为博物馆的，应妥善处理文物保护与消防安全的关系，既要符合各项文物保护法规，保持原有建筑风貌，还应满足防火安全的基本要求。

（一）总平面布置

（1）博物馆选址应远离易燃、易爆危险物品生产、储存场所。已有的博物馆附近也不应设置易燃、易爆危险物品生产企业和仓库。

（2）中型以上的博物馆应独立建造，并与其他建（构）筑物保持足够的防火间距。小型博物馆，若防火间距无法满足要求时，与相邻建筑的外墙必须采用防火墙，且不得设置门窗孔洞；若与其他建筑合建，应自成一区，单独设置出入口，并符合消防安全的要求。

（3）博物馆馆区应设置消防车通道，高层博物馆周围应设置环形消防车道，并按规范要求设置供登高消防操作的扑救面，且在此范围内不得设置自行车和机动车的停放场地，以及妨碍消防车停放和操作的树木、广告牌、架空线路、管道等。

（4）博物馆建筑应当划分为陈列展览区、藏品库区、文物保护技术区、公众服务区和办公区等，且相对自成系统。馆区内不应建造职工生活用房。若职工生活用房毗邻馆区建筑布置，必须满足防火间距，并加以分隔，各设直通外部道路的安全出口。

（5）锅炉房、变配电室、柴油发电机房、空调机房、消防控制室、消防水泵房、加工维修间等宜独立设置。如设置在博物馆建筑内时，必须采取相应的防火安全措施，并符合有关消防技术规范的要求。

（6）博物馆建筑内不得设置公共娱乐场所及危及博物馆安全的其他场所。

（二）耐火等级与防火分区

（1）博物馆为重要公共建筑，其耐火等级不应低于二级；对于高度超过50 m或任一层建筑面积超过 1 000 m^2的博物馆以及地下博物馆或博物馆的地下建筑，其耐火等级不应低于一级。钢结构应进行防火处理，以符合其相应的耐火极限要求；吊顶装修应采用轻钢龙骨等不燃烧材料。

（2）博物馆的层数不宜太多，且宜按使用功能划分防火分区，防火分区的面积应根据建筑类别、使用性质、位置按相关消防技术规范确定。

（3）藏品库宜独立设置，且宜为单层建筑。如组合布置时，应单独划分防火分区。藏品库附设的化验、检验与消毒房间应设置在仓库总门之外。藏品库不宜开设除门窗以外的其他洞口，必须开洞时应采取防火分隔措施。古建筑内不宜设藏品库，如必须设置时，应采取严密的防火分隔措施。

（4）陈列厅（室）、展览厅（室）不宜布置在四层或四层以上。售货亭、报告厅、接待室、放映厅、会议室、工作间等均应为独立的防火隔间。

（5）各防火分区内的隔间应采用耐火极限不低于 2 h 的不燃烧体隔断墙和乙级防火门分隔，墙体应砌至顶板。封闭式竖井的围护结构应采用非燃烧体及丙级防火门。穿越各防火墙、隔断墙及其楼板的管线孔洞、缝隙，均应用不低于该墙壁、楼板耐火极限的防火封堵材料封堵严密。

（6）用于防火分区的防火卷帘和防火门的设置均应符合国家现行消防技术规范的规定。

（三）安全疏散

（1）博物馆的安全出口应分散布置，每个防火分区、一个防火分区的每个楼层，其相邻两个安全出口最近边缘之间的水平距离不应小于 5 m。安全出口的数量、宽度及走道的宽度、安全疏散距离等均应经计算确定，且应符合相关消防技术规范的规定。

（2）博物馆楼梯间的形式、数量和设置要求应符合相关消防技术规范的规定。高层博物馆应按相应规范要求设置消防电梯。

（3）陈列厅（室）、展览厅（室）的展品宜布置在宽度不小于 3 m 的环形通道两旁，展室内的移动隔墙、屏风、临时展台、陈列品等布置均不应影响紧急逃生路线。

（4）博物馆建筑内的疏散走道、楼梯间及前室、消防电梯前室及陈列室、展览厅、报告厅、会议厅、放映厅、阅览室、多功能厅等人员集中的公共场所，均应设置火灾应急照明和安全疏散指示标志。

（5）安全出口、楼梯间、前室、合用前室、疏散走道及人员密集场所的门均应向疏散方向开启，不得设置门槛。防火门应具有自闭功能，且内外两侧应能手动开启。

（6）对于设置在疏散走道上或需经常开启的防火门，应按有关规定设置成在火灾情况下自动关闭的电动防火门，并应有信号反馈的功能。经常锁闭的安全疏散门应设置安全逃生门禁系统，并应与消防联动控制系统联动。

（7）鉴于博物馆藏品库安全防盗措施较好、管理措施比较得力，其安全出口的数量、疏散距离等具体要求不能满足现行消防技术规范时，可采取性能化的方法，经专家评估论证确定。

（四）室内装修

（1）博物馆的室内装修应符合现行的《建筑内部装修设计防火规范》（GB 50222—2017）的规定。

(2)藏品库、楼梯间及前室、消防电梯前室以及地下建筑,其装修材料应采用不燃材料。中型以上博物馆地上部分(藏品库除外)的顶棚应采用不燃材料,墙面、地面、隔断、窗帘等的材料不应低于难燃材料;小型博物馆顶棚、墙面不应低于难燃材料,其他部位不应低于可燃材料。

(3)藏品库、陈列厅(室)、展览厅(室)内供储藏、陈列、展览用的柜、箱、台、架等应采用不燃材料制作。小型博物馆可采用难燃材料,如采用可燃材料时,应进行阻燃处理;珍品及忌水的贵重文物和展品,应存放在既能防水又能防火的箱柜内。

(4)建筑内部装修不应遮挡消防设施、安全出口及疏散指示标志,不应减少安全出口、疏散出口和疏散走道的净宽度和数量,且不应妨碍消防设施和疏散走道的正常使用。

利用古建筑作为博物馆的建筑防火,应参照有关古建筑防火规范。

二、消防设施

(一)灭火设施

(1)博物馆应设置室内外消火栓系统,并符合有关消防技术规范要求。室内消火栓宜配置消防软管卷盘。建筑面积小于 1 000 m^2 的博物馆宜设置消防软管卷盘或轻便消防水龙。

(2)高层博物馆、地下博物馆(含博物馆的地下藏品库和经常有人停留的场所)及单层、多层博物馆中建筑面积超过 500 m^2 的可燃品库房和任一层建筑面积大于 1 500 m^2 陈列厅,或总建筑面积大于 3 000 m^2 的展览厅应设置自动喷水灭火系统。

(3)对于一些无保暖设施或避免误喷的藏品库、陈列厅(室)、展览厅(室),可采用预作用自动喷水灭火系统或重复启闭预作用自动喷水灭火系统。

(4)中型以上博物馆内的珍品库及一级纸绢质文物的陈列厅(室)应设置自动灭火装置,且宜采用气体灭火系统。

(5)博物馆中其他场所灭火系统的设置应符合有关技术规范的要求。

(6)中型以上博物馆应按现行的《建筑灭火器配置设计规范》(GB 50140—2005)民用建筑中的严重危险等级的要求配置灭火器具;小型博物馆应按现行的《建筑灭火器配置设计规范》(GB 50140—2005)民用建筑中的中危险等级的要求配置灭火器具。

(二)火灾自动报警系统

(1)高层博物馆、地下博物馆(含博物馆的地下藏品库和经常有人停留的场所)及中型以上博物馆的藏品库、陈列厅(室)、展览厅(室)、报告厅、阅览室、多功能厅等人员聚集的场所应设置火灾自动报警系统。

(2)小型博物馆的藏品库和陈列厅(室)、展览厅(室)等场所应设置独立的火灾自动报警装置。

(3)火灾自动报警系统的设置应符合现行的《火灾自动报警系统设计规范》(GB 50116—2013)的规定。

(4)藏品库及陈列室(室)、展览厅(室)、放映厅等人员聚集的场所应设置漏电火灾报警系统。

(三)通风及防排烟

(1)博物馆取暖、空调、通风系统的设置应符合有关消防技术规范的规定。藏品库和陈列厅(室)的采暖宜采用热风系统,严禁明火取暖。

(2)博物馆通风和空气调节系统应按防火分区设置,空调设备应安装在专门的机房内,并满足防火要求。风管及其保温材料应采用非燃烧体,风管在穿越机房以及珍品库、纸质书画、纺织品库等火灾危险性大的房间的隔墙和楼板处应设置防火阀。熏蒸室应设置独立的排风系统。

(3)通风和空调系统风管不宜穿过防火墙,必须穿过时应在穿越处设置防火阀,风管穿过墙、板的空隙处应用非燃烧体填充严密。风管应有良好的气密性,连接处必须有可靠的密闭措施。

(4)博物馆内不具备自然排烟的中庭、走道、藏品库、陈列厅(室)、展览厅(室)等场所,应按相关消防技术规范设置机械排烟系统。

(四)消防用电

(1)高层及大型以上博物馆的消防用电应按一级负荷供电。其他类型的博物馆如设置自动消防设施的,其消防用电应按二级负荷供电;未设置自动消防设施的可按三级负荷供电。

(2)火灾自动报警及消防联动控制系统的电气线路应与其他照明和动力电气线路分开设置,并符合有关技术规范的要求。

(3)消防用电设备的漏电保护装置只用作报警,不得切断电源。

利用古建筑、石窟、建筑遗址等修建的博物馆,应根据其建筑特点,采取相应的防火措施。不能满足建筑消防技术规范要求的,可组织专家评估。

三、电气防火

博物馆的电气防火,通常体现在电气设备防火、电动模型及电动图表的防火。下面分别介绍二者的防火要求。

(一)电气设备防火要求

(1)大型馆的电气负荷不得低于二级,中、小型馆不得低于三级。防火、防盗报警系统应按一级电气负荷设计或设置应急备用电源。

(2)监视和报警电气线路应与照明和动力电气线路分开设置,并敷设隐蔽。

(3)藏品库的电源开关应统一安装在藏品库区的藏品库总门之外,并有防止漏电的安全保护装置。藏品库内的照明宜分区控制。

(4)藏品库和陈列厅(室)的电气照明线路应采用铜芯绝缘导线暗线敷设,古建筑改建可为塑料护套铜芯导线明线敷设。防火、防盗报警系统的电气线路应采用铜芯导线,并装套钢管保护。

(5)陈列厅(室)内应设置使用电化教育设施的电气线路和插座。

(6)熏蒸室的电气开关必须在室外控制。

(7)大型馆的陈列厅(室)应设置火灾事故照明和疏散导向标志。重要藏品库房宜有警卫照明。

(8)大型馆不应低于二级防雷,中、小型馆不应低于三级防雷。珍品库房应为一级防雷。

（二）电动模型及电动图表防火要求

（1）陈列厅（室）的电动模型、图表等应通风散热良好，达到防火安全要求，便于维修和检查；电线穿过木质或靠近可燃物敷设应有套管保护，靠近发热部位应单根线分开敷设，以防受热损坏绝缘发生短路。

（2）电气设备外壳、金属框架等应有良好的接地装置。

（3）电线安装在便于检查、散热良好的部位，不同电压的线路应分开敷设。线束直径不大于2 cm。大于50 V的线路，应使用绝缘子与金属、木质部分隔离。

（4）电线的负荷量不应满载，可控制在70%左右；并应在各线路上分装保险丝（管），保险丝（管）的选择使用，可按实际负荷电流的1.5～2倍计算。保险丝（管）应按顺序安装在绝缘板上，装设在便于检查、更换的部位。

（5）线路所有接头、焊接点要牢固，防止虚焊；低压零线应使用铜带。

（6）连接低压小功率灯泡的电线，可用多股铜芯塑料绝缘线，小灯泡与电源线的焊接要良好。36 V以上灯泡的连接不能用焊接，要用灯头安装，带电部位不得裸露。

（7）电动模型、图表所使用的电动机、变压器、变阻器要安装在金属架上，不要靠近木质部分。变压器一次侧、二次侧都应装保险丝。变压器不要串联使用；不同电压的变压器不能并联使用，不要使用自耦变压器。

（8）使用日光灯时主要应注意镇流器的散热条件，既要散热良好，又要便于检查。半导体元件的散热片应保持通风散热，安装在适当位置。

（9）灯光显示、标题灯箱等要采用非燃烧材料制作，应保持良好的通风散热条件，灯泡功率不得大于40 W，灯泡距离箱壁不应小于5 cm，电线接头不要露出箱外。

（10）隔光板、隔光片均应用非燃烧材料制作，禁止使用易燃物品，且要安装牢固；底板也要选用非燃烧材料，如为可燃材料，应做防火处理；隔光板、底板的灯光孔，应留有一定的散热余量。

四、其他防火

（一）展出陈列物品

（1）陈列厅（室）内的陈列面积不宜超过总面积的1/3，通道宽度不应小于3 m；展台、展柜、展板、实物展品等摆放，要保证通道畅通，便于疏散和抢救。

（2）陈列厅（室）内摆放展品的展台、展柜、展箱、展架等应采用非燃烧材料制作，如用可燃烧材料时，需外涂防火材料等进行防火处理。

（3）陈列不能移动的文物，如壁画、泥塑等忌水的展品、文物，需用防火、防水罩和箱加以保护。

（二）文物库

（1）文物库的建筑应为一级耐火等级。装有火灾自动报警装置和自动灭火系统的库房，可为二级耐火等级的建筑。

（2）古建筑内的文物库应采取严密的防火分隔措施，隔断与其他可燃构件的联系。

（3）文物库内照明线路要求与陈列厅（室）相同，但灯具采用密封型。工作人员离开库房前应关灯，必须切断库房总电源开关。

（4）文物库的消防管理，应按《仓库防火安全管理规则》规定要求执行。

(5)文物库内存放文物的柜、箱、架应用非燃烧材料制作,可燃材料的包装不准同文物一起入库。

(6)在文物库内严禁文物修补作业和包装操作。

(7)库房内安装有去潮机、空调设备,应有专人负责,经常巡视检查,发现问题及时检修,保证安全运行。

(8)库内严禁吸烟。

第三节 纪念馆防火措施

做好纪念馆的消防安全工作,应贯彻国家有关消防法律法规和消防技术规范标准,加强建筑防火和消防安全管理,改善消防安全条件,落实好消防组织、人员、责任、制度和措施,防患于未然。

一、建筑防火

纪念馆在建筑防火方面主要应考虑以下几点要求。

(一)平面布局

新建的纪念馆宜选择远离易燃、易爆和有害气体的环境,并宜独立建造。建筑本体与周围其他建筑之间应设置消防通道和防火间距。如与其他建筑合建时,也应自成一区,单设出入口;其陈列区、藏品库区以及技术、办公、服务用房应分开设置或采用防火墙、防火门进行分隔。消防车道宜设置成环形,如不能形成环形车道,其尽头应设置回车道或回车场。

纪念馆一般利用旧有建筑,其总体格局已经形成。对于此类建筑,宜在不破坏原布局风格的情况下开辟消防安全通道或设置防火隔离带,如不能形成环形车道,其尽头应设置迂回车道或不小于12 m×12 m的回车场,以降低火灾危险性,防止火灾蔓延扩大。

(二)耐火等级与防火分区

(1)陈列厅(室)、展览厅(室),藏品库区的耐火等级不应低于二级,对原有的重要民俗馆、纪念馆的可燃结构部分,应喷涂防火涂料等加以保护,提高其耐火极限。新建纪念馆应依据相关消防技术规范的要求设计相应的耐火等级,并满足防火分区要求。钢屋架结构应喷涂防火涂料,以增强耐火性能。

(2)古建筑内不宜设文物库,如设置应采取严密的防火分隔措施,与其他可燃构件隔断。

(3)藏品入库前进行熏蒸杀虫灭菌时,由于许多杀虫药剂都是易燃易爆的化学危险物品,如敌百虫、甲基对硫磷等,火灾危险性较大,所以这些部位与其他部位应采用防火墙、防火门进行分隔。

(4)文物修复、复制和标本制作室用火用电多,可燃材料多,火灾危险性较大,应单独设出入口,与藏品库区和陈列、展览区有良好的防火分隔。

(三)安全疏散

陈列区的每个防火分区应至少有2个安全出口,其相邻2个安全出口最近边缘之间的水平距离不应小于5 m,楼梯通道必须保持畅通。陈列厅(室)、展览厅(室)内展台、展柜、展板等以及其他展物的布置，应根据总面积采用环形或单面布局，总的陈列、展览面积不宜超过厅（室）总面积的1/3，需留出宽度不小于3 m的通道。大、中型馆设置的报告厅，安全出口不应少于2个，其厅内疏散走道、疏散门宽度指标以及座位的布置与排距均应符合相关消防技术规范的要求。每个陈列厅（室）的疏散门不应少于2个，当符合下列条件之一时，可设置1个：

（1）陈列厅（室）位于两个安全出口之间，且建筑面积不大于120 m^2，疏散门的净宽度不小于0.9 m；

（2）陈列厅（室）位于走道尽端，且由房间内任一点到疏散门的直线距离不大于15 m，其疏散门的净宽度不小于1.4 m。

（四）室内装修

（1）陈列厅（室）为古建筑，特别是被列为文物保护单位的古建筑，不得改变原有的结构或在原结构上加装可燃构件，如吊顶等。必须进行室内装修时，顶棚应采用轻钢龙骨等不燃性材料，墙面、地面、隔断、窗帘应采用难燃性材料，固定家具和其他装饰部分可采用可燃性材料。库房的顶棚、墙面只能采用不燃性材料装修，地面应采用不低于B_1级的装修材料。

（2）供陈列用的台、柜、箱和墙架等应采用非燃烧体制作。如必须选用夹板等可燃材料时，应涂抹防火涂料等进行防火阻燃处理。忌水的文物和展品应放在既能防火又能防水的箱柜内，防止灭火时造成水渍损失。

二、消防设施

新建、改建、扩建的纪念馆要按照相关消防技术规范的要求设置消防设施，对于依托于古建筑、旧居、名人旧宅等设立的民俗馆、纪念馆，其结构复杂、改造难度大，应因地制宜，逐步完善消防设施。

（一）室内外消火栓

在城市开设的民俗馆、纪念馆，应利用市政供水管网，设置室内外消火栓系统，每个消火栓的供水量应按10～15 l/s计算，消火栓应采用环形管网布置，设2个进水口。

对难以改造的古建筑或庭院式建筑的民俗馆、纪念馆，应设置室外消火栓。在消火栓旁边须设置消防附件器材箱，箱内备有水带、水枪、起动消防水泵的按钮等附件，以便发生火灾时消防管网能迅速出水，这在院落重叠、通道曲折的馆内尤为重要。

（二）消防水池

凡是无消防供水管网或管网不能满足消防用水量的建筑，应修建消防水池，储水量应满足火灾延续时间不小于3 h的用水量，并配备消防水泵或手抬机动泵。在寒冷地区，水池和消火栓管网还应采取防冻措施。

在有江、河、湖泊等天然水源可以利用的地方，应修建消防码头，供消防车停靠汲水；在消防车不能到达的地方，应设固定或移动的消防泵取水。

（三）火灾自动报警装置

大型馆的陈列厅（室）、展览厅（室）和库房应按照相关消防技术规范的要求设置火灾自动报警系统，可根据建筑的实际情况，选择相适应的火灾探测器种类和安装方式。

（四）自动灭火设施

大、中型馆的陈列厅（室）、展览厅（室）和普通藏品库应根据相关消防技术规范的规定设置自动灭火系统。收藏纸质书画、纺织品等珍品、孤本，不宜用水扑救的藏品库，应设置二氧化碳等气体灭火系统。对于高大封闭空间的场馆宜采用高倍数泡沫全淹灭自动灭火系统。

（五）消防应急照明和疏散指示标志

陈列、展览厅（室）应设有由消防电源供电的火灾事故照明和灯光疏散指示标志，其照度不应低于1.0lx；消防控制室、消防水泵房、自备发电机房、配电室、防烟与排烟机房，以及发生火灾时仍需正常工作的其他房间的消防应急照明，应保证正常照明的照度；消防应急照明灯具和消防疏散指示标志，应符合相关消防技术规范的规定。

（六）灭火器

为了在出现火情时，能及时有效地将火灾扑灭在初起阶段，应根据国家相关的消防技术规范、标准的规定，结合实际情况，在陈列厅（室）、藏品库区、电动模拟演示区、配电室、技术用房、办公和生活区配置相应种类和数量的灭火器。

（七）防排烟设施

大型馆内的陈列厅（室）和藏品库区大部分不开设窗户，不能自然排烟，应根据相关消防技术规范的要求设置机械排烟设施。

三、电气防火及防雷

纪念馆应按国家相关规定设计、安装电气线路、电气设备和防雷设施，要满足电气防火的有关具体要求。

四、电动图表、模型防火

现代纪念馆为了形象生动地再现历史画面，一般都布置了电动图表、模型、沙盘、布景箱、模拟演示设备等。在设置时应充分考虑采用新技术、新工艺、新材料，做到安全可靠；隔光板、隔光片等技术构件要选用非燃烧材料的制品，禁止用易燃品，底板要采用非燃烧材料制作，确需采用可燃材料时，应进行防火阻燃处理；可燃材料制作的滚筒箱，应以铁皮或石棉板包装；滚筒、继电器和晶体管控制部分，应用不燃材料的透明罩罩上，以利防火、防尘；沙盘、图表、模型、演示设备内的空间较大，其底部与地面应保持适当距离，要有良好的通风散热和防火条件，并留有能进入检修的入口，装在壁板上的灯光箱、显示图表箱要便于检查和维修。图表、模型等展品制作完成后，要经过连续2小时的试运行，当确认机械运行良好、各部件升温不超过45 ℃、电气线路不发热后，方能投入使用。

第四节　博物馆、纪念馆消防安全管理

博物馆、纪念馆是消防安全重点保卫对象，一般均为消防安全重点单位。博物馆、纪念馆对藏品负有科学管理、科学保护、整理研究、公开展出和提供服务的责任。因此，要加强

对博物馆和纪念馆的消防管理，确保藏品的安全和展出期间的消防安全，充分发挥其功能和作用。

一、日常消防安全管理

(1)博物馆、纪念馆应按照《中华人民共和国文物保护法》《中华人民共和国文物保护法实施条例》《博物馆安全保卫工作规定》《博物馆管理办法》《古建筑消防管理规则》等法律法规，建立以馆领导为主要负责人的消防安全组织，配备专职或兼职消防干部，组织群众性的义务消防队。

(2)博物馆、纪念馆应本着“安全自查、隐患自除、责任自负”的原则，实行逐级消防安全责任制和岗位消防安全责任制，逐级明确岗位消防安全职责，逐级确定岗位消防安全责任人。法人代表及各级、各岗位的主要负责人就是本级、本岗位的消防安全责任人，对本级、本岗位的消防安全负责。

(3)博物馆、纪念馆应根据本单位的特点和安全需要，制定和完善各项消防安全制度。各要害部门和重点岗位均应制定保障消防安全的操作规程，并采取有效措施使其能够真正得到落实。

(4)博物馆、纪念馆应进行经常性的消防宣传教育，至少每半年应对全体员工进行一次消防安全培训；对新上岗或进入新岗位的人员应进行上岗前的消防培训；单位消防安全责任人、消防安全管理人、专(兼)职消防员、消防控制室的值班操作人员及重点岗位的人员，均应接受消防专门培训。在展出期间，要利用广播等媒介进行消防知识的宣传教育。

(5)博物馆、纪念馆应建立定期检查制度和每日巡察制度，至少每季度进行一次防火安全检查。对发现的消防隐患，能当场整改的要当场整改，不能当场整改的，要制定整改方案，落实整改资金，确定负责整改的部门及人员，限定整改期限，并督促进行整改。在火灾隐患未消除期间，要落实防火安全措施，防止引发火灾。

(6)博物馆、纪念馆应明确本馆的消防保卫重点和要害部位，结合实际情况制定相应的灭火及安全疏散应急预案，并至少每半年组织一次灭火演练，不断充实完善应急预案，提高自防、自救能力。

二、重点场所消防安全管理

重点场所通常指文物、展品的存放部位(如藏品库、陈列展览厅)和易失火部位(如化验室、配电室)，对这些部位均应落实严格的管理制度，重点管理。

(一)藏品库

(1)藏品应有固定、专用的库房，专人管理，并应有明显的消防标志。

(2)库区严禁烟火，严禁存放易燃、易爆和其他危险物品。

(3)库内藏品应按质地及不同的保存要求，以科学方法加以分间储藏、分类上架、妥善保藏。一级藏品、保密性藏品及经济价值高的藏品，要设立专库或专柜重点保管。忌水藏品应放在既能防火又能防水的箱柜内，防止灭火时造成水渍损失。

(4)库区内的通道及出入口要保持畅通，严禁堵塞。

(5)对电气线路和照明设备的敷设、使用和维修要加强管理。人员离开库房前应切断库区内所有的电源，确保无误后，方可离开。

(6)藏品库内严禁进行修补作业和包装操作。

(7)安装有去湿机的库房应有专人负责,及时检修,保证安全运转。

(8)库房内使用灭虫剂、灭鼠剂等化学药剂时应采取防火安全措施。

(9)及时清扫库内废物,定期巡视,发现火灾隐患及时消除。

(二)陈列厅(室)

(1)陈列厅(室)的疏散门应向疏散方向开启,不得设置门槛。展出期间,陈列厅(室)的安全疏散通道和安全出口应保持畅通,火灾应急照明和安全疏散指示应保持良好状态。

(2)陈列厅(室)内参观路线要求连贯、短捷,单向设置,不应交叉,给观众以明确的导向。接待任务大的陈列厅(室)出入口应分别设置。

(3)陈列厅(室)内各种陈列台、柜、橱、架以及各种活动屏风、搁架的布置应尽量固定,且不得影响安全疏散,不得遮挡、影响消防设施的正常使用。

(4)要限制参观人数。一般以展区总面积的2/3,按每平方米每天2人计算,发售参观票券。同一时间内参观人数不得超过上面计算出的人数的50%。

(5)博物馆应有严禁烟火标志,陈列室内严禁使用明火取暖,严禁参观人员携带易燃、易爆化学危险物品入内,严禁吸烟。展出期间,严禁动用明火。

(6)经常对室内电器、线路进行检查。严禁乱拉乱扯临时电源、改动线路或私接电气设备,如因特殊情况需要时,应严格报批手续,由专职电工操作。

(7)每天闭馆后,工作人员需彻底检查有无隐患,切断电源方可下班。

(三)标本室

(1)电烙铁、电炉、电热干燥箱等电热器具须放在固定、安全的位置,指定专人管理并有安全措施。电热器具周围严禁堆放易燃、易爆或可燃物品。

(2)使用酒精灯、喷灯及明火操作时,必须远离易燃、易爆或可燃物,并做到人走火灭,确保安全。

(3)化学药品要设专库分类存放,专人管理,工作室使用易燃、易爆化学药品的数量要严格控制,做到随用随取,每天随时清除易燃、可燃废料。

(4)用火用电时,工作人员不得离开现场。下班时要认真检查,并熄灭火源、切断所有电源。

(5)作业时应严格遵守操作规程,并配备相应的灭火器,室内工作人员均应熟悉使用方法,并指定专人负责日常管理。

第五章　图书馆、档案馆消防安全

图书馆是收藏国内外的图书、资料、报纸、杂志并加以收集、整理，供读者借阅、学习、查验、参考的文化机构，是公共场所。图书馆按照藏书量可分为大、中、小三种类型。按其服务对象和工作范围，又可分为公共图书馆（包括国家、省、市、县、区图书馆）、工会系统图书馆（包括工人文化宫、工业企业工会图书馆）、学校图书馆（包括高等院校和中小学校图书馆）、科研机构图书馆（包括研究、生产、管理部门的专业图书馆、综合图书馆等），还有一些机关、街道等图书馆以及农村办的规模较小的图书馆。不同的图书馆其收藏品也不尽相同，一般收藏有图书、期刊、报告、地图、缩影资料、手稿、光碟资料、报纸和数字图书等。档案馆是收集、整理、保存、提供和研究重要档案资料的机要部门，保存有参考价值的文件、文书档案、人事材料、收发电文、会议记录、会议文件、出版原稿、财会簿册以及印模、影片、照片、录音带、录像带等。档案馆按其收藏档案的范围分为综合性档案馆和专门档案馆。按隶属关系分为国家档案馆、部门档案馆、地方档案馆和社会团体、企事业单位档案馆以及私人档案馆等。图书馆是重要的文化机构，档案馆是重要的机要部门。做好图书馆、档案馆的消防安全工作，对于保护人类历史文化遗产、继承和发展文化科学事业、促进现代化建设具有十分重要的意义和作用。

第一节　图书馆、档案馆的火灾危险性

图书馆、档案馆是人类文明传承的重要载体。随着经济建设的发展和社会文明的进步，图书馆、档案馆的建设不断发展，规模越来越大，数量越来越多，作用越来越重要，其组成和功能也愈来愈复杂。因此，图书馆、档案馆火灾危险性也随之增加。图书馆一般由书库（或文献资料库）、读者服务馆区、文献整理加工及管理区、公共活动区和辅助空间等几个部分组成，一些大型图书馆还设有展览厅、报告厅、放映厅等。图书馆平时要接待大量的读者，同时还举办各种展览会和报告会等活动。这些公共活动区域情况复杂，火灾危险性大。档案馆收藏着具有保存价值的文书等档案材料。中华人民共和国成立后，我国从中央到地方先后建立了档案馆，目前已形成一个从上到下的全国档案馆网络。改革开放以来，我国的档案馆逐步向社会开放，也增加了火灾风险。

一、建筑物火灾危险性

图书馆、档案馆一般是火灾事故发生较少的单位。但图书馆的珍本、善本、绝版图书、稀缺书刊，档案馆的主要历史档案、文献资料等都是绝无仅有的，极为珍贵，一旦发生火灾，都将化为灰烬，不可复得，造成无可挽回的损失。

（1）一般说来，图书馆多为整体建筑，单元面积大，跨度也大，采光较好，空气流通、干燥，一处着火，传播较快，烟气和高温极易沿走廊、楼道、电梯井、升降机、传送带等处，向其

他部位流窜或蔓延。一些利用古建筑设置的图书馆,很容易造成内部物质与外部建筑同时燃烧的结果。

(2)图书馆、档案馆内部,可燃物质数量大,密度大,书柜、书架、书箱呈多排架排列,每架层阶又多,有的层、架是木质结构,如有火源极易燃烧。

(3)有些图书馆、档案馆内的阅览室、陈列室、讲演室、走廊等地方使用可燃物进行装修,现代的图书馆、档案馆又都存有大量的画卷、照片、胶片等易燃物品,这更增加了火灾危险性。

(4)大型图书馆的阅览室较多,开馆时读者人数多,往往聚集于几个阅览室内,有的图书馆开馆时间长(如高等院校图书馆),这些阅览室多数只有1~2个出入口,一旦发生火灾,人员疏散困难,易造成较大人员伤亡。

(5)电气设备多,用电量较大。图书馆、档案馆除照明灯具外,有的用中央空调或窗式与分体式空调、换气扇、电风扇、电梯、传送带、复印复制等电气设备。新建、扩建、改建的图书馆、档案馆,有的没有达到国家规范要求的标准,有的随意增加,有的随意布设,从而留下了较大的火险隐患,容易造成线路整体或局部过载、发热,致使绝缘层迅速老化,使其耐电压和机械强度下降,导致短路、漏电事故发生,或者灯具距可燃物太近,烘烤起火。一些图书馆、档案馆为了创收,把一些厅、室改成餐厅、咖啡厅等,违反了防火安全规定,擅自使用明火、电热器具等,稍有不慎,就会引发火灾。

二、内部可燃物的火灾危险性

(1)初期火灾,闷燃性大,易产生大量烟雾,加上书库内书架、书柜摆放紧密,通道较窄小,一般不易查清着火点的位置。此时如不能迅速查清着火点,并尽快扑灭,极易发展为中期火灾。烟火、高温气体通过门窗、走廊、楼梯、电梯井等通风良好的地方后迅速蔓延,造成立体燃烧局面,发展为猛烈燃烧阶段火灾。

(2)图书馆、档案馆经装修后,装饰材料如壁纸和库内存放的胶片等燃烧后放出有毒气体,给扑救火灾增加了难度。在使用粉状或气态灭火剂无法消除阴燃和高温时,若使用大量的水灭火,又会损坏图书、资料。

三、电气火灾隐患

图书馆、档案馆的电气火灾隐患是造成图书馆火灾的主要成因之一,必须引起足够的重视。

(一)电气照明的火灾隐患

电气照明是把电能转化成为光能并产生一定热量的一种光源。图书馆、档案馆是公共文化设施,特别是高校图书馆,一般自上午8时至晚上10时连续开放,白天开放时,往往由于书库、阅览室、自习室面积大,自然光线不足,需电气照明,晚上则全靠电气照明,从而使电气照明时间长,连续工作。照明灯在工作过程中,产生大量的热,致使玻璃灯泡、灯管、灯座、镇流器等表面温度较高,具有很大的火灾危险性。

(二)信息化及辅助设备的安全隐患

当前,各高校图书馆与公共图书馆为提升信息化水平,普遍加强了信息化建设。在信息化建设过程中,各种服务器、网络交换机、信息存储设备、计算机呈网状结构密布于图书馆各个场所、各个工作流程。与信息化建设相适应，馆舍内电气系统中配有许多开关、接触器、继电器等电气接（插）件。由于安装、使用以及维护等方面的原因，电气接（插）件容易产生电弧、发热现象，具有很大的危险性。尤其是图书馆电子阅览室和中心机房，电气设备高度集中，一个电子阅览室少则数十台，多则近百台计算机同时开启使用，中心机房24小时用电开放服务。这些举措虽然提高了信息化水平，大大方便了读者，使读者可充分利用网络环境下的电子资源，提高了文献利用效率和利用速率，但是从消防安全角度分析，由于电气设备长时间使用，极易因电气故障而引发火灾。有些图书馆已不同程度出现了机器发热现象，虽未酿成火灾，但证明其隐患确实不可忽视。

（三）电源线路的火灾隐患

在图书馆的动力设备中，电梯等电源线路的火灾危险性不大，但是在中心机房、电子阅览室、书库和普通阅览室，用电负荷相当大。有的馆为了测试的需要，采用临时插座供电，特别是老馆舍新增电子阅览室，由于用电负荷在最初设计时没有考虑，致使线路所承受的荷载增加，或使用三相用电负荷不平衡，电源线的电流负荷增大，使导线发热，温度升高，其危险性骤增，隐患更为突出。在图书馆馆舍中，照明是整个用电量中一个重要组成部分，其电源、线路的火灾危险性亦较大。目前普遍使用的国产胶木接插件材料中，有些产品质量差，工艺水平低，连接容易松动，产生接触电阻大而发生过热现象。接插件长期受热，加速了绝缘材料的老化，进而引发短路。有些线路则因敷设方法不当，散热条件差，使电线温度进一步升高。

此外，有的图书馆为方便读者和职工，除了安装空调、电风扇以外，还购置有电水壶、微波炉、电暖手壶等设备。这些附属设施大都属于大功率电器，增大了用电负荷，从而导致诱发火灾的因素增多。

（四）人员集中，疏散通道不畅

公共图书馆和科研、教育机构的大型图书馆经常接待大量的读者，往来人员复杂，部分读者进入书库或阅览室时吸烟，遗留火种，易引发火灾。部分图书馆的阅览室、档案馆的资料查阅室的疏散出口处安装有安检装置，减小了疏散宽度，而其他疏散出口往往处于锁闭状态，一旦发生火灾，易拥堵，造成群死群伤。

（五）耐火等级低，防火性能差

不少学校图书馆、小型图书馆、档案馆多为三级耐火等级建筑，还有利用木结构古建筑做藏书楼或图书馆的。如浙江的天一阁、北京的文渊阁等耐火等级低，防火性能差。

（六）火灾扑救难

图书馆、档案馆的书库、档案库多为地下房间或无窗房间，有大量可燃物，且货架式立体存放，一旦失火，蔓延速度快，易形成立体火灾，烟气大、毒气大、易复燃，扑救难度大。

第二节　图书馆、档案馆防火措施

一、建筑防火要求

图书馆、档案馆的建筑防火设计除应执行国家现行防火规范有关条文外，还应符合以下规定。

（一）总平面布局

（1）图书馆、档案馆应设在环境幽静的安全地带。国家、省市级的图书馆、档案馆选址时，要结合城市远期和近期规划，与周围易燃易爆、噪声和散发有害气体、强电磁波干扰等危险源保持足够的间距。

（2）图书馆、档案馆宜独立建造，如与其他建筑合建，应采取严格的防火分隔措施。

（3）图书馆、档案馆应设消防车道，大型图书馆和档案馆宜设置环形消防车道。

（二）耐火等级

（1）图书馆、档案馆的耐火等级：储存珍贵文献的书库和属于一类建筑物的图书楼为一级；一般图书馆及属于二类建筑物的图书楼不应低于二级；耐火等级为三级的图书馆，其书库和开架阅览室部分不得低于二级。

（2）一级耐火等级的图书楼，建筑高度不应超过 100 m；二级耐火等级的图书楼，建筑高度不应超过 50 m。

（3）书库、开架阅览室的防火分区间隔最大允许建筑面积：当为单层书库时，不应大于 1 500 m^2；建筑高度在 24 m 以下时，不应大于 1 000 m^2；建筑高度超过 24 m 时，不应大于 700 m^2；地下室或半地下室书库，不应大于 300 m^2。如果上述建筑内设有（或局部设有）自动灭火设备时，每层最大允许建筑面积可按本条规定增加（或局部增加）一倍。

（4）书库与毗邻的其他部分之间的隔墙及内部防火分区隔墙应为防火墙，耐火极限不低于 4 h；其内部间隔墙耐火极限不应低于 1 h。

（5）钢结构大空间综合性图书馆，如果耐火极限、防火分区、疏散距离等不能全部满足现行规范要求时，应根据功能和使用性质，进行性能化评估，以确定其安全要求。

（6）硝酸纤维底片资料应设置独立的仓库存放，其耐火等级不应低于二级。一幢库房面积不应大于 180 m^2，内部防火墙隔间面积不应超过 60 m^2。库房内电气设备应符合防爆要求，应有良好的通风，温度不宜超过 30 ℃；雨季前后要防潮、防霉，以防自燃；书库、档案库内不允许储存硝酸纤维底片资料。

（三）防火分隔

（1）基本书库、非书资料库、档案库及藏阅合一的藏书空间，应作为一个单独的防火分区。当内部设有上下层连通的工作楼梯或走廊时，应按上下连通层作为一个防火分区；当超过一个防火分区面积时，应采取竖向防火分隔措施。

（2）基本书库、非书资料库、藏阅合一的阅览空间，其防火分区最大允许建筑面积应符合规范的规定。

（3）生活区与工作区应分别设置。装裱、照相等用电多的业务用房不应与书库、非书资料库贴邻布置；书库内部不得设置休息、更衣等生活用房；不得设置复印、图书整修、计算机机房等技术用房。

(4)书库、档案库楼板不得任意开洞，提升设备的井道井壁(不含电梯)应为耐火极限不低于2 h的不燃烧体；井壁上的传递洞口应安装乙级防火门或防火卷帘。

(5)书库、档案库内设置电梯的，应设电梯前室，不允许做成敞开式的；电梯门不准直接设在书库、资料库、档案库内；文献输送带出入口处应设置防火卷帘或电动防火门，火灾时应自动关闭，防止火势横向蔓延。

(四)内部装修

(1)重要书库、档案库的书架、档案架应采用不燃材料制作；一般书库、档案库的书架、资料架、档案架尽量不采用可燃材料制作。

(2)藏书库、档案库内部装修均应采用A级材料；图书馆、资料室顶棚、墙面的装修材料不应低于A级，地面装修材料不应低于B级，闷顶内不得用稻草、锯末等可燃材料保温。

(五)疏散设施

图书馆、档案馆的安全出口不应少于2个，并应分散设置。符合下列条件时可设1个。

(1)单层建筑的小型图书馆、档案馆，建筑面积小于200 m^2，且人数不超过50人。

(2)建筑高度小于24 m的图书馆、档案馆中的阅览室，当其位于2个安全出口之间，且建筑面积小于或等于120 m^2，疏散门的净宽度不小于0.9 m。

(3)建筑高度大于24 m的图书馆、档案馆中的阅览室，当其位于2个安全出口之间，且建筑面积不超过60 m^2，疏散门的净宽度不小于0.9 m；当其位于走道尽端，建筑面积不超过75 m^2，疏散门的净宽不小于1.4 m。

书库、非书资料库、档案库、藏阅合一的藏书空间，每个防火分区的安全出口不应少于2个。但符合下列条件之一的，可设1个安全出口。

(1)建筑面积不超过100 m^2 的特藏库、胶片库和珍善本书库。

(2)建筑面积不超过100 m^2 的地下室或半地下室书库。

(3)占地面积不超过300 m^2 的多层书库。

(4)除建筑面积超过100 m^2 的地下室外的相邻两个防火分区，当防火墙上有防火门连通，且两个防火分区的建筑面积之和不超过上述规定一个防火分区面积的1.4倍。

书库、档案库、非书资料库的疏散楼梯，应为封闭楼梯间或防烟楼梯间，且宜在库门外邻近设置。书库内工作人员专用楼梯的梯段净宽不应小于0.8 m，坡度不应大于45°，并应采取防滑措施，书库内不宜采用螺旋扶梯。

超过300个座位的报告厅，应独立设置安全出口，并不得少于2个。其疏散门的宽度应满足疏散宽度指标的要求。

图书馆、档案馆的阅览室的建筑面积应按容纳人数每人2 m^2 计算。阅览室宜设在底部楼层；耐火等级为一、二级的，应设在四层以下；耐火等级为三级的应设在三层以下。

电子阅览室内每台计算机的占地面积不得少于2 m^2，并配置统一的计算机专用桌椅。

多层或高层的图书馆、档案馆应设消防电梯，消防电梯的设置应符合相关消防技术规范的规定。

二、电气防火要求

（一）照明设备的防火安全要求

各种照明灯具在把电能转换成光能的过程中都伴随有能量损耗，致使灯具表面温度较高。所以要根据环境场所的火灾危险性来选择照明灯具，而且照明装置应与可燃物、可燃结构之间保持一定的距离，严禁用纸、布或其他可燃物遮挡灯具。除此之外，还应符合下列防火要求。

（1）灯具应安装在不燃的基座上，尽可能安装表面温度较低的灯具，采用埋入式安装，吊顶里面的灯具与吊顶之间应作隔热处理。橱窗内的照明光源尽可能采用冷光源，没有条件的应保证灯具与可燃物之间的安全距离，或采取隔热措施。

（2）镇流器与灯管的电压和容量相匹配。镇流器安装时应注意通风散热，不准将镇流器直接固定在可燃物上，如实际操作中确有困难的，应用隔热材料进行隔离。

（3）馆舍内安装有表面温度较高的灯具时，由于图书馆内读者集中，可燃物较多，应对灯具正面和散热孔加装铅丝防护网或者不燃材料制作的挡板，以减轻灯具爆裂使玻璃碎片和炽热的灯丝飞溅造成的危害。

（4）要避免在灯光装置区域悬挂旗帜，发射彩带等空中移动物体，以防这些物品与高温灯具直接接触，发生缠绕、碰撞，引发火灾。

（二）辅助设备的防火安全要求

电气接插件的防火安全措施主要是：认真按照规定选型，并按规定正确安装，不应安装在易燃易爆、受震、潮湿、高温或多尘的场所，应安装在干燥明亮，便于进行维修及保证施工安全、操作方便的地方。馆舍内尽量避免安装临时插座，有实际需要的应充分考虑到电源线路的负荷承载能力。

（三）电源线路的防火安全要求

电线是用于传输电能、传递信息和实现电磁能量转换的电工产品。在图书馆内，由于电线组成的供电网络线路长、分支线多，最有机会与可燃物接触。为保证线路的防火安全，应注意以下几点。

（1）要做好导线材料的选择。由于国家“以铝代铜”的政策影响，许多地方一般采用铝芯导线，但对图书馆而言，由于控制回路多，负荷比较集中，为提高截面载流能力，便于敷设，应多采用铜芯线，同时进行精确的负荷计算，合理选择导线的截面。

（2）根据不同的环境和功能确定导线的敷设方式。一般吊顶内的电线应用不燃或难燃材料管配线，如 PVC 管，也可以用金属管配线，或带金属保护的绝缘线，用来避免导线短路时引燃可燃物。消防用电的传输线路应采用穿金属管、经阻燃处理的硬质塑料管或封闭式线槽保护方式布线。

（3）灯具附近的导线应采用耐热绝缘导线（如玻璃、石棉、瓷珠等护套的导线），而不应采用具有延燃性的绝缘导线，以免灯具高温破坏绝缘引起短路而造成火灾。

三、消防设施要求

设置消防设施是确保图书馆、档案馆消防安全的重要技术手段。

（一）灭火设施

图书馆、档案馆应根据国家的有关规范设置室内外消火栓系统，并宜设置消防卷盘。

大型图书馆、档案馆的下列部位应按有关技术规范的要求设置自动灭火系统。

（1）建筑高度不超过 24 m，藏书量超过 50 万册的图书馆以及建筑高度超过 24 m 的图书馆，应设自动喷水灭火系统；书库、档案库宜选择预作用自动喷水灭火系统；在层高较低的书库、档案库内，宜安装喷头防护罩。

（2）国家、省级或藏书量超过 100 万册的图书馆内的特藏库；中央和省级档案馆内的珍藏库和非纸质档案库，应设置自动气体灭火系统和细水雾灭火系统。

（3）图书馆、档案馆中非储存资料的大空间场所，可选用智能型自动跟踪灭火系统或水炮灭火系统。

图书馆、档案馆应按现行的《建筑灭火器配置设计规范》（GB 50140—2005）配置相应数量和种类的灭火器。

（二）火灾自动报警系统

（1）国家级、省市级和相当于省市级的大型图书馆、档案馆，藏书量超过 100 万册的图书馆，建筑高度超过 24m 的书库和非书资料库，以及图书馆内的珍善本书库、重要的档案馆均应设置火灾自动报警系统，且应设消防控制室。

（2）馆内不同场所应选择相应类型和级别的火灾探测器。

（3）火灾自动报警系统的设置应符合现行的《火灾自动报警系统设计规范》（GB 50116—2013）和《火灾自动报警系统施工验收规范》（GB 50166—2019）的要求，闭路电视监控系统可作为火灾自动报警系统的补充，对重要的库房、阅览室、安全通道等进行监控，闭路电视监控中心宜设在消防控制室。

（三）防、排烟设施

图书馆、档案馆中长度超过 20 m 的内走道，占地面积大于 1 000 m^2 的书库、档案库，经常有人停留且建筑面积较大的地上、地下房间，中庭及书库、档案库等，均应设排烟设施。排烟方式应视具体情况依据国家现行消防技术标准而定。目前主要有自然排烟或机械排烟等方式。

（四）暖通、空调设备防火

图书馆、档案馆内的空调机房应采用耐火极限不小于 2 h 的隔墙、1.5 h 的楼板和甲级防火门与其他部位分隔。通风管道及其保温材料应采用不燃材料制作。风管进出书库、档案库时，均应安装防火阀。采用集中采暖的，水暖温度不应超过 130 ℃，蒸汽采暖不应超过 110 ℃。书库、档案库严禁用火炉和火墙采暖；图书馆、档案馆应在疏散出口处或防火分区处安装防火门、防火卷帘和门禁系统，且应注意以下几点。

（1）设在人员出入频繁部位的门宜选用常开防火门，并应与火灾报警系统联动。

（2）设在书库、档案库兼具防盗功能的防火门宜选择带有安全逃生门锁的防火门。

（3）馆内使用的门禁系统应与火灾自动报警系统联动。

（4）图书文献传输系统穿越防火墙处安装的防火卷帘，应能在火灾发生时自动下落，封闭传输孔洞，防止火灾蔓延。

第三节　图书馆、档案馆的防火管理

图书馆、档案馆多数为消防重点保卫单位,应严格按照国家相关消防安全管理规定的要求,做好经常性的消防安全管理。

一、建立健全消防安全制度

图书馆、档案馆应实行逐级防火责任制和岗位防火责任制,规定各级各岗位人员消防安全职责,明确各级消防安全责任人和管理人,建立健全各项消防安全制度。主要包括:消防安全教育、培训,防火巡查、检查,安全疏散设施管理,消防(控制室)值班,消防设施、器材维护管理,火灾隐患整改,用火、用电、用气安全管理,易燃易爆危险物品管理,专职和义务消防队的组织管理,消防安全工作考评和奖惩等项制度。严格控制一切用火,不准把火种带入书库和档案室,不准吸烟,不准点蚊香。工作人员必须每天检查,防止事故发生。要对工作人员进行培训,请专业消防人员授课,增强消防安全意识,提高自防自救的能力,使他们会报警、会使用消防器材、会疏散人员、会扑救初期火灾,争取把安全事故损失降到最低限度。图书馆、档案馆的领导一定要把防火安全工作作为实施科教兴国战略的一项十分重要的工作来抓,制定和完善消防安全管理制度,亲自督导各项措施落实到位,认真查找消防工作的漏洞和事故隐患,及时采取相应措施。在此基础上,坚持制度管理,加强检查、巡查,严格责任考评,不断促进消防安全管理措施的落实。

二、重点部位防火管理

图书馆、档案馆应当将书库、档案库、特藏库、珍藏库以及人员密集的部位确定为消防安全重点部位,设置明显的防火标志。按照预防为主、防消结合、标本兼治、综合治理的要求,实行严格管理。

三、严格控制火源、电源

图书馆、档案馆应加强对火源、电源的控制和管理,做好经常性防火检查和巡查,发现问题及时处理。严禁在馆内进行电焊等明火作业,确需动火焊接,须经有关部门批准,并应采取切实可行的防火措施,严禁将火种带入书库和档案库。不准在阅览室、目录检索室等处吸烟和点蚊香,不准乱接乱拉电线和随意增加用电设备、灯具。每天闭馆前,应对书库、档案库和阅览室等部位进行认真检查,防止留下火种和未切断电源。

四、加强易燃易爆化学危险品的管理

图书馆、档案馆熏蒸杀虫的杀虫剂,都是易燃易爆的危险化学品,存在较大的火灾隐患。因此,使用时应经有关领导批准,并应在技术人员的具体指导下,采取可靠的消防安全措施。

五、保障疏散通道

图书馆、档案馆应保证疏散通道、安全出口的畅通。严禁封堵通道和安全出口,并设置

符合国家规定的消防安全疏散指示标志和应急照明设施。保持防火门、防火卷帘、消防安全疏散指示标志、应急照明、火灾事故广播等处于正常状态。

六、制定灭火疏散应急预案

图书馆、档案馆应根据实际,制定切实可行的灭火疏散应急预案,定期组织员工学习、熟悉和演练。平时,要加强对员工的消防宣传教育和培训,使之懂得防灭火基本知识。做到平时能防火,在发生火灾时会灭火和疏散现场人员。

七、消防设施的维护

对室内外消防栓、水泵接合器、水枪、火灾自动报警系统和自动灭火系统要加强保养,按要求进行检测,如有损坏、锈蚀、丢失应及早进行修复更新。灭火器要定期进行检测、更换,确保灭火器材完整好用。灭火器、自动消防设施、室内外消防栓等对扑救火灾十分有用。因为消防队从接到报警到到达火灾现场展开行动,需要一定的时间,在这段时间内小火可能变大酿成火灾。在报警的同时,单位应组织人员利用现有设施器材进行灭火自救、控制甚至扑灭火灾,将火灾损失降到最低。

注重消防器材的管理,单位设置灭火器材管理档案、绘制消防设施方位图。每组灭火器、每个消防栓都有专人负责保养,如有损坏、丢失,要及时向保卫部门报告。保卫部门还要定期对这些消防器材进行全面检查并对过期失效、压力不足、损坏锈蚀等情况进行登记,及早进行维护更换。

第六章　木结构古建筑消防安全

第一节　木结构古建筑火灾技术分析

一、木结构古建筑火灾扑救与预防

木结构古建筑火灾主要受地理位置、结构布局、建筑材料、地域环境等因素影响，火灾成因复杂，火灾安全隐患多，一旦失火难以控制。我们通过分析多起有较大影响的火灾案例和多次现场考察，获得古建筑火灾的一些特点。

（一）火灾扑救与影响

1. 火灾成因复杂，预防、扑救困难

木结构的古建筑发生火灾时受许多因素的影响，建筑本身便存在诸多问题，如房屋间隙多、空间和表面积大、建筑材料耐火等级低等。另外，古建筑受到周边环境和地域特点的影响比较大，通常情况下缺少消防水源、周边环境复杂，车辆不易靠近等，使火灾的救援工作遇到许多问题，尤其是深宅大院和山中古刹。从众多火灾案例中看，起火原因主要是明火用火不慎引起火灾、电气线路故障引起火灾、自燃雷击这三个方面，火灾预防存在一些难度。

2. 文物特性强，火灾影响广，损失大

古建筑本身既是文物，又是文物保护的承载主体，其本身与所陈列的文物密不可分。古建筑中通常保存着众多文物，大量书籍字画、古董家具、佛龛雕塑等，一旦发生火灾，不仅主体结构受到破坏，其内部的大量文物也会遭到损坏，造成重大经济损失的同时，还会造成无法弥补的巨大的精神财富损失，损毁文物的历史研究价值更是无法估量。例如，1972 年 4 月 8 日，位于四川省峨眉山金顶的永明华藏寺发生火灾，失火面积达到 8 200 m^2，造成的经济损失达 179 万余元，死亡 1 人。而在此次火灾中，损毁的文物包括《白龙藏经》、大瓷瓶、玉佛、沉香檀木、九莲灯等，共计 150 种、8 972 件珍贵文物，其历史价值无法估算。

木结构古建筑体现了中国古代科技、文化和艺术的精华，体现了一个民族的底蕴和信仰，是中国最重要的文化遗产。木结构古建筑一旦发生火灾，造成的损失往往是不可挽回的，社会影响广泛。例如，2003 年 1 月 19 日 19 时，遇真宫主殿发生大火，火灾发生仅仅三小时就将最具价值的主殿荷叶殿的建筑全部化为灰烬，室内文物也受到不同程度损毁。据当地有关部门调查，火灾发生的主要原因是电气线路敷设不符合规定，另外存在疏于管理以及年久失修等情况。遇真宫主殿是“世界文化遗产”武当山古建筑群重要的组成部分之一，此次火灾的发生可以归结为对文化遗产的不恰当利用、不注重保护造成的，其严重后果值得反思。

(二)火灾预防与管理

1. 火灾荷载大，耐火等级低，预防困难

由于历史的传承，中同古建筑的结构形式主要是木结构或砖木结构，这些木材经过几百年的风吹日晒早已脱水形成“干柴”，极易被点燃。目前众多古建筑的建筑材料几乎等同于绝对干材，而且中古建筑自古就有在表面进行彩绘、涂漆的传统，木质材料长期在开放的环境中裸露也会造成其表面的材质疏松，木材变得更加易燃。此外，古建筑内部物品绝大多数是易燃品，如存放的经文宝典、木雕字画、家具装饰等，这些因素无一不使火灾负荷增大。经过估算，古建筑的火灾荷载大约是现代建筑的 30 倍。

2. 火灾诱因复杂，预防困难

古建筑发生火灾的主要原因有建筑本身的问题、自然环境影响及管理不善等。例如明火的不恰当使用，包括焚香、吸烟、生活用火不慎等，电气火灾包括电气线路敷设不当、电器设备故障等，雷击火灾包括古建筑本身和周边古树遭遇雷击引起火灾等。古建筑功能性的改变产生了许多新的隐患，加之管理不善、群众缺乏足够的消防安全意识、违规用火用电等也给古建筑带来了以往没有的安全问题。游客的一些不文明行为，如随地乱扔烟头、违规焚香烧纸等也给古建筑火灾防范工作增加了难度。

3. 布局紧密，道廊相连，火势难控

我国古建筑通常都是以众多单体建筑组成庭院，再以庭院为单位共同构成一个建筑群。典型的宫廷类建筑就是以各个庭院为单位，构成的庞大建筑群，大多是殿宇廊桥衔接，四周单体建筑密集排布，通常缺少安全分隔，防火间距不能保证安全，火灾发生时产生的巨大热辐射，很快就能引燃相邻建筑，造成“火烧连营”。

4. 空间开阔，风吹助燃，易轰然

由于我国古建筑整体结构构件都是由木材建造，而且一般体型高大、内部空间开阔，往往又建在地势较高的位置，加之复杂的屋顶结构，一旦其内部发生火灾，则热气积聚不散，极易发生轰燃现象，形成炉膛效应，风力也可助长火势蔓延，使得火灾难以控制。

5. 交通不便，救援难以及时到达

隐世于名山大川之间才能更好地修行，这是古人为庙宇选址的重要原因，如五台山、峨眉山、龙虎山等名山都因古刹而闻名。千年古刹坐落山间，交通问题是消防工作的首要难题，人难上、车难进，消防用水无法保障，消防车和灭火设备根本无法到达。还有一些古建筑虽然不在山间，但是其远离城市中心，路途遥远，消防救援人员无法迅速抵达。

6. 消防设备落后，消防用水难以保障

各地古建筑的消防设施没有统一规范，低级别的古建筑甚至没有进行过消防改造，能否配备有效的消防设施还要看当地政府的财政情况。众多古建筑的消防设施主要还在使用便携式的灭火器，与消防灭火的实际需求还有很大差距。另外，绝大多数古建筑远离城市，处于偏远地域或山区，消防水源十分缺乏，古建筑周边无处取水，能够设置专用消防水池的建筑少之又少，一旦发生火灾短时间内无法自救。

1985 年 4 月 7 日，位于甘肃省甘南藏族自治州夏河县的拉卜楞寺藏经阁发生火灾，就是因为消防设施落后，仅有的灭火器没有发挥作用，在火灾发生初期没有能够控制火势，从水井打的水根本无法满足灭火的需要，致使藏经阁全部烧毁坍塌，建筑及文物付之一炬。

7. 烟气浓重,火场能见度低,疏散有难度

古建筑发生火灾,建筑材料会发生碳化产生大量烟雾,城市中的古建筑因为周边建筑众多,烟气更加难以消散,火场能见度不断降低,对人员疏散造成困难,救援人员进入火场内部救援容易迷失方向。

8. 门框窄小内部错综复杂,火灾扑救困难

古建筑在建设时无法考虑到现代消防救援设施的需求,往往门窄,槛高,院深巷窄。现代消防车辆和装备面对古建筑很难展开"内攻"。古建筑发生火灾后通常产生大量热辐射,挥发浓重的烟气,使得消防人员难以靠近或进入室内,即使有水也难以控制火势。

9. 火灾中结构易失稳,扑救有难度

木结构古建筑在燃烧时容易出现结构失稳的现象,原因在于木材经过高温燃烧,其物理稳定性将迅速降低,加之木屋顶结构复杂、屋面铺设瓦片自重大,加重了火灾发生后屋顶塌落的可能性,一旦承重梁柱或者榫卯连接结构被烧毁,则古建筑整体结构必然因失稳而倒塌。

10. 建筑内文物众多,增加扑救难度

古建筑作为历史文物具备自身价值的同时,内部通常存有大量文物,以便展示。经书文献、书法绘画、雕刻彩绘等一旦遇水或遭到水流冲击便会损毁,这也是扑救古建筑火灾遇到的困难之一,消防部门会尽量减少此类损失,但文物难免被损坏。

11. 火灾偶然性大,不易发现,初期火灾扑救困难

各地的古建筑,尤其是街道古巷,庭院较多,文物保护单位工作人员有限,火灾的发生没有规律可言,监控视频无法全部覆盖所有地方,所以古建筑火灾很难在第一时间被发现,通常会错过火灾初期扑救的最佳时机。然而木结构古建筑一旦错过初期扑救,火势便会发展迅速,很快进入猛烈燃烧阶段,消防部门很难迅速到达偏远地区或是地形复杂的建筑群,因此火灾损失通常较大。

12. 人员集中疏散难度大,不易管理

古建筑是人们祭祀上香、郊游散心的重要场所,主要表现在每年的节假日、重要庙会、祭祖庆典等时间段,建筑内及周边区域人流量剧增,使得高山古刹、深宅长巷在发生火灾后人员疏散变得困难。发生火灾时,人员聚集处极易引发群体性踩踏事件,如果疏散不及时,将加重人员伤亡情况。

13. 权责不明,用途复杂,管理困难

一些古建筑由于在战争年代或者在社会发展过程中产生了一些"占用行为",导致使用方和保护方权责不明,通常存在管理混乱、责任落实不到位、火灾防范意识低等问题。

同时,也存在着旅游部门与文物保护单位权责不明的现象,没有有效的联合管理机制。在旅游业飞快发展的今天,旅游部门和文物保护部门在旅游开发和文物保护工作方面也往往容易出现分歧。

二、木材燃烧特性与燃烧速度

从我国历史上木结构古建筑发生火灾的案例中分析,归根结底还是在于这些古建筑本身火灾负荷大,火灾发生及蔓延条件充足。

（一）木材的燃烧特性

木材的主要化学成分是氢、氧、碳元素组成的天然高分子化合物，少量含有氮和其他元素。长期暴露在室外或空气中的木材，含水量接近环境空气的平均湿度。

当木材含水量为13%时，木材的成分为：水（13%），碳（43.5%），氢（5.2%），氧（38.3%）。木材是我们最为常见的可燃建筑材料，木材在火灾发生时，由于热作用发生的形态变化致使其留下的痕迹，我们称之为木材的燃烧痕迹。木材的燃烧痕迹主要表现在其表面形态的变化，炭化痕迹就是炭化面的表现形式。燃烧轻重痕迹主要表现在木材的形状和长度的变化，截面和木质物体结构的变化。木材燃烧痕迹的形成过程是木材受到的温度逐渐升高，开始产生水分蒸发时，木材达到绝对干燥的状态，温度继续升高时就开始发生热分解，木材中析出不燃气体，然后表面开始分解出可燃气态物质，同时大量放热，开始发生剧烈氧化，直到产生有焰燃烧。木材完全燃烧碳化到一定程度，有焰燃烧就会停止，开始碳化后无焰燃烧阶段。实验证明，木材在150 ℃时开始发生焦化变色，超过200 ℃时表面颜色变黑开始炭化。热分解的速度从250 ℃时开始急剧加速，热失重显著增加，275 ℃时最为明显。通过以上燃烧过程的描述，木材不但在表面形态上发生了变化，而且形状也同样发生了改变，长度和截面均变小。

碳化层出现规则裂纹，裂纹随温度升高而变短。木材燃烧的过程首先是受热将水分蒸发，然后进行分解，并析出可燃气体，伴有木材的碳化燃烧。气体燃烧和木材燃烧两种形式同时进行，当气体燃烧结束后，木材将继续进行燃烧，其最高温度能够达到115～120 ℃。

（二）影响木材燃烧速度的因素

木材有着十分复杂的化学燃烧过程，木材燃烧的速度与木材的密度、干燥程度、纹理结构、表面积以及树种类型有关，不同的物理特性影响其燃烧速度。

（1）木材的干燥程度影响燃烧速度，木材的含水量越高，其燃烧速度越慢。由于木材的热解过程是先蒸发水分再分解，因此木材含有的水分越多、导热率越大则其温度上升速度越慢。

（2）木材的密度越大，热量越容易被吸收，木材的内部温度不断升高，而木材的表面温度上升速度则相对减慢，使得木材热分解速度降低，伴随产生的可燃气体量下降，从而影响木材的燃烧速度。

（3）木材的表面积越大，与空气直接接触的燃烧面积越多，燃烧速度越快。

（4）风量的变大可以加速空气循环速度，从而提高木材的燃烧速度。

（三）木材的燃点

木材热分解过程中会伴随释放出CO、H_2、CH_4及其他碳氢化合物等可燃性挥发物，暴露在空气中时，满足条件时就会发生燃烧，文献上把260 ℃作为木材的稳定温度，不同种类的木材燃烧性能有所不同，通常闪点在225～260 ℃，燃点在260～290 ℃。

三、木结构古建筑火灾的结构效应

我国古建筑都以木材作为主要建筑材料，采用木构架为主的结构形式。木构架建筑虽然分为抬梁、穿斗、井干等不同形式，但是无论哪一种形式，都必须要使用大量的木材。

（一）木垛效应

建筑在地基上立木柱，两柱间上方架木梁，梁上再立瓜柱，瓜柱上方再次架梁。由此层层反复就组成了木构架。在平行的两组木架构之间,用檩、枋连接,檩上再设椽子。再加上天花、斗拱、藻井和各种门匾、门窗,所有材料均为木材。无论是庙宇殿堂还是王宫大殿或是园林古寨,经过能工巧匠的建造,形成一座座木质工艺建筑群。而如此精美的建筑,发生火灾时则均等同于一座木材堆垛。

木材的燃烧特性决定了木结构古建筑的火灾危险性。以木构架为主的结构形式,建筑材料、装修材料多数为木材,如此众多易燃可燃材料作为燃烧的物质基础,使木结构古建筑具备其他建筑无法比拟的火灾危险特性。

木材的有机物含量高达99%,其中纤维素占50%以上,而木质素的含量则各不相同,例如中国古建筑常用的红松为26.71%,水曲柳为20.08%。这些成分大都是可燃物,其含有的易挥发物含量高达86%,比煤、木炭、焦炭等固体可燃物高得多。此外,古建筑经长年风化及日晒影响,其木材含水量非常低,极易燃烧。例如新采集加工的木材,其含水量在60%左右,而经过长期自然干燥的“气干材”,其含水量一般稳定在12% ~18%。

“全干材”的含水量远低于“气干材”,古建筑的建筑木材经过多年的风干早已成为“全干材”,因此特别易燃。特别是在秋冬季节,一些木材枯朽质地疏松,遇到火星就会引发火灾。

可燃物质数量的多少,火灾负荷的大小直接决定了建筑物火灾危险性的大小。消防上通常用火灾荷载作为火灾危险等级划分的依据。火灾荷载就是指在一定范围内可燃物质的数量及其发热量,通常以木材的数量及其发热量的所得值来表示。建筑物内部的可燃物质,如书籍报刊、被褥家具等,均换算成等价发热量的木材,火灾荷载就是这些发热量的总和。现代建筑多为二级耐火等级,建筑材料采用钢筋混凝土,要求采用难燃不燃材料进行装修,对火灾荷载的要求是每平方不宜超过20 kg。计算中按照木材630 kg/m^3,发热量为18 421 kJ/kg,计算所得现代建筑中,木材用量不宜超过0.03 m^3。由此标准来衡量现代生活中的木结构古建筑,可见其火灾危险性之大了。

我国的木结构古建筑多采用柏木、杉木、松木、楠木等木材。普通的松木用量为597 kg/m^3,而楠木的用量则为904 kg/m^3。在古建筑中,基本材料均是木材,按630 kg/m^3 计算,由此得出古建筑的火灾荷载量是同等面积现代建筑火灾荷载的31倍。

(二)炉膛效应

我国古建筑多以木结构梁、柱进行支承,同时采用木门窗、木墙以及大体量的木屋顶作为围护结构。屋顶结构往往比较复杂,是由梁、枋、檩、椽、斗拱和望板,以及天花、藻井等构成,这些复杂的木构件直接架于木柱之上,就好像架空的干柴。当发生火灾时,这个架空的内部空间就形成了闷顶,烟气和热量聚集在顶部,而门、窗、被热气冲开后形成了换气作用,加速内部木结构的燃烧,就形成了炉膛效应。

炉膛效应往往伴随着轰燃现象的产生,所谓的轰燃现象是指火灾发展到一定程度,古建筑内的可燃物体达到耐火极限的瞬间全部燃烧起来,热气和火焰从建筑门、窗、洞口等处冲出,整个建筑剧烈燃烧。一般情况下,当建筑室内温度达到500 ~600 ℃:时,轰然现象便会发生。因此,轰燃现象并不需要火焰与木材直接接触,只要环境温度持续升高,并远远超过了建筑中可燃物的燃点时就会发生。一旦发生轰然现象,说明整个木结构建筑火灾已经充分发展,达到了燃烧的极盛阶段,想要在短时间内控制火势并进行有效扑救已经相当困难。而木结构古建筑着火后短时间内发生轰燃现象是十分容易的,所以这也是古建筑火灾难以扑救的重要原因之一。

无论是炉膛效应还是轰燃现象的发生，都与木材燃烧的蔓延特性分不开，而火灾蔓延速度其实与古建筑复杂烦琐的木构件表面积巨大有着很大关系。当火灾发生时，高温和明火开始加热木材，木材中的水分不断蒸发并分解出可燃气体，当与空气充分混合后便在被烘干的木材表面进行燃烧。而木材的表面积和体积越大其受热面积就越大，木材越易于分解氧化，木结构燃烧和蔓延速度也越快，发生火灾的危险性也越大。我国古建筑的木结构制作往往十分精美，除了大圆柱和大梁架支承结构的表面积相对小些，其他的小梁、枋、檩、椽、斗拱和望板等构件的表面积就大得多了。特别是那些层层叠加的斗拱、藻井和那些经过雕镂具有不同几何形状的门窗等，都大大增加了木材的表面积，从而加速了火灾燃烧与蔓延。

另外，木材的密度对燃烧速度也有着直接影响，在燃烧过程中，热量向内部传导，密度越小的木材受热越迅速，从而引起木材内部分解释放出可燃气体，使燃烧速度加快。例如，松木大料属于密度相对较小的木料，当其制成的柱、梁、檩等发生火灾时，其燃烧速度为每分钟 2 cm。按照此速度推算，木构架建筑在起火 15 至 20 分钟之内如果火势不能得到有效控制，温度会急剧上升至 800～1 000 ℃，木构架建筑会大面积燃烧直至轰然现象的发生。实际上，很多古建筑的木料密度情况比松木还要差，由于长时间的风化日晒及雨水侵蚀，往往产生了较多裂缝并且变得十分疏松。尤其是非完整原木木料拼接制成的木结构构件，当发生火灾时，拼接的裂缝还会加速火势的蔓延。

通风效果也是影响木材燃烧速度的重要因素之一，因为充足的氧气必然会加速木材的燃烧。古建筑一般都位于地势较高的山顶或高台之上，四面凌空，周围没有明显的遮挡风势的建筑物，一旦发生火灾，必然被风环绕而不缺乏充足的氧气，导致加速燃烧。同时，由于古建筑整体是以梁柱为支撑的木框架结构，其内部空间通透开阔，房间开间可超过 10 米，房间高度可达 10～30 米，这样的大空间十分有利于空气的流通，燃烧速度自然提升较快。

例如，1972 年峨眉山金顶的永明华藏寺发生火灾，由于地势较高、风势较大，火灾发生后仅仅 2 个小时，8 200 平方米的古建筑就全部被烧毁。

中国古代建筑的群体组合有其共同的规律性，以“间”为单位构成单体建筑，然后根据各类建筑不同的功能需要，以单体建筑组成“庭院”，再以庭院为单位组合成各种类型和不同规模的建筑群体。这种建筑群体的组合几乎都采取院落的形式，即由走廊、围墙等将四幢房屋围合成封闭性较强的庭院，所以也称为四合院。“小到一座住宅是一个四合院，大至北京的紫禁城也是由许许多多大小不同的四合院组成的皇宫建筑群，所以四合院可以说是中国古代建筑群体组合的基本单元，也是中国古建筑的基本形式，自然也是住宅的主要形式。”然而从防火安全的角度考虑，这种布局方式却存在着极大的火灾安全隐患。

一般庭院布局大体分为两种：或在主要建筑（在纵轴上）左右两侧建两座对称的次要建筑（在横轴上），构成 H 型的三合院；或在主要建筑的对面再建一座次要的建筑，用走廊、围墙连接起来构成正方形或长方形的庭院（即四合院）。我国的古建筑基本上都采用以上庭院布局形式，而且单座的古建筑较少，往往形成古建筑群，庭院与庭院穿套或相连。因此，所有的古建筑群基本上都是连成片，缺少必要的防火分隔设计和安全间距。

如果其中一处建筑单体起火，不能得到及时而有效的扑救，那么与之相邻的木结构古建筑则很容易被蔓延的火势所攻击，形成“火烧连营”的情况，直至使整个建筑群大面积燃烧，损失惨重。另外，通过回廊把建筑单体连接起来的布局方式，也存在着火灾安全隐患，一旦失火，这些回廊就变成了火灾蔓延的通道。如1948年镇江的金山寺毁于大火，原因之一就是金山寺的主要建筑和次要建筑依山而建，全部用回廊连接。

北京故宫中的二大殿，就曾经先后发生过四次火灾，除了最后一次保和殿幸存以外，其余的三次都是一殿着火，三殿共毁。之所以出现这样大规模的燃烧事件，除三大殿之间防火间距太小之外，重要的原因之一就是在主要建筑之间有廊房、配殿相连。清朝康熙年间，太和殿火灾尤为典型。那次起火的地方为御膳房，在太和殿西面，距离为200米，但大火蔓延到西配殿，再通过西斜廊一直烧到太和殿。后来康熙皇帝在重建太和殿时，认真吸取教训，下决心破除祖制，将东西斜廊改建为防火墙。三大殿的防火条件从此有了一定的改善。

当今世界发生的众多灾害中，火灾的发生频率最离，造成的损失最大。据消防部门统计，全球每年大概发生火灾数百万起，造成的经济损失约占全球GDP的千分之二，每年有数十万人因火灾丧生。而在每年发生的火灾中，建筑火灾占有较大比例。近年来火灾越来越受到人们的重视，认识建筑火灾的发生、发展以及蔓延的基本原理是针对火灾进行研究的重要内容。

第二节　木结构古建筑火灾理论基础

一、木材热解、着火以及蔓延理论

木结构建筑中除了部分墙体、屋顶盖瓦等，绝大部分构件采用的材料为木材，与现代建筑相比，火灾荷载不仅包括室内家具、电器等，建筑自身众多材料在发生火灾时也会剧烈燃烧，具有更大的火灾危险性。通常木材的燃烧一般可分为以下几个过程。

(1)木材在外部环境热量的作用下，分解成一些极易燃烧的挥发性物质和非挥发性的碳化物质。

(2)在引火源作用下，木材表面的温度逐渐升高，达到挥发出的可燃气体的燃点时，木材开始燃烧并产生明火。

(3)木材稳定燃烧后，气相物质燃烧释放的热量反馈给周围未燃烧的木材，木材继续分解出可燃的挥发性物质并燃烧，表现为火焰开始在木材表面燃烧，并维持燃烧持续进行。

根据以上分析可见，热解是木材开始燃烧和火焰发展的前期准备阶段：木材被引火源点燃是燃烧的开始阶段，火焰在木材表面燃烧为发展阶段。

(一)木材的热解温度

木材的热解温度是指从外部环境中吸收热量后，木材开始分解出易燃挥发性物质时的温度。

(二)木材的着火理论

木材主要有自燃和点燃两种主要着火方式。

(1)自燃：没有引火源，在外部环境作用下，当可燃物自身温度超过一定温度时，可燃物发生燃烧的现象。

(2)点燃：可燃物的局部区域在引火源作用下，引起该区域首先着火，随后火焰向其他部位蔓延。

（三）木材受热辐射作用起火

木材受到热辐射作用后，表面温度逐渐升高，直到引发自燃使木结构建筑起火。实验发现，当木结构建筑发生火灾后，其对面木结构屋檐板受到热辐射作用，表面有白烟冒出，从屋檐下呈旋涡状流出。随着接受的热量增多，木材热解产生的烟气逐渐增多。由于木材的上部吸收了大部分热量，受热辐射最大的一点设为 M 点。此后，白烟逐渐减小（可能是由于水分蒸发完），炭化速度加快，并有噼啪的爆裂声发出。当 M 点处的温度高于 20 ℃后，出现赤热点，开始进入无焰燃烧，且多数先在木板的锯口及木节的周围等处发生。

在无焰燃烧的情况下，若此时有明火（如飞火或烧着的引火纸），墙板只要接触 0.3 ~ 0.5 秒便可被点燃。如果没有明火，无焰燃烧就会持续发生，不会迅速起火，燃烧在木材表面逐渐增大，并向内部纵向发展，木板内部渐渐变成无焰燃烧状态。当试件表面温度升到 400 ~ 500 ℃后，即使没有明火点燃，试件也将起火自燃。试件开始起火燃烧后，在 3 秒钟内火焰就将覆盖整个墙面，最后致使建筑内部开始燃烧。

经过测试得出，当环境中有风速小于 2 m/s 的微风时，试件的温度提升程度明显减小。从无焰燃烧到起火点燃的时间也明显变长。通过测试，我们还发现，材料表面接受的热辐射强度比材料断面对火灾有更大的影响。试件表面接受的热辐射强度越大，所需的起火时间越短。辐射的持续时间、强度和材料的性质决定了材料是否能够被点燃。材料表面接受热辐射的强度影响了其表面释放热解可燃气体的速率。如果热辐射强度达到某一临界值，空气与可燃气体混合后达到足够的浓度，且混合气体的温度足够高，则气体将被引燃。

（四）材料点燃的临界热辐射强度

材料表面受到热辐射作用温度开始升高，在表面升温的同时这些热量也会从表面向材料内部以热传递的形式传导。接受的热辐射强度越高，材料起火速度和升温速度越快。

惰性纤维板材料表面起火的点燃温度为 350 ℃，表面起火的点燃温度为 525 ℃。当确定热辐射强度后，就可以估算材料表面温度升到自燃点所需要的时间。显然材料表面温度是材料热性能参数、热辐射照射时间、热辐射强度、材料表面热量损失的参数的均数。

当热辐射强度低于某一临界值时，由于材料表面温度达不到材料的燃点，因而材料不可能被点燃。若某种材料在某一热辐射强度经过无限长时间作用后刚好能被点燃，此时这一辐射强度值就为此材料在这种条件下的临界辐射强度。实际中，点燃材料所需要的最小热辐射强度总是稍稍高于临界强度，主要原因是材料热解释放出的可燃气体是不连续的。

二、室内火羽流与热烟气流动

室内可燃物被火源点燃后，可燃物上部形成气相火焰，火焰由三个部分组成，底部为连续火焰区域，中间为间断火焰区域，这两个部分合称为火羽流，火焰的最上部为完全受浮力控制的浮力羽流区，热烟气在浮力的作用下上升，遇到屋顶后沿着屋顶向水平方向蔓延，这种现象称为顶棚射流。

（一）火焰部分

可燃物表面上方的连续火焰体积逐渐变小，火焰部分的边缘沿着中轴向上逐渐靠拢，而中间部分的间歇火焰占气相燃烧火焰的大部分，间歇火焰在燃烧稳定后出现具有一定规律的振荡，主要由于火焰内的可燃气体具有很高的温度，向四周迅速膨胀的同时将周围的空气卷入火焰中部，引起火羽流的边界层不稳定。

火焰的高度是火灾研究中的一个重要参数，通过火焰的平均高度，人们可以大概估算火焰的体积，从而可以研究火焰和其周围环境之间的相互影响与作用，如可以分析火焰能否将周围的可燃物引燃，火焰能否达到房间的顶板等。

（二）浮力羽流部分

温度越高的气体密度越小，湿度不同的相邻两种气体形成密度差，密度较小的气体在浮力的作用下向上流动，而密度较大的气体则向下流体，浮力羽流的温度与距离火源的高度和火源的燃烧强度有关，羽流在热浮力作用下快速上升。

（三）顶棚射流

当火羽流上升至房间顶板后，热烟气沿着顶板向水平方向流动的现象称为顶棚射流。开始时热烟气较少，在中轴线附件大致呈圆形，随着热烟气厚度增加将会发生水平流动，由于顶板对热烟气有一定的阻力，顶板表面烟气的速率较小，垂直向下速率逐渐增大，同时在空气与热烟气的交界处，空气对热烟气同样有一定的阻力，使速度又逐渐降低。在这种速度分布下，烟气会向下运动，但在热浮力作用下烟气有向上运动的趋势，这使得在顶棚射流过程中伴随着旋涡，这些旋涡将空气不断卷入热烟气中，不断增加热烟气厚度。在热烟气作用下物体很容易燃烧，加快室内火灾蔓延速度，易发生轰燃现象。

三、建筑室内火灾发展过程

（一）初期火灾

当建筑中某个房间发生火灾，开始时可燃物燃烧范围较小，燃烧耗氧量较低，与室外燃烧情况相同，为燃料控制型燃烧。随着火势的蔓延，火焰在可燃物表面燃烧或蔓延至附近其他可燃物，燃烧范围慢慢扩大。当室内墙壁或屋顶对火灾的发展有一定阻碍时，可以认为此时为火灾发展的初期阶段。在阶段内，室内可燃物燃烧较缓慢，燃烧范围较小，室内平均湿度不高，不会对房间造成较大损害。此后根据房间的散热条件、火源位置、房间通风情况、可燃物的分布和燃烧性能等各种影响因素，关于火灾的进一步发展，有以下几种可能。

（1）室内可燃物分布较为疏散，火源与其他可燃物距离较大，火源未能将其他可燃物点燃，当火源燃尽后火焰自动熄灭不会形成火灾。

（2）若起火房间门窗处于关闭状态，通风不良，即使火源能将附近可燃点燃，但可能因为室内氧气不足，火焰只能以较缓慢的速度燃烧甚至自行熄灭，同样不会形成大规模火灾。

（3）当室内可燃物分布良好且通风条件较好时，整个房间内可燃物可能都被引燃，若房间内火灾荷载较大，还有可能会发生轰燃现象，最终发展成大规模火灾，对建筑造成较大损害。

虽然在火灾发展的初期阶段，室内的平均湿度较低，但火源附近的温度较高，火源附件的可燃物在高温作用下热解出易燃气体，若火灾进一步发展，扩大燃烧范围，会导致整个房间内所有可燃物全面燃烧，发生轰燃现象，室内温度急剧上升，最高可能达到 1 000 ℃。火灾初期阶段的持续时间，即室内发生轰燃前的时间，对火灾扑救、室内人员疏散具有十分重要的意义。若能在发生轰燃前及时发现并扑灭火灾，并有序将室内人员疏散至安全地区，可将火灾造成的损失降到最低。

（二）轰燃和回燃

轰燃是火灾发展过程中一个重要的现象，发生轰燃后室内温度急剧上升，燃烧速率变大,释放出大量热量,同时产生浓烟和大量有毒气体,火灾开始进入下一阶段即全盛时期,此阶段内可燃物全面燃烧,对建筑造成巨大损害,建筑爆裂,石膏石灰等耐火材料发生剥落现象,产生的浓烟和火焰从开口处喷出,火焰甚至会蔓延至邻近建筑。因此,需要在发生轰燃前将室内人员安全疏散,并尽可能抢救重要物资。消防安全工程设计中的一个主要目标就是尽可能避免发生轰燃现象。

在实际的工程应用中,当地板接受的热辐射通量达到 20 kW 或建筑顶棚烟气层的温度达到 600 ℃时,即可认为着火房间发生轰燃。一般认为发生轰燃后室内热释放速率即达到最大值,此后建筑内的可燃物为通风控制型燃烧方式,热释放速率以最大值保持不变。

当发生火灾的房间通风条件不良时,热解产生的大量可燃气体未能完全燃烧,随着火灾的发展,未燃气体在烟气中的含量逐渐升高,当房间门窗上的玻璃受热爆裂、墙体被烧穿或其他原因致使房间出现新的通风口,氧气供应突然变得充足后,室内燃烧一瞬间变得剧烈,这种现象称为回燃。虽然回燃只是一瞬间的现象,但可能会造成更强的破坏力,甚至可能会引起爆炸,特别会对扑救中的消防员造成致命的伤害,所以许多国家在消防扑救指导中明确指出:要特别重视可能发生回燃现象的建筑火灾。

研究表明,烟气回燃是一种非均匀预混燃烧现象,通常发生在烟气层的下边界区域,可燃的热解气体在热浮力的作用下,大量聚集在房间的上部,通过通风口进入室内的空气在没有干扰的情况下通常位于烟气的下部,热烟气和空气在交界处相互混合,当达到燃烧条件时,混合气体迅速剧烈燃烧,释放出大量热量,形成的巨大火焰甚至会从通风口喷出。着火房间在缺氧的状态下都会形成这种混合气体,一旦形成新的通风口,提供新鲜空气即会发生回燃现象,虽然有些房间可能稍微推迟一些时间发生回燃,但这种推迟会对消防扑救工作造成更大的威胁。

(三)旺盛期

轰燃后,门窗破损,空气大量涌入起火建筑内,房间内未完全燃烧的可燃气体发生剧烈燃烧。室内的温度继续上升,当可燃物燃尽时温度达到最高。在此期间,建筑内的所有可燃物将会全面燃烧,烟气充满整个房间。当门窗上的玻璃破碎后,通风条件良好,空气充足,燃烧变得更加剧烈,房间内的温度进一步上升,最高可达 1 000 ℃,造成极大的破坏力,建筑物内所有可燃构件,如木隔墙、可燃装修材料及木质门窗等均起火,对建筑结构造成严重的损害。

(四)衰退期

旺盛期持续一段时间后,由于可燃物逐渐燃烧殆尽,或在室内安装的灭火系统的作用下,火势逐渐减弱,火灾开始进入衰退期。此阶段虽然也有火焰从室内洞口向外喷出,但喷出的火焰颜色较淡,且烟气浓度亦变淡,室内温度也开始下降,可燃物燃烧后剩余的物质掉落堆积在地板上。可以采用一些已有的经验计算公式估测火灾衰减的时间。

四、室内火灾蔓延的影响因素

从整体上看,影响建筑室内火灾蔓延的主要因素包括:火灾荷载、材料特性、火源位置、通风条件和建筑结构形式等。

（一）火灾荷载

1. 火灾荷载的定义

火灾荷载是火灾研究领域中一个重要的参数，其大小直接决定了建筑火灾持续时间的长短和火灾过程中室内温度的变化。对建筑进行结构防火设计时需要了解火灾荷载的概念，从而合理计算建筑内的火灾荷载量。

火灾荷载是指假定建筑内所有可燃物在发生火灾后完全燃烧，燃烧释放出的热量的总和。显而易见，火灾荷载越大，具有的火灾危险性就越大，越需要严格的防火措施。通常可将建筑内的火灾荷载分为临时火灾荷载、固定火灾荷载和活动火灾荷载三种，各种用途的建筑内火灾荷载具有较大的差异性，需要研究人员亲自通过现场调研统计出各种建筑的火灾荷载量。

2. 火灾荷载的确定

可以采用一些常用的方法表示建筑内的火灾荷载，如把建筑房间内的所有可燃物材料完全燃烧释放出来的热值等值地转化为能释放相同能量的木材的质量。常用有以下两种方法。

（1）热释放速率：在实验研究的基础，前人总结出许多火灾过程中热释放速率的数学模型，主要有 FFB 模型、MRFC 模型、T2 火模型和一些通过大型实验得到的室内家具的热释放速率曲线，利用数值模拟软件时最重要的指标即是通过设定火源确定热释放速率，其直接影响模型中火灾的发展过程。在许多火灾模拟软件中可以采用以上几种模型。火灾荷载可以表示建筑发生火灾后燃烧释放出的总热量，但火灾过程中热量释放的快慢则需要通过热释放速率来描述。从热释放速率曲线可以明显地看出，对热释放速率进行积分即为建筑室内的火灾荷载量。当能够确定火灾荷载量时，选用不同的热释放速率模型得到的热释放速率有很大差异。

（2）燃烧热值：同等质量的不同品种可燃物完全燃烧后释放出的热量有较大差异，所以需要定义材料的燃烧热值即单位质量的燃烧物完全燃烧后释放出来的所有热量，可以采用两种方法确定室内火灾荷载，分别是统计可燃物量并乘以其相应的燃烧热值确定和对热释放速率进行积分确定。

3. 火灾荷载对火灾蔓延影响

火灾荷载量表示建筑内具有可燃物的总量，火灾荷载量越大，表明建筑具有的火灾危险性越大，需要越严格的消防防火措施。但火灾荷载并不能描述火灾的发展及蔓延情况，而火灾荷载密度即单位面积上的可燃物的量越大则火灾发展蔓延的速度越快。

单位时间内释放的热量的多少（kJ）为火灾功率（kW），通常可以将火灾功率等效成某种材料的质量燃烧速率，一般采用试验方法测量某种可燃物的质量燃烧速率，取其平均值，同时通过简单的计算将建筑内的火灾荷载量折算成此种可燃物的总质量。

（二）材料特性

在建筑物内绝大部分可燃物材料为固体材料，因此认识固体可燃物的火灾危险性对研究建筑火灾具有很大意义。固体可燃物的火灾危险性包括引燃性、易燃性以及燃烧后的火焰蔓延速率和热释放速率等多个方面。固体可燃物的火灾危险性十分复杂，受材料的物理状态、化学性质及可燃材料周围的环境条件等因素影响。

通常弹性和热塑性塑料受热后出现软化和融化，不会像木材等材料发生炭化现象，其燃烧时不断向下滴落一些可燃物，这些可燃物在材料底部不断聚集燃烧，与油池火灾的燃烧状态十分相像，此时是材料燃烧最为剧烈的阶段。

（三）火源位置

火焰的传播是一种伴随着化学反应的传热传质过程，火源处的火焰能否蔓延至周边可燃物，蔓延的速率以及方式直接决定了室内火灾的进一步发展、生成烟气量的多少和室内安装的火灾探测器的动作时间。火源位于不同位置时，对可燃物燃烧时的得氧量、引燃起火源附件的可燃物，以及燃烧发展蔓延的速率等有着不同程度的影响。所以分析室内火灾前期阶段的火源蔓延，应先分析火源的位置。

诸多文献指出了许多典型起火方式的火源位置，例如烟头起火的火源位置，有人员易吸烟且容易引发火灾的沙发上、床上以及地毯上等，由于电线老化等的火源位置有吊顶、墙角等。火源蔓延包括火源燃烧区域的扩大和火焰的蔓延两个方面，可以通过火源附件新的可燃物发生燃烧的速度来表示。一些文献资料还指出，火焰一般沿着地毯、吊顶以及墙上的衍条向四周蔓延。

关于火焰蔓延规律的研究，从国内外的有关资料、文献和众多的火灾案例分析来看，许多研究学者都重点考虑了火源的位置。主要有以下三个位置：水平面上可燃物的燃烧、竖直面上可燃物的燃烧、竖直墙角可燃物的燃烧。

另外，对于由电路引发的沿着屋顶天花板蔓延的燃烧和可燃物在水平面上沿着边缘向下蔓延的燃烧，可以针对各种不同的火焰位置，采用计算模拟其燃烧过程，通过在软件中设定不同的边界条件、可燃材料属性、环境影响因素（风速等）以及热释放速率模型进行蔓延模拟对比分析，最终得到了与不同火焰位置相对应的蔓延规律，为今后的火焰蔓延规律研究提供技术方法。

1. 水平火源蔓延分析

火焰的温度范围为 500～1 000 ℃。火焰的热量通过热传导、热对流、热辐射三种主要形式向火焰四周传递能量。火焰本质是一种复杂的气相化学反应，其底部与可燃物着火表面直接接触并通过导热和对流、辐射换热和反向辐射换热传递能量。火焰的形状具有不稳定性，且在着火区域与火焰底部之间的辐射换热与反辐射换热数值近乎相同。

此外，火焰对周围进行热量传递时，辐射换热占有最大的比例。根据可燃物分子的结构形式和燃烧后火焰温度的不同，可将可燃物燃烧时的火焰分为发光火焰和非发光火焰。

与发光火焰相比，非发光火焰的辐射率较低，可忽略不计，所以在分析可燃物燃烧的热辐射时，只需要考虑发光火焰。

2. 竖直平面火源蔓延分析

当起火源位于竖直平面时，火焰对可燃物的热作用与火源位于水平面时的情况相似，最主要的区别是，火焰向上贴着竖直平面，可燃物受热分解出的可燃气体在热浮力的作用下直接与火焰接触，从而可燃气体刚从可燃物表面挥发出来即发生燃烧。

因此，当火源位于竖直平面时，火焰蔓延的速度远远快于水平面上的火焰蔓延速度。若室内发生火灾时火源位于较直平面，则火灾快速发展，较难控制，易形成大规模火灾。

3. 墙角火源蔓延分析

当火源位于墙角处时，两面竖墙和水平地面在火源热量的作用下多会分解出易燃挥发性气体,挥发性气体浓度比竖直平面和水平面燃烧都要大。墙角处散热情况较差,大量可燃气体燃烧释放的热量在墙角处聚集,导致挥发性气体浓度进一步增加,而墙角处通风条件不良,氧气供应不足,可燃物燃烧不充分,产生大量浓烟。

火源位于墙角时,火焰在竖直面上快速蔓延,而在水平面蔓延速度则较慢,地面燃烧面积慢慢增大,而火焰高度则迅速变大。

综上所述,火源位于不同位置时火焰燃烧蔓延规律有很大不同,且火源位于墙角时火焰蔓延最快,产生烟气量更大,具有更大的火灾危险性。室内发生火灾时,开始时通常只有一种火焰蔓延方式,随着火灾的发展,建筑室内一般为多种蔓延方式共同进行。

(四)通风条件

在火灾的初期阶段,相对于火源,室内的空间较大,氧气供应较充足,此时燃烧为燃料控制型燃烧,随着火势逐渐变大,燃烧慢慢变化成通风控制型燃烧。

(五)建筑结构形式

通过大量的火灾实例可知,建筑的结构形式对火灾的蔓延途径有较大影响,火焰主要通过以下几种途径在建筑内蔓延。

1. 楼板空洞

热烟气在热浮力作用下向上扩散的速度较快,约是水平方向的数倍,所以楼层之间的连接通道如楼梯间、电梯井、管道井等往往会成为火焰蔓延的主要通道。火灾一旦扩散至这些通道中,易造成整栋建筑燃烧。

2. 内墙口

尽管最初火灾只发生在一个房间内,但是当内墙口被烧穿之后,火灾将最终蔓延到整个建筑内。即使建筑物的走廊内没有任何可燃物,强大的热对流和高温热烟气仍可使燃烧蔓延。

3. 闷顶

建筑物的闷顶空间一般很大,普遍采用木质结构,加上不设防火分隔,通风良好,热烟气很容易通过闷顶迅速蔓延,而且热烟气在闷顶中的蔓延一般又不容易被及时发现,危害更大。

4. 通风管道

可燃材料制作的管道,在起火时能把燃烧扩散到通风管的任何一点,它是使火灾蔓延扩大的重要途径,也是火灾蔓延最为便利的条件。

五、火灾模拟理论基础

火灾的模拟,就是研究火灾在一定条件下孕育、发生和发展的机理与规律。模拟研究的理论基础是承认火灾过程遵循确定性的规律,这种规律既可以在模拟实验中再现,也可以抽象成控制火灾过程的数学表达式(微分方程或代数方程)。模拟研究的意义在于,可以通过简化和近似,逐个研究影响火灾的各个分过程和各主要因素的作用,逐步揭示火灾的机理和规律。如用小型受限空间中的烟气运动模拟室内火灾烟气的运动等。

(一)CFD 技术

CFD 是流体力学理论研究的分支,为 computational fluid dynamic 英文的缩写,其原理是通过计算机求解火灾发展过程中的各个参数随时间的变化，通过计算状态参数如有毒气体浓度、速度等空间分布来描述火灾燃烧的发展过程。计算中涉及化学反应的相变、流体流动、传热传质等，包括了动量、能量、质量和化学物质之间的相互作用。基本规律有动量守恒定律、能量守恒定律和质量守恒定律。并由此三大守恒定律得出了动量方程、能量方程和连续性方程，由此为基础建成纳维尔 - 斯托克斯微分方程。从 20 世纪 90 年代 CFD 技术被引入我国至今，在众多火灾科研领域特别是在气体流动和分布等研究方面有较广泛的应用，专家学者们证实了其计算能够得到与实验结果比较吻合的数据，软件的有效性得到认可。

（二）FDS 软件

FDS（Fire Dynamics Simulator）是美国国家标准与技术研究院开发的一种流体力学计算机程序，于 2000 年 2 月发布了第一版本，此后一直不断地进行更新和完善。2010 年 10 月，FDS 中加入了芬兰 TTV 的 EVACATIONN 后，可实现疏散过程和模拟过程的联合模拟。

与其他商用的 CFD 软件不同，FDS 由政府权威机构开发，为公益性的免费软件，未收到任何利益集团的影响，而且在模拟可靠性和稳定性方面得到了全尺寸和大型火灾实验的验证。目前，在工程设计和火灾研究中得到广泛的应用。

模型主要包括两大部分。第一部分是主程序求解微分方程，需要用户创建文本文件提供主程序所需的火灾场景参数。第二部分是用来实现模拟结果的可视化输出，FDS 附带的一个 Smoke view 后处理软件，是一种动态场景显示程序，可用它直观地查看计算的结果，包括动画效果、二维图、三维图等。此外，还可以安装热电偶探测头，通过 Excel 表格输出 FDS 模拟的结果，热电偶探测出的物理量有速度、能见度、温度等，可以用这些量来进行深入的量化分析。

FDS 软件通过火灾前期处理软件建立的物理模型确定围护结构的热边界条件，定义构件的热物理参数，如传热系数、导热系数等。同时能够设置火场中的火源功率、火源位置等一系列参数，还能够调整通风口的大小和位置、计算区域内的气流速度等对消防过程的影响。FDS 火灾动力学模拟软件是对火灾引起流体流动的一个动力学计算分析软件，是从数值计算方面专门解决一系列适合于低速流动、热驱动的 Navier - Stokes 方程，适用于火灾过程中火势蔓延和烟气传播的数值模拟。相比雷诺平均模拟（RANS）和直接数值模拟（DNS），FDS 利用大涡流流体力学模型处理火场中流体的流动具有明显的优势。例如大涡流流体力学模型的求解范围更大、更精确，能够区别对待两种流动类型，精确求解；也能求解工程实际中存在的大量湍流流动过程。可获得模拟求解后相关测量点处的温度、O_2 浓度、CO_2浓度、CO 浓度、能见度等火灾数据。

直至今日，近一半的 FDS 模型被用来进行喷头和探头响应及烟气控制系统的研究，另一半的模型则几乎运用在工业和民用火灾场景的再现研究中。随着深入开发，FDS 软件已经超出实验室内的火灾研究范围，并逐渐致力于解决一系列消防安全工程中的实际火灾问题，FDS 软件正成为火灾动力学基础研究的一个有力工具。

第三节　木结构古建筑防火改造对策探讨

一、传统(或早期)的防火措施

我国古建筑的传统防火措施是历代先人同火灾做斗争的智慧的结晶,是我国文化遗产的重要组成部分,丰富了消防科学技术的宝库,直到今天仍有不少可以借鉴的地方。研究人员在对我国古建筑的防火研究中发现,最早施行防火措施的是距今五千多年前的甘肃秦安大地湾遗址。它带给我们防火方面的启示主要体现在以下几个方面:用草泥土等混合的屋顶代替原来树枝、树叶、草茎等的可燃物制作的屋顶,用木骨泥墙代替树枝、草茎编制的篱笆墙,目的是增加稳固性和密闭性,同时增加耐火强度;在木柱、木门框外表涂抹“胶结材料”,在顶梁柱、附壁柱的外围,用泥草制作厚达 30 m 的防火保护层,里面的木柱涂有“胶结材料”,可以认为这样的“硬质光面”是人类在可燃建筑构件上最早采用的防火涂料;同时,从建筑总体平面布局来看,防火安全是经过精心设计的。虽然大地湾遗址从房屋的设计、施工到功能使用上都已经充分考虑了防火需求,但依然不能抵御火灾的威胁,据专家考证,遗址是在一次意外火灾中被焚毁的。

尽管木结构古建筑在火灾面前有时是无能为力的,但古人对建筑防火的美好愿望和执着信念在设计中无处不在。“概念防火”是古代建筑形制中一种颇具特色的象征性防火设计,其中比较有代表性的建筑装饰有鸱吻和藻井。鸱吻是古代建筑房脊两端高高耸起的饰物,形状似龙,卷头缩尾,张开大口衔着正脊,背插宝剑,其具体形象有狎鱼、海马、鳌龟等,这些都是兴云致雨的海中神兽,古人期望着借助它们的神力来避火。藻井是古代建筑的一种室内装饰元素,一般用于殿堂明间顶部中央,绘龙纹或菱、藕一类花卉。藻井有生水之意,从我国五行说中“水克火”的认识衍生而来。

当然这些都仅仅只是在象征意义上祈祷火灾不要发生,并不具有真正的防火功效。要真正从技术上保护木结构建筑不被火灾侵害,还要从以下几个方面来进行。

(一)涂泥抹灰

在我国传统的古建筑防火措施中,历史最为悠久的是采用涂泥抹灰的方式来提高木结构建筑的耐火性能。早在春秋时期,就有“火所未至,撤小屋,涂大屋”的火灾预防办法。其实就是在火灾未发生之前,把易燃的小房屋先拆除,将那些容易燃烧的大型建筑涂上泥巴。该理论出自《左传》,据记载,春秋战国时期宋国预防和扑救火灾的一套办法,被公认为我国历史上最早、最详细、最完整的消防文献。

及至元朝,著名的农学家王祯在他的《农书》中对于建筑防火和防火材料有更详尽的论述,他提出了“火得木而生,得水而熄,至土而尽”的理论,由此研制了“用砖屑为末,白善泥、桐油枯、莩炭、石灰”等五种材料,然后用“糯米胶”调和出一种比较原始的防火材料。

到了明朝时期,著名科学家徐光启将古法制油泥的做法和使用方法收录到了自己的《农政全书》中,再次肯定了其实际意义。我们可以认为这种古法制成的油泥至今仍作为一种防火涂料,是我国劳动人民的一个伟大创举。它虽然不够尽善尽美,但是阻燃的作用却是不容置疑的。

（二）防火墙

我国防火墙的历史非常悠久，早在原始社会，人类最初的建筑物里就有墙。不过那时候的墙只起到遮风避雨的作用。后来随着原始先民对火的需求，火灾的威胁开始越发严重，这促使了人们开始使用涂泥墙体来隔绝火源。

山墙、风火檐、室内防火墙、室外防火墙等防火分隔物有防火和阻止火势蔓延的作用。我国古建筑的山墙中，硬山墙和马头墙的防火效果较好。风火檐的设计要求是不能开设门窗洞口，而且还要把墙上的屋檐用砖或琉璃等非燃烧材料封严，不允许可燃构件外露，以此达到阻止火势从外部向内部或从内部向外部蔓延的目的。现存最完整的室内防火墙是建于明朝的銮仪卫仓库，每隔七间房屋空出一间，并将这间房屋砌成无门无窗的“砖房”，具有很好的防火功能。护城河与城墙则是最好的室外防火隔离带。

（三）打井、修池和储备水缸

我国古代城市在规划布局和建筑设计时，水源往往是优先考虑的问题。其主要原因一方面是为了洗衣、做饭、梳洗以及园林灌溉等生活基本用水需求，另一方面就是为了火灾发生时消防用水的考虑。古代还没有加压水来解决消防用水的问题，因此一般都是利用天然雨水，或开辟河渠，或打井修池，或储备水缸等方法来解决。

早在汉朝，就有开河凿渠引水进城的做法。汉武帝在上林苑时，开河引南山之水入昆明池。隋朝建都长安后，开辟永安渠、清明渠等，将水直接引入皇宫禁苑。天安门曾由于城楼失火，远水难救，导致全部烧毁，之后吸取经验教训才在天安门前修建外金水河，专门用来防范火灾。而包括内金水河的修建，不仅是美化庭院环境，更多的是为了消防用水需求。

打井也是古代最常用的一项消防措施。早在明朝嘉靖年间，宁波天一阁藏书楼旁边就开凿了一个水池，主要用来储水防火。北京国子监的中央有个巨大的圆形水池，约为两个标准比赛用游泳池的大小，目的也在于防火。故宫内打水井总数约 80 个，除了生活用水需要之外，其主要目的也是作为消防水源。

消防最重要的即是水，建筑周围设置的大量的水缸实际上就是古代的消防设施，类似于现在的“灭火器”。根据《大清会典》记载，紫禁城内共有太平缸 308 口，每口缸可容水 2 000升，达到现在一辆水罐消防车的储水容量。而且每口大缸有 16 名太监专门管水。冬天为防冻，缸下面设置炭炉，为缸里的水加温。

二、现代防火技术在古建筑上的应用

（一）火灾探测器

火灾探测器是火灾自动报警系统的基本组成部分之一，它至少含有一个能够连续或以一定频率周期监视与火灾有关的传感器，并至少能够向控制和指示设备提供一个合适的信号，是否报火警或操纵自动消防设备，可由火灾探测器或控制和指示设备做出判断。古建筑不可再生的特殊性决定了古建筑消防安全应“以防为主，防治结合”为主要策略。因此，现代建筑中广泛应用的火灾探测器在古建筑中就有了极其重要的作用。

1. 火灾探测器的类型

目前，常见的火灾探测器有如下几种。

（1）离子感烟探测器。离子感烟探测器是以电离烟雾检测器为核心的探测器。它由两个内含放射源的串联电离室以及相应电子线路组成，其中1个电离室，空气能缓慢进入而烟粒子难以进入的，叫补偿电离室或内电离室。电离室采用串联方式，主要是为了减少环境温度、湿度、气压等自然条件的变化对电离电流的影响，提高离子感烟探测器的环境适用能力。

(2)线型光束感烟探测器。线型光束感烟探测器由发射器和接收器组成，采用不受烟色影响的红外线感光方式工作。探测器内置CPU的固化运算程序，使探测器具备了较强的分析、判断能力，可自动完成对外界环境变化的补偿及火警/故障的判断，并通过声、光和信号输出等手段给出状态指示。

线型光束感烟探测器特别适用于无遮挡空间的高屋建筑群及各种建筑的夹层、闷顶等，凡是在火灾形成前有烟雾出现的场所均可使用。当烟雾进入探测范围内时，由于光束被遮挡使收到的红外光的强度降低。当烟雾达到一定浓度，导致红外光的强度低于设定的阈值时，探测器报火警，启动蜂鸣器、点亮红色指示灯。

(3)感温火灾探测器。感温火灾探测器是利用感温元件接受监测环境或被监测物对流、传导或辐射传递的热量，把环境温度或接触物体温度的变化信号转化成其他形式的物理量，如电压、电流和移位等，根据输出信号判断火灾是否发生，达到火灾报警的目的。一般用于工业和民用建筑中的感温火灾探测器，根据不同的监测温度参数，分为定温式、差温式及差定温式三种类型。

(4)火焰探测器。火焰探测器又称感光式火灾探测器，它是用于响应火灾的光特性，即探测火焰燃烧的光照强度和火焰的闪烁频率的一种火灾探测器。根据火焰的光特性可以将火焰探测器分为三种类型：第一种是对火焰中波长较短的紫外光辐射敏感的紫外探测器；第二种是对火焰中波长较长的红外光辐射敏感的红外探测器；第三种是同时探测火焰中波长较短的紫外线和波长较长的红外线的紫外/红外混合探测器。

紫外火焰探测技术，使系统避开了最强大的自然光源——太阳造成的复杂背景，使得在系统中信息处理的负担大为减轻，所以可靠性较高。加之它是光子检测手段，如今，信噪比高，具有极微弱信号检测能力，除此之外，它还具有反应时间极快的特点。与红外探测器相比，紫外探测器更为可靠，且具有高灵敏度、高输出、高响应速度和应用线路简单等特点。因而充气紫外光电管正广泛地应用于燃烧监控、火灾自报警、放电检测、紫外线检测及紫外线光电控制装置中。

(5)光电感烟探测器。光电感烟探测器是对能影响红外、可见和紫外电磁波频谱区辐射的吸收或散射的燃烧产物敏感的探测器。光电感烟探测器由光源、光电元件、电子开关及迷宫般的型腔密室组成。它是利用光散射原理对火灾初期产生的烟雾进行探测，并及时发出报警信号。光电感烟探测器根据其结构和原理分为遮光型和散射型两种。

(6)可燃气体探测器。可燃气体探测器是对一种或几种可燃气体浓度发生变化时产生响应的探测器，通常有催化型和红外光学型两种。催化型可燃气体探测器是指：当可燃气体进入探测器时，铂丝表面与之发生氧化反应，使得难熔金属铂丝加热后温度升高导致铂丝电阻率发生变化，以此来测定可燃气体浓度。红外光学型可燃气体探测器是指：利用红外传感器通过红外线光源的吸收原理来检测现场环境的碳氢类可燃气体。

2. 古建筑火灾探测器的选择

古建筑具有特殊的构造性和文物性，因此在选择探测器时要求更高，不仅要考虑建筑外部形态和建筑构造材料，还要结合探测器的性能与科学性合理布置。根据《文物防火设计导则》,在布置火灾探测器时应满足以下几个设计原则。

(1)宜采用重点保护与区域监测相结合的方式,做到重点突出,特别重要的文物建筑(国家级重点文物保护单位)或场所应采用双重保护,就是由两种不同探测功能的探测器对保护区域共同进行火灾探测。

(2)对于火灾形成特征尚不可预料的位置,可根据模拟的实验结果选择火灾探测器。

(3)在文物建筑防火保护区和控制区,宜在其周边选择适当的高位,设置能完全覆盖保护区、基本覆盖控制区的图像火灾探测器。

由于古建筑往往采用木结构框架,室内空间较为空旷开阔,空间高度较高,一旦发生火灾,产生的烟气会发生扩散,并不容易被迅速探测到,因此宜采用线型光束感烟探测器,而不同的线型光束感烟探测器各有优缺点。例如文物古建,反光式线型光束感烟探测器对古建筑室内装饰环境破坏更小,但安装精度要求更高。重要的文物古建,可采用吸气式感烟探测器与线型光束感烟探测器组成双重保护。对于不封闭的文物古建,由于内部空间较大,烟雾的扩散需要时间,因此更需要考虑到烟雾的流动方向,在合理的位置重点设置探测器,并要使不在同一平面上的探测器交错布置,使探测无死角。

(二)室外消火栓

室外消火栓是设置在建筑物外面消防给水管网上的供水设施,主要供消防车从市政给水管网或室外消防给水管网取水实施灭火,也可以直接连接水带、水枪出水灭火,是扑救火灾的重要消防设施之一。消火栓应根据古建筑群的需要进行设置,常见消火栓有地下式消火栓和地面式消火栓。地下式消火栓的主要优点是:具有一定的隐蔽性,对古建筑外部形态影响较小;由于位置隐蔽,被人破坏或受到损害的概率较低;同时,避免了冬季室外温度可能造成的冻胀而损坏。其主要缺点是:由于地下位置隐蔽,管理和维修起来比较不方便;前期需要投入较大资金建设,同时占用较大面积的地下空间。地上式消火栓的主要优点是:使用和日常管理、维修都比较方便,造价低。其主要缺点是:由于在地上位置比较明显,对古建筑的整体外部形态可能有一定的影响,同时也容易遭受破坏。寒冷地区冬季出水口容易结冰,因此地上消火栓通常设置在南方地区。

设置室外消火栓时,需要考虑其供水条件,对于城区的古建筑,一般可以采用市政给水管网供水,通常为低压给水系统,与生活、生产给水管道合并使用。低压给水管网处的消火栓压力不应小于0.1 MPa。但偏远地区的古建筑无法连接市政管网,因此需要独立的消防给水系统,包括消防水池、消防泵房以及室内外消火栓。消防水池的设置要满足消火栓的基本流量要求,消火栓系统要安排专业人员负责定期维护保养,保证发生火灾时能够正常运行。室外消火栓的保护半径通常为150米,其布置原则是确保该建筑的任何部位都在两个消火栓的保护半径之间,通常设置在庭院或道路两侧便于取用的位置。

(三)自动消防水炮

自动消防水炮灭火系统综合运用红外线和紫外线传感技术,内置CPU及智能算法,具有分析真伪火情的功能,能够快速准确地判断出早期火灾,并主动灭火。该设备能全天候监控保护范围内的火情,能自动启动火警系统,扑火后能自动停止喷水,并可重复启停,是一种新型高效的大空间灭火产品。其特点有如下几种。

(1)自动跟踪定位射流灭火装置通过三级探测器完成对火源的定位,可靠、准确。

(2)自动跟踪定位射流灭火装置射水水量集中,灭火准确,扑灭早期火灾效果好,适用于轻、中危险等级火灾场所。

(3)自动跟踪定位射流灭火装置具有通信功能,可实现远程监控。

(4)具有单机运行、自成系统、接入其他报警系统多种工作方式,适用范围广。

(5)可以通过视频管理系统或现场手动控制箱进行手动控制。

常规火灾探测器由于火灾燃烧产物在空间传播受空间高度和面积的影响,常常当火灾发展到一定的程度,探测器才能感应,难以实现早期火灾探测报警的需求;在环境存在干扰的情况下(灰尘、电磁干扰、水蒸气、空调、光干扰、震动等),现行的常规火灾探测器难以正常发挥效用,常发生误报现象。自动消防水炮灭火系统采用适合于高大空间的双波段火灾探测器和线型光束图像感烟火灾探测器,与自动消防炮配套,能够和自动消防水炮进行联动,实现消防水炮快速自动定位灭火的功能。

由于古建筑往往采用框架结构,内部空间体量较大且空旷开阔,一旦发生火灾,则蔓延快、过火面积大,损失严重;一般内部工作人员数量也相对不足,若发生火灾时仅仅依靠室外消火栓可能无法及时做出反应,延误扑救时机,这时候自动消防水炮系统就能体现出它的优势。

所以,近年来在一些国家级重点文物保护单位也开始采用消防水炮来加强自身的扑救能力。消防水炮通常有自动式和手动式两种。其中,自动式消防水炮采用了数控技术和图像型火灾探测技术,可以进行火灾自动报警和自动扑救。手动式消防水泡是指需要有人主动按下消火栓按钮,警报通知至控制室,然后值班人员持消防水炮进行灭火。在古建筑防火中,采用手动和自动两种操作方式相结合是比较理想的选择,这种复合型的方式既能够确保消防系统能够在火灾发生的第一时间做出反应,又能够确保在系统出现误报或系统故障的情况下及时避免出现损失。选择消防水炮替代传统室外消火栓的优点在于,能够智能且高效地对古建筑火灾做出快速反应,降低灭火人员的危险系数和人员使用量。其缺点是造价相对较高,系统复杂,严重受到地形限制。在选择消防水炮作为消防设施时,应选择在空间开阔的院落进行使用。

(四)防雷设施

雷电灾害是文物古建筑遭受破坏的主要自然灾害,雷击除直接击毁古代建筑物构件外,还因为中国传统古建筑物大多为木结构,雷击将直接导致古建筑物起火,这将使古建筑大面积遭受损毁。据了解,目前大部分古建筑物未得到有效的防雷保护或防雷装置设施不完善,我们应加强古建筑物的防雷保护意识,使珍贵的古代建筑遗存免遭雷击毁坏。千百年的古建筑遗存一旦损毁,将不可复得。所以,建立和完善古建筑物的防雷击措施迫在眉睫。

目前,人们普遍将国家防雷标准《建筑物防雷设计规范》(GB 50057—2010)作为新、改、扩建建筑物防雷标准执行。根据古建筑物的特殊结构和对防雷的要求,将古建筑物分为三类:即国家级文物保护单位的古建筑物、省级文物保护单位的古建筑物及其他古建筑物。防雷装置的选择与构造要求规定如下:对第一类古建筑,应专门研究;对第二类古建筑,应按第一类民用建筑考虑;对第三类古建筑,应按第二类民用建筑考虑。古建筑在设置防雷设施时,应考虑的原则是在满足国家标准和技术要求的情况下,尽量与建筑物造型相结合,不破坏建筑整体风貌。院落内部有大型古树的,应在院落内部建造大型避雷塔,以防止出现雷击古树所造成的火灾。除外部防雷装置外,所有为防止雷电流及二次雷电等伤害所采用的措施均为内部防雷装置,例如电位连接设施、屏蔽设施、加装的避雷器等。常见的古建筑外部防雷措施有以下几种。

(1)接闪器的设置:为保持古建筑的原有整体风貌,接闪器宜采用避雷带与短支针组合。考虑雷击特点,避雷带应沿建筑物屋面的正脊、吻兽等突出建筑物的部位敷设。在敷设避雷带时尽量避免采用直角或锐角弯曲,若需要弯曲应尽量采用圆弧形弯曲,以减小雷电流产生的危害。

(2)引下线的布设:在布设下线时,应以最短的接地路径敷设,在符合规范要求的前提下尽量多设几根且注意对称,以免引下线根数过少而使得雷电流分流较小,导致引下线所承受雷电流过大,从而产生雷电反击和雷电二次效应。由于古建筑多为砖木结构,采用明敷时尽量利用建筑物的柱子和钢筋。另外,引下线应采用弧形弯曲连接,距地面0.3~1.8 m处注意覆盖以避免游客触电危害。

(3)接地装置布设:应根据古建筑的使用用途、使用性质、周边环境及游客量等情况综合考虑选择恰当的结构方式和位置。如果游客较为集中或者达不到规范要求的应做均压措施,以减小跨步电压危害和室内反击高压危害。对于宽度较窄的古建筑可采用水平周圈式接地装置,并注意与地下管线路的安全距离。

(4)防球型雷、侧击雷措施:防球型雷的最好措施是安装金属屏蔽网并可靠接地,注意附近树木与建筑物的安全距离。防侧击雷措施则取决于古建筑所处的地理位置,一般来说建在城市里的古建筑不需要防侧击雷,而建在海拔较高的古建筑应根据实际情况需要设置圈式防雷均压带,并与防雷地可靠连接。

(五)防火涂料

我国古建筑大部分采用木结构,为提高其耐火能力,往往在其表面涂刷防火涂料(也叫阻燃涂料)。这类涂料涂刷在建筑物木结构材料表面,能提高木材的耐火能力,减缓火焰蔓延传播速度,在一定时间内能阻止燃烧,控制火势的发展,为人们灭火提供时间。防火涂料本身具有难燃或不燃性,使木材不直接与空气接触,故而延迟木材的着火时间。同时,防火涂料遇火受热分解出不燃的惰性气体,使木材燃烧分解出的可燃气体和空气中的氧气稀释而抑制燃烧。防火涂料遇火膨胀发泡,生成一层泡沫隔热层,封闭被保护的木材,阻止基层燃烧。

古建筑室外使用的木材,因受雨水、风沙、日光、土壤的浸染及温度变化的影响,会发生腐朽、霉变、开裂、变形、火灾危险性增大等问题。从人类开始使用木材建造房屋的那一天开始,室外用材就面临着防菌、防霉、防虫、阻燃、尺寸稳定等问题。在使用防腐木的早期,人类发现将圆木埋入土壤的部分先进行表面灼烧,然后再埋入土中,圆木的使用时间将明显增加。防腐剂的早期使用,是通过涂刷的方法涂抹于木质神像、墓碑、乐器上来延长其使用寿命。在公元一世纪之前,埃及人使用金属盐作防腐剂浸泡木材,中国人也知道把木材浸泡在海水或盐湖后再使用能防腐防虫。

公元500年,希腊人将建筑用的圆木柱钻孔,倾油入孔使油渗透到圆柱木材细胞内,放在石板上干燥备用;罗马人使用明矾处理木质金字塔,令其在一定范围内不会燃烧。此后一段时间内,浸注处理方法没有明显的改进,直到加压浸注方法出现。1831年,法国人Jean Robertreant将防腐剂在压力下注入木材,极大地提高了浸注效果,是木材浸注处理方法上的一个里程碑。十年后,随着工业化生产设备的逐步发展,加压处理方法逐渐推广开来。在加压处理方法的基础上,针对处理深度、均匀性、防腐剂使用的经济性,人们又研制了多种方法,如李宾空细胞法、满细胞法、Lowry 空细胞法等。木材浸注处理的工业化进程开始迅速发展。

目前,国内外对木材浸渍处理的方法主要有两种,常压法和加压法。前者主要用于质量要求不高、处理量小、耐久时间短的木材;后者多用于尺寸大、要求药剂浸渍深、生产量大的木材。而木材的化学改性是指通过高温、催化等手段使药剂或者高分子化合物与木材发生化学反应,使木材表面的细胞结构发生变化,通过这种方法提高木材的阻燃性能。

三、木结构古建筑防火改造措施

结合木结构古建筑火灾的典型特点,可以将防火改造设计要点归结为以下几个方面:设置消防水池与加压泵站、设置火灾自动报警系统、加设防火玻璃或防火卷帘、涂刷木材阻燃剂或防火涂料、设置自动灭火系统、配备室内外灭火器、设置防雷装置、健全燃香安全管理、引导紧急逃生线路等。

(一)设置消防水池与加压泵站

对于位置偏远且没有自动火灾检测报警系统的木结构建筑来说,等待消防车提供水源并不明智,火势无法在短时间内得到有效控制,因此在木结构古建筑附近设置消防水源是十分必要和有效的措施。然而诸多的木结构古建筑之所以无法做到消防设施完备,往往因为消防通道不顺畅、消防水源缺失和经费紧张等问题。面对这些情况,笔者认为可以将加压泵站设立在消防车可以抵达并且离古建筑最近的位置,然后将加压泵站与古建筑的庭院用消防水管线连通,接好消火栓,随时备用,如果有水源条件可以直接在庭院设置消防水池,这样不仅缩短了水源到火灾发生地的距离,保证了水压,还为以后设置自动喷淋系统提供了前期条件。

(二)设置火灾自动报警系统

文物古建筑主要是砖木结构,木结构居多,因此,在文物古建筑中应选用感温探测器、感烟探测器、火焰探测器的组合。而在感烟探测器的选择中,不宜选用光电感烟探测器。同时,根据实际情况也可采用缆式线型定温火灾探测器。

在安装文物古建筑报警探测器时应注意以下几个问题。

(1)当探测器装于探测区域的不同坡度的顶棚上时,随顶棚坡度的增大,烟雾沿斜顶棚和屋脊聚集,使得安装在屋脊的探测器进烟或感受热气流的机会增大,因此探测器的保护半径可相应地增大。

(2)随房间顶棚高度的增加,感温探测器能响应的火灾规模明显增大,因此探测器须按不同的顶棚高度划分三个灵敏度级别:较灵敏的探测器应使用在较高的顶棚上。

(3)火灾自动报警系统的供电与布线、供电电源应为双电源、在保证主电源的情况下,备用直流电源宜采用火灾报警控制器的专用蓄电器。在布线时,传输线路采用绝缘导线,应使用穿金属管、硬质塑料管、半硬质塑料管或封闭线槽保护布线。

(三)加设防火玻薄或防火卷帘

由于泥墙材质的特殊性,墙面的壁画遇水就会起皮、掉色甚至脱落,当火灾发生时,扑救喷水就可能对墙面的壁画造成严重破坏、就算改用气体灭火器,火焰和燃烧产生的浓烟也会严重破坏壁画,针对这种情况,加设防火玻璃可以有效地保护墙面壁画,将珍贵的墙体壁画封闭于防火玻璃箱体内、而对于雕塑等珍贵藏品，可以在上方吊设具有装饰性的防火卷帘，当火灾发生时，卷帘会自动快速落下形成一个塑像的保护罩，使其不受到火焰和烟气的损伤。

（四）涂刷木材阻燃剂或防火涂料

古建筑的墙都是泥墙或砖墙等不燃物，而屋顶上又有陶瓦或琉璃瓦包覆，所以外立面的突出可燃构件一般为木构件，如木门窗、木勾栏、斗拱、屋檐下的椽子、悬山顶的望板等。这些构件主要是受其他燃烧物体溅出的火星和飞火威胁，对于它们最好的防火处理办法就是涂刷防火涂料，或将阻燃剂附于木结构建筑表面，起到很好的保护作用，减少木构件被火焰损伤。这些构件多是很具有观赏性，上面多涂有非常漂亮的彩绘，需要经常进行重绘以保持涂料颜色的鲜艳、美观，所以这些木构件应该选用非膨胀型无机防火涂料，这种涂料不仅有鲜艳的颜色，而且成本低，正适合用在这里。

现实中研究人员常采用在木结构建筑构件表面涂刷防火涂料的方法降低火灾造成的损失，但多数人员较重视在室内涂刷防火涂料，而忽视了口廊和前木质立面等重要部位。

室内涂刷防火涂料可以有效地推迟房间发生轰燃的时间，而在口廊和前木质立面涂刷防火涂料后，则可有效地阻止火灾在房间之间的蔓延，为火灾的扑救赢得更多时间。

（五）设置自动灭火系统

根据文物古建筑的场所、用途、容纳物品的火灾荷载及室内空间条件等因素，在分析火灾特点和热气流驱动喷头开放及喷水到位的难易程度后确定其火灾危险等级为中危险级Ⅰ级。根据文物古建筑的特点，在选择自动喷水系统时，要考虑到减少和杜绝误喷现象的发生。因此，应选择预作用喷水灭火系统，但场所内最大净空高度超过 8 米时，应选用雨淋系统，这两种系统有早期报警装置，能在火灾发生之前及时报警，立即组织灭火，同时还可以根据不同的灭火要求，装置气体（二氧化碳等）、干粉、泡沫、自动喷水 - 泡沫联用系统的自动灭火装置，使这些地方一旦发生火警，能够及时扑灭。

（六）配备室内外灭火器

立足自救，健全消防扑救设施，各个建筑物内外皆应该部署灭火器，并定期进行检查，避免小火变大火。

1. 灭火器的选择

文物古建筑作为可燃建筑，一般配置 ABC 类干粉灭火器。可燃固体物质，如柴草、干柴、家具、杂物集中的场所应选择防止复燃，灭火能力较强的水体灭火器。

贵重的书表字画、经文卷籍集中的场所，可选用干粉、二氧化碳等灭火器。室内的珍贵固定文物、化纤装饰物较多的场所，可选配干粉、二氧化碳等灭火器。有电气设备的场所，忌用有导电性能的水体灭火器，应配备绝缘性能较好的气体、干粉灭火器。

2. 灭火器的配备数量

灭火器的配备数量主要应以文物古建筑物内的火源火险以及对文物的威胁程度区别对待。对空旷无物或略有香火的殿堂，可按每 40 m^2 一个灭火器为宜。建筑物内柱距较密，垂帷等饰物密布，香火极盛，火灾危险性极大，文物集中的仓库应以每 20 m^2 一个灭火器为宜。同时，应在建筑毗邻的地区配置一定数量的推车式大型干粉或泡沫灭火器，以利于扑灭初期火灾。

（七）设置防雷装置

与现代建筑相比，大多数古建筑周围的地理环境、地质条件不够理想，建筑物的外形结构也比较复杂、因此，古建筑防雷装置的施工安装具有特殊的难度，防雷效果相对现代建筑物也要差一些，存在的难点主要包括如下几种。

（1）古建筑避雷针（带）引下线的间距，有时很难达到防雷规范的要求。

（2）许多古建筑建在崇山峻岭之中，地表多为岩石，接地电阻很难达到规范要求。

（3）一些古建筑的基座比较高大，并附有很厚的石台阶环绕，做接地体和接地线很困难。

（4）有些古建筑年久失修，砖瓦破碎，檐木腐烂，很难在其上加装防雷装置。

（5）目前古建筑防雷没有统一的国家标准。

对建筑物做直击雷的防护，需要敷设避雷针、避雷带、引下线和接地体，但这些物体的安装敷设，若不能与古建结构、形状巧妙地融为一体，将直接影响古建筑的艺术风貌，如在屋面敷设避雷带，设计施工在符合防雷技术标准的前提下，应将避雷带设计成古建筑屋面的轮廓线，选材应力求与屋面的色调一致。

（八）健全燃香安全管理

大量的香客进行燃香活动加重了火灾危险性，尤其是超过1 m的高香，往往内含大量的油脂类物质进行助燃，同时伴随着大量的明火，这对古建筑的安全带来了极大的风险，焚香应当严格按照以下规定。

（1）燃香点应当设于殿堂外较为空旷的地带。

（2）宗教活动场所或旅游场所应当配备燃香专职管理人员。

（3）应当在醒目位置设立文明燃香告示牌，引导游客文明燃香。

（4）香类产品必须具备《燃香类产品安全通用技术要求》（GB 26386—2011），香体可燃部分长度不应大于500 mm且直径不应大于10 mm。

（5）严格执行每人每次进香数量不超过3支的要求。

（6）建立健全燃香安全管理制度，配备相应的消防设施和器材。

（九）引导紧急逃生线路

安全疏散设计是木结构古建筑防火改造设计中最根本、最关键的技术，也是建筑消防安全的核心内容、木结构古建筑安全疏散设计的重点是：安全出口、疏散出口、紧急出口以及安全疏散通道的数量、宽度、位置和疏散距离。基本要求是：每个防火分区内最好保证有两个安全出口；疏散路线必须满足室内最远点到房门，多层古建筑保证房门到最近楼梯的行走距离限值；疏散方向应尽量为双向疏散；疏散宽度应保证不出现拥堵现象，并采取有效措施，在清新的空气高度内为人员疏散提供引导。

第七章　高等学校消防安全

第一节　高等学校消防安全形势概述

一、高校消防安全形势概述

火的出现和使用是人类文明发展的重要转折点,火不仅改善了人类的饮食和取暖条件,还不断促进着社会生产力的发展,为人类创造出大量的社会财富。总之,火的使用推动了社会的进步,是人类的伟大创举之一,在人类文明发展的历史长河中起着无可替代的重要作用。但是火也具有双重性,一旦失去控制,将会四处蔓延,吞噬一切,成为一种具有很大破坏能力的多发性灾害——火灾。火灾是各种自然灾害中最常见、最危险、最具毁灭性的灾害之一。火灾的代价包括直接、间接财产损失、人员伤亡损失、扑救费用、保险管理费用以及投入的火灾防护工程费用等。此外,火灾的燃烧产物对环境和生态系统也会造成不同程度的破坏。

随着我国普通高等教育改革的不断深入,我国高等学校(以下简称高校)得到了快速发展,截至2017年,全国各类高校共计2 631所,在学校数量不断增加的同时,各个学校的招生规模近几年也不断扩大,2017年高等教育毛入学率达45.7%,在校大学生人数达到了3 779万人。为了满足高等教育不断发展的需要,大学校园的各种要素构成较以往发生了很大变化。这些变化主要表现在校园的建筑组成、人员构成、服务功能等方面。高校建筑数量、规模不断增大,建筑功能也呈现多样化,形成了功能完备且又具备自身特点的生活小区;为了适应招生规模的扩大和教学科研不断深化的需要,各学校纷纷开辟和建设新校区,这使得原本人员密集的校园变得更加复杂,社会功能也更加多样化;随着社会的不断发展,各种服务行业为满足师生的需要也逐渐融入校园中。正是校园的这些变化,给高校校园的火灾事故带来许多新的特点和新的挑战。高校的学生宿舍、图书馆、礼堂、报告厅、教学楼、办公楼、实验室、餐厅、计算机中心、体育场馆、超市等都是人员密集的公共场所,人员往来频繁、流动量大,一旦起火,容易引发混乱,极易造成人员伤亡。与此同时,随着人们的法律及维权意识增强,学校也会由于承担相关法律责任而陷入长期的诉讼纠纷当中。

近年来,高校火灾发生频率日益增长,据统计,自2000年以来,全国高校共发生火灾4 000余起,死亡50余人。虽然大部分高校火灾没有造成人员伤亡,但是火灾造成了巨大的影响,包括在一些火灾扑救过程中会产生大量的水渍问题,还会面临学生生活安置、财产损失补偿以及作息恢复事宜等,并且会影响学生后期的课程学习安排。因此,高校一旦发生火灾,不仅会对学生的身心造成伤害,影响学校整体的稳定性,同时也会对社会造成不良影响。

此外,高校校园消防安全还涉及其他各种灾害事故,包括实验室危险化学品管理、大型群体活动安全，以及供电、供热、供气管道安全等，这些均需要在高校管理工作中予以重视。

二、高校主要建筑类型及火灾特点

高校校园火灾主要指发生在建筑内的火灾，其产生的火焰、有毒烟气会对人员造成伤害，对建筑结构和财物造成破坏。虽然不同类型的高等院校在个别建筑功能上有所差异，但一般高等院校都建有教学楼、学生宿舍楼、办公楼、图书馆、实验室、食堂餐厅、体育馆等，这些建筑由于建筑形式不同、使用功能不同，其发生火灾的特点与规律也有所不同。认识不同建筑类型的火灾发生发展规律，对指导高校消防安全管理工作具有重要的意义。

（一）教学楼

教学楼，顾名思义，就是老师给学生上课的地方，主要功能为教室、自习室等。该类场所往往布置、装修较为简洁，主要有学生课桌、简易的灯具及空调等电气设施。普通教学楼一般火灾危险性不高，但目前大部分教学楼是综合性的，是教师和学生进行教学科研活动的主要场所，使用频率较高，在特定时段内人员较多且较为集中，属于人员密集的场所，一旦发生火灾事故，极易造成严重的人员伤亡、财产损失和恶劣的社会影响。

1. 火灾案例

2015 年 2 月，某大学一学院教学楼发生火灾，起火点是二楼阳台外立面的一处电缆，火势迅速沿着电缆线逐层往上蔓延，一直烧至该大楼的 15 层（顶楼）。消防部门接警后立即调集 12 辆消防车、50 多名消防救援人员到场扑救。经过近半个小时的有效处置，明火被扑灭，火灾没有造成人员伤亡。

2. 火灾特点

（1）火灾荷载较高

学校教室内装修虽较为简洁，但其内部固有的可燃物较多，如大量课桌、用电器具、书籍以及学生携带的其他临时物品；一些艺术院校的教室还存在大量纸质制品，部分学校教室还被用作临时储藏物品的仓库。这些都会导致火灾荷载的增加，一旦发生火灾，火势极易通过课桌、书籍、临时杂物等可燃物在教室甚至整个建筑内大范围蔓延。

（2）不同时间段人员响应速度不一

教学活动场所单个房间建筑面积不大，学生学习期间发生火灾后，教室内的人员察觉较快，可快速掌握火灾情况。同时，学校各个区域基本覆盖有教学广播、课铃，当火灾情况逐级向上反映后，火情信息可向全校大范围内直播并警告师生及其他人员快速撤离。

但对于晚间或下课后的自习室，其内部停留的学生一般不多，若学生休息期间发生火灾，则往往不容易被察觉，极可能引起大规模火灾后才被察觉，此时人员安全会受到较大威胁。

（3）高校学生灭火能力较弱

消防安全知识较少进入课堂教学，在学生中没有普及该方面的理论知识。高校学生虽然整体素质较高，但大部分学生对灭火工具的动手实操经验欠缺，没有进行过专门的操作训练，能实际掌握灭火工具使用方法的学生并不多。

（4）人员逃生出口可能受阻

部分学校教室、自习室等场所为便于管理，采用锁具将出入口锁闭，在日常上课或自习期间可能只打开其中一扇门进出，而其他的出入口则保持锁闭状态，这样等同于降低了房间原有的通行能力,火灾逃生时人员均拥堵在某一出口处,难以快速逃生;此外,教室、自习室内布局发生变化,疏散走道及门口处堆放物品等,也都影响内部人员的逃生。

3. 火灾诱发因素

(1)电线老化或接触不良

有些高校建校时间比较长,对电气线路的检测维护不够重视,教学楼电气线路由于长期使用而出现电线老化现象,加之在电气施工过程中未按规程操作或使用铜铝接头处置不当,就会引发线路起火,发生火灾。

(2)使用大功率电器

学校教室的供电线路、供电设备都是根据实际使用情况进行设计的,如果使用大功率电器超出负荷,电线就会发热,加速线路的老化,极易引起火灾的发生。此外,电器使用无人看管,人走不断电,导致电器通电时间过长,会引起电器内部发热、短路起火。

(二)学生宿舍

学生宿舍楼是高校大学生休息的地方,同时也是其学习、娱乐、交流的主要场所之一。并且随着学习、生活用品增加,宿舍可燃物也随之增多,形成较多安全隐患,是目前火灾事故较容易发生的地方。另外,学生宿舍人员密度大、同一栋楼内居住人员众多,一旦发生火灾事故,容易造成学生群死群伤,严重影响学校的正常教学秩序和社会稳定。

1. 火灾案例

2008 年 11 月 13 日,上海某学院 602 室某女生用“热得快”烧水,晚上 11 时学校宿舍断电,6 人均忘记将插头拔掉。14 日清晨 6 时宿舍恢复供电后,“热得快”开始自行加热,随后高温引发了电器故障,迸发出的火星不巧落在了女生们晾挂的衣物上;6 时 10 分左右,602 室冒出浓烟,随后蹿起火苗,屋内 6 名女生被惊醒,离门较近的 2 名女生拿起脸盆冲出门外到公共水房取水并呼救,另 4 名女生则留在房中灭火。然而,当取水的女生回来后却发现寝室门打不开了。因为火场温度高,木制的寝室门被烧得变了形,被火场的气流牢牢吸住了。随着大火越烧越旺,4 名女生被浓烟逼到阳台上。一名女生的睡衣被窜出的火苗烧着,她惊慌失措从 6 楼阳台跳下,看到同伴跳楼求生,另两名女生也纵身一跃,最后一名女生在阳台上来回转了好几圈后,决定翻出阳台跳到 5 楼逃生,可她拉住阳台外栏杆的双臂已支撑不住,一头掉了下去。与此同时,滚滚浓烟灌进了隔壁 601 寝室,将屋内 3 名女生困在阳台上,所幸消防队员接警后及时赶到,强行踹开宿舍门,将女生们救了出来。

造成这一惨剧的直接原因就是学生在宿舍内违规使用电器产品。而其间接原因则是:①学生的消防安全意识差;②寝室面积狭小,且可燃物随意放置;③宿舍住宿硬件条件差,线路老化严重。

2003 年 2 月 20 日凌晨 5 时,某高校一男生宿舍三楼寝室突发大火,火借风势瞬时吞噬了整个三楼 22 间寝室。7 时 10 分,大火基本被扑灭,三楼烧得只剩下断壁残垣,所幸无人员伤亡,该起火灾也是因为学生在宿舍违规使用大功率电器所致。

2. 火灾特点

学生宿舍主体的特殊性(学生)、居住上的集体性、成员上的流动性,决定了学生宿舍发生火灾事故有其自身的特点。

(1)火灾荷载大

宿舍相当于大学生学习生涯中的一个小家,学生不可或缺的生活用品、学习用品等充斥其中,休息的床铺及床铺上的被褥、蚊帐、衣物、书本、灯具、水盆等将宿舍狭小的空间占据,这些物品基本可燃或易燃,若稍有不慎引起火灾,便能快速燃烧并蔓延,火灾危险性极大。

(2)火灾原因多样

学生宿舍发生的火灾事故大多是由于学生违规使用大功率电器,如"热得快"、电暖器、空调器等,造成电气线路过载、短路等引发火灾。也可能由于学生在宿舍内抽烟后随意丢弃烟头或焚烧纸张等导致火灾。有些宿舍可能还存放有酒精、烟花爆竹等易燃易爆物品,具有较大的火灾危险性。

(3)大学生消防知识欠缺

火灾一旦发生,需要专业人员来进行扑救,由于许多学生自身消防安全意识不足、灭火自救能力较差,在火势面前不知所措,容易错过扑灭初期火灾的最佳时机。一些宿舍火灾案例显示,火灾时纵然身边有灭火器,学生的第一反应还是去寻找水源灭火,有些甚至忘记拨打 119 火警电话或向学校管理人员及老师反映。学生扑救火灾时的不知所措也反映了他们消防安全知识的欠缺。

(4)火灾后果严重

学生宿舍人员高度密集、公共疏散通道狭窄,发生火灾后人员逃生时,大量人员拥挤在通道处,再加上火灾时人员心理紧张,极易引发踩踏事故,这也同时严重影响了宿舍人员从火场内紧急逃生,这些均可能引发大规模的人员伤亡。

3. 火灾诱发因素

学生宿舍引发火灾的原因,既有人员密度、电气线路、建筑本身、消防设施等客观因素,也有违章用电、乱扔烟头、乱堆可燃物、堵塞通道等主观因素。

(1)客观因素

①学生人数多,居住密度高。部分高校招生规模扩大,基础设施建设滞后,校舍短缺,不能满足大量涌入校园学子的需求。于是,校方不得不降低学生宿舍居住面积的标准,将原先四人住的房间增加到住六人,甚至增加到住八人。学生人数剧增,居住密度高,宿舍内的易燃、可燃物必然增多,增加了火灾发生的概率。

②房屋耐火等级低,电气线路老化。建校较早的学校由于建筑年代久远,学校的一些宿舍房屋耐火等级较低,且破旧不堪。与之相应的是,电气线路数十年没有改造,而现今的家用电器不断增多,因此用电量较先前设计要大得多,电气线路处于高负荷或超负荷运转状态。在高负荷、超负荷下,随时都有发生火灾事故的可能性。

③消防设施配备不足,灭火器材配置不足。在资金投入有限的情况下,部分高校在资金流向和分配上,往往优先考虑教学第一线,接下来才会考虑到消防安全经费的需求。因此,分配到消防经费的份额不足,消防设施、灭火器材的维护更新难以得到保证。

(2)主观因素

①宿舍违规改造。现今许多学校学生宿舍底层布置有较多小型生活服务设施,包括洗衣房、复印店、停车库、小卖部等,有些学校为了商业利益,擅自将低楼层的学生宿舍大量改造为商铺,使得商铺与许多学生宿舍相邻,这样也增加了学生宿舍的火灾风险。

②出入口锁闭。宿舍日常作息管理困难,学校内每栋宿舍楼均配有一名宿舍管理员,由于楼内宿舍多、学生数量庞大,日常生活方面的管理常出现人手不足的情况,而为了保证学生的正常休息,防止社会闲杂人等进入,许多宿舍楼将原有的两处甚至三处出入口通过

上锁的方式仅预留一处出入口。当夜间学生休息后，管理员又将宿舍楼上锁，导致出入口难以打开。还有些学校迫于扩招压力，为解决学生宿舍不足的情况，将同一栋楼改造为男女混住的模式，原疏散楼梯或出口可能在某些楼层被封锁，这就使得部分楼层疏散出口不足，影响人员疏散逃生。

③楼梯间及走道堆放垃圾。学生个人日常垃圾较多，许多学生习惯将宿舍垃圾堆积在宿舍门口待清洁人员清理，导致学生宿舍走道可能堆积大量垃圾。也有些学校宿舍为了学生倒垃圾便利，在每个楼层的楼梯间位置安置有大型垃圾桶。有些宿舍的清洁人员为了工作方便，甚至将各楼层的垃圾堆积在楼梯间角落，然后统一清理。上述现象都对人员通行造成不便。若楼梯间内堆放的垃圾引发火灾，将会堵住宿舍楼内人员逃生的唯一路径，同时火灾也较容易沿着楼梯间竖向蔓延，造成更大的危害。

④用电不规范。主要是指私自使用大功率用电器，乱拉乱接电线，宿舍无人时未关闭电气设备，以及将用电设备靠近易燃可燃物品等。现代高校宿舍用电设备普遍较多，几乎每人都使用各种电子设备、充电装置等，这些都可能成为不安全因素。

⑤用火随意性。学生在宿舍内违规使用酒精炉、电炉、大功率取暖器等现象十分常见，在床铺上抽烟，烟头未熄灭便随地乱扔等，均可能引发火灾。

（三）办公楼

办公楼是高校的综合办公场所，是行政管理与教学的重要纽带，其地位和作用均十分重要。办公楼内可燃物的种类和数量相对较多，其内部家具、办公用品、日用品大多是可燃的。另外，由于高校办公用房资源有限，对房源分配难以全面做到一幢办公楼属于同一部门来使用，造成办公楼交叉办公现象普遍，给办公楼消防安全管理带来诸多问题。

1. 火灾案例

2012 年 12 月 9 日零时左右，山东某职业技术学院办公楼 2 楼一办公室起火，整个窗户都已被烧掉，外墙被浓烟熏得乌黑，透过窗户可以看到室内漆黑一片。事后调查发现，该起火灾是由于电器短路引起周围可燃物燃烧。该办公室是学院一名副院长的办公室，由于要值班，发生火灾时他正在里面睡觉。房间都密封住了，半夜又是睡得正香的时候，火势太大，产生了大量的浓烟，使得该副院长窒息死亡。

2. 火灾特点

（1）火灾荷载较大、蔓延途径多

办公楼内的办公家具、设备、文书、档案大多是可燃物品，许多办公楼内装饰装修大都采用木材、纤维板、聚合塑料、聚氨酯等可燃材料，火灾荷载大。据统计，办公楼的平均火灾载荷一般为 420 MJ/m^2。可燃物品和装修材料不仅会助长火势的蔓延，而且能使轰燃提前到来；许多有机装修材料燃烧时会产生大量有毒烟气，使办公楼内能见度降低，影响安全疏散，威胁人员生命安全。

（2）疏散困难，容易造成人员伤亡

办公楼内人员比较集中，少则数十人，多则数百人。尤其是高层办公楼垂直疏散距离远、疏散时间长，火灾时人员逃生困难。楼梯是办公楼的主要疏散通道，若不能有效地防止烟火侵入，烟气会很快蔓延至楼梯间，成为火灾蔓延的通道，影响人员安全疏散。

（3）扑救困难，经济损失和社会影响大

高层办公楼登高扑救困难，不易接近着火点；因烟火阻挡，内部进攻容易受阻，火灾扑救难度较大。尤其是办公楼内图书、文件、档案多，一旦发生火灾，造成的经济损失和社会影响大，甚至可能造成无可挽回的损失。

(4)火灾隐患多，致灾因素增加

办公楼建筑面积大，特别是高层办公楼，功能复杂、使用部门多、人员总量大。越来越多的高校办公楼朝着多功能、复合型发展，除配备有办公用房、服务用房、水电辅助用房和汽车库外，还设有多功能共享厅堂、会议室、多功能报告厅、信息网络中心等，功能复杂，在防火安全方面容易出现漏洞，发生火灾的概率大。

3. 火灾诱发因素

(1)电气设备故障

办公楼电气设备较多，如电脑、打印机、扫描仪、传真机、复印机、空调或电风扇、灯具、饮水机、电视机等，如使用、管理、维护不当，则可能造成短路、过载或接触不良；网络、用电设备故障等也都极易引起火灾事故。

(2)明火管理不严，外来火源引发火灾

明火管理不严是办公楼引发火灾事故的较常见的原因，尤其在建筑和设备维修时，如在电气焊、油漆、烘烤、切割等作业中，极易因操作不当或违反安全操作规程而引发火灾。

(3)人员流动频繁

办公楼每天有大量的人员进出，有可能将易燃、可燃、危险物品带进楼内，若管理不当，就会引发火灾事故。

(四)图书馆

高校图书馆担负着为教学和科研服务的双重任务，是培养人才和开展科学研究的重要基地之一。图书馆内收藏的大量图书、报刊、档案材料、音像和光盘资料等都是可燃物质。再加之图书馆内部的书架、柜、箱和供读者使用的桌椅板凳甚至软座沙发等多为可燃物品，而且这些物品的放置都比较集中，稍有不慎，就会引起较大火灾。当前，高校图书馆为了满足现代化信息化的发展，购买了许多现代设备(如计算机、网络设备、打印机、复印机、投影仪等)，这些电子设备的大量使用，致使诱发图书馆火灾的因素增多。另外，图书馆人员往来频繁，图书馆开放时间长，许多高校图书馆仿效国外图书馆管理经验，给师生提供任意连续的学习时间，实行全天开放制度，学生可携带大量电子产品、生活用品等进入图书馆学习交流，图书馆里面还附带小型饮料食品服务功能，这些都将使图书馆的火灾危险性增大。

1. 火灾案例

2014年4月27日下午5时，某大学学院图书馆突然发生火灾，大火从2楼一直烧到了4楼。由于当时在图书馆内的学生都已经离开，所以楼内无人员被困或伤亡。事后调查结果表明，该图书馆发生火灾是由于2楼报告厅内的电器过热，引燃了电器周围的可燃装饰材料，加上火灾初期现场并无人员发现，火势一步步扩大，最终酿成了火灾，5辆消防车奋战40多分钟终将大火扑灭。这起火灾导致图书馆附近的附楼内数百名学生紧急疏散，图书馆2楼的报告厅，以及3楼和4楼的学生画室受损严重，数千名学生的正常学习受到不同程度影响，社会影响极大。

2. 火灾特点

(1)火势蔓延迅速

图书馆内的书籍、期刊等都是以纸为载体的易燃物，可燃物堆积较多，一旦燃烧，便会产生大量的烟和热，这些烟和热混合便形成炽热的烟气流，烟气流在风力的作用下会迅速向四周蔓延，一层书库起火，烟气流会立刻向其他书库流动，形成立体燃烧的局面，从而使火灾难以控制。

（2）火灾扑救困难

由于图书馆的面积较大、垂直高度较高，扑救难度很大。图书馆内存放了大量书籍纸张，火灾荷载高，一旦失火后，火灾蔓延迅速，放热量大，施救时消防人员靠近困难，特别是图书馆内书架林立，消防人员无法快速准确找到着火点，施救时容易被书架阻挡，使火灾扑救更加困难。

（3）容易造成人员伤亡事故

图书馆一旦着火，火灾现场就会产生大量的烟尘和各种有毒有害的气体，这些烟尘和有毒有害气体对人体危害很大，而且流动的速度很快，一旦充满安全出口，就会严重阻碍人员疏散，进而造成人员伤亡。

（4）损失严重

高校图书馆一般都收藏有大量古今中外的图书、报纸、刊物、胶片、光盘、磁盘等资料，有的是孤本或珍贵的历史资料，它们传承着人类从古至今的物质文明和精神文明，一旦遭遇火灾，则可能损失殆尽，将会给人类文化遗产带来不可估量的损失。

3. 火灾诱发因素

（1）高校图书馆可燃物品多

高校图书馆收藏的主要是以纸为载体的各类图书、报刊和档案材料，这些物品都属于可燃物，有些甚至是易燃物；同时，用于摆放、陈列这些物品的书架、柜台等大部分也是采用木材等可燃材料做成的，火灾荷载大。

（2）高校图书馆建筑结构先天不足

为了扩大生源，很多高校纷纷扩建校区，为了赶工期、赶进度，很多新建校区的高校建筑（包括图书馆）未经主管部门审核、验收就投入使用，在消防方面留下许多“先天性”的火灾隐患。一些高校有着悠久历史，图书馆也是有一定历史的老式建筑，这些老式建筑有的采用木质结构，有的采用普通砖混结构，耐火等级较低，而且面积大、书架载重高、缺乏必要的防火分隔，建筑内的消防设施不到位，很难满足消防技术标准的要求。

（3）电气设施设置不规范

设计、安装、管理好电气设备是保证图书馆防火安全的重要措施，但有些高校图书馆却忽视了这一点，主要表现在电气线路配置不当，荷载过大引起燃烧，电气线路绝缘损坏出现短路起火，照明灯具安装使用不当引燃可燃物，以及电气设置距离不符合要求等。比如，图书馆工作人员在摆放图书时，未将图书与灯具保持一定的安全距离，使得图书被长时间烘烤，最后被引燃着火；在一些没条件安装中央空调的图书馆，一些工作人员在冬季使用大功率电炉取暖，稍有不慎，极易引发火灾。此外，许多大学图书馆已经容许读者在图书馆内进行学术讨论，并提供咖啡、饮料、小食品等，读者可以携带各种个人电子产品、充电设备等进入，这些电子产品的使用也会带来一定的火灾隐患。

（五）食堂餐厅

高校食堂餐厅主要是为高校教师、学生、职工等提供餐饮服务的场所，是大量人群集体用餐的地方，在一定时段内也是高校人员比较集中的场所之一。食堂餐厅内一般使用明火，且用电设备较多、功率较大，容易出现接触不良、线路老化、电量超载、设备故障等问题，极易引发火灾事故。当前，高校食堂餐厅大多采取对外承包制，人员流动性大、日常管理松散、人员安全意识淡薄，这也对食堂餐厅的消防安全构成威胁。

1. 火灾案例

2014 年 6 月 10 日上午，某大学由于食堂工作人员炒菜时溅起的火苗引燃了烟道内的油泥，导致后厨发生了火灾，现场浓烟滚滚，火势非常猛烈。好在火灾发生后，食堂工作人员第一时间使用灭火器将明火扑灭，同时采取了断电断气措施，并紧急疏散餐厅里的工作人员和就餐学生，随后消防人员赶到现场处置，将烟道里面的火完全扑灭，整个失火过程中虽然未造成人员伤亡，但给在校的学生造成了极大影响。

2. 火灾特点

(1)火灾规模大，危险性高

学校食堂主要分为厨房、档口、就餐这几部分，由于高校人员众多，每日食物消耗大，厨房准备或储存的食材、餐具等总量巨大，如油类、干货类、包装纸箱等，大多属于可燃物品，再加上厨房内的火源众多，稍有不慎，极易引发火灾。同时，一些食堂还在使用液化石油气等作为燃料，大量液化石油气罐的存放，其造成火灾的威胁不言而喻。

(2)人员反应慢

高校食堂一般楼层较高，除了厨房可能安装可燃气体探测装置外，其内部基本难以安装火灾自动报警系统，且食堂在用餐期间人员攒动，食堂内部发生火灾后往往只能通过人员识别并呼喊的方式发出警告，此时人员受到干扰较多，难以快速地识别火灾危险。

(3)人员密集

高校食堂属于人员密集场所，中餐或晚餐时间为人流量高峰时段，若在此期间发生火灾，大量人群涌动逃生，在疏散逃离的过程中，食堂内的座椅布置将极大地限制人员逃生速度，也易引发跌倒、踩踏等事故，从而造成较大的人员伤亡。

3. 火灾诱发因素

(1)厨房火灾

厨房火灾是引发食堂火灾的主要原因，并且厨房火灾通常是高闪点的食用油燃烧，其火灾特点为：火势蔓延速度快，热容量大，烟道火灾隐蔽性强，扑救困难。厨房火灾主要有由于工作人员操作失误引发的油烟道起火、打翻菜油引起的大火、炸制食品时油锅起火等。

(2)布局杂乱

高校食堂布局杂乱的情况比较常见，除食堂原档口位置经常变动或增加外，师生就餐区部分位置也往往被装修，或改造成独立包厢、小卖部、饮品店等，以上情况将极大地增加高校食堂内的火灾荷载。

(3)店面装修

随着生活水平提高，学生饮食需求变化较快，高校食堂各店面维持时间较短，许多店面处于快速装修转让、再装修的状况，装修施工过程中若用火用电不规范，再加上采用易燃、有毒等室内装饰材料，极易引发火灾。此外，一些餐厅的独立包厢内人员吸烟、明火火锅等也会诱发火灾。

(4)防火分隔措施不完善

高校食堂与其他建筑合建时，如娱乐场所、购物场所火灾突发性较高，不同场所之间的防火分隔措施不完善时,其他场所火灾对食堂影响较大。

（六）实验室

实验室中各种化学危险物品种类繁多、性质活泼、稳定性差,有的易燃易爆,有的极易自燃,在储存和使用中稍有不慎,就可能酿成火灾事故,火灾能使实验室内的各种贵重仪器设备、物资和高校师生的科研成果、珍贵资料等毁于一旦,损失巨大。

高校实验室内各种实验仪器和设备,包括计算机、加热设备、空调、测试仪器等,还会带来以下几方面的问题:一是很多仪器设备功率较大,变电箱和整体供电线路的负荷较大;二是部分加热设备加热温度高,造成周边环境温度高;三是很多实验室内的实验持续时间较长,存在实验人员脱岗的现象;四是仪器设备种类多,涉及高温、高压、超声波、电离辐射、静电、真空微波辐射等多种工况,引火源方式多样,导致灭火方式各异;五是使用人员流动性大,特别是当前研究生进入实验室自主开展各类实验,仪器使用不熟练。

1. 火灾案例

2015 年 12 月 18 日上午 10 时左右,某大学化学楼 231 室,共 3 个房间起火爆炸,过火面积 80 m^2。爆炸地点位于二楼 231 室,该起火灾导致紧挨 231 房间的几扇窗户玻璃全部破碎。火苗和黑色浓烟从窗口窜出,二层窗外一间小阳台脱落,房间内办公用具及玻璃碎片遍布地面。由于发生爆炸的是一间实验室,内部还放有其他化学品,虽然经过 5 辆消防车的紧急扑救,但是在灭火过程中产生的有毒废水积聚,可能会对环境造成危害,学校不得不先行对积水填沙覆盖,并请专业机构进行集中收集处理,防止直接进入下水道而造成污染。火灾导致楼内多个实验室暂停使用,多个研究项目被迫终止,在该楼内上的课程紧急停课,受影响学生达数千人,火灾还导致 1 名博士后死亡,1 人受伤。

2018 年 12 月 26 日 15 时,某大学市政环境工程系学生在学校东校区 2 号楼环境工程实验室进行垃圾渗滤液污水处理科研实验期间,实验现场发生火灾爆炸,事故造成 3 名参与实验的学生死亡,这 3 名学生包括即将毕业的 2 名博士、1 名硕士。

2. 火灾特点

（1）易燃易爆化学品种多、数量大

不同实验室的易燃易爆化学品种多,涉及化学、物理、生物等多个学科的试剂、耗材用品。即使同一院系的实验室之间,化学试剂也可能有很大区别。一旦发生火灾,起火原因常常不明,且多伴有有毒气体,对灭火救援造成很大障碍。虽然单一实验室化学品数量可能不多,但是从整个实验楼或学校的角度来说,易燃易爆化学品的数量则非常多。

（2）仪器设备种类多、引火方式多样

高校实验室内具有较多的实验仪器和设备,包括计算机、加热设备、空调、测试仪器等,所涉及的仪器设备种类多,安全操作流程各不相同。因此,高校实验室发生火灾的可能性较高,且一旦发生火灾,较难判断火情。

（3）安全出口、疏散通道堵塞

安全出口、疏散通道是火灾发生时保证人员安全疏散的重要设施。但高校实验室普遍存在堵塞安全出口与疏散通道的现象,安全隐患较大。此外,一些高校实验室常常根据后期使用情况进行改造,存在实验室内部搭建多层平台或邻近实验室房间打通使用的现象。内部搭建多层平台往往会造成火灾荷载增大,且给事故时人员疏散和初期灭火造成一定的障碍。紧邻实验室打通也会导致火灾更易蔓延至邻近房间。

(4)经济损失巨大

近些年来,随着高校招生数量和教学条件的不断提高,高校实验室不但数量明显增多,而且室内使用的仪器设备特别是先进仪器设备也在不断增加。许多实验室拥有的设备价值动辄百万甚至上千万元,一旦发生火灾,就会造成巨大的经济损失,同时给教学、科研工作造成极大的干扰。

3. 火灾诱发因素

有调查结果表明,在高校实验室火灾中,21% 的火灾由电气设备引起,20% 的火灾由易燃溶剂使用不当引起,13% 的火灾由各种爆炸事故引起,而易燃气体或自然因素所致的火灾各占 7% 与 6% 。在所有的火灾当中,实验室工作人员由于工作不慎、操作失误所致的火灾事故占 71% ;由于没有必要的灭火器具无法及时扑灭火源,从而酿成重大灾情的占 89% 。导致高校实验室发生火灾事故的因素主要表现为以下几个方面。

(1)安全防火规章制度不健全

目前,在很多学校,由于消防安全意识不强,导致实验室的防火工作只停留在口头层面,没有制定相应的防火安全制度,或制定的制度不够健全严密,无法严格约束实验室的工作人员,导致工作人员无章可循或有章不循。

(2)电气线路老化,用电超负荷

随着近年各院校的扩招,受基础条件的限制,很多院校对实验室进行了合并改造,乱接乱拉电线、随意安置仪器设备的现象普遍存在,导致实验室用电严重超负荷。当用电量急剧增大时,很容易发生电气线路故障,从而引发火灾。

(3)危险品管理不规范

实验室内根据需要,一般都存放有一定的易燃易爆危险品,对这些危险品的管理直接关系着实验室的消防安全。目前,部分高等院校对实验室危险品的管理不规范,对实验用危险品的存放不合理,没有进行分类放置,存在混放、乱放现象,有的对使用后的剩余危险品没有严格按照安全操作规程进行回收处理,甚至将试剂库兼做实验室,这些都极易导致火灾事故的发生。

(4)工作人员不遵守安全操作规程,设备使用不规范

有些实验室工作人员由于思想麻痹、松懈,没有严格遵照操作规程,从而引发火灾事故。特别是当前许多高校是由研究生独立开展实验,因学生流动性较大,许多学生进实验室之前没有经过安全培训,不懂操作规程,无消防安全常识,对仪器设备也不熟悉,因此极易发生火灾事故;有些高校由于实验用房面积不足,没有专用的实验室,实验室常与其他教学用房合用,实验仪器经常被随意挪动,导致实验过程中使用或产生的易燃易爆气体或其他可燃物质的泄漏,当环境达到一定条件时,极易发生燃烧或者爆炸。

(5)实验过程中产生火灾

一些化学实验过程中由于参加反应的物料的配比、投料速度和加料顺序不当,会造成反应剧烈,产生大量的热,从而引起超压爆炸,一些装置内也会产生新的易燃物、爆炸物。例如某些反应装置和贮罐在正常情况下是安全的,但如果在反应和储存过程中混进或掺入某些物质而发生化学反应,将会产生新的易燃易爆物,在条件适当时就可能发生火灾事故。

(七)体育馆

高校中的室内体育场馆,其建筑规模和体量一般均较大,使用功能多,这类体育馆一般

集体育训练、大型体育比赛、剧院、礼堂、会堂等多种功能为一体，是高校师生文化体育娱乐集会活动的主要场所。该类建筑属于人员高度密集场所，在紧急情况下，因人员拥挤，安全疏散十分困难。高校各类大型室内活动比较频繁，如各种比赛、典礼、演出、大型报告等，都可能在体育馆举行。一般体育馆容纳人数在三四千人，有的大型多功能体育馆容量超过五千人，在紧急情况下安全疏散出现问题时，非常容易造成群死群伤等恶劣后果。

1. 火灾特点

（1）火灾蔓延范围大

体育馆比赛大厅、观众席连通，划分为同一个防火分区，一般面积可达到 1 万 m^2，甚至更大，体育馆整体跨度大、空间开阔。当发生火灾时，火势蔓延畅通无阻，大量浓烟在体育馆大厅内部扩散，容易造成较大面积的火灾，扑救难度大。

（2）装修量大、材料复杂，易产生有毒烟气

在体育馆建筑中，装修材料的种类十分广泛，近年来又出现了多种新型复合材料，加上部分体育馆场地出租，搞多种经营，可能使用一些豪华装修可燃材料，这也加大了体育馆的火灾负荷。一旦起火，将会产生大量的有毒有害气体，对人员疏散造成严重威胁，这也是火场人员伤亡的主要原因。

（3）火源多

体育馆内设有大量的电气设备、照明灯具和电子显示屏等，用电量大，电气线路容易发生故障或过荷载，文体演出燃放的烟花、观众吸烟和日常维护过程中的电气焊等明火作业等都是不容忽视的火源。

（4）人员密集，疏散难度大

高校体育馆内可容纳观众人数一般为几千名，虽然设置了很多安全出口，但很多时候一些出口锁闭。如此庞大的人群，面对突如其来的火灾，周围温度突然升高、烟气突然侵入、照明消失等，容易引起恐慌，加上座椅区坡度大，难免会发生安全通道及出口拥堵，造成安全疏散困难。

2. 火灾危害诱发因素

（1）用电量大导致火灾

体育馆内设有大量的电气设备和照明灯具，用电量大，电气线路容易发生故障或过负荷，引起火灾。

（2）不可控因素导致火灾

学校体育馆是举办大型赛事、开展学生活动的主要场所，活动期间人员众多，且主要为年轻人，喜欢打打闹闹，存在吸烟、玩火行为，易引起较大火灾。

（3）举办活动导致火灾

体育馆举办大型文体活动时可能会小规模燃放烟花，当火源接触到场馆内的其他可燃物时，极易引发火灾；部分庆祝活动可能还会喷洒礼花，采用大量氢气球装饰物，这些礼花、氢气球在一定条件下较容易被引燃；在举办演艺活动时，还可能在场馆内搭建临时舞台，舞台上的大屏 LED、彩灯、音响设备等也较容易引起电气火灾。

（4）用火不慎导致火灾

体育馆部分区域可燃荷载较高，若管理不善、违规使用明火或日常维护过程中的电气焊等明火作业操作不当等，均可能导致火灾的发生。

（八）高校大型群体活动消防安全

大型活动参与人数众多，活动内容往往比较丰富，消防安全保卫往往面临严峻的挑战。由于大型群体性活动具有场所开放、人群密集、规模宏大、持续时间长、节点特殊、媒体关注、情况复杂、安全隐患多等特点，特别容易发生骚乱、踩踏等各种治安灾害事故和突发事件，危及高校师生生命和财产安全，也会成为社会舆情热点，必须予以高度重视。

高等学校举办的各种大型群体活动，包括由学校组织的大型学术会议、文艺演出、体育比赛、大型庆典、学术竞赛、人才交流、大型报告会等，这些活动参与人员众多，有些活动还需要临时搭建各种舞台、布景等，配备各种大功率音响、灯光设施，这些临时设施可能超过了体育馆正常供电能力，电力系统长时间处在超负荷状态，极大地增加了火灾隐患，加上活动期间人们的注意力往往集中在活动本身，而忽视了身边的危险，一旦出现异常或者某种骚动，大部分人由于自我防范意识差，往往会出现大面积恐慌，结果可能会引发人员拥挤、踩踏等严重事故。

三、高校火灾常见场所及其原因

本书统计了2007—2017年发生的在网络上有记录的165起高校火灾案例，涉及46座城市的150余所高校。根据这些数据，我们对高校火灾的主要场所及其发生原因进行了分析。

（一）高校火灾常见场所

根据校园建筑物使用特点，校园建筑一般包括学生宿舍、教师公寓、教室、实验室、食堂、体育馆、商店等。笔者根据调查，得到各类场所火灾的统计比例：高校发生火灾最多的场所是学生宿舍，占火灾总数的68.71%，其次是食堂、实验室、教学楼，分别约占12.88%、7.36%、3.07%，其他场所还包括一些年代久远的未使用建筑、操场、校内联排商铺、教师居民楼、校内美食广场、家属楼和仓库等，由此说明，在高校火灾中，学生宿舍、食堂、实验室是火灾高发区。此外，本书特别将男生和女生宿舍分开统计，发现女生宿舍火灾占全部宿舍火灾的64.3%，这一比例占整体高校火灾的44.17%，远远高于男生宿舍火灾发生率，因此加强女生火灾防范意识教育刻不容缓。

（二）高校火灾发生原因

笔者对2007—2017年的165起火灾发生原因统计得出：首先，高校引起火灾的主要原因是使用违章电器，占全部原因的38.65%；其次，是线路老化、私拉电线、油烟管道被引燃、充电设备无人看管等，分别占6.13%、3.68%、7.36%、3.68%。其中，违规使用电器是引发学生宿舍火灾的最主要因素，涉及的电器有吹风机、“热得快”、卷发棒、电热毯、取暖器、电炉、充电瓶等。电器引发火灾的原因包括：使用过程中因电器发热造成线路短路引发火灾；使用过程中停电，但忘记切断电源；电器品质差造成线路短路；充电设备长期无人看管，过热而导致线路短路造成火灾。另外，其他原因还有洗衣机的自燃、操场上玩火、实验操作失误、工人违规施工、煤气罐爆炸等。

四、高校火灾发生原因分析

（一）高校消防存在先天隐患

1. 高校人员数量多，人员结构复杂

目前，我国高校招生人数在持续增加，2017 年普通高等教育本专科共招生 795 万人，较上年增加 30 万人，在校学生超过 3 779 万人。高校校园人员密集，是除商业区外人口密度最大的区域，而人员数量一旦增加，各种诱发火灾的因素势必增加。此外，部分学校为了保持校园的整体性，将一部分居民区如教师家属区、外来经营商户等也纳入校园，校园经营活动增加，导致校园人员素质参差不齐，大大增加了校园消防安全的管理难度。北京某高校就曾因为校内职工的小孩玩火导致操场发生火灾。

2. 由于特殊功能需要，校园建筑日趋复杂

目前，大部分高校校园内除了基础的教学区、学生宿舍区、家属区、体育馆之外，还需要配备各种放置教学科研设备和易燃易爆物品的实验室，以及一些餐厅食堂、商业场所。就实验室而言，我国高校的一些实验技术人员专业素质不高，对学生的指导不够，一部分学生特别是研究生未经培训随意进入实验室试验，许多复杂实验可能需要长时间进行，导致实验设备夜间持续运行而无人看管，还有一些实验设备及器材没有按期维修保养，火灾隐患严重。在本书统计的火灾中，就包含有因为学生误操作而导致实验室发生火灾的案例，如长沙某高校铁棚联排商铺及武汉某高校美食广场等地发生的火灾，还有南京某高校实验室因施工期间工人违规操作造成的火灾。

除此之外，校园新建、改建基建项目增多，施工单位进驻校园，使校园空间更加拥挤；为丰富学生业余生活，校园内经常举办各类大型群众活动，使得人员聚集度高，用火用电增加等。

3. 校园建筑本身存在先天隐患

大部分高校有一些年代久远的建筑（其中还包括宿舍），这些建筑的防火设施难以达到消防安全的要求，线路老化和疏散设计问题严重。部分高校新建工程由于没有严格执行规划，存在建筑布局不合理，宿舍之间的防火间距、防烟分隔、内部装饰等不符合消防安全标准的问题。例如，很多高校的学生宿舍为了学生的人身及财产安全，在底层或较低楼层的窗户上加装防盗窗，造成火灾发生时人员逃生严重受阻。

4. 学生宿舍电气线路负荷偏低

我国高校学生宿舍的设计标准偏低，没有考虑当代学生对生活品质提升的要求，如需要方便的饮水、淋浴热水、舒适的温度环境，需要配置空调器、热水器等大功率电气设备，学生个人还携带计算机、手机、平板电脑、个人护理等电子产品，宿舍用电需求越来越高，加上宿舍居住人数众多，用电功率也越来越大，而我国高校宿舍特别是一些老旧宿舍完全没有考虑这类需求，致使宿舍电气线路长期超负荷运行，线路发热、短路时有发生，故而引发火灾。

（二）学生消防安全意识薄弱

1. 使用违规电器

如前所述，我国高校学生宿舍供电标准并不高，学生若没有按规定使用电器，就会造成电线负荷增大,导致电线短路和超过荷载引起火灾。另外,多数高校宿舍都会定时供电或有时因故障而停电,此时如果学生未将违规电器的电源切断,一旦恢复供电,则容易引发火灾。曾经有一份对成都在校大学生的日常用电的问卷调查表明,使用过违规电器的学生高达78%。高校学生使用的违规电器种类繁多,原因也不尽相同,主要归纳如下。

(1)在宿舍违规使用开水加热器及电吹风等电器

由于一般学校是定点定时供应开水,学生为方便省事,往往自行购买劣质加热设备在宿舍烧制开水,一些女生在宿舍违规使用电吹风、烫发器等电器。在本书统计的违规电器造成的火灾中,有50%的火灾与"热得快"和吹风机有关。一些女生为了让头发有造型,在宿舍使用直板夹或卷发器,这些物品都是纯电阻电器,极易发热,很多女生在自己的床铺上直接使用,使用后如果未能及时切断电源,极易因为过热而引燃周围物品。

(2)违规使用取暖及降温电器

很多高校宿舍内没有安装空调,夏季时温度较高,虽然宿舍有统一安装的风扇,但是带来的降温效果远远不够,一些学生会单独使用小风扇,风扇功率虽然较低,但是多个小风扇同时使用,也是极大的火灾隐患。冬季时温度较低,很多学生会使用电热毯、"小太阳"等违规电器进行取暖,目前市面上这些商品质量参差不齐,所以在平时的使用过程中,除了这些物品聚集的高温会带来火灾隐患,商品本身质量差也会带来火灾隐患。

(3)部分学生宿舍违规使用炊具

大学教育由于强调自主学习,固定的课堂教学时间相对较少,学生自主学习时间多,因而有一些学生会选择在宿舍做饭,这样一方面会增加电力负荷;另一方面烹饪时的油烟、明火等也会引起火灾。

2. 缺乏消防安全教育训练

许多国家十分重视学生的消防安全教育,如日本为了从根本上提高国民消防安全意识,从小学开始就设有消防课程,将消防安全作为国民教育的重要内容,任何学生进入实验室之前,都必须接受安全培训,人人都必须掌握初期火灾的处置方法。反观我国,学生长期以学习为主,生存能力差,缺乏消防安全知识的教育和技能培训,遇到稍微危急一点的情形就惊慌失措。有相关人士对合肥市高校进行了消防知识的问卷调查,结果显示,65.5%的学生对学校的消防安全制度和火灾逃生技巧缺乏必要的了解,很多学生不知道身边的火灾隐患,火灾发生时更不知道如何灭火、自救逃生。

3. 消防安全宣传教育方法单调,受众不足

目前,高校的消防安全知识主要通过网站、宣传手册、消防讲座和消防演习等途径进行宣传教育,存在的问题是流于形式,缺乏切身体验,难以入心入脑,没有达到应有的效果。例如,在消防演练过程中,大部分人没有认真对待,有的同学嘻嘻哈哈,有的同学看热闹,最终的结果可能是仅仅学到了一点皮毛的逃生技巧,对于如何防火、灭火仍知之甚少。而且学校的这种演练频率很低,受众面也很小,有些学生可能大学四年中一次也没有参加过消防演练。在英国等国家,高校通常每栋楼每半年就会进行一次消防演习,真正做到警钟长鸣。

五、高校消防安全管理模式

目前,在教育主管部门的领导下,我国高校普遍建立了以学校法定代表人为责任人的消防安全责任制度，按部门逐级落实校园消防安全责任制和岗位消防安全责任制；各高校结合自己的实际情况制定了相应的学校消防安全管理制度，配备相应的消防安全管理人员，消防安全形势有一定好转。消防安全责任制包括如下几个方面。

（一）安全责任

安全责任中明确了各级领导的消防安全责任、消防管理人员的责任，建立各级单位的安全管理制度，确定了消防安全投入、安全教育、培训、考核及奖惩制度等。

（二）机构配备

机构配备主要是设立或明确学校日常消防安全工作的机构，包括配备专、兼职消防管理人员，建立志愿消防队、微型消防站等多种形式的消防组织及机构。

（三）安全管理

安全管理包括重点单位（部位）监管和活动监管。进行学校重点单位包括学生公寓、食堂、超市、医院、教学楼等监管，确保值班人员在岗，建立消防档案，设置防火标识，进行日常巡查；活动监管主要针对校园内举办的各种文体活动进行监督管理。

（四）隐患排查及整改

高校要经常对消防设施的运行状态进行检查与维护，确保完好使用，检查发现各类火灾隐患，并及时整改，对重点部位进行日常巡查，排除各种消防隐患。

（五）教育培训与演练

高校要对师生开展消防安全知识培训，使其具有较好的安全意识，教师生学会使用灭火工具，正确处置初期火灾，开展自救、逃生演练。

虽然各高校建立了消防安全责任制度，但由于各高校发展参差不齐，建校历史长短不同，学校内消防设施完善程度、消防投入、消防安全管理水平等差异较大；加上负责消防工作的专业干部较少，普通保卫管理干部在消防安全知识、消防业务水平等方面存在不足，对校园内各类建筑的火灾发展蔓延规律缺乏认识，对现代建筑消防设计规范也不了解；消防控制室人员流动性大，无证上岗，缺乏消防设施的运营管理经验；在应对校园火灾时，很多时候只停留在日常火种检查，运动式排查层面。因此，校园消防工作一直非常被动。

随着我国高等教育的不断普及，学校规模快速膨胀，大学校园已成为人口十分密集的区域，同时，现代高校建筑形式也逐渐呈现高层化、多样化和综合化，消防难度在不断加大。校园内的建设长年不断，很多建筑的兴建、改建都没有经过法定的消防审查验收手续，存在先天性的设计缺陷，这些建筑一旦投入使用，必将给后期的消防安全带来许多隐患。学生流动性大、年轻、社会阅历少，消防安全意识普遍淡薄，缺乏基本的防火自救能力，一旦发生火灾，极易造成严重的人员伤亡和重大的财产损失，并带来恶劣的社会影响。因此，提高高校消防安全管理水平，必须从校园的基建开始，重视建筑的消防法规，做到从校园建设到运营每个环节遵守消防法规，注重日常监管，加强应急处置演练，提高全体师生的消防安全意识，这样才能创建平安校园，确保良好的教学科研环境。

第二节　高等学校建筑消防设施配置

一、高校建筑消防灭火系统

水是自然界中最普遍、最经济，也是最容易获取的物质，水能从燃烧物中吸收很多热量，让燃烧物的温度迅速下降，使燃烧终止。水在受热气化时，体积迅速膨胀，当大量的水蒸气笼罩于燃烧物的周围时，可以阻止空气进入燃烧区，从而大大减少氧的含量，使燃烧因缺氧而窒息熄灭。因而，水剂灭火是使用最为广泛的一种灭火方式。

建筑消防中，通常利用给水管道将水输送至建筑物内的各个角落，在一定的压力下，通过相应的射水装置将水扑打在火焰上，通过冷却、窒息等作用将火扑灭。常见的水剂灭火系统包括消火栓系统、自动喷水灭火系统、水喷雾及水炮灭火系统等。

（一）消防给水系统

1.建筑给水系统的分类

根据用户对水质、水压、水量和水温的要求，并结合外部给水系统情况进行划分，有三种基本给水系统：生活给水系统、生产给水系统、消防给水系统。

（1）生活给水系统

生活给水系统供给人们日常生活中的饮用、烹饪、盥洗、沐浴、洗涤衣物、冲厕、清洗地面和其他用水。近年来，随着人们对饮用水品质要求的不断提高，在某些城市、地区的高档住宅小区、综合楼等处实施分质供水，管道直饮水给水系统已经进入住宅。

生活给水系统按照供水水质不同又分为生活饮用水系统、直饮水系统和杂用水系统。生活饮用水系统包括洗漱、沐浴等用水；直饮水系统包括纯净水、矿泉水等用水；杂用水系统包括冲厕、浇灌花草等用水。生活给水系统的水质必须严格符合国家《生活饮用水卫生标准》（GB 5749—2006）的要求，并应具有防止水质污染的措施。

（2）生产给水系统

生产给水系统供生产过程中产品工艺用水、清洗用水、冷却用水、生产空调用水、稀释用水、除尘用水、锅炉用水等。由于工业过程和生产设备的不同，生产给水系统种类繁多，对各类生产用水的水质要求有较大的差异，有的低于生活饮用水标准，有的则远远高于生活饮用水标准。

（3）消防给水系统

消防给水系统提供消防设施用水，主要包括消火栓、消防软管卷盘及自动喷水灭火系统等设施的用水。消防用水用来灭火和控火，即扑灭火灾和控制火灾蔓延。

消防用水对水质要求较低，但必须按照现行国家工程建设消防技术标准确保足够的水量和水压。

消防给水系统分为消火栓给水系统、自动喷水灭火系统、水幕系统、水喷雾灭火系统以及自动水炮灭火系统等。消防系统的选择，应按照生活、生产、消防各项用水对水质、水量和水压的要求，经过经济技术比较后确定。一般来说，除消火栓系统和简易自动喷水灭火系统外，其他消防给水系统都应和生活生产给水系统分开，独立设置。

2. 消防给水系统的给水方式

消防给水方式，是指建筑内部消防给水系统的给水方案。常见的消防给水方式的基本类型有：直接给水方式、加压给水方式。

（1）直接给水方式

建筑物内部只设有给水管道系统，不设增压和贮水设备，室内给水管道系统和室外供水管网直接相连，利用室外管网压力直接向室内给水系统供水。这种方式只适合于低层或地下建筑。

（2）加压给水方式

一般而言，建筑物高度较高，消防灭火时，无论是消火栓系统还是自动喷水灭火系统，都需要以一定的压力把火扑灭，常规自来水管网的压力往往不能满足直接进行灭火的要求，因此需要设置消防水泵，将水进行加压，从而达到消防灭火的要求。系统加压一般是通过固定式消防水泵来完成的，在高层建筑火灾扑救过程中，市政消防车也可以通过向消防管网上设置的水泵接合器输水加压，用于补充室内消防水量，协助室内消防水泵完成供水任务。

3. 消防给水设施

消防给水设施是建筑消防给水系统的重要组成部分，其主要功能是为建筑消防给水系统储存并提供足够的消防水量和水压，确保消防给水系统的供水安全。消防给水设施通常包括引入管和给水管道（消防供水管道）、消防水池、消防水箱、消防水泵、消防稳（增）压设备、消防水泵接合器等。

（1）引入管和给水管道

引入管是指从室外给水管网的接管点引至建筑物内的管段，一般又称进户管，是室外给水管网与室内给水管网之间的联络管段。引入管段上一般设有水表、阀门等附件。对于高层建筑消防来说，一般引入管连接消防水池，由消防水泵从消防水池吸水供应建筑内的消防用水。而给水管道通常是在建筑物内形成管网，包括干管、立管、支管和分支管，用来输送和分配用水至建筑物内部的各个用水点。

第一，干管又称总干管，是将水从引入管输送到建筑物各区域的管段。

第二，立管又称竖管，是将水从干管沿垂直方向输送到各楼层、各不同标高处的管段。

第三，支管又称配水管，是将水从立管输送到各房间内的管段。

第四，分支管又称配水支管，是将水从支管输送到各用水设备处的管段。

（2）消防水池

消防水池是储存和调节水量的构筑物，一般设置在建筑物地下部分，与消防泵房相邻设置。在市政给水管道、进水管道或天然水源不能满足消防用水量，以及市政给水管道为枝状或只有一条进水管的情况下，室内外消防用水量之和大于 25 L/s 建（构）筑物应设消防水池。不同建（构）筑物设置的消防水池，其有效容量应根据国家相关消防技术标准经计算确定。

（3）消防水箱

根据水箱的用途不同，有高位水箱、减压水箱、冲洗水箱、断流水箱等多种类别。其形状通常为圆形或矩形，特殊情况下也可设计成任意形状。制作材料包括普通碳钢、搪瓷、镀锌、复合材料、不锈钢板、钢筋混凝土、塑料和玻璃钢等。

以下主要介绍在消防给水系统中使用较为广泛、可起到保证水压和储存、调节水量的高位水箱。

采用临时高压给水系统的建筑物应设置高位消防水箱，一般设置在屋顶。设置消防水箱的目的，一是提供系统启动初期的消防用水量和水压，在消防泵出现故障的紧急情况下应急供水，确保喷头开放后立即喷水，以及时控制初期火灾，并为外援灭火争取时间；二是利用高位差为系统提供准工作状态下所需的水压，以达到管道内充水并保持一定压力的目的。设置常高压给水系统并能保证最不利点消火栓和自动喷水灭火系统等的水量和水压的建筑物，或设置干式消防竖管的建筑物，可不设置消防水箱。

(4)消防水泵

消防水泵是通过叶轮的旋转将能量传递给水，从而增加水的动能、压力能，并将其输送到灭火设备处，以满足各种灭火设备的水量、水压要求，它是消防给水系统的心脏。目前，消防给水系统中使用的水泵多为离心泵，因为该类水泵具有适用范围广、型号多、供水连续、可随意调节流量等优点。

这里的消防水泵主要是指水灭火系统中的消防给水泵，如消火栓泵、喷淋泵、消防转输泵等。

离心泵的工作原理：靠叶轮在泵壳内旋转，使水靠离心力甩出，从而得到压力，将水送到需要的地方，离心泵主要是由泵壳、泵轴、叶轮、吸水管、压力管等部分组成。

开动水泵前，要使泵壳及吸水管中充满水，以排除泵内空气，当叶轮高速转动时，在离心力的作用下，叶片槽道（两叶片间的过水通道）中的水从叶轮中心被甩向泵壳，使水获得动能与压能。由于泵壳的断面是逐渐扩大的，所以水进入泵壳后流速逐渐变小，部分动能转化为压力，因而泵出口处的水便具有较高的压力，流入压力管。在水被甩走的同时，水泵进口处形成真空，由于大气压力的作用，水池中的水通过吸水管压向水泵进口（一般称为“吸水”），进而流入泵体。由于电动机带动叶轮连续回转，因此，离心泵也就可以均匀连续地供水，不断地将水从低处压送到高处的用水点或水箱。

(5)消防增(稳)压设备

对采用临时高压消防给水系统的高层或多层建筑，当消防水箱设置高度不能满足系统最不利点灭火设备所需的水压要求时，应设置增（稳）压设备。增（稳）压设备一般由稳压泵、隔膜式气压罐、管道附件及控制装置等组成。

①稳压泵及其工作原理。稳压泵是在消防给水系统中用于稳定平时最不利点水压的给水泵，通常选用小流量、高扬程的水泵。消防稳压泵也应设置备用泵，通常可按“一用一备”原则选用。

稳压泵通过三个压力控制点分别与压力继电器相连接，用来控制其工作。稳压泵向管网中持续充水时，管网内压力升高，当压力达到设定的压力值（稳压上限）时，稳压泵停止工作。若管网内存在渗漏或由于其他原因导致管网压力逐渐下降，当降到设定压力值（稳压下限）时，稳压泵再次启动。如此周而复始，从而使管网的压力始终保持在设定的两极限压力值之间。若稳压泵启动并持续给管网补水，但管网压力仍继续下降，则可认为有火灾发生，管网内的消防水正在被使用。因此，当压力继续降到设定压力值（消防主泵启动压力点）时，将连锁启动消防主泵，同时稳压泵停止工作。

②气压罐及其工作原理。实际运行过程中，由于各种原因，稳压泵常常频繁启动，不但泵易损坏，而且对整个管网系统和电网系统不利，稳压泵常与小型气压罐配合使用。

(6)消防水泵接合器

消防水泵接合器是供消防车向消防给水管网输送消防用水的预留接口。它既可以用于补充消防水量,也可以用于提高消防给水管网的水压。

在火灾情况下,当建筑物内的消防水泵发生故障或室内消防用水不足时,消防车从室外取水通过水泵接合器将水送到室内消防给水管网,供灭火使用。

水泵接合器是由阀门、安全阀、止回阀、栓口放水阀以及连接弯管等组成的。在室外从水泵接合器栓口给水时,安全阀起到保护系统的作用,以防补水压力超过系统的额定压力;水泵接合器设有止回阀,以防止系统的给水从水泵接合器流出;为考虑安全阀和止回阀检修的需要,还应设置阀门;放水阀具有泄水的作用,用于防冻。水泵接合器组件的排列次序应合理,按水泵接合器给水的方向,依次是止回阀、安全阀和阀门。

(二)消火栓系统

1. 消火栓系统的分类

按照消火栓系统服务范围可分为市政消火栓、室外消火栓和室内消火栓系统。

按照消火栓系统加压方式的不同可分为常高压消火栓系统、临时高压消火栓系统和低压消火栓系统。

按照消火栓系统是否与生活、生产合用可分为生活、生产、消火栓合用系统和独立的消火栓系统。

2. 室外消火栓系统

在城市、居住区等的规划和建筑设计中,会同时设计消防给水系统。城镇需沿可通行消防车的街道设置市政消火栓,而民用建筑周围一般设有室外消火栓。

室外消火栓的主要功能为供消防车从市政给水管网或室外给水管网取水、连接水带给消防车直接灌水或连接水带水枪直接出水灭火。人们普遍认为,只要消防车到达火场,就可以立即出水把火扑灭。其实不然,在消防队装备的消防车中有相当一部分是不带水的,如举高消防车、抢险救援车、火场照明车等,它们必须和灭火消防车配套使用。而一些灭火消防车因自身运载水量有限,在灭火时也急需寻找水源。这时,室外消火栓就发挥出巨大的供水功能。

(1)室外消火栓的类型及组成

室外消火栓有地上式室外消火栓和地下式室外消火栓两种形式。其中,地上式室外消火栓比较常见,由本体、进水弯管、出水口、排水口等组成,阀体的大部分露出地面,具有目标明显、易于寻找、出水操作方便等特点,适宜于气候温暖地区安装使用;地下式室外消火栓由本体、进水弯管、丝杆、丝杆螺母、出水口、排水口等组成,地下式室外消火栓具有防冻、不宜遭受人为损坏、便利交通等优点,一般多用于严寒、寒冷等冬季结冰地区,但在地面需设有明显的永久性标志。

地上式室外消火栓有一个直径为 150 mm 或 100 mm 的栓口(接消防车)和两个直径为 65 mm 的栓口(接消防水带)。地下式室外消火栓应有直径为 100 mm 的栓口(接消防车)和 65 mm 的栓口(接消防水带)各一个。

(2)室外消火栓的设置原则

对于高校建筑,其室外消火栓设计流量不应小于表 7-1 中的规定。

表7－1　建筑物室外消火栓设计流量　　单位:L/s

耐火等级	建筑物名称及类别			建筑体积/m³					
				$V\leq1\ 500$	$1\ 500<V\leq3\ 000$	$3\ 000<V\leq5\ 000$	$5\ 000<V\leq20\ 000$	$20\ 000<V\leq50\ 000$	$V>50\ 000$
一、二级	民用建筑	公共建筑	单层及多层	15			25	30	40
			高层	–			25	30	40
三级	单层及多层民用建筑			15		20	25	30	–
四级	单层及多层民用建筑			15		20	25	–	–

注:宿舍、公寓等非住宅类居住建筑的室外消火栓设计流量,应按表中的公共建筑确定。

对于高校建筑室外消火栓系统的设计,应满足《消防给水及消火栓系统技术规范》(GB 50974—2014,以下简称《水规》)的要求,具体如下。

①建筑室外消火栓的数量应根据室外消火栓设计流量和保护半径经计算确定,保护半径不应大于150 m,每个室外消火栓的出流量宜按10～15 L/s计算。

②室外消火栓宜沿建筑周围均匀布置,且不宜集中布置在建筑一侧;建筑消防扑救面一侧的室外消火栓数量不宜少于2个。

③人防工程、地下工程等建筑应在出入口附近设置室外消火栓,且距出入口的距离不宜小于5 m,并不宜大于40 m。

关于室外消火栓的设计要求还需满足《水规》第7.2、7.3节的其他要求。

3.室内消火栓系统

室内消火栓给水系统是建筑物应用最广泛的一种消防设施,它既可以供火灾现场人员使用消火栓箱内的消防水喉、水枪扑救初期火灾,也可供消防队员扑救建筑物的大火。室内消火栓实际上是室内消防给水管网向火场供水的带有专用接口的阀门,其进水端与消防管道相连,出水端与水带相连。

(1)系统类型及组成室内消火栓分类复杂、形式较多,现将较为常见的室内消火栓形式进行说明。

①按消火栓的阀体结构型式分类,最常见的为直角出口型室内消火栓。另外,在个别场所,还可以看到旋转型室内消火栓,其栓体可相对于进水管路连接的底座进行水平360°旋转,平时可将消火栓出水口转向侧面,使用时再将消火栓出水口转至与墙面垂直的方向,这样可以减小消火栓箱体厚度,适用于薄型消火栓。

②按消火栓的箱体安装方式分类,可分为明装式、暗装式、半暗装式三种。比如,在疏散走道等处,为了不影响人员通行,需要采用暗装式消火栓。在一些高档商业、办公等对装修效果要求较高的场所或区域,为了追求美观,通常也会采用暗装式消火栓,但在外面必须设置明显标识。

③按水带安置方式分类,可分为挂置式、盘卷式、卷置式、托架式。日常中较为常见的室内消火栓给水系统由消防给水基础设施、消防给水管网、室内消火栓设备、报警控制设备及系统附件等组成。

其中,消防给水基础设施包括市政管网、室外消防给水管网、室外消火栓、消防水池、消防水泵、消防水箱、增(稳)压设备、水泵接合器等,该设施的主要任务是为消防系统储存并提供灭火用水。消防给水管网包括进水管、水平干管、消防竖管等，其任务是向室内消火栓设备输送灭火用水。室内消火栓设备包括栓口、水带、水枪，供消防工作人员使用，在高层建筑的消火栓箱内还会设置消防软管卷盘、水喉等，以供一般工作人员扑灭初期火灾使用。报警控制设备用于启动消防水泵。系统附件包括各种阀门、屋顶消火栓等。

（2）室内消火栓的设置原则。

对于高校建筑而言，根据《建筑设计防火规范》（GB 50016—2014）第 8.2.1 条规定，校园内应设置室内消火栓系统的场所有：高层公共建筑和建筑高度大于 21 m 的住宅建筑；体积大于 5 000 m^3的图书馆建筑；特等、甲等剧场，超过 800 个座位的其他等级的剧场和电影院等以及超过 1 200 个座位的礼堂、体育馆等单、多层建筑；建筑高度大于 15 m 或体积大于 10 000 m^3的办公建筑、教学建筑和其他单、多层民用建筑。

当一座多层建筑有多种使用功能时，室内消火栓设计流量应分别按不同功能计算，且应取最大值。

对于高校建筑室内消火栓的设计，应满足《水规》的要求，具体如下。

①室内消火栓的选型应根据使用者、火灾危险性、火灾类型和不同灭火功能等因素综合确定。

②设置室内消火栓的建筑，包括设备层在内的各层均应设置消火栓。

③消防电梯前室应设置室内消火栓，并应计入消火栓使用数量。

④室内消火栓的布置应满足同一平面有 2 支消防水枪的 2 股充实水柱同时达到任何部位的要求。

⑤建筑室内消火栓的设置位置应满足火灾扑救要求，并应符合：室内消火栓应设置在楼梯间及休息平台和前室、走道等明显易于取用以及便于火灾扑救的位置；同一楼梯间及其附近不同层设置的消火栓，其平面位置宜相同。

⑥建筑室内消火栓栓口的安装高度应便于消防水龙带的连接和使用，其距地面高度宜为 1.1 m；其出水方向应便于消防水带的敷设，并宜与设置消火栓的墙面成 90°角或向下。

⑦室内消火栓宜按直线距离计算其布置间距，并应符合：消火栓按 2 支消防水枪的 2 股充实水柱布置的建筑物，消火栓的布置间距不应大于 30 m；消火栓按 1 支消防水枪的 1 股充实水柱布置的建筑物，消火栓的布置间距不应大于 50 m。

⑧室内消火栓栓口压力和消防水枪充实水柱，应符合：消火栓栓口动压力不应大于 0.5 MPa；当大于 0.7 MPa 时，必须设置减压装置；高层建筑、室内净空高度超过 8 m 的民用建筑等场所，消火栓栓口动压不应小于 0.35 MPa，且消防水枪充实水柱应按 13 m 计算；其他场所，消火栓栓口动压不应小于 0.25 MPa，且消防水枪充实水柱应按 10 m 计算。

（三）自动喷水灭火系统

自动喷水灭火系统是一种全天候的固定式主动消防系统，火灾发生时，喷头的热敏元件对环境温度产生反应，喷头自动打开，并把水均匀地喷洒在着火区域，快速抑制燃烧，以实现火灾的初期控制，最大限度地减少生命和财产损失。

有记载的世界上第一套简易自动喷水灭火系统于 1812 年安装在英国伦敦皇家剧院，距今已有 200 年历史，而我国的自动喷水灭火系统应用也有 90 余年的历史。据统计，随着技术水平的提高，目前自动喷水灭火系统灭火控火成功率在 96% 以上，澳大利亚、新西兰等国家灭火控火率达 99.8%，有些国家和地区甚至高达 100%。国内外自动喷水灭火系统的应用实践和资料证明,该系统除灭火、控火成功率高以外,还具有安全可靠、经济实用、适用范围广、使用寿命长,以及在自动灭火的同时能够自动报警等优点。

1. 系统的分类与组成

自动喷水灭火系统根据所使用喷头的型式,可分为闭式自动喷水灭火系统和开式自动喷水灭火系统两大类;根据系统的用途和配置情况,自动喷水灭火系统又分为湿式系统、干式系统、预作用系统、雨淋系统、水幕系统、自动喷水—泡沫联用系统等。

(1)湿式系统

湿式自动喷水灭火系统(简称湿式系统)由闭式喷头、湿式报警阀组、水流指示器或压力开关、供水与配水管道以及供水设施等组成,在准工作状态下,管道内充满用于启动系统的有压水。湿式系统造价低、维护管理方便,高校建筑大部分采用此种系统,如礼堂、报告厅、医学建筑、高层实验楼、宾馆、车库等,但对于害怕水渍影响的建筑,如图书馆、计算机楼、粮食仓库等,则不宜使用,此外,在北方寒冷地区高校中一些没有采暖的房间也不宜使用。

(2)干式系统

干式自动喷水灭火系统(简称干式系统)由闭式喷头、干式报警阀组、水流指示器或压力开关、供水与配水管道、充气设备以及供水设施等组成,在准工作状态下,配水管道内充满用于启动系统的有压气体。干式系统的启动原理与湿式系统相似,只是将传输喷头开放信号的介质由有压水改为有压气体。这种系统克服了湿式自动喷水可能造成水渍损失的影响,也不存在低温条件下冻结的问题,但由于管网内为气体,一旦发生火灾后,需要有一个充水过程,所以火灾扑救相对滞后一些。

(3)预作用系统

预作用自动喷水灭火系统(简称预作用系统)由闭式喷头、雨淋阀组、水流报警装置、供水与配水管道、充气设备和供水设施等组成。在准工作状态下,配水管道内不充水,由火灾报警系统自动开启雨淋阀后,转换为湿式系统。预作用系统与湿式系统、干式系统的不同之处在于,系统采用雨淋阀,并配套设置火灾自动报警系统。这种系统兼顾了湿式自动喷水和干式自动喷水两个灭火系统的优点,无水渍损失,系统灭火迅速,现在逐步被许多工程所采用。

(4)雨淋系统

雨淋系统由开式喷头、雨淋阀组、水流报警装置、供水与配水管道,以及供水设施等组成。它与前几种系统的不同之处在于,雨淋系统采用开式喷头,由雨淋阀控制喷水范围,由配套的火灾自动报警系统或传动管系统启动雨淋阀。高校建筑中,雨淋系统通常用于舞台葡萄架下的保护。

(5)水幕系统

水幕系统由开式洒水喷头或水幕喷头、雨淋报警阀组或感温雨淋阀、供水与配水管道、控制阀,以及水流报警装置(水流指示器或压力开关)等组成。与前几种系统的不同之处在于,水幕系统不具备直接灭火的能力,而只是用于阻挡烟、火和冷却分隔物。在高校建筑中,该系统一般用于舞台台口与观众席之间的分隔,还有用于防火卷帘的保护等。

(6)自动喷水—泡沫联用系统

配置供给泡沫混合液的设备后,即组成了既可以喷水又可以喷泡沫的自动喷水—泡沫联用系统。该系统用于扑救一些具有可燃液体区域的火灾,也有的用于一些地下停车库。

2. 常用的系统主要组件

自动喷水灭火系统主要由洒水喷头、报警阀组、水流指示器、压力开关、末端试水装置和管网等组件组成，本节介绍主要组件的组成。

(1)洒水喷头

喷头是自动喷水灭火系统的主要组件。自动喷水灭火系统的火灾探测性能和灭火性能主要体现在喷头上。喷头在扑灭火灾时的作用过程首先是探测火灾，然后是在保护面积上进行布水，以控制和扑灭火灾。

根据喷头是否有热敏元件封堵，可把喷头分为闭式喷头和开式喷头。喷水口有阀片的为闭式喷头，无阀片的为开式喷头。

根据安装方式可分为下垂型喷头、直立型喷头、直立式边墙型喷头、水平式边墙型喷头及吊顶隐蔽型喷头。

按照热敏元件分类可分为玻璃球喷头和易熔元件喷头。

根据国家标准，玻璃球喷头的公称动作温度分为 13 个温度等级，易熔元件喷头的公称动作温度分为 7 个温度等级。为了区分不同公称动作温度的喷头，将感温玻璃球中的液体和易熔元件喷头的轭臂标识不同的颜色。

(2)报警阀组

在自动喷水灭火系统中，报警阀也是至关重要的组件，与报警信号管路、延迟器、压力开关、水力警铃、泄水及试验装置、压力表及控制阀等组成报警阀组。

报警阀具有三个基本作用。首先，接通或切断水源，即在系统动作前，它将管网与水流隔开，避免用水和可能的污染；当系统开启时，报警阀打开，接通水源和配水管。其次，输出报警信号，即在报警阀开启的同时，部分水流通过阀座上的环形槽，经信号管道送至水力警铃，发出音响报警信号。再次，对于湿式系统，还可防止水流倒流回水源。

报警阀组分为湿式报警阀组、干式报警阀组、雨淋报警阀组和预作用报警装置。

①湿式报警阀组，其上设有进水口、报警口、测试口、检修口和出水口，阀内部设有阀瓣、阀座等组件，是控制水流方向的主要可动密封件。

在准工作状态时，阀瓣上下充满水，水的压强近似相等，由于阀瓣上面与水接触的面积大于下面与水接触的面积，因此阀瓣受到的水压合力向下。在水压力及自重的作用下，阀瓣坐落在阀座上，处于关闭状态。当水源压力出现波动或冲击时，通过补偿器(或补水单向阀)使上、下腔压力保持一致，水力警铃不发生报警，压力开关不接通，阀瓣仍处于准工作状态。补偿器具有防止误报或误动作功能。闭式喷头喷水灭火时，补偿器来不及补水，阀瓣上面的水压下降，当其下降到使下腔的水压足以开启阀瓣时，下腔的水便向洒水管网及动作喷头供水，同时，水沿着报警阀的环形槽进入报警口，流向延迟器、水力警铃，警铃发出声响报警，压力开关开启，给出电接点信号并启动自动喷水灭火系统的给水泵。

延迟器是一个罐式容器，其入口与报警阀的报警水流通道连接，出口与压力开关和水力警铃连接，延迟器入口安装有过滤器。在准工作状态下，可防止因压力波动而产生误报警。当配水管道发生泄露时，有可能引起湿式报警阀阀瓣的微小开启，使水进入延迟器。但是，由于水的流量小，进入延退器的水会从延迟器底部的节流孔排出，使延迟器无法充满水，更不能从出口流向压力开关和水力警铃。只有当湿式报警阀开启，经报警通道进入延迟器的水流将延迟器注满并由出口溢出时，才能驱动水力警铃和压力开关。

水力警铃是一种靠水力驱动的机械警铃，安装在报警阀组的报警管道上，报警阀开启后,水流进入水力警铃并形成一股高速射流,冲击水轮带动铃锤快速旋转,敲击铃盖,发出声响报警。

②干式报警阀组,主要由干式报警阀、水力警铃、压力开关、空压机、安全阀、控制阀等组成。报警阀的阀瓣将阀门分成两部分,出口侧与系统管路相连,内充压缩空气,进口侧与水源相连,配水管道中的气压抵住阀瓣,使配水管道始终处于干管状态,通过两侧气压和水压的压力变化控制阀瓣的封闭和开启。喷头开启后,干式报警阀自动开启,其后续的一系列动作类似于湿式报警阀。

干式报警阀的构造中的阀瓣、水密封阀座、气密封阀座组成隔断水、气的可动密封件。在准工作状态下,报警阀处于关闭位置,橡胶面的阀瓣紧紧地闭合于两个同心的水、气密封阀座上,内侧为水密封圈,外侧为气密封圈,内外侧之间的环形隔离室与大气相通,大气由报警接口配管通向平时开启的自动滴水球阀。在注水口加水加到打开注水排水阀有水流出为止,然后关闭注水口。注水是为了使气密封垫起密封作用,防止系统中的空气泄漏到隔离室或大气中。只要管道的气压保持在适当值,阀瓣就始终处于关闭状态。

③雨淋报警阀组,是通过电动、机械或其他方法开启,使水能够自动流入喷水灭火系统,并同时进行报警的一种单向阀。其按照结构可分为隔膜式、推杆式、活塞式、蝶阀式雨淋报警阀。雨淋报警阀广泛应用于雨淋系统、水幕系统、水雾系统、泡沫系统等各类开式自动喷水灭火系统中。

雨淋阀是水流控制阀,可以通过电动、液动、气动及机械方式开启。

雨淋阀的阀腔分成上腔、下腔和控制腔三部分,控制腔与供水管道连通,中间设限流传压的孔板。供水管道中的压力水推动控制腔中的膜片,进而推动驱动杆顶紧阀瓣锁定杆,锁定杆产生力矩,把阀瓣锁定在阀座上。阀瓣使下腔的压力水不能进入上腔,控制腔泄压时,使驱动杆作用在阀瓣锁定杆上的力矩低于供水压力作用在阀瓣上的力矩,于是阀瓣开启,供水进入配水管道。

④预作用报警装置,由预作用报警阀组、控制盘、气压维持装置和空气供给装置等组成,它是通过电动、气动、机械或其他方式控制报警阀组开启,使水能够单向流入喷水灭火系统,并同时进行报警的一种单向阀组装置。

⑤报警阀组的设置要求:自动喷水灭火系统应根据不同的系统形式设置相应的报警阀组。保护室内钢屋架等建筑构件的闭式系统,应设置独立的报警阀组;水幕系统应设置独立的报警阀组或感温雨淋阀。

报警阀组宜设置在安全且易于操作、检修的地点,环境温度不低于4 ℃且不高于70 ℃,距地面的距离宜为1.2 m;水力警铃应设置在有人值班的地点附近,其与报警阀连接的管道直径应为20 mm,总长度不宜大于20 m;水力警铃的工作压力不应大于0.05 MPa。

一个报警阀组控制的喷头数,对于湿式系统、预作用系统,不宜超过800只;对于干式系统,不宜超过500只。串联接入湿式系统配水干管的其他自动喷水灭火系统,应分别设置独立的报警阀组,其控制的喷头数计入湿式阀组控制的喷头总数。每个报警阀组供水的最高和最低位置喷头的高程不宜大于50 m。

控制阀安装在报警阀的入口处,用于在系统检修时关闭系统。控制阀应保持在常开位置,保证系统时刻处于警戒状态。使用信号阀时,其启闭状态的信号反馈到消防控制中心;使用常规阀门时,必须用锁具锁定阀瓣位置。

（3）水流指示器

水流指示器是在自动喷水灭火系统中，将水流信号转换成电信号的一种水流报警装置，一般用于湿式、干式、预作用、循环启闭式等系统中，水流指示器的叶片与水流方向垂直，喷头开启后引起管道中的水流动，当桨片或膜片感知水流的作用力时带动传动轴动作，接通延时线路，延时器开始计时。达到延时设定时间后，叶片仍向水流方向偏转无法回位，电触点闭合输出信号，当水流停止时，叶片和动作杆复位，触点断开，信号消除。

（4）压力开关

压力开关是一种压力传感器，是自动喷水灭火系统的一个部件，其作用是将系统的压力信号转化为电信号。报警阀开启后，报警管道充水，压力开关受到水压的作用后接通电触点，输出报警阀开启及供水泵启动的信号，报警阀关闭后电触点断开。

（5）末端试水装置

末端试水装置由试水阀、压力表以及试水接头等组成，其作用是检验系统的可靠性，测试干式系统和预作用系统的管道充水时间。

3. 自动喷水灭火系统的设置原则

（1）自动喷水灭火系统设置场所

对于高校建筑而言，根据《建筑设计防火规范》（GB 50016—2014）第 8.3.3 条规定，除本规范另有规定和不宜用水保护或灭火的场所外，下列高层民用建筑或场所应设置自动灭火系统，并宜采用自动喷水灭火系统：一类高层公共建筑（除游泳池、溜冰场外）及其地下、半地下室；二类高层公共建筑及其地下、半地下室的公共活动用房、走道、办公室和旅馆的客房、可燃物品库房、自动扶梯底部。根据《建筑设计防火规范》（GB 50016—2014）第 8.3.4 条规定，除本规范另有规定和不适用水保护或灭火的场所外，下列单、多层民用建筑或场所应设置自动灭火系统，并宜采用自动喷水灭火系统：特等、甲等剧场，超过 1 500 个座位的其他等级的剧场，超过 2 000 个座位的会堂或礼堂，超过 3 000 个座位的体育馆，超过 5 000 人的体育场的室内人员休息室与器材间等；藏书量超过 50 万册的图书馆。

（2）高校建筑常用自动喷水灭火系统设计要求

对于高校建筑而言，其常见的自动喷水灭火系统一般为湿式自动喷水灭火系统，简称湿式系统，是一种在准工作状态时配水管道内充满用于启动系统的有压水的闭式系统。

当火灾发生时，火源周围环境温度上升，导致火源上方的喷头开启、出水、管网压力下降，报警阀后压力降致使阀瓣开启，接通管网和水源，供水灭火。与此同时，部分水由阀座上的凹形槽经报警阀的信号管，带动水力警铃发出报警信号。如果管网中设有水流指示器，水流招示器感应到水流流动，也可发出电信号。如果管网中设有压力开关，当管网水压下降到一定值时，也可发出电信号，启动水泵供水。

对于高校建筑自动喷水灭火系统的设计，应满足《自动喷水灭火系统设计规范》（GB 50084—2017）的要求，具体如下。

自动喷水灭火系统的设计原则应符合下列规定：闭式洒水喷头或启动系统的火灾探测器，应能有效探测初期火灾；湿式系统应在开放一只洒水喷头后自动启动；作用面积内开放的洒水喷头，应在规定时间内按设计选定的喷水强度持续喷水；喷头洒水时，应均匀分布，且不应受阻挡。

湿式系统的洒水喷头选型应符合下列规定：不做吊顶的场所，当配水支管布置在梁下时，应采用直立型洒水喷头；吊顶下布置的洒水喷头，应采用下垂型洒水喷头或吊顶型洒水喷头;顶板为水平面的轻危险级、中危险级Ⅰ级宿舍、办公室,可采用边墙型洒水喷头;易受碰撞的部位,应采用带保护罩洒水喷头或吊顶型洒水喷头;顶板为水平面,且无梁、通风管道等障碍物影响喷头洒水的场所,可采用扩大覆盖面积洒水喷头;宿舍等非住宅类居住建筑宜采用家用喷头,不宜选用隐蔽式洒水喷头;确需采用时,应仅适用于轻危险级和中危险级Ⅰ级场所。

自动喷水灭火系统应有备用洒水喷头,其数量不应少于总数的1%,且每种型号均不得少于10只。

(四)灭火器配置

灭火器是一种移动式应急灭火器材,一般主要适用于对初期火灾进行扑救。由于其构造较为简单、轻便灵活、操作容易、使用范围比较广泛,在高校建筑中也很常见。在火灾初期,着火范围一般比较小,火势弱,此时是扑灭火势的最佳时机,如果灭火器配置得当,并且得到及时应用,将能够形成第一灭火力量,火灾一般不会得以蔓延扩大。

1. 灭火器的类型

灭火器种类不同,适用的火灾类型不同,其结构和使用方法也各不相同。灭火器的种类繁多,按所充装的灭火剂不同,可分为水基型、干粉、二氧化碳、洁净气体灭火器等;按移动方式不同,可分为手提式和推车式灭火器;按驱动灭火剂的动力来源不同,可分为储气瓶式和储压式灭火器;按灭火类型不同,可分为A类、B类、C类、D类、E类灭火器等。

目前,常用灭火器的类型主要有干粉灭火器、二氧化碳灭火器、水基型灭火器、洁净气体灭火器等。

(1)干粉灭火器

干粉灭火器是将干粉灭火剂灌装于灭火装置内,一般利用氮气作为动力,将灭火器内的干粉灭火剂喷出灭火。干粉灭火器应用比较广泛,其可扑灭一般的可燃固体火灾,还可扑救易燃液体、可燃气体和电气设备的初起火灾。

干粉灭火剂在消防中应用广泛,主要用于灭火器中,是一种用于灭火的干燥且易于流动的微细粉末,由具有灭火效能的无机盐和少量的添加剂经干燥、粉碎、混合而成的微细固体粉末组成。干粉灭火剂一般分为BC干粉(以碳酸氢钠为基料)和ABC干粉(以磷酸铵盐为基料),扑救金属火灾需用专用干粉化学灭火剂,以氯化钠、氯化钾等为基料的干粉灭火剂可用于扑救钠、镁、铝等轻质金属火灾。

(2)二氧化碳灭火器

二氧化碳灭火器内充装的是二氧化碳气体,靠自身的压力驱动喷出进行灭火。二氧化碳灭火器具有流动性好、喷射率高、不腐蚀容器或不易变质等优良性能,适用于扑灭图书、档案、贵重设备、精密仪器、600 V以下电气设备及油类的初起火灾。

二氧化碳是一种不燃烧的气体,其主要依靠窒息作用和部分冷却作用灭火。二氧化碳具有较高的密度,约为空气的1.5倍,且在常压下,液态的二氧化碳就会立即汽化,一般1 kg的液态二氧化碳可产生约0.5 m^3的气体,因此,当二氧化碳释放到灭火空间时,二氧化碳气体可以迅速气化并排除空气而包围在燃烧物体的表面,稀释燃烧区的空气,降低可燃物周围的氧浓度,当使空气中的氧气含量减少到低于维持物质燃烧时所需的极限含氧量时,物质就不会继续燃烧从而熄灭;另外,二氧化碳从储存容器喷出时,由液体迅速汽化,会从周围环境中吸收部分热量,起到冷却作用。

(3)水基型灭火器

水基型灭火器是内部充入的灭火剂以水为基础的灭火器,一般以氮气(或二氧化碳)为驱动气体,是一种高效的灭火剂。目前市场上常见的水基型灭火器有水基型泡沫灭火器和水基型水雾灭火器。

①水基型泡沫灭火器,其内部装有水成膜泡沫(AFFF)灭火剂和氮气,靠泡沫和水膜的双重作用迅速灭火,是化学泡沫灭火器的更新换代产品。具有操作简单、灭火效率高、使用时不需倒置、有效期长、抗复燃、双重灭火等优点,能够扑灭可燃固体和液体的初起火灾,多用于扑救石油及石油产品等非溶性物质的火灾,广泛应用于工厂、学校、宾馆、商店、油站等场所。

②水基型水雾灭火器,是我国2008年开始推广的新型水雾灭火器,喷射后成水雾状,瞬间蒸发火场大量的热量,迅速降低火场温度,抑制热辐射,表面活性剂在可燃物表面迅速形成一层水膜,隔离氧气,降温、隔离,从而达到快速灭火的目的。其灭火后药剂可100%生物降解,不会对周围设备、空间造成污染,具有绿色环保、高效阻燃、抗复燃性强、灭火速度快、渗透性强等特点。主要适合配置在具有可燃固体物质的场所,如商场、饭店、写字楼、学校、旅游场所、娱乐场所、纺织厂、橡胶厂、纸制品厂和家庭等。

(4)洁净气体灭火器

洁净气体灭火器是将洁净气体(如七氟丙烷、IG541等)灭火剂加压充装在容器中的灭火器。洁净气体灭火器对环境无害,在自然中存留期短,灭火效率高且低毒,是卤代烷灭火器在现阶段较为理想的替代产品。使用时,灭火剂从灭火器中排出射向燃烧物,当灭火剂与火焰接触时发生一系列物理化学反应,使燃烧中断,达到灭火目的。适用于扑救可燃液体、可燃气体和可融化的固体物质以及带电设备的初期火灾,可在图书馆、档案室、宾馆、商场以及各种公共场所使用。目前,在市场上七氟丙烷灭火器是较为常见的一种洁净气体灭火器。

2. 灭火器的构造

不同类型规格的灭火器不仅灭火机理不一样,其构造也根据其灭火机理与使用功能而有所不同,如手提式与推车式灭火器的结构就有明显差别。

(1)手提式灭火器

手提式灭火器的结构根据驱动气体的方式,可分为贮压式、外置储气瓶式、内置储气瓶式三种形式。市场上主要是贮压式结构的灭火器,如干粉灭火器、水基型灭火器等都是贮压式结构。

外置储气瓶式和内置储气瓶式在以前主要应用于干粉灭火器,其较贮压式干粉灭火器构造复杂、零部件多、维修工艺繁杂,目前已经停止生产,随着科技的发展,已经被性能更加安全可靠的贮压式干粉灭火器所取代。

手提贮压式灭火器主要由筒体、器头阀门、喷(头)管、保险销、灭火剂、驱动气体(一般为氮气,与灭火剂一起充装在灭火器筒体内)、压力表以及铭牌等组成。

手提式二氧化碳灭火器结构与手提贮压式灭火器结构相似。只是充装压力较高,取消了压力表,增加了安全阀,二氧化碳既是灭火剂又是驱动气体。判断二氧化碳灭火器是否失效,一般采用称重法,二氧化碳灭火器每年应至少检查一次,低于额定充装量的95%时就应该进行检修。

(2)推车式灭火器

推车式灭火器主要由灭火器筒体、阀门机构、喷管喷枪、车架、灭火剂、驱动气体(一般为氮气,与灭火剂一起密封在灭火器筒体内)、压力表及铭牌等组成。

3. 灭火器的设置要求

(1)火灾种类

灭火器配置场所的火灾种类应根据该场所内的物质及其燃烧特性进行分类。

灭火器配置场所的火灾种类可划分为以下五类:

①A 类火灾:固体物质火灾。

②B 类火灾:液体火灾或可熔化固体物质火灾。

③C 类火灾:气体火灾。

④D 类火灾:金属火灾。

⑤E 类火灾(带电火灾):物体带电燃烧的火灾。

(2)灭火器的选型

灭火器的选择应考虑下列因素:

①灭火器配置场所的火灾种类;

②灭火器配置场所的危险等级;

③灭火器的灭火效能和通用性;

④灭火剂对保护物品的污损程度;

⑤灭火器设置点的环境温度;

⑥使用灭火器人员的体能。

在同一灭火器配置场所,宜选用相同类型和操作方法的灭火器。当同一灭火器配置场所存在不同火灾种类时,应选用通用型灭火器。在同一灭火器配置场所,当选用两种或两种以上类型灭火器时,应采用灭火剂相容的灭火器。

灭火器的配置场所根据火灾种类进行划分,有以下五类。

①A 类火灾:A 类火灾场所应选择水型灭火器、磷酸铵盐干粉灭火器、泡沫灭火器或卤代烷灭火器。

②B 类火灾:B 类火灾场所应选择泡沫灭火器、碳酸氢钠干粉灭火器、磷酸铵盐干粉灭火器、二氧化碳灭火器、灭 B 类火灾的水型灭火器或卤代烷灭火器。

极性溶剂的 B 类火灾场所应选择灭 B 类火灾的抗溶性灭火器。

③C 类火灾:C 类火灾场所应选择磷酸铵盐干粉灭火器、碳酸氢钠干粉灭火器、二氧化碳灭火器或卤代烷灭火器。

④D 类火灾:D 类火灾场所应选择扑灭金属火灾的专用灭火器。

⑤E 类火灾(带电火灾):E 类火灾场所应选择磷酸铵盐干粉灭火器、碳酸氢钠干粉灭火器、卤代烷灭火器或二氧化碳灭火器,不得选用装有金属喇叭喷筒的二氧化碳灭火器。

(3)灭火器的设置要求

对于高校建筑灭火器的设计,应满足《建筑灭火器配置设计规范》(GB 50140—2005)的要求,具体如下。

①灭火器应设置在位置明显和便于取用的地点,且不得影响安全疏散。

②灭火器不得设置在超出其使用温度范围的地点。

③设置在 A 类火灾场所的灭火器,其最大保护距离应符合规定。

④设置在 B、C 类火灾场所的灭火器，其最大保护距离应符合规定。

⑤D 类火灾场所的灭火器，其最大保护距离应根据具体情况研究确定。

⑥E 类火灾场所的灭火器，其最大保护距离不应低于该场所内 A 类或 B 类火灾的规定。

⑦一个计算单元内配置的灭火器数量不得少于 2 具。

⑧每个设置点的灭火器数量不宜多于 5 具。

⑨A 类火灾场所灭火器的最低配置基准应符合规定。

⑩B、C 类火灾场所灭火器的最低配置基准应符合规定。

⑪D 类火灾场所的灭火器最低配置基准应根据金属的种类、物态及其特性等研究确定。

⑫E 类火灾场所的灭火器最低配置基准不应低于该场所内 A 类(或 B 类)火灾的规定。

⑬灭火器设置点的位置和数量应根据灭火器的最大保护距离确定，并应保证最不利点至少在 1 具灭火器的保护范围内。

关于灭火器的设计要求，还需满足《建筑灭火器配置设计规范》(GB 50140—2005)的其他要求。

(4)灭火器的配置设计计算

灭火器配置的设计与计算应按计算单元进行。灭火器最小需配灭火级别和最少需配数量的计算值应进位取整。每个灭火器设置点实配灭火器的灭火级别和数量不得小于最小需配灭火级别和数量的计算值。灭火器设置点的位置和数量应根据灭火器的最大保护距离确定，并应保证最不利点至少在 1 具灭火器的保护范围内。

灭火器配置设计的计算单元应按下列规定划分：

①当一个楼层或一个水平防火分区内各场所的危险等级和火灾种类相同时，可将其作为一个计算单元；

②当一个楼层或一个水平防火分区内各场所的危险等级和火灾种类不相同时，应将其分别作为不同的计算单元；

③同一计算单元不得跨越防火分区和楼层。

计算单元保护面积的确定应符合下列规定：

①建筑物应按其建筑面积确定；

②可燃物露天堆场，甲、乙、丙类液体储罐区，可燃气体储罐区，应按堆垛、储罐的占地面积确定。

计算单元的最小需配灭火级别应按下式计算

$$Q = K\frac{S}{U}$$

式中　Q——计算单元的最小需配灭火级别(A 或 B)；

S——计算单元的保护面积(m)；

U——A 类或 B 类火灾场所单位灭火级别最大保护面积(m^2/A 或 m^2/B)；

K——修正系数。

计算单元中每个灭火器设置点的最小需配灭火器级别应按下式计算

$$Q_c = \frac{Q}{N}$$

式中　Q_c——计算单元中每个灭火器设置点的最小需配灭火器级别(A 或 B)；

N——计算单元中的灭火器设置点数(个)。

灭火器配置的设计计算可按下述程序进行:

①确定各灭火器配置场所的火灾种类和危险等级;

②划分计算单元,计算各计算单元的保护面积;

③计算各计算单元的最小需配灭火级别;

④确定各计算单元中的灭火器设置点的位置和数量;

⑤计算每个灭火器设置点的最小需配灭火级别;

⑥确定每个设置点灭火器的类型、规格与数量;

⑦确定每具灭火器的设置方式和要求;

⑧在工程设计图上用灭火器图例和文字标明灭火器的型号、数量与设置位置。

二、高校建筑防排烟系统

(一)防排烟系统概述

各类火灾案例表明,火灾烟气是建筑火灾中造成人员伤亡和财产损失的主要因素,建筑中设置防排烟系统的作用就是将火灾产生的烟气及时排除,防止和延缓烟气扩散,保证疏散通道不受烟气侵害,确保建筑物内人员顺利疏散、安全避难,同时,将火灾现场的烟和热量及时排除,以减弱火势的蔓延,为火灾扑救创造有利条件。

1. 基本概念

建筑火灾烟气控制分为防烟和排烟两个方面。

防烟采取自然通风和机械加压送风的形式。自然通风通过利用设置在楼梯间、前室、避难层(间)等空间的可开启外窗或开口,以防止火灾烟气在这些空间内积聚。机械加压送风系统由送风机、加压送风口及送风管道等设施组成,是通过采用机械加压送风方式,阻止火灾烟气侵入楼梯间、前室、避难层(间)等空间的系统。

排烟包括自然排烟和机械排烟两种方式。自然排烟系统由可开启外窗或开口等自然排烟设施组成,是利用火灾热烟气流的浮力和外部风压作用,通过建筑开口将建筑内的烟气直接排至室外。机械排烟系统由排烟风机、排烟口、排烟防火阀及排烟管道等设施组成,是利用排烟风机把着火房间中所产生的烟气和热量通过排烟口排至室外。

2. 设置场所

(1)防烟设施设置场所

建筑的下列场所或部位应设置防烟设施:

①防烟楼梯间及其前室;

②消防电梯间前室或合用前室;

③避难走道的前室、避难层(间)。

(2)排烟设施设置场所

民用建筑的下列场所或部位应设置排烟设施:

①设置在一、二、三层且房间建筑面积大于 100 m^2 的歌舞、娱乐、放映、游艺场所,设置在四层及以上楼层、地下或半地下的歌舞、娱乐、放映、游艺场所;

②中庭;

③公共建筑内建筑面积大于 100 m^2 且经常有人停留的地上房间;

④公共建筑内建筑面积大于300 m^2且可燃物较多的地上房间；

⑤建筑内长度大于20 m的疏散走道；

⑥地下或半地下建筑(室)、地上建筑内的无窗房间，当总建筑面积大于200 m^2或一个房间建筑面积大于50 m^2，且经常有人停留或可燃物较多时，应设置排烟设施。

(二)建筑防烟系统

1. 系统选择

高校建筑形式多样，既有图书馆、体育馆、教学楼等公共建筑，也有教师楼等住宅建筑，一些高校还可能存在供教学实习使用的厂房车间等工业建筑。

(1)对于建筑高度大于50 m的公共建筑、工业建筑和建筑高度大于100 m的住宅建筑，由于建筑高度较高，其自然通风效果受建筑本身的密闭性以及自然环境中风向、风压的影响较大，难以保证防烟效果，因此，其防烟楼梯间、独立前室、共用前室、合用前室及消防电梯前室应采用机械加压送风系统来保证防烟效果。

(2)对于建筑高度小于或等于50 m的公共建筑、工业建筑和建筑高度小于或等于100 m的住宅建筑，由于这些建筑受风压作用影响较小，且一般不设火灾自动报警系统，利用建筑本身的采光通风也可基本起到防止烟气进一步进入安全区域的作用，因此，其防烟楼梯间、独立前室、共用前室、合用前室(除共用前室与消防电梯前室合用外)及消防电梯前室应采用自然通风系统，简便易行；当不能设置自然通风系统时，应采用机械加压送风系统。另外，此建筑条件下防烟系统的选择，尚应符合下列规定。

①当采用全敞开的凹廊、阳台作为防烟楼梯间的前室、合用前室，或者防烟楼梯间前室、合用前室具有两个不同朝向的可开启外窗且可开启窗面积满足要求时(独立前室两个外窗面积分别不小于2 m^2，合用前室两个外窗面积分别不小于3 m^2)，可以认为前室、合用前室自然通风性能优良，能及时排出从走道漏入前室、合用前室的烟气，并可防止烟气进入防烟楼梯间，因此可以仅在前室设置防烟设施，楼梯间可不设。

②当独立前室、共用前室及合用前室的机械加压送风口设置在前室的顶部或正对前室入口的墙面时，其可形成有效阻隔烟气的风幕或形成正面阻挡烟气侵入前室的效果，此时，楼梯间可采用自然通风系统；当机械加压送风口未设置在前室的顶部或正对前室入口的墙面时，楼梯间应采用机械加压送风系统。

③当防烟楼梯间在裙房高度以上部分采用自然通风时，不具备自然通风条件的裙房的独立前室、共用前室及合用前室应采用机械加压送风系统，保证防烟楼梯间下部的安全并且不影响其上部。

(3)建筑地下部分的防烟楼梯间前室及消防电梯前室，当无自然通风条件或自然通风不符合要求时，应采用机械加压送风系统。

(4)防烟楼梯间及其前室的机械加压送风系统的设置应符合下列规定。

①建筑高度小于或等于50 m的公共建筑、工业建筑和建筑高度小于或等于100 m的住宅建筑，当采用独立前室且其仅有一个门与走道或房间相通时，可仅在楼梯间设置机械加压送风系统；当独立前室有多个门时，楼梯间、独立前室应分别独立设置机械加压送风系统。

②当采用合用前室时，楼梯间、合用前室应分别独立设置机械加压送风系统。

③当采用剪刀楼梯时，其两个楼梯间及其前室的机械加压送风系统应分别独立设置。

(5)封闭楼梯间也是火灾时人员疏散的通道,应采用自然通风系统,当楼梯间没有设置可开启外窗时或开窗面积达不到标准规定的面积时,进入楼梯间的烟气就无法有效排除,影响人员疏散,此时应设置机械加压送风系统进行防烟。当地下、半地下建筑(室)的封闭楼梯间不与地上楼梯间共用且地下仅为一层时,为体现经济合理的建设要求,可不设置机械加压送风系统,但首层应设置有效面积不小于 1.2 m^2 的可开启外窗或直通室外的疏散门。

2. 自然通风设施

(1)自然通风口设置要求

①采用自然通风方式的封闭楼梯间、防烟楼梯间,应在最高部位设置面积不小于 1 m^2 的可开启外窗或开口;当建筑高度大于 10 m 时,尚应在楼梯间的外墙上每 5 层内设置总面积不小于 2 m^2 的可开启外窗或开口,且布置间隔不大于 3 层。

②前室采用自然通风方式时,独立前室、消防电梯前室可开启外窗或开口的面积不应小于 2 m,共用前室、合用前室不应小于 30 m。

③采用自然通风方式的避难层(间)应设有不同朝向的可开启外窗,其有效面积不应小于该避难层(间)地面面积的 2%,且每个朝向的面积不应小于 2 m^2。

(2)其他设置要求。可开启外窗应方便直接开启,设置在高处不便于直接开启的可开启外窗应在距地面高度为 1.3～1.5 m 的位置设置手动开启装置。

3. 机械加压送风设施

机械加压送风方式是通过送风机所产生的气体流动和压力差来控制烟气流动的,即在建筑内发生火灾时,对着火区以外的有关区域进行送风加压,使其保持一定正压,以防止烟气侵入的防烟方式。

(1)加压送风口

加压送风口是应用在机械加压送风系统中的阀门,有常开和常闭两种形式。除直灌式加压送风方式外,楼梯间宜每隔 2～3 层设一个常开式百叶送风口;前室应每层设一个常闭式加压送风口,并应设手动开启装置。送风口不宜设置在被门挡住的部位。

机械加压送风防烟系统中送风口的风速不宜大于 7 m/s。

(2)机械加压送风机

由于机械加压送风系统的风压通常在中、低压范围,因此机械加压送风机宜采用轴流风机或中、低压离心风机。

送风机的进风口应直通室外,且应采取防止烟气被吸入的措施,以保证加压送风机的进风必须是室外不受火灾和烟气污染的空气。一般情况下,送风机的进风口不应与排烟风机的出风口设在同一面上,确有困难时,送风机的进风口与排烟风机的出风口应分开布置,且竖向布置时,送风机的进风口应设置在排烟出口的下方,其二者边缘最小垂直距离不应小于 6 m;水平布置时,二者边缘最小水平距离不应小于 20 m。

由于烟气自然向上扩散的特性,为了避免从取风口吸入烟气,加压送风机的进风口宜设在机械加压送风系统的下部。从我国发生过火灾的建筑的灾后检查中发现,有些建筑将加压送风机布置在顶层屋面上,发生火灾时,整个建筑被烟气笼罩,加压送风机送往防烟楼梯间、前室的不是清洁空气,而是烟气,严重威胁人员疏散安全,因此,送风机宜设置在系统的下部,且应采取保证各层送风量均匀性的措施,当受条件限制必须在建筑上部布置加压送风机时,应采取措施防止加压送风机进风口烟气影响。

为保证加压送风机不因受风、雨、异物等侵蚀损坏,在火灾时能可靠运行,送风机应放置在专用机房内。当送风机出风管或进风管上安装单向风阀或电动风阀时,应采取火灾时自动开启阀门的措施。

(3)机械加压送风系统风量

考虑到实际工程中由于风管(道)的漏风与风机制造标准中允许风量的偏差等各种风量损耗的影响,为保证机械加压送风系统效能,机械加压送风系统的设计风量不应小于计算风量的 1.2 倍。

(4)系统控制

机械加压送风系统应与火灾自动报警系统联动,加压送风机的启动应能够现场手动启动、通过火灾自动报警系统自动启动、消防控制室手动启动;系统中任一常闭加压送风口开启时,加压风机应能自动启动。

当防火分区内火灾确认后,应能在 15 s 内联动开启常闭加压送风口和加压送风机;且应开启该防火分区楼梯间的全部加压送风机,并应开启该防火分区内着火层及其相邻上下层前室及合用前室的常闭送风口,同时开启加压送风机。

(5)其他设置要求

①建筑高度大于 100 m 的建筑,加压送风的防烟系统对人员疏散至关重要,其机械加压送风系统应竖向分段独立设置,且每段高度不应超过 100 m,如果不分段,则可能造成局部压力过高,给人员疏散造成障碍;或局部压力过低,不能起到有效的防烟作用。

②机械加压送风量应满足走廊至前室至楼梯间的压力呈递增分布,余压值应符合下列规定:前室、封闭避难层(间)与走道之间的压力差应为 25～30 Pa;楼梯间与走道之间的压力差应为 40～50 Pa;当系统余压值超过最大允许压力差时应采取泄压措施。

③机械加压送风系统应采用管道送风,且不应采用土建风道。送风管道应采用不燃材料制作且内壁应光滑。当送风管道内壁为金属时,设计风速不应大于 20 m/s;当送风管道内壁为非金属时,设计风速不应大于 15 m/s。

④设置机械加压送风系统的封闭楼梯间、防烟楼梯间,应在其顶部设置不小于 1 m^2 的固定窗。靠外墙的防烟楼梯间,应在其外墙上每 5 层内设置总面积不小于 2 m^2 的固定窗。

⑤建筑高度小于或等于 50 m 的建筑,当楼梯间设置加压送风井(管)道确有困难时,楼梯间可采用直灌式加压送风系统,送风量应增加 20%,加压送风口不宜设在影响人员疏散的部位。其中,建筑高度大于 32m 的高层建筑,应采用楼梯间两点部位送风的方式,送风口之间距离不宜小于建筑高度的 1/2。

⑥设置机械加压送风系统的楼梯间的地上部分与地下部分,其机械加压送风系统应分别独立设置。当受建筑条件限制,且地下部分为汽车库或设备用房时,可共用机械加压送风系统,但应分别计算地上、地下部分的加压送风量,相加后作为共用加压送风系统风量,且应采取有效措施分别满足地上、地下部分的送风量的要求。

(三)建筑排烟系统

1. 系统选择

设置排烟设施的场所应根据建筑的使用性质、平面布局等因素,优先采用自然排烟系统。当不具备自然排烟条件时,应采用机械排烟系统。同一个防烟分区应采用同一种排烟方式,不应同时采用自然排烟方式和机械排烟方式,以避免两种方式相互之间对气流的干扰,影响排烟效果,若同一个防烟分区同时采用两种排烟方式,则自然排烟口可能会在机械排烟系统动作后变成进风口,使其失去排烟作用。

2. 防烟分区

防烟分区是指在建筑内部屋顶或顶板、吊顶下采用具有挡烟功能的构、配件分隔成具有一定蓄烟能力的局部空间。设置排烟系统的场所或部位应采用挡烟垂壁、结构梁及隔墙等划分防烟分区,且防烟分区不应跨越防火分区。划分防烟分区的目的是在火灾初期阶段将烟气控制在一定范围内,以便有组织地将烟排出室外,使人们在避难之前所在空间的烟层高度和烟气浓度在安全允许值之内。

挡烟垂壁等挡烟分隔设施的深度不应小于规定的储烟仓厚度,当采用自然排烟方式时,储烟仓的高度不应小于空间净高的20%,且不应小于500 mm;当采用机械排烟方式时,不应小于空间净高的10%,且不应小于500 mm。同时,储烟仓底部距地面的高度应大于安全疏散所需的最小清晰高度。对于有吊顶的空间,当吊顶开孔不均匀或开孔率小于或等于25%时,吊顶内空间高度不得计入储烟仓厚度。设置排烟设施的建筑内,敞开楼梯和自动扶梯穿越楼板的开口部位应设置挡烟垂壁等设施。

挡烟垂壁是较为常见的防烟分隔物,其用不燃材料制成,垂直安装在建筑顶棚、横梁或吊顶下,能在火灾发生时形成一定蓄烟空间的挡烟分隔设施。

挡烟垂壁可分为固定式挡烟垂壁和活动式挡烟垂壁。固定式挡烟垂壁是固定安装、能满足设定挡烟高度的挡烟垂壁。固定式挡烟垂壁的主要材料有钢板、防火玻璃、不燃无机复合板等。活动式挡烟垂壁通常采用无机纤维织物,平时收缩在滚筒内,火灾发生时,可自动下放至挡烟工作位置,并满足设定的挡烟高度。

公共建筑、工业建筑防烟分区的最大允许面积及其长边最大允许长度应符合规定,当工业建筑采用自然排烟系统时,其防烟分区的长边长度不应大于建筑内空间净高的8倍。

3. 自然排烟

采用自然排烟系统的场所应设置自然排烟窗(口),防烟分区内自然排烟窗(口)的面积、数量、位置应经计算确定。

(1)自然排烟窗(口)的设置要求

①排烟窗(口)的布置对烟流的控制至关重要。根据烟流扩散特点,排烟窗(口)距离如果过远,烟流在防烟分区内迅速沉降,而不能被及时排出,将严重影响人员安全疏散。因此,要求防烟分区内任一点与最近的自然排烟窗(口)之间的水平距离不应大于30 m。当工业建筑采用自然排烟方式时,其水平距离不应大于建筑内空间净高的2.8倍;当公共建筑空间净高大于或等于6 m,且具有自然对流条件时,其水平距离不应大于37.5 m。

②火灾时烟气上升至建筑物顶部,并积聚在挡烟垂壁、梁等形成的储烟仓内,因此,自然排烟窗(口)应设置在排烟区域的顶部或外墙,当设置在外墙上时,自然排烟窗(口)应在储烟仓以内以确保自然排烟效果,但走道、室内空间净高不大于3 m的区域的自然排烟窗(口)可设置在室内净高度的1/2以上。

自然排烟窗(口)的开启形式应有利于火灾烟气的排出,设置在外墙上的单开式自动排烟窗宜采用下悬外开式,设置在屋面上的自动排烟窗宜采用对开式或百叶式;当房间面积不大于200 m时,自然排烟窗(口)的开启方向可不受限。

自然排烟窗(口)宜分散均匀布置,且每组的长度不宜大于3 m;为防止火势从防火墙的内转角或防火墙两侧的门窗洞口蔓延,设置在防火墙两侧的自然排烟窗(口)之间最近边缘的水平距离不应小于2 m。

③厂房、仓库的自然排烟窗(口)当设置在外墙时,自然排烟窗(口)应沿建筑物的两条对边均匀设置;当设置在屋顶时,自然排烟窗(口)应在屋面均匀设置且宜采用自动控制方式开启,当屋面斜度小于或等于12°时,每200 m^2的建筑面积应设置相应的自然排烟窗(口);当屋面斜度大于12°时,每400 m^2的建筑面积应设置相应的自然排烟窗(口)。

④自然排烟窗(口)应设置手动开启装置,设置在高位不便于直接开启的自然排烟窗(口),应设置距地面高度1.3~1.5 m的手动开启装置,以确保火灾时即使在断电、联动和自动功能失效的状态下仍然能够通过手动装置可靠开启排烟窗以保证排烟效果。

(2)自然排烟窗(口)开启的有效面积

①当采用开窗角大于70°的悬窗时,可认为其已经基本开直,排烟有效面积应按窗的面积计算;当开窗角小于或等于70°时,其面积应按窗最大开启时的水平投影面积计算。

②当采用开窗角大于70°的平开窗时,其面积应按窗的面积计算;当开窗角小于或等于70°时,其面积应按窗最大开启时的竖向投影面积计算。

③当采用推拉窗时,其面积应按开启的最大窗口面积计算。

④当采用百叶窗时,其面积应按窗的有效开口面积计算,窗的有效面积为窗的净面积乘以遮挡系数,根据工程实际经验,当采用防雨百叶时系数取0.6,当采用一般百叶时系数取0.8。

⑤当平推窗设置在顶部时,其面积可按窗的1/2周长与平推距离乘积计算,且不应大于窗面积。

⑥当平推窗设置在外墙时,其面积可按窗的1/4周长与平推距离乘积计算,且不应大于窗面积。

4.机械排烟系统

当建筑的机械排烟系统沿水平方向布置时,每个防火分区的机械排烟系统应独立设置,防止火灾在不同防火分区之间蔓延,且有利于不同防火分区烟气的排出。为了提高系统的可靠性,及时排出烟气,防止排烟系统因担负楼层数太多或竖向高度过高而失效,对于建筑高度超过50 m的公共建筑和建筑高度超过100 m的住宅,其排烟系统应竖向分段独立设置,且公共建筑每段高度不应超过50 m,住宅建筑每段高度不应超过100 m。

(1)排烟风机的设置

排烟风机宜设置在排烟系统的最高处,烟气出口宜朝上,并应高于加压送风机和补风机的进风口,排烟风机应设置在专用机房内,且应满足280 ℃时连续工作30 min的要求。

当排烟风道内烟气温度达到280 ℃时,烟气中已带火,此时应停止排烟,否则,烟火扩散到其他部位,会造成新的危害。而仅关闭排烟风机,不能阻止烟火通过管道的蔓延,因此,排烟风机应与风机入口处的排烟防火阀连锁,当该排烟防火阀关闭时,排烟风机应能停止运转。

(2)排烟阀(排烟口)的设置

排烟阀是安装在机械排烟系统各支管端部(烟气吸入口)处、平时呈关闭状态并满足漏风量要求、火灾时可手动和电动启闭、起排烟作用的阀门。排烟阀一般由阀体、叶片、执行机构等部件组成。

带有装饰或进行过装饰处理的阀门,称为排烟口,常见的排烟口有多叶排烟口和板式排烟口,这是机械排烟系统中应用最多的形式。

防烟分区内任一点与最近的排烟口之间的水平距离不应大于 30 m。排烟口宜设置在顶棚或靠近顶棚的墙面上,设置在墙面上时,应设在储烟仓内,但走道、室内空间净高不大于 3 m 的区域,其排烟口可设置在其净空高度的 1/2 以上,当设置在侧墙时,吊顶与其最近边缘的距离不应大于 0.5 m。对于需要设置机械排烟系统的房间,当其建筑面积小于 50 m^2 时,可通过走道排烟,排烟口可设置在疏散走道。发生火灾时,由火灾自动报警系统联动开启排烟区域的排烟阀或排烟口,应在现场设置手动开启装置。排烟口的设置宜使烟流方向与人员疏散方向相反,排烟口与附近安全出口相邻边缘之间的水平距离不应小于 1.5 m。排烟口的风速不宜大于 10 m/s。

当排烟口设在吊顶内且通过吊顶上部空间进行排烟时,吊顶应采用不燃材料,且吊顶内不应有可燃物,封闭式吊顶上设置的烟气流入口的颈部烟气速度不宜大于 1.5 m/s,非封闭式吊顶的开孔率不应小于吊顶净面积的 25%,且孔洞应均匀布置。

(3)排烟防火阀的设置

在机械排烟系统中,当建筑的某部位着火时,所在防烟分区的排烟口或排烟阀开启,排烟风机通过排风管道(风道)、排烟口,排除燃烧产生的烟气和热量。

但当排烟道内的烟气温度达到或超过 280 ℃时,烟气中已带火,如不停止排烟,烟火就有通过烟道扩散蔓延到其他区域的风险,可能造成更大的危害,因此,必须在区域分隔的关键部位安装排烟防火阀。

在机械排烟系统的以下部位,需要设置 280 ℃时能自动关闭的排烟防火阀:

①垂直风管与每层水平风管交接处的水平管段上;

②一个排烟系统负担多个防烟分区的排烟支管上;

③排烟风机入口处;

④穿越防火分区处。

(4)排烟管道

机械排烟系统应采用管道排烟,且不应采用土建风道。排烟管道应采用不燃材料制作且内壁应光滑。当排烟管道内壁为金属时,管道设计风速不应大于 20 m/s;当排烟管道内壁为非金属时,管道设计风速不应大于 15 m/s。

排烟管道及其连接部件应能在 280 ℃时连续 30 min 保证其结构完整性。竖向设置的排烟管道应设置在独立的管道井内,排烟管道的耐火极限不应低于 0.5 h。水平设置的排烟管道应设置在吊顶内,其耐火极限不应低于 0.5 h;当确有困难时,可直接设置在室内,但管道的耐火极限不应小于 1 h。设置在走道部位吊顶内的排烟管道,以反穿越防火分区的排烟管道,其管道的耐火极限不应小于 1 h,但设备用房和汽车库的排烟管道耐火极限可不低于 0.5 h。

当吊顶内有可燃物时,吊顶内的排烟管道应采用不燃材料进行隔热,并应与可燃物保持不小于 150 mm 的距离。

5. 补风系统

根据空气流动的原理,必须要有补风才能排出烟气。排烟系统排烟时,补风的主要目的是形成理想的气流组织,迅速排除烟气,有利于人员的安全疏散和消防人员的进入。对于建筑物地上部分的机械排烟的走道、面积小于 500 m^2 的房间,由于这些场所的面积较小,排烟量也较小,可以利用建筑的各种缝隙,满足排烟系统所需的补风,为了简化系统管理和减少工程投入,可以不用专门为这些场所设置补风系统。因此,除地上建筑的走道或建筑面积小于500 m^2的房间外,设置排烟系统的场所应设置补风系统,且补风系统应与排烟系统联动开启或关闭。

补风系统应直接从室外引入空气,且补风量不应小于排烟量的50%。补风系统可采用疏散外门、手动或自动可开启外窗等自然进风方式以及机械送风方式。防火门、窗不得用作补风设施。风机应设置在专用机房内,补风口与排烟口设置在同一空间内相邻的防烟分区时,补风口位置不限;当补风口与排烟口设置在同一防烟分区时,补风口应设在储烟仓下沿以下;补风口与排烟口水平距离不应少于5 m。

机械补风口的风速不宜大于10 m/s,人员密集场所补风口的风速不宜大于5 m/s;自然补风口的风速不宜大于3 m/s。补风管道耐火极限不应低于0.5 h,当补风管道跨越防火分区时,管道的耐火极限不应小于1.5 h。

6. 排烟系统设计计算

考虑到实际工程中由于风管(道)及排烟阀(口)的漏风及风机制造标准中允许风量的偏差等各种风量损耗的影响,排烟系统的设计风量不应小于该系统计算风量的1.2倍。

除中庭外,下列场所防烟分区的排烟量计算应符合规定。

(1)建筑空间净高小于或等于6 m的场所,其排烟量应按不小于60 $m^3/(h \cdot m^2)$计算,且取值不小于15 000 m^3/h,或设置有效面积不小于该房间建筑面积2%的自然排烟窗(口)。

(2)公共建筑、工业建筑中空间净高大于6 m的场所,其每个防烟分区排烟量应根据场所内的热释放速率经计算确定,且不应小于规定的数值,或设置自然排烟窗(口),其所需有效排烟面积应根据表7-2及自然排烟窗(口)处风速计算。

表7-2　公共建筑中空间净高大于6 m场所的计算排烟量及自然排烟侧窗(口)部风速

空间净高/m	办公室、学校/($\times 10^4$ m^3/h)		商店、展览厅/($\times 10^4$ m^3/h)		厂房、其他公共建筑/($\times 10^4$ m^3/h)		仓库/($\times 10^4$ m^3/h)	
	无喷淋	有喷淋	无喷淋	有喷淋	无喷淋	有喷淋	无喷淋	有喷淋
6.0	12.2	5.2	17.6	7.8	15.0	7.0	30.1	9.3
7.0	13.9	6.3	19.6	9.1	16.8	8.2	32.8	10.8
8.0	15.8	7.4	21.8	10.6	18.9	9.6	35.4	12.4
9.0	17.8	8.7	24.2	12.2	21.1	11.1	38.5	14.2
自然排烟侧窗(口)部风速/(m/s)	0.94	0.64	1.06	0.78	1.01	0.74	1.26	0.84

注:①建筑空间净高大于9 m的,按9 m取值;建筑空间净高位于表中两个高度之间的,按线性插值法取值;表中建筑空间净高为6 m处的各排烟量值为线性插值法的计算基准值。

②当采用自然排烟方式时,储烟仓厚度应大于房间净高的20%;自然排烟窗(口)面积=计算排烟量/自然排烟窗(口)处风速;当采用顶开窗排烟时,其自然排烟窗(口)的风速可按侧窗口部风速的1.4倍计。

③当公共建筑仅需在走道或回廊设置排烟时,其机械排烟量不应小于13 000 m^3/h,或在走道两端(侧)

均设置面积不小于 2 m^2 的自然排烟窗(口)且两侧自然排烟窗(口)的距离不应小于走道长度的2/3。

④当公共建筑房间内与走道或回廊均需设置排烟时,其走道或回廊的机械排烟量可按 60 $m^3/(h \cdot m^2)$ 计算,且不小于 13 000 m^3/h,或设置有效面积不小于走道、回廊建筑面积 2% 的自然排烟窗(口)。

7. **系统控制**

机械排烟系统应与火灾自动报警系统联动,机械排烟系统中的常闭排烟阀或排烟口应具有火灾自动报警系统自动开启、消防控制室手动开启和现场手动开启功能,其开启信号应与排烟风机联动。当确认火灾后,火灾自动报警系统应在 15 s 内联动开启相应防烟分区的全部排烟阀、排烟口、排烟风机和补风设施,并应在 30 s 内自动关闭与排烟无关的通风、空调系统。

当火灾确认后,担负两个及以上防烟分区的排烟系统,应仅打开着火防烟分区的排烟阀或排烟口,其他防烟分区的排烟阀或排烟口应呈关闭状态。

活动挡烟垂壁应具有火灾自动报警系统自动启动和现场手动启动功能,当火灾确认后,火灾自动报警系统应在 15s 内联动相应防烟分区的全部活动挡烟垂壁,60 s 以内挡烟垂壁应开启到位。

自动排烟窗可采用与火灾自动报警系统联动和温度释放装置联动的控制方式。当采用与火灾自动报警系统自动启动时,自动排烟窗应在 60s 内或小于烟气充满储烟仓时间内开启完毕。带有温控功能的自动排烟窗,其温控释放温度应大于环境温度 30 ℃且小于 100 ℃。

排烟风机、补风机应能够现场手动启动、火灾自动报警系统自动启动、消防控制室手动启动,系统中任一排烟阀或排烟口开启时,排烟风机、补风机自动启动、排烟防火阀在 280 ℃时应自行关闭,并应连锁关闭排烟风机和补风机。

三、高校建筑火灾自动报警系统

(一)火灾自动报警系统概述

1. **火灾自动报警系统组成**

火灾自动报警系统主要由信号触发装置、火灾报警装置、火灾警报装置、消防电源等组成,能在建筑发生火灾后第一时间识别火灾,迅速将火灾报警信号发送到消防控制室,使受灾对象及早知晓火情,引导人员尽快逃生。

通过火灾自动报警系统联动控制与之相连接的自动灭火系统、消防应急照明与疏散指示系统、防排烟系统、防火分隔系统等消防设施,及时调动各类消防设施发挥应有作用,可以最大限度地预防和减少建筑物或场所的火灾危害。

2. **火灾自动报警系统分类**

根据系统组成形式,火灾自动报警系统可分为区域报警系统、集中报警系统和控制中心报警系统。

(1)区域报警系统

区域报警系统适用于仅需要报警,不需要联动自动消防设备的保护对象。

(2)集中报警系统

集中报警系统适用于不仅需要报警,同时需要联动自动消防设备,且只设置一台具有集中控制功能的火灾报警控制器和消防联动控制器的保护对象,并应设置一个消防控制室。

(3)控制中心报警系统

控制中心报警系统适用于设置两个及以上消防控制室的保护对象,或已设置两个及以上集中报警系统的保护对象。

(二)消防联动控制设置

1. 消防联动系统工作原理

火灾发生时,火灾探测器和手动火灾报警按钮的报警信号等联动触发信号传输至消防联动控制器,消防联动控制器按照预设的逻辑关系对接收到的触发信号进行识别判断,在满足逻辑关系条件时,消防联动控制器按照预设的控制时序启动相应的自动消防系统(设施),实现预设的消防功能;消防控制室的消防管理人员也可以通过操作控制消防联动控制器的手动控制盘直接启动相应的消防系统(设施),从而实现相应的消防系统预设的消防功能。消防联动控制器接收并显示消防系统(设施)动作的反馈信息。

2. 一般性设置要求

(1)消防联动控制器应能按设定的控制逻辑,向各相关的受控设备发出联动控制信号,并接受相关设备的联动反馈信号。

(2)消防水泵、防烟和排烟风机的控制设备,除应采用联动控制方式外,还应在消防控制室设置手动直接控制装置。

(3)需要火灾自动报警系统联动控制的消防设备,其联动触发信号应采用两个独立的报警触发装置报警信号的"与"逻辑组合。

3. 自动喷水灭火系统的联动控制设计系统

对于高校建筑而言,自动喷水灭火系统常见的形式为湿式系统和干式系统,其联动控制设计,应符合下列规定。

(1)联动控制方式,应由湿式报警阀压力开关的动作信号作为触发信号,直接控制启动喷淋消防泵,联动控制不应受消防联动控制器处于自动或手动状态影响。

(2)手动控制方式,应将喷淋消防泵控制箱(柜)的启动、停止按钮用专用线路直接连接至设置在消防控制室内的消防联动控制器的手动控制盘,直接手动控制喷淋消防泵的启动、停止。

(3)水流指示器、信号阀、压力开关、喷淋消防泵的启动和停止的动作信号应反馈至消防联动控制器。

4. 消火栓系统的联动控制设计

(1)联动控制方式,应由消火栓系统出水干管上设置的低压压力开关、高位消防水箱出水管上设置的流量开关或报警阀压力开关等信号作为触发信号,直接控制启动消火栓泵,联动控制不应受消防联动控制器处于自动或手动状态影响。当设置消火栓按钮时,消火栓按钮的动作信号应作为报警信号及启动消火栓泵的联动触发信号,由消防联动控制器联动控制消火栓泵的启动。

(2)手动控制方式,应将消火栓泵控制箱(柜)的启动、停止按钮用专用线路直接连接至设置在消防控制室内的消防联动控制器的手动控制盘,并应直接手动控制消火栓泵的启动、停止。

(3)消火栓泵的动作信号应反馈至消防联动控制器。

5.防烟排烟系统的联动控制设计

(1)防烟系统的联动控制方式应符合下列规定:①应由加压长风口所在防火分区内的两只独立的火灾探测器或一只火灾探测器与一只手动火灾报警按钮的报警信号,作为送风门开启和加压送风机启动的联动触发信号,并应由消防联动控制器联动控制相关层前室等需要加压送风场所的加压送风口开启和加压送风机启动。②应由同一防烟分区内且位于电动挡烟垂壁附近的两只独立的感烟火灾探测器的报警信号,作为电动挡烟垂壁降落的联动触发信号,并应由消防联动控制器联动控制电动挡烟垂壁的降落。

(2)排烟系统的联动控制方式应符合下列规定:①应由同一防烟分区内的两只独立的火灾探测器的报警信号,作为排烟口、排烟窗或排烟阀开启的联动触发信号,并应由消防联动控制器联动控制排烟口、排烟窗或排烟阀的开启,同时停止该防烟分区的空气调节系统。②应由排烟口、排烟窗或排烟阀开启的动作信号,作为排烟风机启动的联动触发信号,并应由消防联动控制器联动控制排烟风机的启动。

(3)防烟系统、排烟系统的手动控制方式,应能在消防控制室内的消防联动控制器上手动控制送风口、电动挡烟垂壁、排烟口、排烟窗、排烟阀的开启或关闭及防烟风机、排烟风机等设备的启动或停止,防烟、排烟风机的启动、停止按钮应采用专用线路直接连接至设置在消防控制室内的消防联动控制器的自动控制盘,并应直接手动控制防烟、排烟风机的启动、停止。

6.火灾警报和消防应急广播系统的联动控制设计

(1)火灾自动报警系统应设置火灾声光警报器,并应在确认火灾后启动建筑内的所有火灾声光警报器。

(2)火灾声光警报器设置带有语音提示功能时,应同时设置语音同步器。

(3)同一建筑内设置多个火灾声光警报器时,火灾自动报警系统应能同时启动和停止所有火灾声光警报器工作。

(4)集中报警系统和控制中心报警系统应设置消防应急广播。

(5)消防应急广播系统的联动控制信号应由消防联动控制器发出。当确认火灾后,应同时向全楼进行广播。

(6)消防应急广播与普通广播或背景音乐广播合用时,应具有强制切入消防应急广播的功能。

7.消防应急照明和疏散指示系统的联动控制设计

(1)消防应急照明和疏散指示系统的联动控制设计,应符合下列规定。

①集中控制型消防应急照明和疏散指示系统,应由火灾报警控制器或消防联动控制器启动应急照明控制器实现。

②集中电源非集中控制型消防应急照明和疏散指示系统,应由消防联动控制器联动应急照明集中电源和应急照明配电装置实现。

③自带电源非集中控制型消防应急照明和疏散指示系统,应由消防联动控制器联动消防应急照明配电箱实现。

(2)当确认火灾后,由发生火灾的报警区域开始,按顺序启动全楼疏散通道的消防应急照明和疏散指示系统,系统全部投入应急状态的启动时间不应大于5 s。对于高校建筑火灾自动报警系统消防联动控制的设计，还应符合《火灾自动报警系统设计规范》（GB 50116－2013）第4部分相关规定。

（三）火灾探测器的选择

火灾探测器是火灾自动报警系统最基本和最关键的部件之一，对被保护区域进行不间断的监视和探测，把火灾初期阶段能引起火灾的参数（烟、热及光等信息）尽早、及时和准确地检测出来并报警。

一般物质的火灾发展过程通常都要经过阴燃、发展和熄灭三个阶段。因此，火灾探测器的选择原则是要根据被保护区域内初期火灾的形成和发展特点去选择有相应特点和功能的火灾探测器。

1. 火灾探测器的分类

按结构类型分类，火灾探测器可以分为点型和线型。

按火灾探测的参数分类，火灾探测器可以分为感烟火灾探测器（包含吸气式感烟火灾探测器）、感温火灾探测器、火焰探测器、可燃气体探测器、复合探测器等。

按是否具有复位功能分类，火灾探测器可以分为可复位探测器、不可复位探测器。

2. 火灾探测器的选择

选择火灾探测器时，应符合下列一般规定。

（1）对火灾初期有阴燃阶段，产生大量的烟和少量的热，很少或没有火焰辐射的场所，应选择感烟火灾探测器。对于高校建筑，如教学楼、办公楼的厅堂、办公室、计算机房、通信机房、书库、档案库等，宜选择点型感烟火灾探测器。

（2）对火灾发展迅速，可产生大量的热、烟和火焰辐射的场所，可选择感温火灾探测器、感烟火灾探测器、火焰探测器或其组合。

（3）对火灾发展迅速、有强烈的火焰辐射和少量烟、热的场所，应选择火焰探测器。

（4）对火灾初期有阴燃阶段，且需要早期探测的场所，宜增设一氧化碳火灾探测器。

（5）对使用、生产可燃气体或可燃蒸气的场所，应选择可燃气体探测器。

（6）应根据保护场所可能发生火灾的部位和燃烧材料的分析，以及火灾探测器的类型、灵敏度和响应时间等，选择相应的火灾探测器，对火灾形成特征不可预料的场所，可根据模拟试验的结果选择火灾探测器。

（7）同一探测区域内设置多个火灾探测器时，可选择具有复合判断火灾功能的火灾探测器和火灾报警控制器。

对于不同高度的房间，在选择点型火灾探测器时，可按表7－3进行。

表7－3　对不同高度的房间点型火灾探测器的选择

房间高度/m	点型感烟火灾探测器	点型感温火灾探测器			火焰探测器
		A1、A2	B	C、D、E、F、G	
12～20	不适合	不适合	不适合	不适合	适合
8～12	适合	不适合	不适合	不适合	适合

表 7-3(续)

房间高度/m	点型感烟火灾探测器	点型感温火灾探测器			火焰探测器
		A1、A2	B	C、D、E、F、G	
6~8	适合	适合	不适合	不适合	适合
4~6	适合	适合	适合	不适合	适合
≤4	适合	适合	适合	适合	适合

对于吸气式感烟火灾探测器的选择,可参考以下原则进行。

①具有高速气流的场所。

②点型感烟、感温火灾探测器不适宜的大空间、舞台上方、建筑高度超过12m或有特殊要求的场所。

③低温场所。

④需要进行隐蔽探测的场所。

⑤需要进行火灾早期探测的重要场所。

⑥人员不宜进入的场所。

对于高校建筑而言,空间高大的体育馆、会堂、礼堂可选择设置吸气式感烟火灾探测器,以提高探测的灵敏度。

对于高校建筑火灾探测器的选择,还应符合《火灾自动报警系统设计规范》第5部分相关规定。

(四)火灾自动报警系统设备的设置

1. 火灾报警控制器和消防联动控制器的设置

(1)火灾报警控制器和消防联动控制器,应设置在消防控制室内或有人值班的房间和场所。

(2)集中报警系统和控制中心报警系统中的区域火灾报警控制器在满足下列条件时,可设置在无人值班的场所。

①本区域内不需要手动控制的消防联动设备。

②本火灾报警控制器的所有信息在集中火灾报警控制器上均有显示,且能接收集中控制功能的火灾报警控制器的联动控制信号,并自动启动相应的消防设备。

③设置的场所只有值班人员可以进入。

2. 火灾探测器的设置

点型火灾探测器的设置应符合下列规定。

(1)探测区域的每个房间应至少设置一只火灾探测器。

(2)感烟火灾探测器和 A_1、A_2、B 型感温火灾探测器的保护面积和保护半径应根据生产企业设计说明书确定。

(五)消防控制室

消防控制室是建筑消防系统的信息中心、控制中心、日常运行管理中心和各种自动消防系统运行状态监视中心,也是建筑发生火灾和日常火灾演练时的应急指挥中心。

1. 消防控制室的设计要求

设有消防联动功能的火灾自动报警系统和自动灭火系统或设有消防联动功能的火灾自动报警系统和机械防排烟设施的建筑，应设消防控制室。

消防控制室的设置应符合以下规定。

(1)单独建造的消防控制室，其耐火等级不应低于二级。

(2)附设在建筑内的消防控制室，宜设置在建筑内首层的靠外墙部位，亦可设置在建筑物的地下一层，但应采用耐火极限不低于 2 h 的隔墙和不低于 1.5 h 的楼板与其他部位隔开，并应设置直通室外的安全出口。

(3)消防控制室送、回风管的穿墙处应设防火阀。

(4)消防控制室内严禁有与消防设施无关的电气线路及管路穿过。

(5)消防控制室不应设置在电磁场干扰较强及其他可能影响消防控制设备工作的设备用房附近。

2. 消防控制室的设备组成及布置

消防控制室内的设备一般包含以下组成部分。

(1)火灾报警控制器。

(2)自动灭火系统控制装置。

(3)室内消火栓系统的控制装置。

(4)防烟、排烟系统及空调通风系统的控制装置。

(5)防火门、防火卷帘的控制装置。

(6)电梯控制装置。

(7)火灾应急广播控制装置。

(8)火灾警报控制装置。

(9)消防通信设备。

(10)火灾应急照明和疏散指示标志的控制装置。

3. 消防控制室的设备布置

消防控制室内设备面盘前的操作距离，单列布置时不应小于 1.5 m；双列布置时不应小于 2 m；在值班人员经常工作的一面，设备面盘至墙的距离不应小于 3 m；设备面盘后的维修距离不宜小于 1 m；设备面盘的排列长度大于 4 m 时，其两端应设置宽度不小于 1 m 的通道；在与建筑内其他弱电系统合用的消防控制室，消防设备应集中设置，并应与其他设备之间有明显的间隔。

4. 消防控制室的控制与显示功能

(1)消防控制室图形显示装置

消防控制室图形显示装置应能用同一界面显示建筑物周边消防车道、消防登高车操作场地、消防水源位置，以及相邻建筑的防火间距、建筑面积、建筑高度、使用性质等情况；应能显示消防系统及设备的名称、位置和动态信息；当有火灾报警信号、反馈信号等信号输入时，应有相应状态的指示；应能显示可燃气体探测报警系统、电气火灾监控系统的报警信息、故障信息和相关联动反馈信息。

(2)火灾报警控制器

火灾报警控制器应能显示火灾探测器、火灾显示盘和手动火灾报警按钮的正常工作状态、火灾报警状态、屏蔽状态及故障状态等相关信息;控制火灾声光警报器的启动和停止。

(3)消防联动控制器

①应能将消防系统及设备的状态信息传输到消防控制室图形显示装置。

②对自动喷水灭火系统的控制和显示,应满足:能显示喷淋泵电源的工作状态、显示喷淋泵(稳压或增压泵)的启停状态和故障状态,显示水流指示器、信号阀等的工作状态和动作状态;显示消防水箱(池)最低水位信息和管网最低压力报警信息;能手动控制喷淋泵的启停,并显示其手动启停和自动启动的动作反馈信号。

③对消火栓系统的控制和显示,应满足:能显示消防水泵电源的工作状态;能显示消防水泵(稳压或增压泵)的启停状态和故障状态;能显示消火栓按钮的正常工作状态和动作状态及位置信息等;能手动和自动控制消防水泵启停并显示其动作反馈信号。

④对防排烟系统及通风空调系统的控制和显示,应满足:能显示防排烟系统风机电源的工作状态;能显示防排烟系统的手动、自动工作状态及防排烟系统风机的正常工作状态和动作状态;能控制防排烟系统及通风空调系统的风机和电动排烟防火阀、电控挡烟垂壁、电动防火阀、常闭送风口、排烟阀等的动作,并显示其反馈信号。

⑤对防火门及防火卷帘的控制和显示,应满足:能显示防火门控制器、防火卷帘控制器的工作状态和故障状态等动态信息;能显示防火卷帘、常开防火门、人员密集场所中因管理需要平时常闭的疏散门及具有信号反馈功能的防火门的工作状态;能关闭防火卷帘和常开防火门并显示其反馈信号。

⑥消防应急广播控制装置应满足:能显示处于应急广播状态的广播分区、预设广播信息;能分别通过手动和按照预设控制逻辑自动控制选择广播分区、启动或停止应急广播,并在扬声器进行应急广播时自动对广播内容进行录音;能显示应急广播的故障状态,并能将故障状态信息传输给消防控制室图形显示装置。

⑦消防应急照明和疏散指示系统控制装置应满足:能手动控制自带电源型消防应急照明和疏散指示系统的主电工作状态和应急工作状态的转换;能分别通过手动和自动控制集中电源型消防应急照明和疏散指示系统与集中控制型消防应急照明和疏散指示系统从主电工作状态切换到应急工作状态;受消防联动控制器控制的系统,能将系统的故障状态和应急工作状态信息传输给消防控制室图形显示装置;不受消防联动控制器控制的系统,能将系统的故障状态和应急工作状态信息传输给消防控制室图形显示装置。

5. 消防控制室的管理

消防控制室应实行每日 24 h 专人值班制度,每班不应少于 2 人;火灾自动报警系统和灭火系统应处于正常工作状态;高位消防水箱、消防水池、气压水罐等消防储水设施应水量充足,消防泵出水管阀门、自动喷水灭火系统管道上的阀门常开;消防水泵、防排烟风机、防火卷帘等消防用电设备的配电柜开关处于自动位置。

消防控制室值班应制定应急程序,一般要求是:接到火灾警报后,值班人员应立即以最快方式确认;在火灾确认后,立即将火灾报警联动控制开关转入自动状态,同时拨打“119”报警;还应立即启动单位内部应急疏散和灭火预案,同时报告单位负责人。

(六)消防应急照明系统

1. 消防应急照明系统的分类和组成

消防应急照明和疏散指示系统是指为人员疏散、消防作业提供照明和疏散指示的系统,由各类消防应急灯具及相关装置组成。

消防应急灯具包括消防应急照明灯具和消防应急标志灯具。

根据用途、工作方式、供电方式、控制方式的不同,消防应急灯具分类如下所述。

(1)自带电源非集中控制型系统

自带电源非集中控制型系统连接的消防应急灯具均为自带电源型,灯具内部自带蓄电池,工作方式为独立控制,无集中控制功能。

(2)自带电源集中控制型系统

自带电源集中控制型系统由应急照明控制器、应急照明配电箱和消防应急灯具组成。消防应急灯具由应急照明配电箱供电,消防应急灯具的工作状态受应急照明控制器控制和管理。

自带电源集中控制型系统连接的消防应急灯具均为自带电源型,灯具内部自带蓄电池,但是消防应急灯具的应急转换由应急照明控制器控制。

(3)集中电源非集中控制型系统

集中电源非集中控制型系统由应急照明集中电源、应急照明分配电装置和消防应急灯具组成。应急照明集中电源通过应急照明分配电装置为消防应急灯具供电。

集中电源非集中控制型系统连接的消防应急灯具不自带电源,工作电源由应急照明集中电源提供,工作方式为独立控制,无集中控制功能。

(4)集中电源集中控制型系统

集中电源集中控制型系统由应急照明控制器、应急照明集中电源、应急照明分配电装置和消防应急灯具组成。应急照明集中电源通过应急照明分配电装置为消防应急灯具供电,应急照明集中电源和消防应急灯具的工作状态受应急照明控制器控制。

2. 消防应急照明系统设置场所及照度要求

(1)设置场所

①封闭楼梯间、防烟楼梯间及其前室、消防电梯间的前室或合用前室、避难走道、避难层(间)。

②观众厅、展览厅、多功能厅和建筑面积大于 200 m^2 的营业厅、餐厅等人员密集的场所。

③建筑面积大于 100 m^2 的地下或半地下公共活动场所。

④公共建筑内的疏散走道。

⑤座位数超过 1 500 个的电影院、剧场,座位数超过 3 000 个的体育馆、会堂或礼堂应在疏散走道和主要疏散路径的地面上增设能保持视觉连续的灯光疏散指示标志或蓄光疏散指示标志。

(2)照度要求

①对于疏散走道,其地面最低水平照度不应低于 1 lx。

②对于人员密集场所、避难层(间),其地面最低水平照度不应低于 3 lx。

③对于楼梯间、前室或合用前室、避难走道,其地面最低水平照度不应低于 5 lx。

④控制室、消防水泵房、自备发电机房、配电室、防排烟机房以及发生火灾时仍需正常工作的消防设备房应设置备用照明,其作业面的最低照度不应低于正常照明的照度。

(3)位置要求

①疏散照明灯具应设置在出口的顶部、墙面的上部或顶棚上;备用照明灯具应设置在

墙面的上部或顶棚上。

②灯光疏散指示标志应设置在安全出口和人员密集的场所的疏散门的正上方；当设置在疏散走道及其转角处时，应设置在距地面高度 1 m 以下的墙面或地面上，灯光疏散指示标志的间距不应大于 20 m；对于袋形走道，不应大于 10 m；在走道转角区，不应大于 1 m。

③消防疏散指示标志和消防应急照明灯具，除应符合《建筑设计防火规范》(GB 50016—2014)的相关规定外，还应符合现行国家标准《消防安全标志》(GB 13495.1—2015)和《消防应急照明和疏散指示系统》(GB 17945—2010)的规定。

(七)消防电源及其配电系统

1. 消防负荷分级

(1)一类高层民用建筑的消防用电应按一级负荷供电。

(2)二类高层民用建筑的消防用电应按二级负荷供电。

(3)座位数超过 1 500 个的剧场，座位数超过 3 000 个的体育馆，室外消防用水量大于 25 L/s 的其他公共建筑应按一级负荷供电。

2. 供电要求

(1)消防用电按一、二级负荷供电的建筑，当采用自备发电设备作备用电源时，自备发电设备应设置自动和手动启动装置。当采用自动启动方式时，应能保证在 30 s 内供电。

(2)不同级别负荷的供电电源应符合现行国家标准《供配电系统设计规范》(GB 50052—2009)的规定。

(3)消防用电设备应采用专用的供电回路，当建筑内的生产、生活用电被切断时，应仍能保证消防用电。

3. 供电时间

建筑内消防应急照明和灯光疏散指示标志的备用电源的连续供电时间应满足下列要求。

(1)建筑高度大于 100 m 的民用建筑，不应小于 1.5 h。

(2)总建筑面积大于 100 000 m^2 的公共建筑和总建筑面积大于 20 000 m^2的地下、半地下建筑，不应少于 1 h。

(3)其他建筑，不应少于 0.5 h。

(4)备用消防电源的供电时间和容量，应满足该建筑火灾延续时间内各消防用电设备的要求。

4. 线路敷设要求

消防配电线路应满足火灾时连续供电的需要，其敷设应符合下列规定。

(1)明敷时(包括敷设在吊顶内)，应穿金属导管或采用封闭式金属槽盒保护，金属导管或封闭式金属槽盒应采取防火保护措施；当采用阻燃或耐火电缆并敷设在电缆井、沟内时，可不穿金属导管或采用封闭式金属槽盒保护；当采用矿物绝缘类不燃性电缆时，可直接明敷。

(2)暗敷时，应穿管并应敷设在不燃性结构内，且保护层厚度不应小于 30 mm。

(3)消防配电线路宜与其他配电线路分开敷设在不同的电缆井、沟内；确有困难需敷设在同一电缆井、沟内时，应分别布置在电缆井、沟的两侧，且消防配电线路应采用矿物绝缘类不燃性电缆。

5. 其他

(1)消防配电干线宜按防火分区划分,消防配电支线不宜穿越防火分区。

(2)消防控制室、消防水泵房、防烟和排烟风机房的消防用电设备及消防电梯等的供电,应在其配电线路的最末一级配电箱处设置自动切换装置。

(3)按一、二级负荷供电的消防设备,其配电箱应独立设置;按三级负荷供电的消防设备,其配电箱宜独立设置。消防配电设备应设置明显标志。

第三节　高等学校日常消防安全管理

一、高校消防安全管理依据及内容

消防安全管理,顾名思义,就是指对各类消防事务的管理,其具体含义通常是指依照消防法律、法规及规章制度,遵循火灾发生、发展的规律及国民经济发展的规律,运用管理科学的原理和方法,通过各种消防管理职能,合理有效地利用各种管理资源,为实现消防安全目标所进行的各种活动的总和。

高校是重要的国家人才战略培育基地之一,是特殊智力人员的密集场所,一旦发生火灾,极易造成群体伤亡事故,造成巨大的人员伤亡和财产损失。据有关统计资料表明,大学里火灾比盗窃所造成的经济损失要高出数十倍。有的学校整座教学楼、图书馆、试验楼、礼堂被烧毁,损失了许多珍贵的标本与图书,严重影响了教学科研活动的正常进行,甚至造成人员伤亡的事例也屡有发生。从众多高校火灾事故的调查中发现,发生火灾的高校都存在消防安全管理组织领导不力,消防安全管理组织机构不健全,消防安全管理制度缺失,初期火灾事故处置措施不当等对消防安全管理工作不依法、不规范、不重视的问题。

校园里发生的火灾威胁了师生的生命安全。为确保高校这种特殊的国家人才战略培育基地的消防安全,高校基本被当地公安消防机构列为消防安全重点单位,足见高校消防安全管理工作不容忽视、十分重要。为确保高校师生的生命安全和财产不受损失,确保国家人才战略工程的顺利实施,不断促进高校的长期繁荣发展,依法规范高校消防安全管理工作势在必行、迫在眉睫。

(一)法律依据

高校在消防安全工作中,应当遵守消防法律、法规和规章,贯彻预防为主、防消结合的方针,履行消防安全职责,保障消防安全。

高校的消防安全管理应遵守《中华人民共和国消防法》《机关、团体、企业、事业单位消防安全管理规定》《高等学校消防安全管理规定》等相关消防法律法规,牢固树立"火灾无情,警钟长鸣""消防安全无小事"的思想意识;牢固树立"高校消防安全管理工作,只有起点,没有终点"的思想意识;牢固树立消防安全工作应"预防为主,防消结合,普及教育,群防群治"的思想意识。

根据《中华人民共和国消防法》,我国消防部门颁布的各种技术规范规程也是高校开展消防工作的重要依据。此外,由于高校消防的特殊性,2017 年教育部还颁布了《普通高等学校消防安全工作指南》,这些法律文件为高校开展消防工作提供了法律依据。

(二)消防安全管理内容

高校应结合各单位具体情况,围绕消防安全制度的制定,一般从以下七个方面落实消防安全管理相关工作。具体内容包括:消防安全教育、培训;防火巡查、检查;安全疏散设施管理;消防控制室值班制度;消防设施、器材维护管理;火灾隐患整改;用火、用电安全管理;易燃易爆危险物品和场所防火防爆;专职和义务消防队的组织管理;灭火和应急疏散预案演练;燃气和电气设备的检查和管理(包括防雷、防静电);消防安全工作考评和奖惩;其他必要的消防安全内容。

二、高校消防安全管理制度

(一)高校消防安全责任制

高校应当按照国家有关规定,结合本单位的特点,建立健全高校消防安全制度和保障消防安全的操作规程,并公布执行。高校应建立明确的消防安全管理责任制度,明确消防安全责任人及岗位的消防安全职责,配备相关机构和人员。

1. 消防安全责任人及消防安全职责

学校法定代表人是学校消防安全责任人,全面负责学校消防安全工作,履行表7－4所列消防安全职责。

表7－4　消防安全责任人消防安全职责

序号	消防安全责任人消防安全职责
1	贯彻落实消防法律、法规和规章,批准实施学校消防安全责任制、学校消防安全管理制度
2	批准消防安全年度工作计划、年度经费预算,定期召开学校消防安全工作会议
3	提供消防安全经费保障和组织保障
4	督促开展消防安全检查和重大火灾隐患整改,及时处理涉及消防安全的重大问题
5	依法建立志愿消防队等多种形式的消防组织,开展群众性自防自救工作
6	与学校二级单位负责人签订消防安全责任书
7	组织制定灭火和应急疏散预案
8	促进消防科学研究和技术创新
9	法律、法规规定的其他消防安全职责

2. 消防安全管理人及消防安全职责

分管学校消防安全的校领导是学校消防安全管理人,协助学校消防安全责任人负责消防安全工作,履行表7－5所列消防安全职责。

表7－5　消防安全管理人消防安全职责

序号	消防安全管理人消防安全职责
1	组织制定学校消防安全管理制度,组织、实施和协调校内各单位的消防安全工作
2	组织制订消防安全年度工作计划

表7－5(续)

序号	消防安全管理人消防安全职责
3	审核消防安全工作年度经费预算
4	组织实施消防安全检查和火灾隐患整改
5	督促落实消防设施、器材的维护、维修及检测,确保其完好有效,确保疏散通道、安全出口、消防车通道畅通
6	组织管理志愿消防队等消防组织
7	组织开展师生员工消防知识、技能的宣传教育和培训,组织灭火和应急疏散预案的实施和演练
8	协助学校消防安全责任人做好其他消防安全工作
9	其他校领导在分管工作范围内对消防工作负有领导、监督、检查、教育和管理职责

3. 学校消防机构及消防安全职责

学校必须设立或者明确负责日常消防安全工作的机构(以下简称“学校消防机构”),配备专职消防管理人员,履行表7－6所列消防安全职责。

表7－6　学校消防机构消防安全职责

序号	学校消防机构消防安全职责
1	拟订学校消防安全年度工作计划、年度经费预算,拟订学校消防安全责任制、灭火和应急疏散预案等消防安全管理制度,并报学校消防安全责任人批准后实施
2	监督检查校内各单位消防安全责任制的落实情况
3	监督检查消防设施、设备、器材的使用与管理以及消防基础设施的运转,定期组织检验、检测和维修
4	确定学校消防安全重点单位(部位)并监督指导其做好消防安全工作
5	监督检查有关单位做好易燃易爆等危险品的储存、使用和管理工作,审批校内各单位动用明火作业
6	开展消防安全教育培训,组织消防演练,普及消防知识,提高师生员工的消防安全意识、扑救初期火灾的能力和自救逃生技能
7	定期对志愿消防队等消防组织进行消防知识和灭火技能培训
8	推进消防安全技术防范工作,做好技术防范人员上岗培训工作
9	受理驻校内其他单位和学校、校内各单位在校内新建、扩建、改建和装饰装修工程,以及公众聚集场所投入使用、营业前消防行政许可或者备案手续的校内备案审查工作,督促其向公安机关消防机构进行申报,协助公安机关消防机构进行建设工程消防设计审核、消防验收或者备案,以及公众聚集场所投入使用、营业前消防安全检查工作
10	建立健全学校消防工作档案及消防安全隐患台账
11	按照工作要求上报有关信息数据
12	协助公安机关消防机构调查处理火灾事故,协助有关部门做好火灾事故处理及善后工作

4. **学校二级单位和其他驻校单位消防安全职责**

学校二级单位和其他驻校单位应当履行表 7－7 所列消防安全职责。

表 7－7　学校二级单位和其他驻校单位消防安全职责

序号	学校二级单位和其他驻校单位消防安全职责
1	落实学校的消防安全管理规定,制定并落实本单位的消防安全制度和消防安全操作规程
2	建立本单位的消防安全责任考核、奖惩制度
3	开展经常性的消防安全教育、培训及演练
4	定期进行防火检查,做好检查记录,及时消除火灾隐患
5	按规定配置消防设施、器材并确保其完好有效
6	按规定设置安全疏散指示标志和应急照明设施,并保证疏散通道、安全出口畅通
7	消防控制室配备消防值班人员,制定值班岗位职责,做好监督检查工作
8	新建、扩建、改建及装饰装修工程报学校消防机构备案
9	按照规定的程序与措施处置火灾事故
10	学校规定的其他消防安全职责

5. **其他**

校内各单位主要负责人是本单位消防安全责任人,驻校内其他单位主要负责人是该单位消防安全责任人,负责本单位的消防安全工作。

除上述学校二级单位和其他驻校单位消防安全职责外,学生宿舍管理部门还应当履行表 7－8 所列安全管理职责。

表 7－8　学生宿舍管理部门消防安全职责

序号	学生宿舍管理部门消防安全职责
1	建立由学生参加的志愿消防组织,定期进行消防演练
2	加强学生宿舍用火、用电安全教育与检查
3	加强夜间防火巡查,发现火灾立即组织扑救和疏散学生

(二)消防安全管理对象

高校消防安全管理应确定校园内各消防安全重点单位(部位)、日常消防安全管理事项,大型活动举办许可及监管等有关内容。

1. **确定消防重点单位(部位)**

学校应当将表 7－9 所列单位(部位)做为学校消防安全重点单位(部位)。

表7-9　学校消防安全重点单位(部位)

序号	学校消防安全重点单位(部位)
1	学生宿舍、食堂(餐厅)、教学楼、校医院、体育场(馆)、会堂(会议中心)、超市(市场)、宾馆(招待所)、托儿所、幼儿园以及其他文体活动、公共娱乐等人员密集场所
2	学校网络、广播电台、电视台等传媒部门和驻校内邮政、通信、金融等单位
3	车库、油库、加油站等部位
4	图书馆、展览馆、档案馆、博物馆、文物古建筑
5	供水、供电、供气、供热等系统
6	易燃易爆等危险化学物品的生产、充装、储存、供应、使用部门
7	实验室、计算机房、电化教学中心和承担国家重点科研项目或配备有先进精密仪器设备的单位(部位),监控中心、消防控制中心
8	学校保密要害部门及部位
9	高层建筑及地下室、半地下室
10	建设工程的施工现场以及有人员居住的临时性建筑
11	其他发生火灾可能性较大以及一旦发生火灾可能造成重大人身伤亡或者财产损失的单位(部位)

重点单位(部位)的主管部门,应当按照有关法律法规和上述规定履行消防安全管理职责,设置防火标志,实行严格的消防安全管理。

2. 大型活动举办许可

在学校内举办文艺、体育、集会、招生和就业咨询等大型活动和展览,主办单位应当确定专人负责消防安全工作,明确并落实消防安全职责和措施,保证消防设施和消防器材配置齐全、完好有效,保证疏散通道、安全出口、疏散指示标志、应急照明和消防车通道符合消防技术标准和管理规定,制定灭火和应急疏散预案并组织演练,经学校消防机构对活动现场检查合格后方可举办。

应当依法报请当地人民政府有关部门审批的,经有关部门审核同意后方可举办。

3. 日常管理

(1)学校应当按照国家有关规定,配置消防设施和器材,设置消防安全疏散指示标志和应急照明设施,每年组织检测维修,确保消防设施和器材完好有效。

(2)学校应当保障疏散通道、安全出口、消防车通道畅通。

(3)学校进行新建、改建、扩建、装修、装饰等活动,必须严格执行消防法规和国家工程建设消防技术标准,并依法办理建设工程消防设计审核、消防验收或者备案手续。学校各项工程及驻校内各单位在校内的各项工程消防设施的招标和验收,应当有学校消防机构参加。

(4)施工单位负责施工现场的消防安全,并接受学校消防机构的监督、检查。竣工后,建筑工程的有关图纸、资料、文件等应当报学校档案机构和消防机构备案。

(5)地下室、半地下室和用于生产、经营、储存易燃易爆、有毒有害等危险物品场所的建筑不得用作学生宿舍。

(6)生产、经营、储存其他物品的场所与学生宿舍等居住场所设置在同一建筑物内的,应当符合国家工程建设消防技术标准。

(7)学生宿舍、教室和礼堂等人员密集场所,禁止违规使用大功率电器,在门窗、阳台等部位不得设置影响逃生和灭火救援的障碍物。

(8)利用地下空间开设公共活动场所,应当符合国家有关规定,并报学校消防机构备案。

(9)学校消防控制室应当配备专职值班人员,持证上岗。

(10)消防控制室不得挪作他用。

(11)学校购买、储存、使用和销毁易燃易爆等危险品,应当按照国家有关规定严格管理、规范操作,并制定应急处置预案和防范措施。

(12)学校对管理和操作易燃易爆等危险品的人员,上岗前必须进行培训,持证上岗。

(13)学校应当对动用明火实行严格的消防安全管理。禁止在具有火灾、爆炸危险的场所吸烟、使用明火;因特殊原因确需进行电、气焊等明火作业的,动火单位和人员应当向学校消防机构申办审批手续,落实现场监管人,采取相应的消防安全措施。作业人员应当遵守消防安全规定。

(14)学校内出租房屋的,当事人应当签订房屋租赁合同,明确消防安全责任。出租方负责对出租房屋的消防安全管理。学校授权的管理单位应当加强监督检查。

(15)外来务工人员的消防安全管理由校内用人单位负责。

(16)发生火灾时,学校应当及时报警并立即启动应急预案,迅速扑救初期火灾,及时疏散人员。

(17)学校应当在火灾事故发生后两个小时内向所在地教育行政主管部门报告。较大及以上火灾同时报教育部。

(18)火灾扑灭后,事故单位应当保护现场并接受事故调查,协助公安机关消防机构调查火灾原因、统计火灾损失。未经公安机关消防机构同意,任何人不得擅自清理火灾现场。

(19)学校及其重点单位应当建立健全消防档案。

(20)消防档案应当全面反映消防安全和消防安全管理情况,并根据情况变化及时更新。

(三)消防安全检查和整改

学校消防机构应该定期对校园内消防安全状况进行监督检查,及时提出整改措施,维持良好的消防安全秩序,保证把火灾消灭在萌芽状态。一般应开展以下工作。

1. 消防安全检查

学校每季度至少进行一次消防安全检查。检查的主要内容见表7-10。

表7-10 学校每季度消防安全检查主要内容

序号	学校每季度消防安全检查主要内容
1	消防安全宣传教育及培训情况
2	消防安全制度及责任制落实情况
3	消防安全工作档案建立健全情况
4	单位防火检查及每日防火巡查落实及记录情况

表 7 – 10(续)

序号	学校每季度消防安全检查主要内容
5	火灾隐患和隐患整改及防范措施落实情况
6	消防设施、器材配置及完好有效情况
7	灭火和应急疏散预案的制定和组织消防演练情况
8	其他需要检查的内容

2. 消防安全检查记录

学校消防安全检查应当填写检查记录，检查人员、被检查单位负责人或者相关人员应当在检查记录上签名，发现火灾隐患应当及时填发《火灾隐患整改通知书》。

3. 防火检查

校内各单位每月至少进行一次防火检查。检查的主要内容见表 7 – 11。

表 7 – 11　学校每月防火检查主要内容

序号	学校每月防火检查主要内容
1	火灾隐患和隐患整改情况以及防范措施的落实情况
2	疏散通道、疏散指示标志、应急照明和安全出口情况
3	消防车通道、消防水源情况
4	消防设施、器材配置及有效情况
5	消防安全标志设置及其完好、有效情况
6	用火、用电有无违章情况
7	重点工种人员以及其他员工消防知识掌握情况
8	消防安全重点单位(部位)管理情况
9	易燃易爆危险物品和场所防火防爆措施落实情况以及其他重要物资防火安全情况
10	消防(控制室)值班情况和设施、设备运行、记录情况
11	防火巡查落实及记录情况
12	其他需要检查的内容
13	防火检查应当填写检查记录，检查人员和被检查部门负责人应当在检查记录上签名

4. 防火巡查

校内消防安全重点单位(部位)应当进行每日防火巡查，并确定巡查的人员、内容、部位和频次。其他单位可以根据需要组织防火巡查。巡查的主要内容见表 7 – 12。

表 7 – 12　学校每日防火巡查主要内容

序号	学校每日防火巡查主要内容
1	用火、用电有无违章情况

表 7－12(续)

序号	学校每日防火巡查主要内容
2	安全出口、疏散通道是否畅通,安全疏散指示标志、应急照明是否完好
3	消防设施、器材和消防安全标志是否在位、完整
4	常闭式防火门是否处于关闭状态,防火卷帘下是否堆放物品影响使用
5	消防安全重点部位的人员在岗情况
6	其他消防安全情况

校医院、学生宿舍、公共教室、实验室、文物古建筑等应当加强夜间防火巡查。防火巡查人员应当及时纠正消防违章行为,妥善处置火灾隐患,无法当场处置的,应当立即报告。

发现初期火灾,应当立即报警、通知人员疏散、及时扑救。防火巡查应当填写巡查记录,巡查人员及其主管人员应当在巡查记录上签名。

5. 违反消防安全规定的行为

对违反消防安全规定的行为,检查、巡查人员应当责成有关人员改正并督促落实,主要内容见表 7－13。

表 7－13 违反消防安全规定的行为

序号	违反消防安全规定的行为
1	消防设施、器材或者消防安全标志的配置、设置不符合国家标准、行业标准,或者未保持完好有效的行为
2	损坏、挪用或者擅自拆除、停用消防设施、器材的行为
3	占用、堵塞、封闭消防通道、安全出口的行为
4	埋压、圈占、遮挡消火栓或者占用防火间距的行为
5	占用、堵塞、封闭消防车通道,妨碍消防车通行的行为
6	人员密集场所在门窗上设置影响逃生和灭火救援的障碍物的行为
7	常闭式防火门处于开启状态,防火卷帘下堆放物品影响使用的行为
8	违章进入易燃易爆危险物品生产、储存等场所的行为
9	违章使用明火作业或者在具有火灾、爆炸危险的场所吸烟、使用明火等违反禁令的行为
10	消防设施管理、值班人员和防火巡查人员脱岗的行为
11	对火灾隐患经公安机关消防机构通知后不及时采取措施消除的行为
12	其他违反消防安全管理规定的行为

6. 火灾隐患核查、消除

学校对教育行政主管部门和公安机关消防机构、公安派出所指出的各类火灾隐患,应当及时予以核查、消除。

对公安机关消防机构、公安派出所责令限期改正的火灾隐患,学校应当在规定的期限内整改。

7. **火灾隐患整改**

对不能及时消除的火灾隐患,隐患单位应当及时向学校及相关单位的消防安全责任人或者消防安全工作主管领导报告,提出整改方案,确定整改措施、期限以及负责整改的部门、人员,并落实整改资金。

火灾隐患尚未消除的,隐患单位应当落实防范措施,保障消防安全。对于随时可能引发火灾或者一旦发生火灾将严重危及人身安全的,应当将危险部位停止使用或停业整改。

8. **重大火灾隐患报告**

对于涉及城市规划布局等学校无力解决的重大火灾隐患,学校应当及时向其上级主管部门或者当地人民政府报告。

9. **火灾隐患整改存档**

火灾隐患整改完毕,整改单位应当将整改情况记录报送相应的消防安全工作责任人或者消防安全工作主管领导签字确认后存档备查。

(四)消防安全教育和培训

为加强广大师生、员工的消防安全意识,提高处置初期火灾的能力,学校消防机构还应该组织广大师生、员工进行安全教育,做到新生入学、新员工上岗均应该接受一定的安全培训。主要包括以下内容。

1. **消防安全年度工作计划**

学校应当将师生、员工的消防安全教育和培训纳入学校消防安全年度工作计划。

消防安全教育和培训的主要内容见表 7－14。

表 7－14　消防安全教育和培训的主要内容

序号	消防安全教育和培训的主要内容
1	国家消防工作方针、政策,消防法律、法规
2	本单位、本岗位的火灾危险性,火灾预防知识和措施
3	有关消防设施的性能、灭火器材的使用方法
4	报火警、扑救初起火灾和自救互救技能
5	组织、引导在场人员疏散的方法

2. **消防安全教育**

学校应当采取措施对学生进行消防安全教育,使其了解防火、灭火知识,掌握报警、扑救初期火灾和自救、逃生方法,详见表 7－15。

表 7－15　对学生进行消防安全教育的措施

序号	对学生进行消防安全教育的措施
1	开展学生自救、逃生等防火安全常识的模拟演练,每学年至少组织一次学生消防演练
2	根据消防安全教育的需要,将消防安全知识纳入教学和培训内容
3	对每届新生进行不低于 4 学时的消防安全教育和培训

表 7－15(续)

序号	对学生进行消防安全教育的措施
4	对进入实验室的学生进行必要的安全技能和操作规程培训
5	每学年至少举办一次消防安全专题讲座,并在校园网络、广播、校内报刊开设消防安全教育栏目

3. 消防安全培训

学校二级单位应当组织新上岗和进入新岗位的员工进行上岗前的消防安全培训。消防安全重点单位(部位)对员工每年至少进行一次消防安全培训。

4. 接受消防安全培训的人员

表 7－16 中所列人员应当依法接受消防安全培训。

表 7－16　应当依法接受消防安全培训的人员

序号	应当依法接受消防安全培训的人员
1	学校及各二级单位的消防安全责任人、消防安全管理人
2	专职消防管理人员、学生宿舍管理人员
3	消防控制室的值班、操作人员
4	其他依照规定应当接受消防安全培训的人员

消防控制室的值班、操作人员必须持证上岗。

(五)灭火、应急疏散预案和演练

消防灭火及应急演练也是提高单位应对火灾的重要手段,必须在消防日常管理中予以落实,主要包括如下内容。

1. 灭火和应急疏散预案

学校、二级单位、消防安全重点单位(部位)应当制定相应的灭火和应急疏散预案,建立应急反应和处置机制,为火灾扑救和应急救援工作提供人员、装备等保障。

灭火和应急疏散预案内容见表 7－17。

表 7－17　灭火应急疏散预案内容

序号	灭火应急疏散预案内容
1	组织机构:指挥协调组、灭火行动组、通信联络组、疏散引导组、安全防护救护组
2	报警和接警处置程序
3	应急疏散的组织程序和措施
4	扑救初期火灾的程序和措施
5	通信联络、安全防护救护的程序和措施
6	其他需要明确的内容

2. 突发事件应急处置预案

学校实验室应当有针对性地制定突发事件应急处置预案，并将应急处置预案涉及的生物、化学及易燃易爆物品的种类、性质、数量、危险性和应对措施及处置药品的名称、产地和储备等内容报学校消防机构备案。

3. 消防演练

校内消防安全重点单位应当按照灭火和应急疏散预案每半年至少组织一次消防演练，并结合实际，不断完善预案。

消防演练应当设置明显标识，并事先告知演练范围内的人员，避免意外事故发生。

（六）消防经费保障及安全奖惩制度

学校应当将消防经费纳入学校年度经费预算，保证消防经费投入，保障消防工作的需要。学校日常消防经费用于校内灭火器材的配置、维修、更新，灭火和应急疏散预案的备用设施、材料，以及消防宣传教育、培训等，保证学校消防工作正常开展。

学校安排专项经费，用于解决火灾隐患，维修、检测、改造消防专用给水管网、消防专用供水系统、灭火系统、自动报警系统、防排烟系统、消防通信系统、消防监控系统等消防设施。消防经费使用坚持专款专用、统筹兼顾、保证重点、勤俭节约的原则，任何单位和个人不得挤占、挪用消防经费。

学校应当将消防安全工作纳入校内评估考核内容，对在消防安全工作中成绩突出的单位和个人给予表彰奖励。对未依法履行消防安全职责、违反消防安全管理制度，或者擅自挪用、损坏、破坏消防器材、设施等违反消防安全管理规定的，学校应当责令其限期整改，给予通报批评；对直接负责的主管人员和其他直接责任人员，应根据情节轻重给予警告等相应的处分。如果涉及民事损失、损害的，有关责任单位和责任人应当依法承担民事责任。

学校违反消防安全管理规定或者发生重特大火灾的，除依据《中华人民共和国消防法》的有关规定进行处罚外，教育行政部门应当取消其当年评优资格，并按照国家有关规定对有关主管人员和责任人员依法予以处分。

三、高校重点部位消防安全管理

（一）教学活动场所

教学活动场所主要是指日常供学生上课学习的教室、会议室、报告厅等场所，该类场所上课、考试或供自习时学生较多，可能带来的火灾隐患不少，如学生抽烟后乱丢弃烟头，以及携带书籍、大功率暖手袋等用品，都具有一定的火灾危险性。该场所的消防管理具体建议如下。

1. 装修材料

教学活动场所进行装修时，顶棚、墙面、窗帘织物等应满足国家规范的要求。课桌、书柜等教学用具的材料宜为难燃材料，或经过阻燃处理。

2. 电气线路定期维护

教学活动场所的电气线路应定期检查维护，对于年代久远且老化严重的线材应及时更换，避免电气线路短路引发火灾。

3. 消防设施

教学活动场所内部的消防设施,包括消火栓、自动喷水灭火系统、火灾自动报警系统及灭火器等,应定期委托具有专业资质的消防维保单位进行维护保养,对于陈旧损坏设施应定期更换。

4. 临时物品存放

教学活动场所应严格制定场所管理要求,不得在此类场所堆积临时物品,尤其禁止贮藏易燃易爆物品,严格限制此类场所功能。

5. 火灾紧急广播

应科学合理利用教学活动场所作息警铃、声音广播系统等,当教学等活动场所发生火灾时,可将火灾情况反映至广播中心,将广播系统作为火灾情况下的紧急广播提示。

6. 消防知识宣传

教学活动场所应在醒目位置,如黑板报、走道墙壁等处,通过张贴消防知识宣传类海报的形式向师生宣传消防安全知识,增强师生消防安全意识。

(二)学生宿舍

2008 年的上海商学院女生宿舍火灾、2014 年的贵州黔南师院学生寝室火灾以及 2015 年的成都大学宿舍火灾事件仍令人心存余悸,高校学生宿舍是学生生活、学习、休息的综合性场所,在校大学生一天中的大部分时间是在宿舍里度过的,而宿舍一旦发生火灾,后果是相当严重的。因此,有必要弄清和把握学生宿舍发生火灾事故的特点,找出和分析引起学生宿舍火灾事故的原因,研究和采取杜绝学生宿舍火灾事故的对策。针对该场所的火灾特点和诱发因素,建议从以下几方面加强管理。

1. 加大巡查力度

针对学生宿舍的特殊性,制定对应的巡察制度,宿舍管理人员每天日间对宿舍进行至少一次防火巡查,夜间加强防火巡查力度,对宿舍内的违章用火、用电等行为加以制止,排除火灾危险源。

2. 保持安全通道畅通

考虑到高校宿舍楼内的拥挤程度,学校应该对宿舍的居住环境进行改造,减少每间宿舍的居住人数,如从 8 人间改成 4 ~6 人间,降低学生居住密度。另外,必须保证宿舍楼内所有通道的畅通,清理各种杂物,以防堵塞安全通道。

3. 加强宿舍安全出入口管理

加强对安全出入口的管理,对于进出宿舍楼的出口不应采取用锁具锁闭的方式进行管理,应采取更为智能化的管理系统,以保证在危险降临时,能够顺利打开安全出口,使学生快速安全逃离火灾现场。

4. 管理大学生用电方式

学校必须对学生的用电方式进行管理,定期检查宿舍的用电情况,对于违章行为进行处罚,发现违章电器要及时处理,保证用电安全,防止火灾发生。根据学生的用电需求,合理确定供电时间,如在学生无用电需求期间,可采取断闸的管理措施。

5. 宿舍电力设施改造及维护

不少地区的高校均对学生宿舍进行了电力改造,安装了空调、热水器等大功率电器。

但由于宿舍楼的用电量较大、电器设施较多，应定期对宿舍主要线路及配电设施进行检查及维护，避免用电负荷过大而对电气线路造成损害。对于老旧宿舍的电气线路应重新改造替换，增加电路的负荷承载量，电路的连接和设计要符合相关标准，达到安全用电要求。

6. 完善消防设施配置

宿舍消防设施是消灭火灾的基础设施，在火灾发生时起到重要作用，因此，在平时的防火工作中，应投入充足的资金，给学生宿舍配备完善可靠的消防设施，并加强维护保养，保证宿舍楼内的灭火器、消防栓、疏散指示标志、应急照明灯具能正常工作。

（三）图书、档案场所

近年来，高校图书、档案场所也发生过较大的火灾事件，如2014年中国地质大学江城学院图书馆火灾、2015年广西医科大学图书馆火灾。高校图书馆收藏的主要是以纸为载体的各类图书、报刊和档案材料等可燃材料，稍有不慎，引入火源，就很容易引发火灾，再加上高校图书馆存在人员流量大、管理困难、建筑结构可能先天不足、部分工作人员防火意识淡薄，该类场所火灾风险性较高。对图书、档案场所的消防管理建议如下。

1. 烟火检查

明火是发生火灾的最重要因素，高校图书馆应严格控制一切明火，不准把火种带入书库、阅览室等场所。每天应派专人巡逻检查，防止遗留火种等诱发火灾的因素，并加强晚上的值班巡逻；设置专门吸烟区，其他场所严禁吸烟，严禁乱扔烟头，并在图书馆醒目地方设置禁烟禁火标志。

2. 电气设备检查

图书馆内的照明线路及其他电气设备应严格按规定设置安装。定期对电气设施进行维护保养、检查、检修。一是检查线路负载与设备增减情况，防止线路过负荷；二是检测电气设备和线路的绝缘性，防止漏电引起火灾；三是检测电气线路的温度，及时发现线路中的问题，消除故障源。通过检测，保障电气线路、用电器处于正常工作状态。

3. 消防设施维修保养

定期对馆内外消火栓、水泵接合器、水枪、火灾自动报警系统、自动灭火系统、应急照明和指示标志等消防设施进行检测和保养，如有损坏、锈蚀、丢失，应及时进行修复更新，灭火器还要定期检测、更换，确保灭火器材设施完整可用。在发生初期火灾时，利用现有完好的设施器材进行灭火自救，可将火灾损失降到最低。

4. 图书合理布局

图书馆内图书、书架的布置应符合《图书馆建筑设计规范》（JGJ 38—2015）相关规定，书架之间的间距尽量在该规范要求的基础上适当增加，可燃烧物之间的间距越大，相邻之间火灾影响就越小。电气线路、插座等设施距书架之间应保持一定的间距，不宜贴邻。

5. 季节性加大防火巡查力度

随着季节的更替，图书馆室内环境的变化对图书自身的燃烧性能会造成影响，春夏季节图书馆室内空气湿度较大，图书干燥度较低，引发火灾概率相对秋冬季节来说相对较低。因此，图书馆管理人员应在秋冬季节加大巡查力度，增加防火巡查频次，杜绝图书馆产生火源。

（四）电子教学场所

计算机教室、多媒体教室等场所配置的电子设备较多，电气线路布置多而杂，是学校内火灾突发性较高的场所。消防管理建议具体如下。

1. 电气设备安装和检查维修

电气设备的安装和检查维修，应由正式专业电工严格按国家有关规定和标准操作。

2. 电子教学场所存放物品

严禁于电子教学场所存放易燃易爆化学物品和腐蚀性物品，严禁使用易燃溶剂清洗带电设备；电子计算机教室内应明确禁止吸烟和其他明火行为。

3. 电子教学场所用电

电子教学场所内使用插座、电子设施时，不可超出允许限度。切实预防线路和电子设备的短路、过载事故发生。切实做好电气接头的连接工作，防止接触电阻过大引起的火灾。

4. 紧急断电装置

电子计算机系统的电源线路上，应设置有紧急断电装置，一旦供电系统出现故障，能够较快地切断电源。电缆线与计算机的连接要有锁紧装置，以防松动。

5. 连接线路合理布置

电子教学场所内的设备间连接线路应集中合理布置，不应随地杂乱放置，尽量将线路避开可燃物、热源等。

6. 消防灭火器材

针对电子教学场所内部功能和电子设备特性，配备与该场所相适应的消防灭火器材，如采用二氧化碳或干粉灭火器、设置气体灭火系统等。

（五）化学、生物、物理实验场所

清华大学化学系何添楼火灾、中科院上海有机化学研究所实验室火灾、中北大学实验室火灾等火灾事故，为高校消防安全管理敲响了警钟。高校实验场所的消防管理人员安全意识不强、防火规章制度不健全以及实验场所内部存在的多种物理、化学不安全因素等，均极易引发严重的火灾事故，应时刻加强对高校实验场所的消防安全管理。

1. 健全并落实制度

安全规章制度是一种有效的安全管理手段，建立健全安全规章制度，是开展安全工作的前提条件，是规范安全工作的基础。高校实验室主管部门应根据学校的实际情况，建立一套符合自身实际情况的安全工作管理制度，如《实验室安全防火工作条例》《实验室易燃易爆危险品使用、存贮管理办法》《实验室安全用电管理制度》等。

2. 实验准备前做临时安全教育

在任何实验开始前，应进行消防安全教育及培训，让参与实验的学生了解到消防安全的重要性，并能在操作实验的过程中时刻注意潜在的火灾隐患。

3. 配备必要的消防器材

对于一般的实验室火灾，我们通常使用的灭火器材有水型灭火器、干粉灭火器、二氧化碳灭火器、灭火毯等，这些灭火器材适用的实验设备、实验环境是不同的。二氧化碳和干粉灭火器适用于一般的电气设备火灾，灭火毯适用于油类的火灾，而对于大型精密仪器设备火灾，因其洁净程度要求高，则严禁使用干粉灭火器，一般使用二氧化碳灭火器。可见，不能盲目、一概而论地配置实验室灭火器材，而要根据实验室的实验环境和实验设备等条件进行合理配置。

4. 加强设备管理和化学实验室的药品管理

实验室易发生重大火灾事故的设备应符合防火防爆要求，不要成为燃烧、爆炸的危险源。易发生火灾的化工设备要有相应的检测灭火系统作为保证。实验室的药品管理应当做到：一是控制化学实验室药品的存放量；二是对防雨、防晒、防热、防震、防压的化学药品，应按物料特性做出具体管理规定，严格贯彻执行；三是对剩余或暂时不用的化学药品要妥善保管；四是易挥发的化学药品用毕后，应将瓶盖拧紧；五是电冰箱不得储存易燃品。

5. 科学地进行实验设计

设计实验时，一定要以国家有关规定、标准作为依据，绝不可随意决定，盲目试验；认真论证主要工艺、原料、半成品、成品的安全程度，尽可能把灾害减少到最低程度；要认真选好实验场所、实验设备，检查实验器具的安全情况。

6. 认真选好实验场所、实验设备

在条件许可的情况下，尽可能不在同一实验室作交叉项目，从而有效地避免易燃易爆化学药品与易燃易爆气体交叉作业。

（六）学校食堂

学校食堂消防安全管理应主要从火灾引火源、餐厅布局带来的火灾荷载、其他场所可能带来的影响等方面抓起，采取严格的管理措施，降低火灾发生风险。

1. 厨房燃气管理

厨房应统一整体管理燃气设施，尽量采用天然气管道供气，且靠外墙布置。对于仍在使用液化石油气罐供气的，应限制罐体容量，使其燃气总量与日用量相适应。

2. 食堂档口与摊位布置

食堂档口不应在原设计基础上随意更改或增加，就餐区不应额外布置饮品摊位、小卖部等。食堂内的主要公共活动区通道处应保证通畅，桌椅及其他器具之间应保持合理的间距，以满足人员的顺畅通行。

3. 食堂装修施工

食堂档口或摊位更换周期较短，在新引进店铺进行装修时，装修所用的材料应满足现行相关规范要求，装修施工期间需动火用电的，应先取得动火用电许可，并严格规范施工，避免装修期间因动火用电而引发火灾。

4. 不同场所合建要求

当食堂与其他场所合建或食堂部分区域改建时，不应降低原有场所的防火设计要求，各安全疏散出口不得相互影响，不得擅自改变或挪动防火分隔措施。除食堂外的其他场所应加强消防管理，降低火灾发生风险。

5. 火源管理

食堂各区域应加强对火源的管理，严禁在公共活动区域、摊位及档口、厨房、储藏间等处吸烟；厨房应谨慎使用明火，当人远离时，应立即熄灭关掉燃气；厨房内的食材及其他易燃可燃材料不得靠近燃气管道。

(七)体育馆

随着高校建设发展迅速,许多高校扩容或新修建了体育馆。高校体育馆现今的用途也越来越广泛,可以承接各项体育赛事或大型文娱活动,如2013年在天津举办的东亚运动会部分比赛项目分别在南开大学、天津师范大学举办;2015年男篮亚锦赛选择长沙民政学院体育馆作为主场馆。然而,随着高校体育馆使用率的提高,尤其是一些大型活动的举办,体育馆内的人群高度密集,一旦发生火灾等突发事件,人员疏散将面临巨大的安全风险,甚至可能导致群死群伤的人群拥挤踩踏事故的发生。

1. 确定重点管理部位

体育馆的疏散走道、楼梯间或出口等位置为人员疏散逃生的主要途径,应作为重点管理部位,严禁摆放任何可燃物或阻碍人员疏散的物品。

2. 限制火灾危险源

体育馆比赛大厅或观众席等位置明令禁止吸烟;当场馆内举行大型文体活动时,应严格要求活动期间不得燃放烟花或存在其他可能产生火花的行为;当体育场馆内由于特殊情况需要用火时,应制定详细的用火规程,并派专人看管。

3. 人员安全检查

体育馆在举办大型活动期间应采取安检措施,限制进入人员携带易燃易爆物品,并限制场馆内的进入人数,避免场馆内人数过多,使得紧急情况下的人员疏散更加困难。

4. 消防设施的管理

体育馆内应配置相应的消防设施及器材,这样不仅能有效地扑救初期火灾,而且能有效地控制火灾蔓延。体育馆内配置的重要消防系统为消防水炮灭火系统及大空间火灾探测系统,应定期检查维护确保其有效性。场馆内的灭火器出现缺失或过期时,应立即更换或补足。

5. 加大日常防火巡查力度

在每日体育馆开馆及闭馆前,应对场馆内进行一次防火巡查。在体育馆举办赛事、演艺活动期间,应不间断地进行防火巡查。体育馆非大型活动运营期间,应至少每隔2小时进行一次防火巡查,并做好巡查记录。

四、高校智慧消防管理系统

(一)高校智慧消防基本概念

近年来,各高校各种高层建筑物不断增多,建筑物内消防控制室数量也在急剧增加,同时校园电气火灾、实验室危险化学品火灾、学生寝室火灾发生率也有上升趋势,在高校日常消防监督管理工作中,突出存在着人力不足和技术手段落后的问题,难以适应当前严峻的消防安全形势。为预防火灾、减少财产损失、保障师生和员工的人身安全,急需采用技术手段支撑和配合校园消防安全管理工作。

物联网,是指物体通过射频识别技术(radio frequency identification,RFID)、传感器技术、二维码技术、卫星定位技术等手段进行信息感知,接入互联网或者无线通信网络形成智能网络,实现物与物、人与物、人与人之间的信息交互和智能应用。物联网架构从下到上分为感知、传输、认知、应用四层。

(1)感知层:采用视频采集、卫星定位、RFID 等多种感知技术手段进行信息采集。

(2)传输层:通过光纤、4G、卫星等各种传输网络实现信息的可靠传输。

(3)认知层:搭建公共应用支撑平台,提供统一的信息接入、整合、交换等云服务。

(4)应用层:提供动态监控、预测预警、智能分析等业务功能,为市政府、企业或社会机构以及个人的各类应用需求提供支撑。

智慧消防是未来建筑消防的一个重要趋势,也是提升消防安全管理的重要手段。高校智慧消防系统以物联网为基础,采用以太网、无线移动数据,以及 3G 和 4G 移动数据网络等多种联网方式,将分散在高校校园内的各个建筑物内部的火灾自动报警系统、消防联动控制系统、自动喷水灭火系统、气体灭火系统、室内外消火栓、安防视频监控系统、消防控制室值班监控、消防生命疏散通道(防火门、防火通道)监控、重点部位及危险区域消防监控、消防巡查系统、消防器材 RFID 管理系统等集成在监控中心大数据平台上,从而实现对高校校园各建筑的消防设施全面、远程、集中监控管理,完善校园安全防范体系,有效提高校园整体火灾防控能力和消防安全管理水平,为广大师生创建一个文明、安全、和谐、美丽的校园环境。

(二)高校智慧消防系统建设的意义

1. 高校消防设施管理中存在的问题

高校校园往往占地面积大、建筑分散、建筑建设周期长、老旧建筑偏多,而且消防系统种类多、建设时间不一,导致各个系统都相互独立,缺乏统一管理;消防设施、器材老化,维护保养工作不足,导致部分建筑消防设施运行合格率偏低。具体而言,高校消防设施管理中存在如下问题。

首先,各建筑物的火灾自动报警系统独立运行,对于系统故障、值班人员误操作、擅自关闭报警系统、消防设施维修不及时等,主管部门很难及时掌握具体情况。其次,消防控制室人员往往兼顾大楼保安值班工作,无法满足“每个消防控制室 24 小时值班,每班 2 人”的工作要求,一旦发生火灾,分散在各建筑的消防控制室值班人员无法对警情进行快速确认并组织及时有效的扑救。再次,消防设施分散,运行状态未知,如消防水系统易出现阀门误关闭、设备运行故障等,使得火灾发生时不能有效工作;对于管网压力、水池/水箱水位、水泵的工作状态等信息也无法实时有效监测。最后,部分高校消防管理人员消防安全责任主体意识薄弱,消防安全制度和措施不健全或落实不到位,建筑防火日巡查、建筑消防设施月检查、消控室检查工作费时费力,缺乏有效监管。消防重点岗位持证上岗制度没有严格落实,值班人员不能及时排除故障,应对初期火灾能力不足,贻误灭火时机,致使小火酿成大灾。

2. 高校智慧消防系统建设的必要性

高校扩招以来,在校生人数剧增,使得高校宿舍和教室资源紧缺,住宿拥挤,教室里学生密集,而与此同时,高校学生管理人员不足,难以全方位监控,无法对学生在教室或宿舍用电等消防安全行为进行监管,很容易造成消防安全隐患。传统的人工实现消防安全管理的方式无法第一时间感知火情并确定起火位置,消防安全管理没有可靠性和效率保障。

将物联网应用到智慧消防管理系统中,实现对火灾自动报警系统、消防水系统的集中远程监控,对消防设施、人员值班管理进行实时监管、预警,一旦发现安全隐患,可以督促责任人及时整改,降低火灾风险,保证消防设施稳定可靠运行,保证在校师生生命财产安全。

智慧消防系统也可以将分散在各个建筑物内的消防控制室整体联网,实现远程与就地同步监控,适当减少分散在各分控制中心人员,节省人力成本。

通过校园智慧消防建设,可以根据校区建筑分区实际情况,建成楼宇监控——区域监控——主机总控三级火灾自动报警系统,从而确保总控制和分控室之间联网通畅。一旦发生火情,三级联动,及时组织扑救,有效避免火灾事故的发生。同时,也可以通过水流量监测系统和水压监测系统,实时掌握消防供水状态,提升应急处置保障能力。

首先,智慧消防管理系统可以解决消防安全管理工作中对人的管理需求。系统可以将巡查科学分配,对工作内容做出规范化要求,安排适当的人员到指定地点做巡检、巡逻工作,细化各部门、各种设施的主体责任,实现群策群力;系统信息化实现责任倒查、监管无漏洞。通过系统对工作结果进行审核评估,成为人员绩效考核的依据。其次,智慧消防管理系统可解决消防安全管理工作中对设施的管理需求。通过物联网技术对发现的故障进行及时预警,形成大数据研判、巡查、发现隐患、现场整改或推送维保、关闭隐患的闭环自我管理流程。

(三)高校智慧消防系统的组成

高校智慧消防管理系统按照校园消防警务集中受理、分级处置的管理模式,建成具有声光火警显示并处置的消防物联网管理平台,实现联网校内重点消防安全部位火灾报警信息、建筑物消防和设备运行状态信息、消防巡查信息的综合分析及智能处理,并向辖区消防应急指挥中心发送经过确认的火灾报警信息,从而使校园管理部门、各级安保单位等实时掌握各感知对象的详细信息,为形成正确的决策提供依据。物联网技术使得校园对象感知能力极大加强,感知的速度、精度和范围得到了极大的提高,这是其他技术所不能代替的。系统主要包含以下核心内容。

1.火灾报警集中监控系统

可将火灾报警集中监控系统集成到校园三维可视化地图和手机 App 或微信中,系统实时采集和处理联网建筑火灾自动报警系统前端感知设备的报警信息和运行状态信息,并与其他感知设备,如安防监控系统的视频信息、建立关联,利用语音对讲、数据信息、远程调用报警现场视频图像等辅助手段实现对火警信息全方位感知、全过程监控;通过对采集数据的分析,提前发现前端消防设施存在的各种故障隐患,督促相关部门整改,降低火灾风险。

2.消防水监控系统

消防水监控系统实时自动监测建筑消防系统水池、水箱水位、喷淋水压、末端管网压力、湿式报警阀和最不利的消防水压和水泵状态等信息,实现对消防水系统的主动管理。系统通过分析数据信息、调取现场视频等多种方式,快速发现系统异常及故障,为高校消防水系统检查、维护、保养等故障提供数据支撑,可有效减少学校消防管理部门现场检查次数、降低故障强度、提高发现故障效率。在火灾发生时,保障消防水系统能够发挥真正的作用。智慧消防系统可以进行远程控制水泵和排烟风机的启停,定时定期自动巡检,自动形成设备运行档案,并进行大数据比对,及时优化。

3.消防视频监控系统

消防视频监控系统将校园区域、各个建筑物、消防设施、消防巡逻、消控室监管情况,在可视化三维地图上,与监控点一一对应,进行实时查看、监控、分析和管理。监控中心接到火灾报警信息时,自动调取报警点相关联的视频图像信息,查看现场视频图像,辅助火警确认,为火情的真伪识别及真实火警的处理提供有力保障;对重点单位消控室值班人员进行视频监控,记录值班情况,发现漏岗,自动联动视频,方便监控中心人员对消控室进行值班管理;查看建筑消防通道、安全出口视频,为引导安全疏散提供便利。

4. 消防器材 RFID 系统

在消防重点部位和消防设施、设备上设置 RFID 标签,可记录该消防设备的购买时间、到期时间、安装时间、安装位置、负责人和巡检情况等相关信息。通过手机 App 采集 RFID 信息上传至监控中心,系统自动推送到相关责任人,提醒进行保养、更换。手机 App 端可与监控中心通信,接受巡检任务,更新状态信息,系统对数据进行统计、分析,形成报表,实现对消防设施的信息化管理。

5. 智慧巡更、巡查系统

在巡查巡检重点部位、消防设施上安装电子标签,到巡查部位附近时使用手机近距离自动感应(配 NFC 模块),巡查员手机 App 提供菜单式表格选择、填写及拍照功能,上传至监控中心,可对巡查地点、时间、状况等数据实时记录,实现消防重点部位、消防设施巡查工作的考核和管理,并将消防隐患数据推送给消防安全管理人,方便管理人员安排现场整改或推送给维保单位进行维护保养。

6. 电气火灾监控系统

该系统是针对当前电气火灾事故频发而研发的一种电气火灾预警及防控系统,由电气火灾监控探测器、电气火灾监控器、电气火灾监控平台和手机 App 组成,可在线实时 24 小时监视各探测点的剩余电流、温度、电压、电流、状态等信息。

系统通过实时监控电气线路的剩余电流和线缆温度等引起电气火灾的主要因素,准确捕捉电气火灾隐患,实现对异常信息的预警处理、综合分析及记录查询等。平台收到报警故障信息时,以各种方式(App/短信/平台)推送至相关值班及负责人员,提醒关注故障状况,并及时采取相应措施消除隐患,确保电气火灾防患于未“燃”。

7. 地理信息与全景三维显示

将消防安全信息与校园 GIS(geographic information system,地理信息系统)、实景三维模型有机结合,可快速定位火灾发生地、被困人员位置,全面掌握建筑消防设施等情况,第一时间组织人员疏散,做到精准定位、精确救援。首先,通过火灾自动报警监控系统、消防水监控系统、视频监控的被动监测与人工巡逻等主动监测相结合,形成全方位的校内消防安全监测网络;当发生报警时,利用 GIS 的快速定位、现场视频的准确核实,快速鉴别真实报警和误警,降低误报率;对于真实发生的警情,通过应急指挥,迅速查找附近的巡逻力量,到达事发地段。系统通过统计分析对未来可能发生的事件进行预测,制定更有效的预案,改善校园布控,增强预防、控制和处置各类突发事件的能力,对校园安全事件起到预防作用,真正保证校园安全。

(四)智慧校园案例

某高校由于校园面积较大,建筑众多,其中不乏民国时期的属于文物保护的建筑,还有各种近年来新建的高层、多层综合性建筑,此外还有各种教学楼、医院等消防重点单位,该校仅消防控制室就有 70 多个,由于校园处在城市中心,人流、车流密集,外部人员也不断涌入,校园周边出租屋、商业网点众多,加上学校学生数量多,全日制、非全日制等各类学生人数达 6 万以上,各种消防隐患十分突出,校园安保压力巨大。为了加强校园消防安全,减轻安保人员负担，提高消防监管效率，学校开展了智慧消防的校园建设。

1. 智慧消防组成

该校智慧消防主要包含了4个系统：消防控制室集成监控系统、校园消防巡更系统、水压远程监控系统和消防设施可视化管理系统。

(1)消防控制室集成监控系统

通过传输装置接入校内现有的消控报警主机，将主机实时数据集成到校园消防可视化综合管理平台、可视化地图、校园网和手机中，确保第一时间收到报警信息，为火灾的应急处理提供宝贵时间。系统主要功能包括：报警自动提醒，节约值守人力成本；统计设备运行信息，降低误报警率；与校应急中心对接，提升应急处置能力；与维保单位集成，提高消防设施完好率；还集成到消防设施可视化管理平台中，了解各种消防设施的运行情况。同时，具有下水泵或风机的控制指令。

系统的工作流程：采集消控主机上的报警信息，当有报警时，在本平台上同步报警并发出报警声音，通知监控中心值班人员，以达到减少消控室值班人员人数的目的。一旦发生火灾，系统提示报警具体的点位和位置，直观地展示报警点位的具体房间、位置、点位号等信息。值班人员发现有报警后，查找到报警点位，通知巡逻人员，并告知具体的建筑、楼层、位置。巡逻人员现场察看。

(2)校园消防巡更系统

通过手机App扫描张贴在消防重点部位及消防设施的二维码，系统就会自动提示各种消防设施及重点部位的检查标准和方法，巡查人员逐项检查，如对有损坏的设备，可以拍照上传，然后把检查的结果上传到服务器自动形成报表。系统通过二维码巡查的形式，杜绝了巡查作弊的问题，通过巡查任务下发的形式，规范了巡查内容，从而实现了消防设施全面管理，具体包括：建筑物、楼层及设施全面对应式管理；查询、统计到位；设备到期自动提醒；巡查情况一目了然，责任落实到位；台账、户籍化管理档案自动生成，检查检修更规范；消防巡查、巡更、对讲一体化，节约人力成本。

同时，结合系统提供的网格化管理方案，为学校巡查绩效考核和厘清安全责任提供依据，有效改变了传统管理模式下的防火巡查不到位、检查记录不真实的状况，从而帮助学校落实逐级监管和安全主体责任制。

(3)水压远程监控系统

通过智能化水位计、水压表采集消防水压、水箱水位、喷淋水压的数据，辅助查漏、不正常用水；自动进行水压异常报警；自动计算正常时间、超高时间、超低时间，正常率自动计算，可按校区、建筑物、喷淋类计算正常率。该系统是落实消防责任的重要利器。

系统实时监测消防给水的有效性，以符合消防主管部门的随时检查和紧急时刻的供水需求。同时，保障消防管理人员对自己负责的区域内消防供水的情况了如指掌，减少用户单位原有的防水检查的人员配置。利用三色预警模式，数据显示红色，表示现场的数据过高或过低报警；显示黄色，表示传感器或报警器故障需要维修；显示绿色，表示正常。利用大数据分析技术查找水系统的深层次问题，根据水压曲线的变化，直观展现水压、水位的稳定性，研判系统用水、漏水情况。

(4)消防设施可视化管理系统

消防设施的可视化管理包括对消防系统中各个子系统的状态的获取，这些状态包括在线的状态，如消防用水的状态、消防设施的位置状态以及防火门的开闭状态等，也包括离线巡查状态,如消防设施的安全巡查等。系统管理校区建筑、消防设施、消防巡查情况、消防各种户籍资料等。将校区、建筑物、消防设施、微型消防站装备一一对应,以可视化方式查看、统计,可以自动报警到期日,统计巡查到位率,对下属分单位进行打分统计等。

可视化管理主要是将消防系统的各项状态直观地展现给消防管理人员,让消防管理人员看得懂、学得着、好操作,从而提高消防隐患排查和火患处理的能力。

2. 高校智慧消防发展趋势

高校智慧消防系统综合运用物联网、大数据、云平台等新兴技术手段,全面促进高校消防工作科学化、信息化、智能化水平,实现了“传统消防”向“现代消防”的转变,在不同程度上取得了一些成果。但是,需要强调的是智慧消防建设不是孤立存在的,不可能一蹴而就,它依托于科学技术的进步而不断发展、日趋完善。因此,我们要紧密结合高校消防安全实际需求,积极引入新的科学技术手段,以应用于智慧消防工作当中。

(1)与人工智能(artificial intelligence,AI)技术深度结合

与AI技术深度结合是通过自主学习海量的历史数据和实时状态监测数据挖掘对校园火灾进行预测预警。通过大数据分析挖掘,AI技术才更容易注意到数据的异常情况,并做出合理、合适的判断及推断。AI技术的深度学习需要物联网终端设备采集的信息,物联网系统也需要靠人工智能做到正确辨识、发现异常、提出解决方案、预测未来。

(2)紧密结合虚拟现实(virtual reality,VR)技术

紧密结合VR技术是利用VR技术营造仿真的校园现实场景,在虚拟环境的沉浸式体验中应付各种复杂情况,低成本、高效率地模拟校园火灾逃生、消防培训、消防预警演练。实现消防力量查询、地理信息测量、作战部署标绘、辅助单兵定位等功能,辅助指挥员开展计划指挥和临机指挥;在室内即可开展熟悉演练、战例复盘、作战指挥推演、三维场景展示,辅助指战员开展业务学习。

(3)新型特种消防机器人

新型特种消防机器人集防爆技术与人工智能等多项高科技技术于一体,实现了远程遥控、无线通信、图像及声音识别等一系列功能,可满足高校校园不同火灾场景的需求,并可代替消防救援人员在易燃易爆、有毒、缺氧、浓烟、水域等危险场所进行数据采集、处理、反馈,有效地解决消防人员在高危消防环境中面临的人身安全、数据信息采集等问题。

(4)图像模式识别技术

相关人员可利用图像模式识别技术对火光及燃烧烟雾进行图像分析报警,利用视频监控系统监控校园内部安全出口、疏散通道以及消防车道阻塞情况等。

(5)网络通信技术

融合应用多种网络通信技术,为校园智慧消防的数据传输搭建平台。综合利用移动公网、数字集群、自组网等通信技术,重点解决不同类型复杂环境下的信号覆盖问题,实现各现场作战单元状态信息数据的畅通传输,为灭火救援现场科学化应急指挥提供保障。

(6)消防安全管理平台

利用基于云端的消防安全管理平台,实现消防安全信息网上录入、巡查流程网上管理、检查活动网上监督、整改质量网上考评、安全形势网上研判,从而促进高校落实消防安全主体责任。

第八章　中小学和幼儿园消防安全

第一节　中小学和幼儿园火灾危险性

中小学和幼儿园是分别实施基础教育和学前教育的场所，遍及全国各地。幼儿园和小学校舍以教学为主，中学除了教室，还有图书馆、实验室、食堂、礼堂，有的还有学生宿舍、健身房等。孩子们尚未成年而活动能力却很强，学校的每一个班级人数较多(一般约50人)，学校的下课时间和课间活动时间很集中，易形成人员拥挤和围观现象，一旦发生火灾事故，疏散困难，易造成混乱，很可能造成人员伤亡。因此具体了解中小学和幼儿园实际存在的火灾危险性，对加强防火安全工作，确保广大师生的安全，无疑具有重要的意义。中小学和幼儿园的火灾危险性主要体现在以下几方面。

一、中小学的火灾危险性

(1)原有的旧教学楼和旧校舍，建筑多为砖木结构，耐火等级低，加上桌椅、床铺、玩具等可燃物较多，一旦发生火灾，火势蔓延迅速，很难控制。

(2)电气线路老化，绝缘层脱落，线心裸露，特别是用电设施增加后，线路负荷增大，很容易过负载运行引起火灾。

(3)人员密度大，且时间性极强，上下课时教室门口处往往非常拥挤。此时一旦发生火灾，疏散通道就会显得不畅、安全出口数量不足或宽度不够。

(4)部分学校和幼儿园并没有按照规定配置灭火器材、消防安全疏散标志和应急照明。即便这些设施齐全，有些教职员工根本就不会使用和保养，一旦发生火灾，只能眼睁睁看着初期火灾发展成大的火灾事故。

(5)部分学校与周围建筑的防火间距不足，消防车道不畅通。一旦发生火灾，不但危及自身建筑和邻近建筑，而且消防车无法进入现场，只能望“火”兴叹。

(6)火源难以控制，特别是在学生宿舍，学生违章使用电热器具，所使用的充电器、应急灯多为伪劣产品，夜间熄灯后点蜡烛以及学生在宿舍中吸烟、点蚊香等，稍有不慎，便会引起火灾。

二、幼儿园的火灾危险性

幼儿园是集中培养教育学龄前儿童的主要场所。其特点是孩子年龄小，遇紧急情况时，应变、自我保护和迅速撤离的能力有限；老师和保育员又大多是女同志，通常欠缺相关的消防知识；室内装饰、设备和孩子的玩具以易燃、可燃物居多，发生火灾会迅速蔓延；并有电视机、电风扇、电冰箱等用电设备。如忽视消防安全，一旦发生火灾事故，秩序混乱、疏散困难，很可能造成人员伤亡。

中小学和幼儿园的火灾危险性不仅体现在建筑的火灾危险性上，单位领导及相关人员的消防意识淡薄也是引发火灾的重要原因之一。中小学及幼儿园消防安全事故的频频发生，表明消防安全教育仍是目前中小学及幼儿园安全教育的薄弱环节。中小学和幼儿园消防安全教育亟须加强。

第二节　中小学防火措施

中小学火灾危险性大，发生火灾后果严重，社会影响大，必须采取各种措施加强防火管理，增强师生的消防意识，做到防患于未然。学校的教学楼、实验室、宿舍楼等场所的火灾原因及火灾危险性各不相同，必须分别有针对性地制定安全防火措施。

一、教学楼防火

（1）教学楼距火灾危险性较大的实验楼，甲、乙类物品生产厂房，化学危险品库房的防火间距不应小于25 m。

（2）作为教学楼使用的建筑，其耐火等级应为一、二级，采用一、二级耐火等级的建筑确有困难且层数不高时，也可采用三级耐火等级的建筑，对20世纪五六十年代建造的砖木结构的教学楼，要逐步进行适当的技术改造。

（3）教学楼的安全出口应分散布置。每个防火分区、一个防火分区的每个楼层，其相邻两个安全出口最近边缘之间的水平距离不应小于5 m。

（4）供疏散使用的楼梯间应为封闭或防烟楼梯间，且楼梯间应保持畅通，不应设置卷帘门、栅栏等影响安全疏散的设施；首层应设直通室外的出口；教学用房间疏散门的数量应经计算确定，且不应少于两个，该房间相邻两个疏散门最近边缘之间的水平距离不应小于5 m。

（5）超过5层或体积超过10 000 m^3的教学楼应设室内消防管网及室内消火栓。

（6）改造旧建筑中的电气线路，进行扩容增容；对严重老化、损坏的线路不应再继续使用；平时做好维护工作，以消除火灾隐患。

（7）应根据国家有关消防设计规范的要求设置自动喷水灭火系统和火灾自动报警系统等自动消防设施。

二、宿舍楼防火

1. 建筑防火措施

宿舍楼要求有较好的耐火性能，并尽量将防火分区的面积划分得小一些，阻止火势蔓延，同时改善住宿条件，使学生的居住不要过于拥挤。这样，既提高了住宿水平，也降低了火灾荷载，减小了宿舍楼的火灾危险性。

2. 严格用火用电管理

宿舍内乱拉电线、乱用电器是引起火灾的一个主要原因。所以，学校一定要加强对学生宿舍的管理，严禁在宿舍内使用电炉、电熨斗、电热杯等电热器具，对学生进行经常性的安全教育，一经发现使用必须从严处理；严禁在宿舍中乱拉、乱接电线，并定期检查电气线路是否良好，如发现老化破损，应及时进行检修更换，每间集体宿舍均应设置用电超载保护装置，防止因电线短路引起火灾。此外，还应对学生使用明火进行严格控制，坚决禁止在宿舍点蜡烛。

3. 加强消防安全意识教育

消防安全问题是生死攸关的一个大问题，这就要求从学校领导到学生都必须加强消防意识，重视消防安全工作，大力宣传有关的安全知识，使人人心中有消防、重消防，真正了解它的重要性，了解防火防灾、安全逃生的方法，在火灾发生时有一定的自救能力。

4. 落实消防安全制度

学生宿舍内必须切实落实消防安全制度，并有专人负责楼内的卫生和安全等项工作，宿舍楼内还应按消防设计规范的要求设置消火栓、移动式灭火设备等消防设施，教育学生爱护消防设施，以便火灾发生时能够及时进行扑救，尽量降低损失。

5. 宿舍日常防火

需要控制人员随意出入的安全出口、疏散门，或设有门禁系统的宿舍门，应保证火灾时不需使用钥匙等任何工具即能易于从内部打开，并应在显著位置设置“紧急出口”标志和使用提示。其设置可以根据实际需要选用以下方法。

（1）设置报警延迟时间不应超过 15 s 的安全控制与报警逃生门锁系统。

（2）设置能与火灾自动报警系统联动，且具备远程控制和现场手动开启装置的电磁门锁装置。

（3）设置推闩式外开门。

三、实验室防火

（1）对实验室的各种器材、设备、药品均应有严格的管理制度，特别是实验用的易燃易爆化学危险物品，应随用随取，不应在实验现场存放；零星少量的备用化学危险物品，存储量不应超过一天的使用量，应由专人负责，且存放在金属柜中；对存放大量危险物品的库房，必须有完善的消防安全措施，并满足相关规范的要求。

（2）实验室中使用的电气设备必须有确切、固定的位置，定点使用，专人管理，周围应与可燃物保持 0.5 m 以上的间距。电源线必须是橡胶护套的电缆线。

（3）使用电烙铁，要放在不燃的支架上，周围也不可堆放可燃物品，用完后立即拔下电烙铁插头，下课后将实验室的电源切断。

（4）有变压器、电感线圈的设备，必须设置在非燃的基座上，其散热孔不应覆盖，周围严禁存放易燃物。

（5）对性质不明或未知的物料进行实验之前，应先做小试验，从最小量开始，同时采取安全措施，做好防火防爆的准备。

（6）实验中使用可燃气体时，设备的安装和使用均应符合相关规范的要求，各种气体的钢瓶都要远离火源，放置于室外阴凉通风的地方，氢、氧和乙炔不能混放在一处。

（7）化学物品一经放置于容器内后，必须立即贴上标签，如发现异常或有疑问，应进行检验或询问保管人员，不能随意乱丢乱放，有毒的物品要集中存放并指定专人保管。

（8）向容器内灌装大量的易燃、可燃液体时，要有防静电措施，对于一级溶剂，如醚、苯、乙醇、丙酮等极易燃液体的防火措施，应给予特别的注意。主要包括：实验室的火焰口要远离这些溶剂;存放这类物品的房间内不能有煤气嘴、酒精灯以及有电火花产生的任何设备;增强通风,严格密封等。

(9)实验室的管理人员自身应树立严格的消防安全意识,了解相关的知识,在此基础上,对进入实验室的人员进行安全教育,讲明实验中可能发生的危险和安全常识,要求其严格按照实验规程进行操作,并使他们能够了解和掌握实验室内的水、电、气的开关和灭火设备的位置以及安全出口等问题,做到心中有数。对进入实验室的人员应进行登记。

(10)在有易燃易爆蒸汽和可燃气体散逸的实验室,应采用防爆型的电气设备。烘干机、加温器、恒温箱等加热设备必须经常检查,防止因温控器损坏而引起加热失控。

四、计算机中心防火

1. 提高建筑物耐火等级,降低火灾荷载

计算中心建筑的耐火等级应为一、二级,主机房和重要的信息资料室应采用一级耐火等级,机房不应与燃油燃气锅炉房、油浸电力变压器室和大功率发电机房等危险性高的房间邻近布置;为保障人员安全疏散,每个房间均应设置两个以上的安全出口,其附属房间的疏散路线不能横穿计算机房;机房工作室、信息资料室等应单独设置,资料架、工作台等应为非燃材料制成,机房内外墙装饰装修以及其他物品,如窗帘、门帘、计算机罩等,均应采用非燃或经过阻燃处理的材料,尽量减少可燃物的数量。

2. 电气设备防火

(1)室内照明的功率较大的白炽灯、卤钙灯,其引线应穿套瓷管、石棉玻璃丝等不燃材料作为隔热保护;蓄电池室应靠外墙设置,加强通风,并采用防爆型电气设备。

(2)各类电气设备的安装和维修,线路改动和临时用线,须由专业电工按国家有关标准和规定操作安装,严禁在机器运行状态下进行;要经常对电气设备和线路进行检查和维修,以确保安全,消除事故隐患。

3. 防雷、防静电

(1)避雷针接地体埋深不小于 1 m,离开建筑物不小于 3 m。

(2)机房外设良好防雷设施,其接地电阻不大于 10 Ω;计算机交流系统工作接地和安全保护接地电阻均不宜大于 4 Ω,直流系统工作接地电阻不大于 1 Ω。

(3)计算机系统的电源线,必须有良好的绝缘,并采取穿金属管或难燃 PVC 管安装。

(4)计算机直流系统工作接地极与防雷接地引下线之间的距离应大于 5 m,交流线路走线不应与直流线路紧贴平行敷设,更不能互相短接或混接;电源线、动力线、照明线、机器弱电线等,须与避雷针引下线保持一定的安全距离。

(5)选择具有防火性能的抗静电活动地板,并采取其他的防静电措施。

五、消防设施

(1)大中型计算机中心应设置消防控制室,控制室应有接受火灾报警、发出声光信号、控制灭火装置及通风空调系统和电动防火门、防排烟等设施的功能。

(2)设置火灾自动报警装置,自动报警系统应设有主电源和直流备用电源,主电源应采用专用的消防电源,并保证消防系统在最大负载的状态下不影响报警控制器的正常工作;机房内应同时安装感温式和感烟式两种探测器,争取在最短的时间内报警;自动报警系统

应设有自动、手动两种触发装置。

(3)安装固定灭火装置,及时迅速地进行灭火,此外,还必须正确选择灭火剂,可以选用对计算机系统无害的二氧化碳和七氟丙烷灭火剂,不能选用水、泡沫、干粉等灭火剂。

第三节　幼儿园防火措施

一、建筑防火

(1)幼儿园应布置在安全地点。工矿企业所设的托儿所、幼儿园应布置在生活区,远离生产厂房和仓库。如受条件限制,应至少与甲、乙类生产厂房保持50 m的安全距离。

(2)幼儿园一般宜单独建造,面积不应过大。其耐火等级不应低于三级。如设在楼层建筑中,最好布置在底层;若必须布置在楼上时,三级耐火等级建筑不应超过两层,一、二级耐火等级建筑不应超过三层。居民建筑中的托儿所、幼儿园应用耐火极限不低于1 h的不燃烧体与其他部位隔开。

(3)幼儿园不应设置在易燃建筑内,与易燃建筑的防火间距不得小于30 m。

(4)幼儿园的儿童用房不宜设在地下人防工程内。

(5)幼儿园建筑的耐火等级、层数、长度、面积以及与其他民用建筑的防火间距,应符合有关规定。

(6)三级耐火等级的托儿所、幼儿园建筑的吊顶,应采用耐火极限不低于0.25 h的难燃烧体。

(7)幼儿园内部的厨房、液化石油气储存间、杂品库房、烧水间应与儿童活动场所或儿童用房分开设置;如毗邻建造时,应用耐火极限不低于1 h的不燃烧材料与其隔开。

(8)幼儿园室内装饰材料宜采用不燃或难燃材料,限制使用塑料制品。

二、安全疏散

(1)幼儿园的安全疏散出口不应少于两个。

(2)幼儿园房间门至外部出口或封闭楼梯间的最大距离。

①位于两个外部出口或楼梯之间的房间,一、二级建筑为25 m,三级建筑为20 m。

②位于袋形走道或尽端的房间,一、二级建筑为20 m,三级建筑为15 m。

(3)楼梯、扶手、栏杆和踏步应符合下列规定。

①楼梯除设成人扶手外,并应在靠墙一侧设幼儿扶手,其高度不应大于0.6 m。

②楼梯栏杆垂直杆件间的净距不应大于0.11 m,当楼梯井净宽度大于0.2 m时,必须采取安全措施。

③楼梯踏步的高度不应大于0.15 m,宽度不应小于0.26 m。

④在严寒、寒冷地区设置的室外安全疏散楼梯,应有防滑措施。

(4)幼儿园用于疏散的楼梯间内,不应附设烧水间、可燃材料的储藏室、非封闭的电梯井、可燃气体管道等。

楼梯间内宜有天然采光,不应有影响疏散的凸出物。

(5)室外疏散楼梯和每层出口平台,均应采用不燃烧材料制作。

楼梯和出口平台内严禁存放物品,保持通道畅通。

(6)疏散用楼梯和疏散通道上的阶梯,不应采用螺旋楼梯和扇形踏步,踏步上下两级所形成的平面角度不超过10°,但离扶手25 cm的踏步宽度超过22 cm时可不受此限。

(7)疏散用门不应采用吊门或拉门,严禁采用转门,并应向疏散方向开启。

三、采暖和电气设备

幼儿园的采暖和电气设备的防火有着较为严格的要求。

(1)幼儿园内不应装设蒸汽锅炉房。采暖锅炉房宜单独建造,如因条件、规模限制,可在建筑的地下室、半地下室或首层中设置锅炉房,但锅炉房不应紧靠儿童比较集中的游戏室、教室等房间的左、右或上、下以及主要疏散出口的两旁。在锅炉房30 m以内不准搭建易燃建筑或堆放可燃物。

(2)幼儿园用火炉采暖时,必须注意安全。

(3)幼儿园配电线路应符合电气安装规程的要求。闷顶内有可燃物时,应采取隔热、散热等防火措施。

(4)照明灯具的高温表面靠近可燃物时,应采取隔热、散热等防火保护措施。若使用额定功率为100 W或100 W以上的白炽灯泡的吸顶灯、槽灯、嵌入式灯,其引入线应采用瓷管、石棉、玻璃丝等不燃材料做隔热保护。

(5)日光灯(包括镇流器)和超过60 W的白炽灯,不应直接安装在可燃构件上。白炽灯与可燃物的距离应不小于0.5 m。

(6)幼儿园不准使用落地灯和台灯照明,灯泡不准用纸或其他可燃物遮光。

(7)电源开关、电闸、插座等距地面不应小于1.3 m,灯头距地面一般不应小于2 m,防止因碰坏或儿童触摸而发生触电事故。

(8)禁止在寝室内使用电炉、电熨斗等电气设备,不准随便乱拉电线。

(9)电视机要放置在通风散热良好的地方,收看完电视后要切断电源;如果使用室外天线,一定要装接地线,最好装避雷器,以防雷击。电视机出现故障时,必须立即关机,停止使用。

(10)使用空调器的托儿所、幼儿园,空调器应有接地线,周围不得堆放易燃物品;窗帘不能贴搭在空调器上。

第四节　中小学和幼儿园的防火管理

一、中小学的防火管理

中小学除了教室,还有图书馆、实验室、食堂、礼堂和学生宿舍等建筑。做好学校的消防工作,创造一个安全的学习环境,对顺利完成教学任务,使学生健康成长,都有着重要的意义。

除在建筑方面必须符合《建筑设计防火规范》(GB 50016—2014)的要求,在电气线路和设备以及消防设施、消防器材配备等方面必须遵照有关规定外,还须做到以下几点。

(1)学校应当落实消防安全责任制,寄宿制的中小学应配备专职安全管理人员,其他学校应确定兼职消防管理人员。

(2)学校以下部门或部位应确定为防火重点部位,实行严格管理。

①学生宿舍(公寓)、招待所。

②图书馆(阅览室、资料室)、各类档案室。

③体育馆、大礼堂、报告厅、学生活动中心等人员密集场所。

④重点实验室、危险化学品仓库。

⑤变配电间、锅炉房。

⑥网络管理中心、计算机管理中心。

⑦消防控制中心、消防水泵房、对消防安全有重大影响的部位。

⑧其他需确定的部位。

(3)学校要妥善处理好防火与防盗的关系,统筹兼顾。

应保障疏散通道、安全出口畅通,按照国家规定设置消防安全疏散指示标识和应急照明设施,保持该设施处于正常状态。

(4)举办大型集会、舞会、晚会、招生就业咨询会等大型活动,具有火灾危险的,主办部门应落实防火安全措施和应急疏散措施,向学校职能部门和属地消防部门申报,经批准后方可举行。

(5)在教学、科研等工作中,需要使用易燃易爆、压缩气体等危险化学品,应做到少量领取和少量存放,专人负责,规范操作,并配置必要的灭火器具。

(6)学校应建立有机溶液回收处理制度,禁止将实验中有机溶液、腐蚀性和放射性液体直接排放到下水管道内,应盛放于专门容器内,放置在指定地点,学校统一回收处理。

(7)严格控制在民用冰箱内存放挥发性易燃液体浸泡的实验标本。

当需要使用炉火采暖时,应设专人负责,夜间应定时进行防火巡查。禁止在学生宿舍(公寓)、办公室及其他场所使用“热得快”等易引起火灾的电热器。对在宿舍内不遵守安全用电规定的学生,应按校纪校规严肃处理。

(8)每间集体宿舍均应设置用电超载保护装置。

(9)集体宿舍应设置醒目的消防设施、器材、出口等消防安全标识。

(10)图书馆、教学楼、实验楼和集体宿舍的公共疏散走道、疏散楼梯间不应设置卷帘门、栅栏等影响安全疏散的设施。

(11)学校应在校区和学生生活园区设置形式多样的消防安全标识,营造消防安全氛围。

(12)学校的消防安全检查每季度应进行一次,并定时开展消防安全培训,制定应急疏散与灭火预案。

二、幼儿园的防火管理

为了有效避免火灾的发生,除了幼儿园的建筑要达到相应的防火规范的要求,园内工作人员还需加强消防安全管理。具体措施如下。

(1)幼儿园为多层楼房时,应将年龄较大的儿童安置在楼上,以利于安全疏散。

(2)使用石油液化气的幼儿园,对使用人员应进行安全教育,使其了解液化气的性质,懂得安全操作技术,并能正确处理设备故障和漏气事故。使用时先点火,后开气,使用后要将阀门关严。

(3)老师、保育员用的火柴、打火机要保管好,放在儿童拿不到的地方,并应教育儿童不要玩火。

(4)幼儿园应和当地消防部门共同制定应急方案,包括疏散、灭火等,使工作人员明确各自的职责范围,并保持定期进行演练。

(5)幼儿园应按照有关规定配置消防器材,并定期进行检查、更换、保养。规模较大的托儿所、幼儿园应安装火灾自动报警系统和自动灭火系统。

第九章　建筑消防设施的维护管理

建筑消防设施维护管理是确保消防设施完好有效，以实现及早探测火灾，及时控制和扑救初期火灾、有效引导人员安全疏散等安全目标的重要保障，是一项关乎人员生命财产安全、避免重大火灾损失的基础性工作。《中华人民共和国消防法》赋予社会单位按照国家标准、行业标准配置消防设施、器材，定期组织检验、维修，确保完好有效的法定职责。《建筑消防设施的维护管理》(GB 25201—2010)规定了消防设施维护管理的内容、方法和要求，引导和规范社会单位的消防设施维护管理工作。

第一节　建筑消防设施维护管理概述

建筑消防设施维护管理由建筑物的产权单位或者受其委托的建筑物业管理单位(以下简称建筑使用管理单位)依法自行管理或者委托具有相应资质的消防技术服务机构实施管理。消防设施维护管理包括值班、巡查、检测、维修、保养、档案建立与管理等工作。

一、建筑消防设施维护管理的要求

为确保建筑消防设施的正常运行，建筑使用管理单位在对其消防设施进行维护管理时，应明确归口管理部门、管理人员及其工作职责，建立消防设施值班、巡查、检测、维修、保养、档案建立与管理等制度。对维护管理人员、管理装备及管理工作作出严格要求。

(一)维护管理人员从业资格要求

消防设施操作管理以及值班、巡查、检测、维修、保养的从业人员，需要具备下列规定的从业资格。

(1)消防设施检测、维护保养等消防技术服务机构的项目经理、技术人员，经注册消防工程师考试合格，持有一级或者二级注册消防工程师的执业资格证书。

(2)消防设施操作、值班、巡查的人员，经消防行业特有工种职业技能鉴定合格，持有初级技能(含初级，以下同)以上等级的职业资格证书，能够熟练操作消防设施。

(3)消防设施检测、保养人员，经消防行业特有工种职业技能鉴定合格，持有高级技能以上等级职业资格证书。

(4)消防设施维修人员，经消防行业特有工种职业技能鉴定合格，持有技师以上等级职业资格证书。

(二)维护管理装备要求

用于消防设施的巡查、检测、维修、保养的测量用仪器、仪表、量具及泄压阀、安全阀等，依法需要计量检定的，建筑使用管理单位应按照有关规定进行定期校验，并具有有效证明文件。

(三)维护管理工作要求

建筑使用管理单位按照下列要求组织实施消防设施维护管理。

1. 明确并落实管理职责

建筑使用管理单位自身具备维修保养能力的,明确维修、保养的职能部门和人员;不具备维修保养能力的,与消防设备生产厂家、消防设施施工安装单位等有维修、保养能力的单位签订消防设施维修、保养合同。

同一建筑物有两个及两个以上产权、使用单位的,明确消防设施的维护管理责任,实行统一管理,以合同方式约定各自的权利与义务;委托物业管理单位、消防技术服务机构等实施统一管理的,物业管理单位、消防技术服务机构等严格按照合同约定,履行消防设施维护管理职责,确保管理区域内的消防设施正常运行。

2. 制定消防设施维护管理制度和维修管理技术规程

建筑消防设施投入使用后,建筑使用管理单位应制定并落实消防设施巡查、检测、报修、保养等各项维护管理制度和技术规程,及时发现问题,适时维修保养,确保消防设施处于正常工作状态,并且完好有效。

3. 实施消防设施标识化管理

消防设施的电源控制柜、水源及灭火剂等控制阀门,处于正常运行位置,具有明显的开(闭)状态标识;需要保持常开或者常闭的阀门,采取铅封、标识等限位措施,保证其处于正常位置;具有信号反馈功能的阀门,其状态信号能够按照预定程序及时反馈到消防控制室;消防设施及其相关设备的电气控制设备具有控制方式转换装置的,除现场具有控制方式及其转换标识外,其控制信号能够反馈至消防控制室。

4. 故障消除及报修

值班、巡查、检测时发现消防设施故障的,按照单位规定的程序,及时组织修复;单位没有维修保养能力的,按照合同约定报修;消防设施因故障维修等原因需要暂时停用的,经单位消防安全责任人批准,报公安机关消防机构备案,采取消防安全措施后,方可停用检修。

5. 档案管理

建立健全建筑消防设施维护管理档案。定期整理消防设施维护管理技术资料,按照规定期限和程序保存、销毁相关文件档案。

6. 远程监控管理

城市消防远程监控系统联网用户,按照规定协议向城市监控中心发送建筑消防设施运行状态、消防安全管理等信息。

二、建筑消防设施维护管理环节及工作要求

消防设施维护管理各个环节的工作均关系到消防设施完好有效、正常发挥作用,建筑使用管理单位要根据各个环节的工作特点,组织实施维护管理。

(一)值班

建筑使用管理单位应根据建筑或者单位的工作、生产、经营特点,建立值班制度。在消防控制室、具有消防配电功能的配电室、消防水泵房、防排烟机房等重要设备用房,合理安排符合从业资格条件的专业人员对消防设施实施值守、监控,负责消防设施操作控制,确保

发生火灾的情况下能够及时、准确地按照操作技术规程对建筑消防设施进行操作。

单位应制定灭火和应急疏散预案，并定期组织预案演练，在进行预案演练时，要将消防设施操作内容纳入其中，及时发现并解决操作过程中存在的问题。

（二）巡查

巡查是指建筑使用管理单位对建筑消防设施直观属性的检查。根据《建筑消防设施的维护管理》（GB 25201—2010）的规定，消防设施巡查内容主要包括消防设施设置场所（防护区域）的环境状况，消防设施及其组件、材料等外观，以及消防设施运行状态、消防水源状况及固定灭火设施灭火剂储存量等。

1. 巡查要求

建筑管理使用单位应按照下列要求组织巡查。

（1）明确各类消防设施的巡查频次、内容和部位。

（2）巡查时，准确填写《建筑消防设施巡查记录表》。

（3）巡查时发现故障或者存在问题，应按照规定程序进行故障处置，及时解决存在的问题。

2. 巡查频次

建筑使用管理单位按照下列频次组织巡查。

（1）公共娱乐场所营业期间，每 2 h 组织一次综合巡查。其间，将部分或者全部消防设施巡查纳入综合巡查内容，并保证每日至少对全部建筑消防设施巡查一遍。

（2）消防安全重点单位每日至少对消防设施巡查一次。

（3）其他社会单位每周至少对消防设施巡查一次。

（4）举办具有火灾危险性的大型群众性活动的，承办单位根据活动现场的实际需要确定巡查频次。

（三）检测

根据《建筑消防设施的维护管理》（GB 25201—2010）的规定，消防设施检测主要是对国家标准规定的各类消防设施的功能性要求进行的检查、测试。

1. 检测频次

消防设施每年至少检测一次。遇重大节日或者重大活动，根据活动要求安排消防设施检测。设有自动消防设施的宾馆饭店、商场市场、公共娱乐场所等人员密集场所、易燃易爆单位及其他一类高层公共建筑等消防安全重点单位，自消防设施投入运行后的每年年底，将年度检测记录报当地公安机关消防机构备案。

2. 检测对象

检测对象包括全部消防设施系统设备、组件等。消防设施检测按照竣工验收技术检测方法和要求组织实施，并符合《建筑消防设施检测技术规程》（GA 503—2004）的要求。检测过程中，如实填写《建筑消防设施检测记录表》的相关内容。

（四）维修

对于在值班、巡查、检测、灭火演练中发现消防设施存在的问题和故障，相关人员按照规定填写《建筑消防设施故障维修记录表》，向建筑使用管理单位消防安全管理人报告；消防安全管理人对相关人员上报的消防设施存在的问题和故障，要立即通知维修人员或者委托具有资质的消防设施维保单位进行维修。

维修期间,建筑使用管理单位要采取确保消防安全的有效措施;故障排除后,消防安全管理人组织相关人员进行相应功能试验,检查确认,并将检查确认合格的消防设施恢复至正常工作状态,并在《建筑消防设施故障维修记录表》中全面、准确记录。

(五)保养

建筑使用管理单位根据建筑规模、消防设施使用周期等,制订消防设施保养计划,载明消防设施的名称、保养内容和周期;储备一定数量的消防设施易损件或者与消防产品厂家、供应商签订相关供货合同,以保证维修保养供应。消防设施在维护保养时,维护保养单位相关技术人员应填写《建筑消防设施维护保养记录表》,并进行相应功能试验。

(六)档案建立与管理

消防设施档案是建筑消防设施施工质量、维护管理的历史记录,具有延续性和可追溯性,是消防设施施工调试、操作使用、维护管理等工作情况的真实记录。

1. 档案内容

建筑消防设施档案至少包含下列内容。

(1)消防设施基本情况。主要包括消防设施的验收意见和产品、系统使用说明书、系统调试记录、消防设施平面布置图、系统图等原始技术资料。

(2)消防设施动态管理情况。主要包括消防设施的值班记录、巡查记录、检测记录、故障维修记录以及维护保养计划表、维护保养记录、消防控制室值班人员基本情况及培训记录等。

2. 保存期限

消防设施施工安装、竣工验收及验收技术检测等原始技术资料长期保存;《消防控制室值班记录表》和《建筑消防设施巡查记录表》的存档时间不少于一年;《建筑消防设施检测记录表》《建筑消防设施故障维修记录表》《建筑消防设施维护保养计划表》《建筑消防设施维护保养记录表》的存档时间不少于五年。

第二节 消防控制室管理

消防控制室设有火灾自动报警系统控制设备和消防联动控制设备,用于接收、显示、处理火灾报警信号,控制相关消防设施,是指挥火灾扑救、引导人员安全疏散的信息、指挥中心,是消防安全管理的核心场所。

一、消防控制室的设备配置

为确保消防控制室实现接收火灾报警、处置火灾信息、指挥火灾扑救、引导人员安全疏散等消防安全目标,消防控制室配备的监控设备要能够准确、规范地实施消防监控与管理等各项功能。

消防控制室至少需要设置火灾报警控制器、消防联动控制器、消防控制室图形显示装置、消防电话总机、消防应急广播控制装置、消防应急照明和疏散指示系统控制装置、消防电源监控器等设备,或者设置具有相应功能的组合设备。

二、消防控制设备的监控要求

消防控制室配备的消防设备需要具备以下几项监控功能。

(1)消防控制室设置的消防设备能够监控并显示消防设施运行状态信息,并能够向城市消防远程监控中心(以下简称"监控中心")传输相应信息。

(2)根据建筑(单位)规模及其火灾危险性特点,消防控制室内需要保存必要的文字、电子资料,存储相关的消防安全管理信息,并能够及时向监控中心传输消防安全管理信息。

(3)大型建筑群要根据其不同建筑功能需求、火灾危险性特点和消防安全监控需要,设置两个及两个以上的消防控制室,并确定主消防控制室、分消防控制室,以实现分散与集中相结合的消防安全监控模式。

(4)主消防控制室的消防设备能够对系统内共用的消防设备进行控制,显示其状态信息,并能够显示各个分消防控制室内消防设备的状态信息,具备对分消防控制室内消防设备及其所控制的消防系统、设备的控制功能。

(5)各个分消防控制室的消防设备之间,可以互相传输、显示状态信息,不能互相控制消防设备。

三、消防控制室台账档案建立

消防控制室是建筑使用管理单位消防安全管理与消防设施监控的核心场所,需要保存能够反映建筑特征、消防设施施工质量及其运行情况的纸质台账档案和电子资料,消防控制室内至少保存有下列纸质台账档案和电子资料。

(1)建(构)筑物竣工后的总平面布局图、消防设施平面布置图和系统图以及安全出口布置图、重点部位位置图等。

(2)消防安全管理规章制度、灭火与应急疏散预案等。

(3)消防安全组织结构图,包括消防安全责任人、管理人,专职、义务消防人员等内容。

(4)消防安全培训记录、灭火和应急疏散预案的演练记录。

(5)值班情况、消防安全检查情况及巡查情况等记录。

(6)消防设施一览表,包括消防设施的类型、数量、状态等内容。

(7)消防联动系统控制逻辑关系说明、设备使用说明书、系统操作规程、系统及设备的技术规程等。

(8)设备运行状况、接报警记录、火灾处理情况记录等。

(9)系统及设备的维护保养制度、检修检测报告等资料。

上述台账、资料应定期归档保存。

四、消防控制室的管理要求

规范、统一的消防控制室管理和消防设施操作监控,是建筑火灾发生时能够及时发现火灾、确认火灾,准确报警并启动应急预案、有效组织初期火灾扑救、引导人员安全疏散的根本保证。

(一)消防控制室值班要求

建筑使用管理单位应按照下列要求,安排适当数量的、符合从业资格条件的人员负责消防控制室的管理与值班。

(1)实行每日24 h专人值班制度.每班不少于两人,值班人员持有规定的消防专业技能鉴定证书。

(2)消防设施日常维护管理符合国家标准《建筑消防设施的维护管理》(GB 25201—2010)的相关规定。

(3)确保火灾自动报警系统、固定灭火系统和其他联动控制设备处于正常工作状态,不得将应处于自动控制状态的设备设置在手动控制状态。

(4)确保高位消防水箱、消防水池、气压水罐等消防储水设施水量充足,确保消防泵出水管阀门、自动喷水灭火系统管道上的阀门常开;确保消防水泵、防排烟风机、防火卷帘等消防用电设备的配电柜控制装置处于自动控制位置(或者通电状态)。

(二)消防控制室设备的控制、显示要求

消防控制室内的图形显示装置、火灾报警控制器、消防联动控制设备,其功能既相互独立,又互相关联,准确把控其功能是充分发挥消防控制室监控与管理作用的关键。

1.消防控制室图形显示装置

采用中文标注和中文界面的消防控制室图形显示装置,其界面对角线长度不得小于430 mm。消防控制室图形显示装置按照下列要求显示相关信息。

(1)能够显示前述电子资料内容及符合规定的消防安全管理信息。

(2)能够用同一界面显示建(构)筑物周边消防车通道、消防登高车操作场地、消防水源位置,以及相邻建筑的防火间距、建筑面积、建筑高度、使用性质等情况。

(3)能够显示消防系统及设备的名称、位置和消防控制器、消防联动控制设备(含消防电话、消防应急广播、消防应急照明和疏散指示系统、消防电源等控制装置)的动态信息。

(4)在火灾报警信号、监管报警信号、反馈信号、屏蔽信号、故障信号输入时,具有相应状态的专用总指示,在总平面布局图中应显示输入信号所在的建(构)筑物的位置,在建筑平面图上应显示输入信号所在的位置和名称,并记录时间、信号类别和部位等信息。

(5)10 s内能够显示输入的火灾报警信号和反馈信号的状态信息,100 s内能够显示其他输入信号的状态信息。

(6)能够显示可燃气体探测报警系统、电气火灾监控系统的报警信息、故障信息和相关联动反馈信息。

2.火灾报警控制器

火灾报警控制器能够显示火灾探测器、火灾显示盘、手动火灾报警按钮的正常工作状态、火灾报警状态、屏蔽状态及故障状态等相关信息,能够控制火灾声光警报器启动和停止。

3.消防联动控制设备

消防联动控制设备能够将各类消防设施及其设备的状态信息传输到图形显示装置;能够控制和显示各类消防设施的电源工作状态、各类设备及其组件的启/停等运行状态和故障状态,显示具有控制功能、信号反馈功能的阀门、监控装置的正常工作状态和动作状态,能够控制具有自动控制、远程控制功能的消防设备的启/停,并接收其反馈信号。

(三)消防控制室应急处置程序

火灾发生时,消防控制室的值班人员按照下列应急程序处置火灾。

(1)接到火灾警报后,值班人员立即以最快方式确认火灾。

(2)火灾确认后,值班人员立即确认火灾报警联动控制开关处于自动控制状态,同时拨打“119”报警电话准确报警;报警时需要说明着火单位地点、起火部位、着火物种类、火势大小、报警人姓名和联系电话等。

(3)值班人员立即启动单位应急疏散和初期火灾扑救灭火预案,同时报告单位消防安全负责人。

第三节　灭火设施与系统的维护管理

消防灭火设施与系统主要是指消防给水系统、灭火器、消火栓系统、自动喷水灭火系统、气体灭火系统、干粉灭火系统、泡沫灭火系统等。做好消防灭火设施与系统的维护管理,是确保系统正常完好、有效使用,减少火灾人员伤亡和财产损失的重要措施。

一、消防给水系统维护管理

消防给水系统主要由消防水源(市政管网、水池、水箱)、供水设施设备(消防水泵、消防稳压设施、水泵接合器)和给水管网(阀门)等组成。维护管理人员经过消防专业培训后应熟悉消防给水系统的相关原理、性能和操作维护方法。

(一)消防水源的维护管理

消防水源的维护管理应符合下列规定。

(1)每季度监测市政给水管网的压力和供水能力。

(2)每年对天然河、湖等地表水消防水源的常水位、枯水位、洪水位,以及枯水位流量或蓄水量等进行一次检测。

(3)每年对水井等地下水消防水源的常水位、最低水位、最高水位和出水量等进行一次测定。

(4)每月对消防水池、高位消防水池、高位消防水箱等消防水源设施的水位等进行一次检测;消防水池(箱)玻璃水位计两端的角阀在不进行水位观察时应关闭。

(5)在冬季每天要对消防储水设施进行室内温度和水温检测,当结冰或室内温度低于5 ℃时,要采取适当的措施,确保消防储水设施不结冰和室温不低于5 ℃。

(6)每年应检查消防水池、消防水箱等蓄水设施的结构材料是否完好,发现问题时及时处理。

(7)永久性地表水天然水源消防取水口有防止水生生物繁殖的管理技术措施。

(二)供水设施设备的维护管理

1.供水设施的维护管理规定

(1)每月应手动启动消防水泵运转一次,并检查供电电源的情况。

(2)每周应模拟消防水泵自动控制的条件,自动启动消防水泵运转一次,且记录自动巡检情况,每月应检测记录。

(3)每日对稳压泵的停泵启泵压力和启泵次数等进行检查并记录运行情况。

(4)每日对柴油机消防水泵的启动电池的电量进行检测,每周检查储油箱的储油量,每月应手动启动柴油机消防水泵运行一次。

(5)每季度应对消防水泵的出流量和压力进行一次试验。

(6)每月对气压水罐的压力和有效容积等进行一次检测。

2. 水泵接合器的维护管理规定

(1)查看水泵接合器周围有无放置构成操作障碍的物品。

(2)查看水泵接合器有无破损、变形、锈蚀及操作障碍,确保接口完好、无渗漏、闷盖齐全。

(3)查看闸阀是否处于开启状态。

(4)查看水泵接合器是否有明显的标志。

(三)给水管网的维护管理

(1)系统上所有的控制阀门均应采用铅封或锁链固定在开启或规定的状态,每月应对铅封、锁链进行一次检查,当有破坏或损坏时应及时修理更换。

(2)每月对电动阀和电磁阀的供电和启闭性能进行检测。

(3)每季度对室外阀门井中进水管上的控制阀门进行一次检查,并应核实其处于全开启状态。

(4)每天对水源控制阀进行外观检查,并应保证系统处于无故障状态。

(5)每季度对系统所有的末端试水阀和报警阀的放水试验阀进行一次放水试验,并应检查系统启动、报警功能以及出水情况是否正常。

(6)在市政供水阀门处于完全开启状态时,每月对倒流防止器的压差进行检测,且应符合《减压型倒流防止器》(GB/T 25178—2010)和《双止回阀倒流防止器》(CJ/T 160—2010)等的有关规定。

二、消火栓系统的维护管理

消火栓系统是扑救、控制建筑物初期火灾的最为有效的灭火设施,是应用最为广泛、用量最大的灭火系统。该系统的维护管理是确保系统正常完好、有效使用的基本保障。维护管理人员经过消防专业培训后应熟悉消火栓系统的相关原理、性能和维护操作方法。

(一)室外消火栓系统的维护管理

室外消火栓系统是设置在建筑外的供水设施,主要供消防车取水,经增压后向建筑内的供水管网供水或实施灭火,也可以直接连接水带、水枪出水灭火。按安装形式不同,室外消火栓可分为地下式和地上式两种类型,应分别按照以下要求进行维护管理。

1. 地下式消火栓的维护管理

地下式消火栓应每季度进行一次检查保养,其内容主要包括以下几方面。

(1)用专用扳手转动消火栓启闭杆,观察其灵活性,必要时加注润滑油。

(2)检查橡胶垫圈等密封件有无损坏、老化或丢失等情况。

(3)检查栓体外表油漆有无脱落,有无锈蚀,如有应及时修补。

(4)入冬前检查消火栓的防冻设施是否完好。

(5)重点部位消火栓,每年应逐一进行一次出水试验,出水应满足压力要求。在检查中可使用压力表测试管网压力,或者连接水带作射水试验,检查管网压力是否正常。

(6)随时消除消火栓井周围及井内积存的杂物。

(7)地下式消火栓应有明显标志,要保持室外消火栓配套器材和标志的完整有效。

2. 地上式消火栓的维护管理

(1)用专用扳手转动消火栓启动杆,检查其灵活性,必要时加注润滑油。

(2)检查出水口闷盖是否密封,有无缺损。

(3)检查栓体外表油漆有无剥落,有无锈蚀,如有应及时修补。

(4)每年开春后入冬前对地上消火栓逐一进行出水试验,出水应满足压力要求。在检查中可使用压力表测试管网压力,或者连接水带作射水试验,检查管网压力是否正常。

(5)定期检查消火栓前端阀门井。

(6)保持配套器材的完备有效,无遮挡。

室外消火栓系统的检查除上述内容外,还应包括与有关单位联合进行的室外消火栓给水消防水泵、消防水池的一般性检查,如经常检查消防水泵各种闸阀是否处于正常状态,消防水池水位是否符合要求。

(二)室内消火栓系统的维护管理

1. 室内消火栓的维护管理

室内消火栓系统是扑救建筑内火灾的主要设施,是使用最普遍的消防设施之一,应对其做好维护保养工作。室内消火栓箱内应经常保持清洁、干燥,防止锈蚀、碰伤或其他损坏。每半年至少进行一次全面的检查维修,主要内容有如下几项。

(1)检查消火栓和消防卷盘供水闸阀是否渗漏水,若渗漏水应及时更换密封圈。

(2)对消防水枪、水带、消防卷盘及其他配件进行检查,全部附件应齐全完好,卷盘转动灵活。

(3)检查消火栓启动按钮、指示灯及控制线路,应功能正常、无故障。

(4)检查消火栓箱及箱内装配的部件外观有无破损,涂层有无脱落,箱门玻璃是否完好无缺。

(5)对消火栓、供水阀门及消防卷盘等所有转动部位应定期加注润滑油。

2. 供水管路的维护管理

室外阀门井中,进水管上的控制阀门应每个季度检查一次,核实其处于全开启状态。系统上所有的控制阀门均应采用铅封或锁链固定在开启或规定的状态。每月应对铅封、锁链进行一次检查,当有破坏或损坏时应及时修理更换。

(1)对管路进行外观检查,若有腐蚀、机械损伤等应及时修复。

(2)检查阀门是否漏水并及时修复。

(3)室内消火栓设备管路上的阀门为常开阀,平时不得关闭,应检查其开启状态。

(4)检查管路的固定是否牢固,若有松动应及时加固。

三、自动喷水灭火系统的维护管理

自动喷水灭火系统是扑救、控制建筑物初期火灾最为有效的自救灭火设施之一,是应用最为广泛、用量最大的消防灭火系统。对其进行良好的维护管理是系统正常运行、有效使用的基本保障。从事维护管理的人员要经过消防专业培训,具备相应的从业资格证书,熟悉自动喷水灭火系统的原理、性能和操作维护规程。

（一）系统巡查

自动喷水灭火系统巡查主要是针对系统组件外观、现场运行状态、系统检测装置工作状态、安装部位环境条件等实施的日常巡查。

1. 巡查内容

自动喷水灭火系统巡查内容主要包括如下几项。

（1）喷头外观及其周边障碍物、保护面积等。

（2）报警阀组外观、报警阀组检测装置状态、排水设施状况等。

（3）充气设备、排气装置及其控制装置、火灾探测传动、液（气）动传动及其控制装置、现场手动控制装置等外观、运行状况。

（4）系统末端试水装置、楼层试水阀及其现场环境状态、压力监测情况等。

（5）系统用电设备的电源及其供电情况。

水源以及消防水泵、供（给）水管网及其附件等维护管理如前所述。

2. 巡查方法及要求

采用目测观察的方法，检查系统及其组件外观、阀门启闭状态、用电设备及其控制装置工作状态和压力监测装置（压力表、压力开关）工作情况。

（1）喷头巡查

建筑使用管理单位按照下列要求对喷头进行巡查。

①观察喷头与保护区域环境是否匹配，判定保护区域使用功能、危险性级别是否发生变化。

②检查喷头外观有无明显磕碰伤痕或者损坏，有无喷头漏水或者被拆除等情况。

③检查保护区域内是否有影响喷头正常使用的吊顶装修，或者新增装饰物、隔断、高大家具以及其他障碍物。若有上述情况，采用目测、尺量等方法，检查喷头保护面积、与障碍物间距等是否发生变化。

（2）报警阀组巡查

建筑使用管理单位按照下列要求对报警阀组进行巡查。

①检查报警阀组的标志牌是否完好、清晰，阀体上水流指示永久性标识是否易于观察，与水流方向是否一致。

②检查报警阀组的组件是否齐全，表面有无裂纹、损伤等现象。

③检查报警阀组是否处于供应状态，观察其组件有无漏水等情况。

④检查报警阀组设置场所的排水设施有无排水不畅或者积水等情况。

⑤检查干式报警阀组、预作用装置的充气设备、排气装置及其控制装置的外观标志有无磨损、模糊等情况，相关设备及其通用阀门是否处于工作状态；控制装置外观有无歪斜翘曲、磨损划痕等情况，其监控信息显示是否准确。

⑥检查预作用装置、雨淋报警阀组的火灾探测传动、液（气）动传动及其控制装置、现场手动控制装置的外观标志有无磨损、模糊等情况，控制装置外观有无歪斜翘曲、磨损划痕等情况，其显示信息是否准确。

（3）末端试水装置和试水阀巡查

建筑使用管理单位按照下列要求对末端试水装置、楼层试水阀进行巡查。

①检查系统（区域）末端试水装置、楼层试水阀的设置位置是否便于操作和观察，有无

排水设施。

②检查末端试水装置设置是否正确。

③检查末端试水装置压力表,能否准确监测系统、保护区域最不利点静压值。

(4)系统供电巡查

建筑使用管理单位按照下列要求对系统供电情况进行巡查。

①检查自动喷水灭火系统的消防水泵、稳压泵等用电设备配电控制柜,观察其电压、电流监测是否正常,水泵启动控制和主、备泵切换控制是否设置在"自动"位置。

②检查系统监控设备供电是否正常,系统中的电磁阀、模块等用电元器(件)是否通电。

3. 巡查周期

建筑管理使用单位至少每日组织一次系统全面巡查。

(二)系统周期性检查维护

系统周期性检查是指建筑使用管理单位按照国家工程建设消防技术标准的要求,对已经投入使用的自动喷水灭火系统的组件、零部件等,按照规定检查周期进行的检查、测试。经检查,自动喷水灭火系统发生故障,需要停水检修的,向主管值班人员报告,取得单位消防安全管理人的同意后,派人现场监督,设置相应的防范措施后,方能停水动工。根据当地环境、气候条件对消防水池、消防水箱、消防气压给水设备内的水进行不定期更换。寒冷季节,消防储水设备的任何部位均不得结冰。一般情况下,系统周期性检查分为以下几种。

1. 月检查

(1)检查项目

下列项目至少每月进行一次检查与维护。

①电动、内燃机驱动的消防水泵(增压泵)启动运行测试。

②喷头完好状况、备用量及异物清除等检查。

③系统所有阀门状态及其铅封、锁链完好状况检查。

④消防气压给水设备的气压、水位测试;消防水池、消防水箱的水位及消防用水不被挪用的技术措施检查。

⑤电磁阀启动测试。

⑥水流指示器动作、信息反馈实验。

⑦水泵接合器完好性检查。

(2)检查与维护要求

①以上检查项目中的第一和第四项采用手动启动或者模拟启动试验进行检查,发现异常问题的,检查消防水泵、电磁阀使用性能以及系统控制设备的控制模式、控制模块状态等。属于控制方式不符合规定要求的,调整控制方式;属于设备、部件损坏、失常的,及时更换;属于供电、燃料供给不正常的,对电源、热源及其管路进行报修;泵体、管道存在局部锈蚀的,进行除锈处理;水泵、电动机的旋转轴承等部位,及时清理污渍、除锈、更换润滑油。

②喷头外观及备用数量检查。发现有影响正常使用的情况(如溅水盘损坏、溅水盘上存在影响使用的异物等)的,及时更换喷头,清除喷头上的异物;更换或者安装喷头使用专用扳手。对于备用喷头数不足的,及时按照单位程序采购补充。

③系统各个控制阀门铅封损坏,或者锁链未固定在规定状态的,及时更换铅封,调整锁链至规定的固定状态;发现阀门有漏水、锈蚀等情形的,更换阀门密封垫,修理或者更换阀

门,对锈蚀部位进行除锈处理。

④检查消防水池、消防水箱以及消防气压给水设备,发现水位不足、气体压力不足的,查明原因,及时补足消防用水和消防气压给水设备水量、气压,并分别按下述方法处理。

a. 属于操作管理制度不落实的,报单位消防安全管理人按照制度给予处理。

b. 属于系统存在严重漏水的,找准渗漏点,按照程序报修。

c. 属于水位监控装置不能正常工作的,及时修理或者更换;钢板消防水箱和消防气压给水设备的玻璃水位计两端的角阀在不进行水位观察时恢复至关闭状态。

d. 属于消防用水挪作他用的,检查消防用水不挪为他用的技术措施存在哪些问题,并及时解决这些问题。

e. 消防气压给水设备压力表读数低于设定压力值的,首先检查压力表的完好性和控制阀开启情况,属于压力表控制阀为开启或者开启不完全的,完全开启压力表控制阀;属于压力表损坏的,及时更换压力表。确定压力表正常后,对消防气压给水设备补压,并检查有无气体泄漏点。

⑤利用末端试水装置、楼层试水阀对水流指示器进场动作、报警检查试验时,首先检查消防联动控制设备和末端试水装置、楼层试水阀的完好性,符合试验条件的,开启末端试水装置或者试水阀,发现水流指示器在规定时间内不报警的,首先检查水流指示器的控制线路,存在断路、接线不实等情况的,重新接线至正常。之后,检查水流指示器,发现有异物、杂质等卡阻桨片的,及时清除异物、杂质;发现调整螺母与触头未到位的,重新调试到位。

⑥查看消防水泵接合器的接口及其附件,发现闷盖、接口等部件有缺失的,及时采购安装;发现有渗漏的,检查相应部件的密封垫完好性,查找管道、管件因锈蚀、损伤等出现的渗漏。属于密封垫密封不严的,调整密封垫位置或者更换密封垫;属于管件锈蚀、损伤的,更换管件,进行防锈、除锈处理。

2. 季度检查

(1)检查项目

下列项目至少每季度进行一次检查与维护。

①报警阀组的试水阀放水及其启动性能测试。

②室外阀门井中的控制阀门开启状况及其使用性能测试。

(2)检查与维护要求

①分别利用系统末端试水装置、楼层试水阀和报警阀组旁的放水试验阀等测试装置进行放水试验,检查系统启动、报警功能以及出水情况。

②检查室外阀门井情况,发现阀门井积水、有垃圾或者有杂物的,及时排除积水,清除垃圾、杂物;发现管网中的控制阀门未完全开启或者关闭的,完全开启到位;发现阀门有漏水情况的,按照前述室内阀门的要求查漏、修复、更换、除锈。

3. 年度检查

(1)检查项目

下列项目至少每年进行一次检查与维护。

①水源供水能力测试。

②水泵接合器通水加压测试。

③储水设备结构材料检查。

④过滤器排渣、完好状态检查。

⑤系统联动测试。

(2)检查与维护要求

①组织实施水源供水能力测试和水泵接合器通水加压试验,严格按照测试、实验步骤和要求组织实施。

②检查消防储水设备结构、材料,对于缺损、锈蚀等情况及时进行修补和重新油漆。

③检查系统过滤器的使用性能,对滤网进行拆洗,并重新安装到位。

④系统联动试验按照验收、检测要求组织实施,可结合年度检测一并组织实施。

(三)系统年度检测

年度检测是建筑使用管理单位按照相关法律法规和国家消防技术标准,每年度开展的定期功能性检查和测试;建筑使用管理单位可以委托具有资质的消防技术服务单位组织实施年度检测。

1. 喷头检测

重点检查喷头选型与保护区域的使用功能、危险性等级等匹配情况,核查闭式喷头玻璃泡色标高于保护区域环境最高温度 30 ℃的要求,以及喷头有无变形、附着物、悬挂物等影响使用的情况。

2. 报警阀组检测

检测前,查看自动喷水灭火系统的控制方式、状态,确认系统处于工作状态,消防控制设备以及消防水泵控制装置处于自动控制状态。湿式报警阀组、干式报警阀组、预作用装置、雨淋报警阀组等按照其组件检测和功能测试两项内容进行检测。

(1)报警阀组件共性要求检测

①检测内容及要求

a. 检查报警阀组外观标志,标识清晰、内容翔实,符合产品生产技术标准要求,并注明系统名称和保护区域,压力表显示符合设定值。

b. 系统控制阀及报警管路控制阀全部开启,并用锁具固定手轮,具有明显的启闭标志;采用信号阀的,反馈信号正确;测试管路放水阀关闭;报警阀组处于伺应状态。

c. 报警阀组的相关组件灵敏可靠;消防控制设备准确接收压力开关动作的反馈信号。

②检测操作步骤

a. 查看外观标识和压力表状况,并记录、核对其压力值。

b. 检查系统控制阀,查看锁具或者信号阀及其反馈信号;检查报警阀组报警管路、测试管路,查看其控制阀门、放水阀等启闭状态。

c. 打开报警阀组测试管路放水阀,查看压力开关、水力警铃等动作、反馈信号情况。

(2)湿式报警阀组检测

①检测内容及要求

湿式报警阀组功能按照下列要求进行检测。

a. 开启末端试水装置,出水压力不低于 0.05 MPa,水流指示器、湿式报警阀、压力开关动作。

b. 开启末端试水装置 5 min 内,消防水泵自动启动。

c. 消防控制设备准确接收并显示水流指示器、压力开关及消防水泵的反馈信号。

②检测操作步骤

a. 开启系统(区域)末端试水装置前,查看并记录压力表读数;开启末端试水装置,待压力表指针晃动平稳后,查看并记录压力表变化情况。

b. 查看消防控制设备显示的水流指示器、压力开关和消防水泵的动作情况及信号反馈情况。

c. 从末端试水装置开启时计时,测量消防水泵投入运行的时间。

d. 在距离水力警铃 3 m 处,采用声级计测量水力警铃声强值。

e. 关闭末端试水装置,系统复位,恢复到工作状态。

(3)干式报警阀组检测

①检测内容及要求

检查空气压缩机和气压控制装置状态,保持其正常,压力表显示符合设定值。干式报警阀组功能按照下列要求进行检测。

a. 开启末端试水装置,报警阀组、压力开关动作,联动启动排气阀入口电动阀和消防水泵,水流指示器报警。

b. 水力警铃报警,水力警铃声强值不得低于 70 dB。

c. 消防控制设备准确显示水流指示器、压力开关、电动阀及消防水泵的反馈信号。

②检测操作步骤

a. 缓慢开启气压控制装置试验阀,小流量排气;空气压缩机启动后,关闭试验阀,查看空气压缩机运行情况,核对其启、停压力。

b. 开启末端试水装置控制阀,查看并记录压力表变化情况。

c. 查看消防控制设备、排气阀等,检查水流指示器、压力开关、消防水泵、排气阀入口的电动阀等动作,查看信号反馈情况,以及排气阀的排气情况。

d. 从末端试水装置开启时计时,测量末端试水装置水压力达到 0.05 MPa 的时间。

e. 按照湿式报警阀组的要求测量水力警铃声强值。

f. 关闭末端试水装置,系统复位,恢复到工作状态。

(4)预作用装置检测

①检测内容及要求

按照干式报警阀组的要求检查预作用装置的空气压缩机和气压控制装置,其电磁阀的启闭要灵敏可靠,反馈信号要准确。预作用装置的功能性检测按照下列要求进行。

a. 模拟火灾探测报警,火灾报警控制器确认火灾后,自动启动预作用装置(雨淋报警阀)、排气阀入口电动阀及消防水泵;水流指示器、压力开关动作。

b. 报警阀组动作后,测试水力警铃声强值不得低于 70 dB。

c. 开启末端试水装置,火灾报警控制器确认火灾 2 min 后,其出水压力不低于 0.05 MPa。

d. 消防控制设备准确显示电磁阀、电动阀、水流指示器及消防水泵动作信号,反馈信号准确。

②检测操作步骤

a. 按照干式报警阀组的检测操作步骤,测试预作用装置的空气压缩机和气压控制装置工作情况。

b. 关闭预作用装置入口的控制阀,消防控制设备输出电磁阀控制信号,查看电磁阀动作情况,核查反馈信号的准确性。

c. 按照设计联动逻辑,在同一防护区内模拟两类不同的火灾探测报警信号,查看火灾报警控制器火灾报警、确认及联动指令发出情况,逐一检查预作用装置(雨淋报警阀)、电磁阀、电动阀、水流指示器、压力开关和消防水泵的动作情况,以及排气阀的排气情况。

d. 按照湿式报警阀组的要求测量水力警铃声强值。

e. 检查火灾报警控制器,对应现场各个组件启动情况,核对其反馈信号以及联动控制逻辑关系。

f. 关闭末端试水装置,系统复位,恢复到工作状态。

(5)雨淋报警阀组检测

①检测内容及要求

传动管控制的雨淋报警阀组,检查其传动管压力表,其示值符合设定值;按照干式系统要求测试气压传动管的供气装置和气压控制装置。雨淋报警阀组功能按照下列要求进行检测。

a. 检查雨淋报警阀组及其消防水泵的控制方式,具有自动、手动启动控制方式。

b. 传动管控制的雨淋报警阀组,传动管泄压后,查看消防水泵、报警阀联动启动情况,动作准确及时。

c. 报警信号发出后,检查压力开关动作情况,测量水力警铃声强值,不得低于 70 dB。

d. 报警阀组动作后,检查消防控制设备,电磁阀、消防水泵与压力开关反馈信号准确。

e. 并联设置多台雨淋报警阀组的,报警信号发出后,检查其报警阀组及其组件联动情况,联动控制逻辑关系符合消防设计要求。

f. 手动操作控制的水幕系统,测试其控制阀,启闭灵活可靠。

②检测操作步骤

a. 对于传动管控制的雨淋报警阀组,查看并读取其传动管压力表数值,核对传动管压力设定值;对于气压传动管,按照干式系统的检测操作步骤对其供气装置和气压控制装置进行检测。

b. 分别对现场控制设备和消防控制室的消防控制设备进行检查,查看雨淋报警阀组的控制方式。

c. 对于传动管控制的雨淋报警阀组,试验前关闭报警阀系统侧的控制阀,对传动管进行泄压操作,逐一查看报警阀、电磁阀、压力开关和消防水泵等动作情况。

d. 对于火灾探测器控制的雨淋报警阀组,试验前关闭报警阀系统侧的控制阀,在同一防护区内模拟两类不同的火灾探测报警信号,查看火灾报警控制器火灾报警、确认及联动指令发出情况,逐一检查报警阀、电磁阀、压力开关和消防水泵等动作情况。

e. 并联设置多台雨淋报警阀时,按照 c 或者 d 的步骤,在不同防护区域进行测试,观察各个防护区域对应的雨淋报警阀组及其组件的动作情况。

f. 查看火灾报警控制器,核查现场对应各个组件的启动情况,核对其反馈信号以及联动控制逻辑关系。

g. 手动操作控制的水幕系统,关闭水源控制阀,反复操作现场手动启、闭其系统控制阀。

h. 系统复位,恢复到工作状态。

3. 水流指示器检测

(1)检测内容及要求

检查水流指示器外观,有明显标志;信号阀完全开启,准确反馈启闭信号;水流指示器的启动与复位灵敏、可靠,反馈信号准确。

(2)检测操作步骤

①现场检查水流指示器外观。

②开启末端试水装置、楼层试水阀,查看消防控制设备显示的水流指示器动作信号。

③关闭末端试水装置、楼层试水阀,查看消防控制设备显示的水流指示器复位信号。

4. 末端试水装置检测

(1)检测内容及要求

检查末端试水装置的阀门、试水接头、压力表和排水管,设置齐全,无损伤;压力表显示正常,符合规定要求。

(2)检测操作步骤

①现场查看末端试水装置的阀门、压力表、试水接头及排水管等的外观。

②关闭末端试水装置,读取并记录其压力表数值。

③开启末端试水装置的控制阀,待压力表指针晃动平稳后,读取并记录压力表数值。

④水泵自动启动 5 min 后,读取并记录压力表数值,观察其变化情况。

⑤关闭末端试水装置,系统复位,恢复到工作状态。

(四)系统常见故障分析

系统周期性检查、年度检测时,对于检查发现的系统故障,要及时分析故障原因,消除故障,确保系统完好有效。系统相关组件的故障主要常见于报警阀组及其相关组件。

1. 湿式报警阀组常见故障分析、处理

(1)报警阀组漏水

①故障原因分析

a. 排水阀门未完全关闭。

b. 阀瓣密封垫老化或者损坏。

c. 系统侧管道接口渗漏。

d. 报警管路测试控制阀渗漏。

e. 阀瓣组件与阀座之间因变形或者污垢、杂物阻挡出现不密封状态。

②故障处理

a. 关紧排水阀门。

b. 检查系统侧管道接口渗漏点,密封垫老化、损坏的,更换密封垫;密封垫错位的,重新调整密封垫位置;管道接口锈蚀、磨损严重的,更换管道接口相关部件。

c. 更换报警管路测试控制阀。

d. 先放水冲洗阀体、阀座,存在污垢、杂物的,经冲洗后,渗漏减少或者停止;否则,关闭进水口侧和系统侧控制阀,卸下阀板,仔细清洁阀板上的杂质;拆卸报警阀阀体,检查阀瓣组件、阀座,存在明显变形、损伤、凹痕的,更换相关部件。

(2)报警阀启动后报警管路不排水

①故障原因分析

a. 报警管路控制阀关闭。

b. 限流装置过滤网被堵塞。

②故障处理

a. 开启报警管路控制阀。

b. 卸下限流装置,冲洗干净后重新安装回原位。

(3)报警阀报警管路误报警

①故障原因分析

a. 未按照安装图样安装或者未按照调试要求进行调试。

b. 报警阀组渗漏通过报警管路流出。

c. 延迟器下部孔板溢出水孔堵塞,发生报警或者缩短延迟时间。

②故障处理

a. 按照安装图样核对报警阀组的组件安装情况;重新对报警阀组伺应状态进行调试。

b. 按照报警阀组漏水的故障原因分析查找渗漏原因,进行相应处理。

c. 延迟器下部孔板溢出水孔堵塞,卸下筒体,拆下孔板进行清洗。

(4)水力警铃工作不正常(不响、响度不够、不能持续报警)

①故障原因分析

a. 产品质量问题或者安装调试不符合要求。

b. 控制口阻塞或者铃锤机构被卡住。

②故障处理

a. 属于产品质量问题的,更换水力警铃;安装缺少组件或者未按照图样安装的,重新进行安装调试。

b. 拆下喷嘴、叶轮及铃锤组件,进行冲洗,重新装合使叶轮转动灵活。

(5)开启测试阀,消防水泵不能正常启动

①故障原因分析

a. 压力开关设定值不正确。

b. 消防联动控制设备中的控制模块损坏。

c. 水泵控制柜、联动控制设备的控制模式未设定在“自动”状态。

②故障处理

a. 将压力开关内的调压螺母调整到规定值。

b. 逐一检查控制模块,采用其他方式启动消防水泵,核定问题模块,并予以更换。

c. 将控制模式设定为“自动”状态。

2. 预作用装置常见故障分析、处理

(1)报警阀漏水

①故障原因分析

a. 排水控制阀门未关紧。

b. 阀瓣密封垫老化或者损坏。

c. 复位杆未复位或者损坏。

②故障处理

a. 关紧排水控制阀门。

b. 更换阀瓣密封垫。

c. 重新复位,或者更换复位装置。

(2)压力表读数不在正常范围

①故障原因分析

a. 预作用装置前的供水控制阀未打开。

b. 压力表管路堵塞。

c. 预作用装置的报警阀体漏水。

d. 压力表管路控制阀未打开或者开启不完全。

②故障处理

a. 完全开启报警阀前的供水控制阀。

b. 拆卸压力表及其管路,疏通压力表管路。

c. 按照湿式报警阀组渗漏的原因进行检查、分析,查找预作用装置的报警阀体的漏水部位,进行修复或者组件更换。

d. 完全开启压力表管路控制阀。

(3)系统管道内有积水

①故障原因分析

复位或者试验后,未将管道内的积水排完。

②故障处理

开启排水控制阀,完全排除系统内的积水。

(4)传动管喷头被堵塞

①故障原因分析

a. 消防用水水质存在问题,如有杂物等。

b. 管道过滤器不能正常工作。

②故障处理

a. 对水质进行检测,清理不干净、影响系统正常使用的消防用水。

b. 检查管道过滤器,清除滤网上的杂质或者更换过滤器。

3. 雨淋报警阀组常见故障分析、处理

(1)自动滴水阀漏水

①故障原因分析

a. 产品存在质量问题。

b. 安装调试或者平时定期试验、实施灭火后,没有将系统侧管内的余水排尽。

c. 雨淋报警阀隔膜球面中线密封处因施工遗留的杂物、不干净消防用水中的杂质等导致球状密封面不能完全密封。

②故障处理

a. 更换存在问题的产品或者部件。

b. 开启放水控制阀,排除系统侧管道内的余水。

c. 启动雨淋报警阀,采用洁净水流冲洗遗留在密封面处的杂质。

(2)复位装置不能复位

①故障原因分析

水质过脏,有细小杂质进入复位装置密封面。

②故障处理

拆下复位装置,用清水冲洗干净后重新安装,调试到位。

(3)长期无故报警

①故障原因分析

a. 未按照安装图样进行安装调试。

b. 误将试验管路控制阀打开。

②故障处理

a. 检查各组件安装情况,按照安装图样重新进行安装调试。

b. 关闭试验管路控制阀。

(4)系统测试不报警

①故障原因分析

a. 消防用水中的杂质堵塞了报警管道上过滤器的滤网。

b. 水力警铃进水口处喷嘴被堵塞、未配置铃锤或者铃锤卡死。

②故障处理

a. 拆下过滤器,用清水将滤网冲洗干净后,重新安装到位。

b. 检查水力警铃的配件,配齐组件;有杂物卡阻、堵塞的部件进行冲洗后重新装配到位。

(5)雨淋报警阀不能进入伺应状态

①故障原因分析

a. 复位装置存在问题

b. 未按照安装调试说明书将报警阀组调试到伺应状态(隔膜室控制阀、复位球阀未关闭)。

c. 消防用水水质存在问题,杂质堵塞了隔膜室管道上的过滤器。

②故障处理

a. 修复或者更换复位装置。

b. 按照安装调试说明书将报警阀组调试到伺应状态(开启隔膜室控制阀、复位球阀)。

c. 将供水控制阀关闭,拆下过滤器的滤网,用清水冲洗干净后,重新安装到位。

4. 水流指示器常见故障分析、处理

水流指示器故障表现为打开末端试水装置,达到规定流量时水流指示器不动作,或者关闭末端试水装置后,水力指示器反馈信号仍然显示为动作信号。

(1)故障原因分析

①桨片被管腔内杂物卡阻。

②调整螺母与触头未调试到位。

③电路接线脱落。

(2)故障处理。

①清除水流指示器管腔内的杂物。

②将调整螺母与触头调试到位。

③检查并重新将脱落的电路接通。

四、水喷雾灭火系统维护管理

水喷雾灭火系统主要以水为灭火介质，采用水雾喷头在压力作用下喷洒水雾进行灭火或控火，是一种灭火性能较高、适用范围较广的灭火系统。建设单位需要对水喷雾灭火系统进行定期检查、测试和维护，以确保系统的完好工作状态。选择具有水喷雾灭火系统设计安装经验的单位对系统进行维护维修。加强系统的运行管理，制定管理、测试和维护规程，明确管理者职责。

(1)制定水喷雾灭火系统的管理、检测、维护规程，并应保证系统处于准工作状态。维护管理工作应按相关要求进行。

(2)水喷雾灭火系统的维护管理人员应经过消防专业培训，熟悉水喷雾灭火系统的原理、性能和操作维护规程。每天应对水源控制阀、报警阀组进行外观检查，并应保证系统处于无故障状态，发现故障应及时进行处理。

(3)消防水池、消防水箱应每月检查一次，消防水泵应每月启动运转一次。当消防水泵为自动控制启动时，应每月模拟自动控制的条件启动运转一次。电磁阀应每月检查并应作启动试验，动作失常时应及时更换。每个季度应对系统所有的试水阀和报警阀旁的放水试验阀进行一次放水试验，检查系统启动、报警功能及出水情况是否正常。每年应对水源的供水能力进行一次测定，应保证消防用水不作他用。

(4)系统上所有的控制阀门均应采用铅封或锁链固定在开启或规定的状态。每月应对铅封、锁链进行一次检查，当有破坏或损坏时应及时修理更换。

(5)水喷雾灭火系统发生故障，在停水进行修理前，应向主管值班人员报告，取得维护负责人的同意，并临场监督，加强防范措施后方能动工。

(6)寒冷季节，消防储水设备的任何部位均不得结冰。每天应检查设置储水设备的房间，保持室温不低于5 ℃。

(7)钢板消防水箱和消防气压给水设备的玻璃水位计，两端的角阀在不进行水位观察时应关闭。

(8)消防水泵接合器及附件的维护保养如前所述。

五、气体灭火系统维护管理

气体灭火系统是以气体作为灭火介质，通过气体在整个防护区或保护对象的局部区域建立起灭火浓度实现灭火的灭火系统。适用于扑救电气火灾、固体表面火灾、液体火灾，灭火前能切断气源的火灾。

气体灭火系统应由经过专门培训，并经考试合格的专职人员负责定期检查和维护，应按检查类别规定对气体灭火系统进行检查，并做好检查记录，检查中发现问题应及时处理。

(一)系统巡查

系统巡查是对建筑消防设施直观属性的检查。气体灭火系统巡查主要是针对系统组件外观、现场运行状态、系统检测装置工作状态、安装部位环境条件等的日常巡查。

1.巡查内容及要求

(1)气体灭火控制器工作状态正常，盘面紧急启动按钮保护措施有效，检查主电是否正常，指示灯、显示屏、按钮、标签是否正常，钥匙、开关等是否在平时正常位置，系统是否在通常设定的安全工作状态(自动或手动,手动是否允许等)。

(2)每日应对低压二氧化碳储存装置的运行情况、储存装置间的设备状态进行检查并记录。

(3)选择阀、驱动装置上标明其工作防护区的永久性标志应明显可见,且妥善固定。

(4)防护区外专用的空气呼吸器或氧气呼吸器是否完好。

(5)防护区入口处灭火系统防护标志是否设置、完好。

(6)预制灭火系统、柜式气体灭火装置喷嘴前 2 m 内不得有阻碍气体释放的障碍物。

(7)灭火系统的手动控制与应急操作处有防止误操作的警示显示与措施。

2. 巡查方法

采用目测观察的方法,检查系统及其组件外观、阀门启闭状态、用电设备及其控制装置的工作状态和压力监测装置(压力表、压力开关)的工作情况。

3. 巡查周期

建筑管理(使用单位)至少每日组织一次巡查。

(二)系统周期性检查维护

系统周期性检查是指建筑使用、管理单位按照国家工程建设消防技术标准的要求,对已经投入使用的气体灭火系统的组件、零部件等按照规定的检查周期进行的检查、测试。

1. 月检查

(1)检查项目

下列项目至少每月进行一次维护检查。

①对灭火剂储存容器、选择阀、液流单向阀、高压软管、集流管、启动装置、管网与喷嘴、压力信号器、安全泄压阀及检漏报警装置等系统全部组成部件进行外观检查。系统的所有组件应无碰撞变形及其他机械损伤,表面应无锈蚀,保护层应完好,铭牌应清晰,手动操作装置的防护罩、铅封和安全标志应完整。

②气体灭火系统组件的安装位置不得有其他物件阻挡或妨碍其正常工作。

③驱动控制盘面板上的指示灯应正常,各开关位置应正确,各连线应无松动现象。

④火灾探测器表面应保持清洁,应无任何会干扰或影响火灾探测器探测性能的擦伤、油渍及油漆。

⑤气体灭火系统储存容器内的压力、气动型驱动装置的气动源的压力均不得小于设计压力的 90% 。

(2)检查维护要求

①对低压二氧化碳灭火系统储存装置的液位计进行检查,灭火剂损失 10% 时应及时补充。

②高压二氧化碳灭火系统、七氟丙烷管网灭火系统及 IG541 灭火系统等的检查内容及要求应符合下列规定。

a. 灭火剂储存容器及容器阀、单向阀、连接管、集流管、安全泄放装置、选择阀、阀驱动装置、喷嘴、信号反馈装置、检漏装置、减压装置等全部系统组件应无碰撞变形及其他机械性损伤,表面应无锈蚀,保护涂层应完好,铭牌和保护对象标志应清晰,手动操作装置的防护罩、铅封和安全标志应完整。

b. 灭火剂和驱动气体储存容器内的压力,不得小于设计储存压力的 90% 。

c.预制灭火系统的设备状态和运行状况应正常。

2. 季度检查

(1)可燃物的种类、分布情况,防护区的开口情况,应符合设计规定。

(2)储存装置间的设备、灭火剂输送管道和支架、吊架的固定,应无松动。

(3)连接管应无变形、裂纹及老化。必要时,送法定质量检验机构进行检测或更换。

(4)对高压二氧化碳储存容器逐个进行称重检查,灭火剂净重不得小于设计储存量的90%。

(5)灭火剂输送管道有损伤与堵塞现象时,应按相关规范规定的管道强度试验和气密性试验方法进行严密性试验和吹扫。

3. 年度检查要求

(1)撤下一个区启动装置的启动线,进行电控部分的联动试验,应启动正常。

(2)对每个防护区进行一次模拟自动喷气试验。通过报警联动,检验气体灭火控制盘功能,并进行自动启动方式模拟喷气试验,检查比例为20%(最少一个分区)。

(3)对高压二氧化碳、三氟甲烷储存容器逐个进行称重检查,灭火剂净重不得小于设计储存量的90%。

(4)进行预制气溶胶灭火装置、自动干粉灭火装置的有效期限检查。

(5)进行泄漏报警装置报警定量功能试验,检查钢瓶的比例为100%。

(6)进行主用量灭火剂储存容器切换为备用量灭火剂储存容器的模拟切换操作试验,检查比例为20%(最少一个分区)。

(7)在灭火剂输送管道有损伤与堵塞现象时,应按有关规范的规定进行严密性试验和吹扫。

4. 五年后的维护保养工作(由专业维修人员进行)

(1)五年后,每三年应对金属软管(连接管)进行水压强度试验和气密性试验,性能合格方能继续使用,如发现老化现象,应进行更换。

(2)五年后,对释放过灭火剂的储瓶、相关阀门等部件进行一次水压强度和气体密封性试验,试验合格方可继续使用。

5. 其他

(1)低压二氧化碳灭火剂储存容器的维护管理应按国家现行《压力容器安全技术监察规程》的规定执行。

(2)钢瓶的维护管理应按国家现行《气瓶安全技术监察规程》的规定执行。

(3)灭火剂输送管道耐压试验周期应按《压力管道安全管理与监察规定》的规定执行。

(三)系统年度检测

年度检测是建筑使用、管理单位按照法律法规和国家消防技术标准,每年度开展的定期功能性检查和测试,建筑使用、管理单位的年度检测可以委托具有资质的消防技术服务单位实施。

六、泡沫灭火系统维护管理

泡沫灭火系统是石油化工行业应用最为广泛的灭火系统,主要用于扑救可燃液体火灾,也可用于扑救固体物质火灾。泡沫灭火系统在火灾时能否按设计要求投入使用,主要由平时的维护保养情况来决定，需要对系统进行定期检查、试验和检修来保证，以确保整个系统在任何时间都处于良好的工作状态。

（一）系统巡查

泡沫灭火系统的使用或管理单位应选派经过专门培训的人员负责系统的管理操作和维护，维护管理人员需要熟悉泡沫灭火系统的原理、性能和操作维护规程。维护管理人员需要每天对系统进行外观检查，并认真填写检查记录。系统巡查包括以下内容。

（1）查看消防泵及控制柜的工作状态，稳压泵、增压泵、气压水罐的工作状态，泵房的工作环境；查看消防水池水位及消防用水不被他用的设施；查看补水设施；查看防冻设施。

（2）查看泡沫喷头外观、泡沫消火栓外观、泡沫炮外观、泡沫产生器外观、泡沫液储罐间环境、泡沫液储罐外观、比例混合器外观、泡沫泵工作状态。

（3）查看水泵控制柜仪表、指示灯、控制按钮和标志；模拟主泵故障，查看自动切换启动备用泵情况，同时查看仪表及指示灯显示。

（4）查看泡沫液储罐罐体、铭牌及配件。

（5）查看相关阀门启闭性能、压力表状态。

（6）查看泡沫产生器吸气孔、发泡网及暴露的泡沫喷射口是否有堵塞。

（二）系统检查与维护

泡沫灭火系统检查是指建筑使用、管理单位按照国家工程消防技术标准的要求，对已经投入使用的系统的组件、零部件等按照规定检查周期进行的检查、测试。

1. 消防泵和备用动力启动试验

每周需要对消防泵和备用动力以手动或自动控制的方式进行一次启动试验，看其是否运转正常，试验时泵可以打回流，也可空转，但空转时运转时间不大于 5 s，试验后必须将泵和备用动力及有关设备恢复原状。

2. 系统月检要求

系统月检的主要内容和要求如下。

（1）对低、中、高倍数泡沫产生器，泡沫喷头，固定式泡沫炮，泡沫比例混合器（装置），泡沫液储罐进行外观检查，各部件要完好无损。

（2）对固定式泡沫炮的回转机构、仰俯机构或电动操作机构进行检查，性能要达到标准的要求。

（3）泡沫消火栓和阀门要能自由开启与关闭，不能有锈蚀。

（4）压力表、管道过滤器、金属软管、管道及管件不能有损伤。

（5）对遥控功能或自动控制设施及操纵机构进行检查，性能要符合设计要求。

（6）对储罐上的低、中倍数泡沫混合液立管要清除锈渣。

（7）动力源和电气设备工作状况要良好。

（8）水源及水位指示装置要正常。

3. 系统年检要求

（1）每半年检查要求

除储罐上泡沫混合液立管和液下喷射防火堤内泡沫管道，及高倍数泡沫产生器进口端控制阀后的管道外，每半年应对其余管道进行全部冲洗，清除锈渣。对于储罐上泡沫混合液立管冲洗时，容易损坏密封玻璃，甚至把水打入罐内，影响介质的质量，拆卸，较困难，易损坏附件，可不冲洗，但要清除锈渣；对液下喷射防火堤内泡沫管道冲洗时，必然会把水打入罐内，影响介质的质量，拆卸止回阀或密封膜也较困难，因此可不冲洗，也可不清除锈渣，因为泡沫喷射管的截面积比泡沫混合液管道的截面积大，不易堵塞。对高倍数泡沫产生器进口端控制阀后的管道不用冲洗和清除锈渣，因为这段管道设计时材料一般都是不锈钢的。

（2）每两年检查要求

①对于低倍数泡沫灭火系统中的液上、液下及半液下喷射、泡沫喷淋、固定式泡沫炮和中倍数泡沫灭火系统进行喷泡沫试验，并对系统所有组件、设施、管道及管件进行全面检查。

②对于高倍数泡沫灭火系统，可在防护区内进行喷泡沫试验，并对系统所有组件、设施、管道及管件进行全面检查。

③系统检查和试验完毕，要对泡沫液泵或泡沫混合液泵、泡沫液管道、泡沫混合液管道、泡沫管道、泡沫比例混合器（装置）、泡沫消火栓、管道过滤器和喷过泡沫的泡沫产生装置等用清水冲洗后放空，复原系统。

（三）系统常见故障分析及处理

泡沫灭火系统相关组件的故障常见于泡沫产生器及泡沫比例混合器（装置）。

1. 泡沫产生器无法发泡或发泡不正常

（1）主要原因

①泡沫产生器吸气口被异物堵塞。

②泡沫混合液不满足要求，如泡沫液失效，混合比不满足要求。

（2）解决方法

①加强对泡沫产生器的巡检，发现异物及时清理。

②加强对泡沫比例混合器（装置）和泡沫液的维护和检测。

2. 比例混合器锈死

（1）主要原因

由于使用后，未及时用清水冲洗，泡沫液长期腐蚀混合器致使锈死。

（2）解决方法

加强检查，定期拆下保养，系统平时试验完毕后，一定要用清水冲洗干净。

3. 无囊式压力比例混合装置的泡沫液储罐进水

（1）主要原因

储罐进水的控制阀门选型不当或不合格，导致平时出现渗漏。

（2）解决方法

严格阀门选型，采用合格产品，加强巡检，发现问题及时处理。

4. 囊式压力比例混合装置中因胶囊破裂而使系统瘫痪

（1）主要原因

①比例混合装置中的胶囊因老化，承压降低，导致系统运行时发生破裂。

②因胶囊受力设计不合理，灌装泡沫液方法不当而导致胶囊破裂。

(2)解决方法

①对胶囊加强维护管理,定期更换。

②采用合格产品,按正确的方法进行灌装。

5. 平衡式比例混合装置的平衡阀无法工作

(1)主要原因

平衡阀的橡胶膜片由于承压过大被损坏。

(2)解决方法

①选用耐压强度高的膜片。

②平时应加强维护管理。

七、干粉灭火系统维护管理

干粉灭火系统广泛适用于港口、列车栈桥输油管线、甲类可燃液体生产线、石化生产线、天然气储罐、储油罐、汽轮机组及大型变压器等场所。干粉灭火系统的维护管理是系统正常完好、有效使用的基本保障。维护管理人员经过消防专业培训,熟悉干粉灭火系统的原理、性能和操作维护规程。

(一)系统巡查

巡查是指对建筑消防设施直观属性的检查。干粉灭火系统的巡查主要是针对系统组件外观、现场运行状态、系统监测装置工作状态、安装部位环境条件等的日常巡查。

1. 巡查内容

(1)喷头外观及其周边障碍物等。

(2)驱动气体储瓶、灭火剂储存装置、干粉输送管道、选择阀、阀驱动装置外观。

(3)灭火控制器工作状态。

(4)紧急启/停按钮、释放指示灯外观。

2. 巡查方法及要求

(1)巡查方法

采用目测观察的方法,检查系统及其组件外观、阀门启闭状态、用电设备及其控制装置工作状态和压力监测装置(压力表)的工作情况。

(2)巡查要求

①喷头

a. 喷头外观无机械损伤,内外表面无污物。

b. 喷头的安装位置和喷孔方向与设计要求一致。

②干粉储存容器

无碰撞变形及其他机械性损伤,表面保护涂层完好。

③管道

管道及管道附件的外观平整光滑,不能有碰撞、腐蚀。

④阀驱动装置

a. 电磁驱动装置的电气连接线沿固定灭火剂储存容器的支架、框架或墙面固定。

b. 电磁铁芯动作灵活,无卡阻现象。

⑤选择阀

a. 选择阀操作手柄安装在操作面一侧且便于操作，高度不超过1.7 m。

b. 选择阀上设置标明防护区名称或编号的永久性标志牌，并将标志牌固定在操作手柄附近。

⑥集流管

a. 是否固定在支、框架上，支架、框架是否固定牢靠。

b. 装有泄压装置的集流管，泄压装置的泄压方向是否朝向操作面。

（二）系统周期性检查维护

系统周期性检查是指建筑使用、管理单位按照国家工程消防技术标准的要求，对已经投入使用的干粉灭火系统的组件、零部件等按照规定检查的周期进行的检查、测试。

1. 日检查内容

（1）检查项目

下列项目至少每日检查一次。

①干粉储存装置外观。

②灭火控制器运行情况。

③启动气体储瓶和驱动气体储瓶压力。

（2）检查内容

①干粉储存装置是否固定牢固，标志牌是否清晰等。

②启动气体储瓶和驱动气体储瓶压力是否符合设计要求。

2. 月检查内容

（1）检查项目

下列项目至少每月检查一次。

①干粉储存装置部件。

②驱动气体储瓶充装量。

（2）检查内容

①检查干粉储存装置部件是否有碰撞或机械性损伤，防护涂层是否完好；铭牌、标志、铅封应完好。

②对惰性气体驱动气体储瓶逐个进行称重检查。

3. 年度检查内容

（1）检查项目

下列项目每年检查一次。

①防护区及干粉储存装置间。

②管网、支架及喷放组件。

③模拟启动检查。

（2）检查内容

①防护区的疏散通道、疏散指示标志和应急照明装置、防护区内和入口处的声光报警装置、入口处的安全标志及干粉灭火剂喷放指示门灯、无窗或固定窗扇的地上防护区和地下防护区的排气装置和门窗设有密封条的防护区的泄压装置。储存装置间的位置、通道、耐火等级、应急照明装置及地下储存装置间机械排风装置。

②管网、支架及喷放组件。

a. 干粉储存容器的数量、型号和规格，位置与固定方式，油漆和标志，干粉充装量，以及干粉储存容器的安装质量。

b. 集流管、驱动气体管道和减压阀的规格、连接方式、布置及其安全防护装置的泄压方向。

c. 选择阀及信号反馈装置的数量、型号、规格、位置、标志及其安装质量。

d. 阀驱动装置的数量、型号、规格和标志，安装位置，气动阀驱动装置中启动气体储瓶的介质名称和充装压力，以及启动气体管道的规格、布置和连接方式。

e. 管道的布置与连接方式、支架和吊架的位置及间距、穿过建筑构件及其变形缝的处理、各管段和附件的型号规格以及防腐处理和油漆颜色。

f. 喷头的数量、型号、规格、安装位置和方向。

g. 灭火控制器及手动、自动转换开关，手动启动、停止按钮，喷放指示灯、声光报警装置等联动设备的设置。

（三）系统年度检测

年度检测是建筑使用、管理单位按照相关法律法规和国家消防技术标准，每年度开展的定期功能性检查和测试。建筑使用、管理单位的年度检测可以委托具有资质的消防技术服务单位实施。

1. 喷头检测

（1）检测内容及要求

喷头数量、型号、规格、安装位置和方向符合设计文件要求，组件无碰撞变形或其他机械性损伤，有型号、规格的永久性标志。

（2）检测步骤

对照设计文件查看喷头外观。

2. 储存装置检测

（1）检测内容及要求

①干粉储存容器的数量、型号和规格，位置与固定方式，油漆和标志符合设计要求。

②驱动气瓶压力和干粉充装量符合设计要求。

（2）检测步骤

①对照设计文件查看干粉储存容器外观。

②查看驱动气瓶压力表状况，并记录其压力值。

3. 功能检测

（1）检测内容及要求

①模拟干粉喷放功能检测。

②模拟自动启动功能检测。

③模拟手动启动/紧急停止功能检测。

④备用瓶组切换功能检测。

（2）检测步骤

①选择试验所需的干粉储存容器，并与驱动装置完全连接。

②拆除驱动装置的动作机构，接以启动电压相同、电流相同的负载。模拟火警，使防护

区内一只探测器动作，观察相关设备的动作是否正常（如声、光警报装置）；模拟火警，使防护区内另一只探测器动作，观察复合火警信号输出后相关设备的动作是否正常（如声、光警报装置，非消防电源切断，停止排风，关闭通风空调、防火阀，关闭防护区内除泄压口以外的开口等）。

③拆除驱动装置的动作机构，接以启动电压相同、电流相同的负载，按下手动启动按钮，观察有关设备动作是否正常（如声、光警报装置，非消防电源切断，停止排风，关闭通风空调、防火阀，关闭防护区内除泄压口以外的开口等）；人工使压力信号器动作，观察放气指示灯是否点亮。

重复自动模拟启动试验，在启动喷射延时阶段按下手动紧急停止按钮，观察自动灭火启动信号是否被中止。

④按说明书的操作方法，将系统使用状态从主用量灭火剂储存容器切换至备用量灭火剂储存容器的使用状态。

八、建筑灭火器维护管理

灭火器具有轻便灵活、容易操作等特点，是控制初期火灾最有效的工具。建筑灭火器的维护管理包括日常管理、维修、保养、报废等工作。灭火器日常巡查、检查、保养、建档工作由建筑（场所）使用管理单位的消防安全管理人员负责，灭火器维修与报废由具有资质的专业单位组织实施。建筑灭火器购置或者安装时，建筑使用管理单位或者安装单位要对生产企业提供的质量保证文件进行查验，生产企业对于每具灭火器均需提供一份使用说明书；对于每类灭火器，生产企业需要提供一本维修手册。

（一）灭火器日常管理

建筑（场所）使用管理单位确定专门人员，对灭火器进行日常检查，并根据生产企业提供的灭火器使用说明书，对员工进行灭火器操作使用培训。

建筑灭火器日常检查分为巡查和检查（测）两种情形。巡查是在规定周期内对灭火器直观属性的检查，检查（测）是在规定期限内根据消防技术标准对灭火器配置和外观进行的全面检查。

1. 巡查

（1）巡查内容

巡查内容包括灭火器配置点状况、灭火器数量、外观、维修标示以及灭火器压力指示器等。

（2）巡查周期

重点单位每天至少巡查一次，其他单位每周至少巡查一次。

（3）巡查要求

①灭火器配置点符合安装配置图表要求，配置点及其灭火器箱上有符合规定要求的发光指示标识。

②灭火器数量符合配置安装要求，灭火器压力指示器指向绿区。

③灭火器外观无明显损伤和缺陷，保险装置的铅封（塑料带、线封）完好无损。

④经维修的灭火器，维修标识符合规定。

2. 检查（测）

（1）检查（测）内容与要求

①灭火器配置检查项目与要求

a. 灭火器配置方式及其附件性能。配置方式符合要求。手提式灭火器的挂钩、托架能够承受规定静载荷,无松动、脱落、断裂和明显变形;灭火器箱未上锁,箱内干燥、清洁;推车式灭火器未出现自行滑动。

b. 灭火器基本配置。灭火器类型、规格、灭火级别和数量符合配置要求;灭火器放置,铭牌朝外,器头向上。

c. 灭火器配置场所。配置场所的使用性质(可燃物种类、物态等)未发生变化;发生变化的,其灭火器进行了相应调整;特殊场所及室外配置的灭火器,设有防雨、防晒、防潮、防腐蚀等相应防护措施,且完好有效。

d. 灭火器配置点环境状况。配置点周围无障碍物、遮挡、拴系等影响灭火器使用的状况。

e. 灭火器维修与报废。符合规定维修条件、期限的已送修,维修标志符合规定;符合报废条件、报废期限的,已采用符合规定的灭火器等效替代。

②灭火器外观检查项目与要求

a. 铭牌标志。灭火器铭牌清晰明了,无残缺;其灭火剂、驱动气体的种类、充装压力、总质量、灭火级别、制造厂名和生产日期或维修日期等标志及操作说明齐全、清晰。

b. 保险装置。保险装置的铅封、销闩等完好有效、未遗失。

c. 灭火器筒体外观。无明显的损伤(磕伤、划伤)、缺陷、锈蚀(特别是筒底和焊缝)、泄漏。

d. 灭火器喷射软管。完好,无明显龟裂,喷嘴不堵塞。

e. 灭火器压力指示装置。灭火器压力指示器与灭火器类型匹配,指针指向绿区范围内;二氧化碳灭火器和储气瓶式灭火器称重符合要求。

f. 其他零部件。其他零部件齐全,无松动、脱落或者损伤。

g. 灭火器使用状态。未开启、未喷射使用。

(2)检查周期

灭火器的配置、外观等全面检查每月进行一次,候车(机、船)室,歌舞、娱乐、放映、游艺室(厅)等人员密集的公共场所以及堆场、罐区、石油化工装置区、加油站、锅炉房、地下室等场所配置的灭火器每半月检查一次。

(3)检查(测)要求

灭火器检查时应进行详细记录,并存档。检查或者维修后的灭火器按照原配置点位置和配置要求放置。巡检、检查中发现灭火器被挪动、缺少零部件、有明显缺陷或者损伤、灭火器配置场所的使用性质发生变化等情况的,及时按照单位规定程序进行处置;符合维修条件的,及时送修;达到报废条件和年限的,及时报废,不得使用,并采用符合要求的灭火器进行等效更换。

(二)灭火器维修与报废

灭火器使用一定年限后,建筑使用管理单位要对照灭火器生产企业随灭火器提供的维修手册,对照检查灭火器使用情况,符合报修条件和维修年限的,向具有法定资质的灭火器维修企业送修;符合报废条件、报废年限的,采购符合要求的灭火器进行等效更换。

1. 灭火器维修

灭火器维修是指为确保灭火器安全使用和有效灭火而对灭火器进行的检查、再充装和必要的部件更换等工作。灭火器产品出厂时，生产企业附送的灭火器维修手册，用于指导社会单位、维修企业的灭火器报修、维修工作。

(1)报修条件及维修年限

日常检查中，发现存在机械损伤、明显锈蚀、灭火剂泄露、被开启使用过，达到灭火器维修年限，或者符合其他报修条件的灭火器，建筑使用管理单位应及时按照规定程序报修。使用达到下列规定年限的灭火器，建筑使用管理单位需要分批次向灭火器维修企业送修。

①手提式、推车式水基型灭火器出厂期满3年，首次维修以后每满1年。

②手提式、推车式干粉灭火器、洁净气体灭火器、二氧化碳灭火器出厂期满5年；首次维修以后每满2年。

送修灭火器时，一次送修数量不得超过计算单元配置灭火器总数量的1/4。超出时，需要选择相同类型、相同操作方法的灭火器替代，且其灭火级别不得小于原配置灭火器的灭火级别。

(2)维修标识和维修记录

经维修合格的灭火器及其储气瓶上需要粘贴维修标识，并由维修单位进行维修记录。建筑使用管理单位根据维修合格证信息对灭火器进行日常检查、定期送修和报废更换。

2. 灭火器维修步骤及技术要求

灭火器维修由具有灭火器维修能力(从业资质)的企业，按照各类灭火器产品生产技术标准进行维修。首先进行灭火器外观检查，再按照拆卸、报废处理、水压试验、清洗干燥、更换零部件、再充装及气密性试验、维修出厂检验、建立维修档案等程序逐次实施维修。

灭火器维修前，维修人员逐具检查灭火器，确定并记录灭火器的型号规格、生产厂家、出厂日期、基本参数等信息；储气式灭火器维修前，完全释放驱动气体，经确认后再逐具检查维修。灭火器维修过程中，严格按照操作规程和维修程序，采取正确的操作方法组织实施，并设置或者配备与各维修环节(特别是拆卸、水压试验、灌装驱动气体、报废等环节)相适应的、必要的安全防护措施，以确保维修人员安全。

(1)拆卸

灭火器拆卸过程中，维修人员要严格按照操作规程，采用安全的拆卸方法，采取必要的安全防护措施拆卸灭火器，在确认灭火器内部无压力时，拆卸器头或者阀门。灭火剂分别倒入相应的废品储罐内另行处理；清理灭火器内残剩灭火剂时，要防止不同灭火剂混杂污染。

(2)水压试验

灭火器维修和再充装前，维修单位必须逐个对灭火器组件(筒体、储气瓶、器头、推车式灭火器的喷射软管等)进行水压试验。二氧化碳灭火器钢瓶要逐个进行残余变形率测定。

①试验压力：灭火器筒体和驱动气体储气瓶按照生产企业规定的试验压力进行水压试验。

②试验要求：水压试验时不得有泄漏、破裂以及反映结构强度缺陷的可见性变形；二氧化碳灭火器钢瓶的残余变形率不得大于3%。

(3)筒体清洗和干燥

经水压试验合格的灭火器筒体，首先对其内部清洗干净。清洗时，不得使用有机溶剂洗涤灭火器的零部件。而后，对所有非水基型灭火器筒体进行内部干燥，以确保空灭火器内部洁净干燥。

(4)零部件更换

经对灭火器零部件检查,更换密封件和损坏的零部件,但不得更换灭火器筒体和器头主体。所有需要更换的零部件采用原生产企业提供、推荐的相同型号规格的产品,并按照下列要求更换、修补零部件。

①筒体补漆:水压试验合格的筒体,铭牌完整,有局部漆皮脱落的要进行补漆,补漆后确保漆膜光滑、平整、色泽一致,无气泡、流痕、皱纹等缺陷,涂漆不得覆盖铭牌。

②更换塑料件及密封零件:更换变形、变色、老化或者断裂的橡胶、塑料件;更换密封片、密封垫等密封零件,确保符合密封要求。

③更换压力指示器:更换具有外表面变形、损伤等缺陷,压力值显示不正常,示值误差不符合规定的压力指示器,并确保更换后的压力指示器与原压力指示器的类型、20 ℃时工作压力、三色区示值范围一致。

④更换喷嘴和喷射软管:更换具有变形、开裂、损伤等缺陷的喷嘴和喷射软管,并确保防尘盖在灭火剂喷出时能够自行脱落或者击碎。

⑤更换具有严重损伤、变形、锈蚀等影响使用的灭火器压把、提把等金属件;更换存在肉眼可见缺陷的储气瓶式灭火器的顶针。

⑥更换具有弯折、堵塞、损伤和裂纹等缺陷的灭火器虹吸管、储气瓶式灭火器出气管。

⑦更换水压试验不合格、永久性标识设置不符合规定的储气瓶,原储气瓶作报废处理;更换不符合规定要求的二氧化碳灭火器、储气瓶的超压保护装置。

⑧更换已损坏的水基型、泡沫型灭火器的滤网。

⑨更换已损坏的推车式灭火器的车轮和车架组件的固定单元、喷射软管的固定装置。

⑩更换车用灭火器制造商规定的专用配件。

(5)再充装

根据灭火器产品生产技术标准和铭牌信息,按照生产企业规定的操作要求,实施灭火剂、驱动气体再充装。再充装后,逐具进行气密性试验;灭火器再充装时,不得改变原灭火剂种类和灭火器类型,送修灭火器中剩余的灭火剂不得回收再次使用。灭火器再充装按照下列要求实施。

①再充装所使用的灭火剂采用原生产企业提供、推荐的相同型号规格的灭火剂产品。

②二氧化碳灭火器再充装时,不得采用加热法,也不得以压力水为驱动力将二氧化碳灭火剂从储存气瓶中充装到灭火器内。

③ABC 干粉、BC 干粉充装设备分别独立设置,充装场地完全分隔开。不同种类干粉不得混合,不得相互污染。

④洁净气体灭火器只能按照铭牌上规定的灭火剂和剂量再充装。

⑤可再充装型储压式灭火器按照其灭火器铭牌上所规定的充装压力要求进行再充装。充压时,不得用灭火器压力指示器作为计量器具,并根据环境温度变化调整充装压力。

⑥储压式干粉灭火器和洁净气体灭火器可选用露点低于 −55 ℃的工业用氮气、纯度 99.5% 以上的二氧化碳、不含水分的压缩空气等作为驱动气体,但要与灭火器铭牌、储气瓶上标识的种类一致。

3. 灭火器报废

灭火器报废分为四种情形:一是列入国家颁布的淘汰目录的灭火器;二是达到报废年限的灭火器;三是使用中出现严重损伤或者重大缺陷的灭火器;四是维修时发现存在严重

损伤、缺陷的灭火器。灭火器报废后，建筑使用管理单位按照等效替代的原则对灭火器进行更换。

(1)列入国家颁布的淘汰目录的灭火器

下列类型的灭火器，有的因灭火剂具有强腐蚀性、毒性，有的因操作需要倒置，使用时对操作人员具有一定的危险性，已列入国家颁布的淘汰目录，一经发现均予以报废处理。

①酸碱型灭火器。

②化学泡沫型灭火器。

③倒置使用型灭火器。

④氯溴甲烷、四氯化碳灭火器。

⑤1211 灭火器、1301 灭火器。

⑥国家政策明令淘汰的其他类型灭火器。

不符合消防产品市场准入制度的灭火器，经检查发现予以报废。

(2)灭火器报废年限

手提式、推车式灭火器出厂时间达到或者超过下列规定期限的，均予以报废处理。

①水基型灭火器出厂期满 6 年。

②干粉灭火器、洁净气体灭火器出厂期满 10 年。

③二氧化碳灭火器出厂期满 12 年。

(3)灭火器报废规定

存在严重损伤、缺陷的灭火器需按时报废更新。灭火器存在下列情形之一的，予以报废处理。

①筒体严重锈蚀(漆皮大面积脱落，锈蚀面积大于筒体总面积的 1/3，表面产生凹坑者)或者连接部位、筒底严重锈蚀的。

②筒体明显变形，机械损伤严重的。

③器头存在裂纹、无泄压机构等缺陷的。

④筒体存在平底等不合理结构的。

⑤手提式灭火器没有间歇喷射机构的。

⑥没有生产厂名称和出厂年月的(包括铭牌脱落，或者铭牌上的生产厂名称模糊不清，或者出厂年月钢印无法识别的)。

⑦筒体、器头有锡焊、铜焊或者补缀等修补痕迹的。

⑧被火烧过的。

符合报废规定的灭火器，在确认灭火器内部无压力后，对灭火器筒体、储气瓶进行打孔、压扁、锯切等报废处理，并逐具记录其报废情形。

第四节　防排烟系统的维护管理

防排烟系统的维护管理是系统正常完好、有效使用的基本保障。维护管理人员经过消防专业培训，熟悉防排烟系统的原理、性能和操作维护规程。建筑防排烟系统的维护管理包括检测、维修、保养、建档等工作。单位设有经过消防专业培训，熟悉系统原理、性能，具有系统操作维护能力的维护管理人员，定期自行或委托具有维护保养资格的企业对系统进行检测、维护，确保机械防排烟系统的正常运行。

一、系统日常巡查

防排烟系统巡查是指系统使用过程中对系统直观属性的检查，主要是针对系统组件外观、现场状态、安装部位环境条件等的日常巡查。

（一）系统组件状态要求

（1）防排烟系统能否正常使用与系统各组件、配件的日常监控时的现场状态密切相关，机械防排烟系统应始终保持正常运行，不得随意断电或中断。

（2）正常工作状态下，正压送风机、排烟风机、通风空调风机电控柜等受控设备应处于自动控制状态，严禁将受控的正压送风机、排烟风机、通风空调风机等电控柜设置在手动位置。

（3）消防控制室应能显示系统的手动、自动工作状态及系统内的防排烟风机、防火阀、排烟防火阀的动作状态。应能控制系统的启、停及系统内的防烟风机、排烟风机、防火阀、排烟防火阀、常闭送风口、排烟口、电控挡烟垂壁的开、关，并显示其反馈信号。应能停止相关部位正常通风的空调，并接收和显示通风系统内防火阀的反馈信号。

（二）系统日常巡查要求

（1）查看机械加压送风系统、机械排烟系统控制柜的标志、仪表、指示灯、开关和控制按钮；用按钮启、停每台风机，查看仪表及指示灯显示。

（2）查看机械加压送风系统、机械排烟系统风机的外观和标志牌；在控制室远程手动启、停风机，查看运行及信号反馈情况。

（3）查看送风阀、排烟阀、排烟防火阀、电动排烟窗的外观，手动、电动开启，手动复位，动作和信号反馈情况。

二、系统周期性检查维护

系统周期性检查是指建筑使用、管理单位按照国家工程消防技术标准的要求，对已经投入使用的防排烟系统的组件、零部件等按照规定检查的周期进行的检查、测试。

（一）每月检查内容及要求

1. 防排烟风机

手动或自动启动试运转，检查防排烟风机有无锈蚀、螺钉松动。

2. 挡烟垂壁

手动或自动启动、复位试验，检查挡烟垂壁有无升降障碍。

3. 排烟窗

手动或自动启动、复位试验，检查排烟窗有无开关障碍，每月检查供电线路有无老化，双回路自动切换电源功能等。

（二）半年检查内容及要求

1. 防火阀

手动或自动启动、复位试验，检查防火阀有无变形、锈蚀，并检查弹簧性能，确认性能可靠。

2. 排烟防火阀

手动或自动启动、复位试验，检查排烟防火阀有无变形、锈蚀，并检查弹簧性能，确认性能可靠。

3. 送风阀(口)

手动或自动启动、复位试验，检查送风阀(口)有无变形、锈蚀，并检查弹簧性能，确认性能可靠。

4. 排烟阀(口)

手动或自动启动、复位试验，检查排烟阀(口)有无变形、锈蚀，并检查弹簧性能，确认性能可靠。

(三)每年检查要求

1. 检查内容及要求

每年对所安装的全部防排烟系统进行一次联动试验和性能检测，其联动功能和性能参数应符合原设计要求。

2. 联动试验要求

(1)机械加压送风系统的联动调试

①当任何一个常闭送风口开启时，送风机均能联动启动。

②与火灾自动报警系统联动调试。当火灾报警后，应启动有关部位的送风口、送风机，启动的送风口、送风机应与设计和规范要求一致，其状态信号能反馈到消防控制室。测试情况应及时记录。

(2)机械排烟系统的联动调试

①当任何一个常闭排烟阀(口)开启时，排烟风机均能联动启动。

②与火灾自动报警系统联动调试。当火灾报警后，机械排烟系统应启动有关部位的排烟阀(口)、排烟风机；启动的排烟阀(口)、排烟风机应与设计和规范要求一致，其状态信号应反馈到消防控制室。

③有补风要求的机械排烟场所，当火灾报警后，补风系统应启动。

④排烟系统与通风、空调系统合用，当火灾报警后，由通风、空调系统转换排烟系统的时间应符合国家标准《通风与空调工程施工质量验收规范》(GB 50243—2016)的规定。

(3)自动排烟窗的联动调试

在火灾报警后联动开启到符合要求的位置，其状态信号应反馈到消防控制室。

(4)活动挡烟垂壁的调试

在火灾报警后联动下降到设计高度，其状态信号应反馈到消防控制室。

第五节　应急照明系统维护管理

消防应急照明和疏散指示系统的主要功能是在火灾事故发生时，为人员的安全疏散、逃生提供疏散路线和必要的照明，同时为灭火救援工作的持续进行提供应急照明。消防应急照明和疏散指示系统竣工后,建设单位应负责组织相关单位进行工程检测。检测不合格的工程不得投入使用。

一、系统检测

系统检测前应对照图样检查工程中各设备的名称、规格、型号、数量是否符合设计要求;系统中的消防应急标志灯具、照明灯具、应急照明集中电源、应急照明控制器及相关设备的接线、安装位置、施工质量是否符合要求。

系统现场检测包括消防应急标志灯具、消防应急照明灯具、应急照明集中电源、应急照明控制器、标志牌等组件的检测,系统功能测试及系统供配电检查,系统检测前要确保系统处于正常工作状态。

(一)消防应急标志灯具检测项目

(1)标志灯具的颜色、标志信息应符国家标准《消防应急照明和疏散指示系统》(GB 17945—2010)的要求,指示方向应与设计方向一致。

(2)使用的电池应与国家有关市场准入制度中的有效证明文件相符。

(3)状态指示灯指示应正常。

(4)连续3次操作试验机构,观察标志灯具自动应急转换情况。

(5)应急工作时间应不小于其本身标称的应急工作时间。

(二)消防应急照明灯具检测项目

(1)照明灯具的光源及隔热情况应符合要求。

(2)使用的电池应与有效证明文件相符。

(3)状态指示灯应正常。

(4)连续3次按试验按钮,标志灯具应能完成自动转换。

(5)应急工作时间应不小于其本身标称的应急工作时间。

(6)安装区域的最低照度值应符合设计要求。

(7)光源与电源分开设置的照明灯具安装时,灯具安装位置应有清晰可见的消防应急灯具标识,电源的试验按钮和状态指示灯应可方便操作和观察。

(三)应急照明集中电源检测项目

(1)检查安装场所应符合要求。

(2)供电应符合设计要求。

(3)应急工作时间应不小于其本身标称的应急工作时间。

(4)输出线路、分配电装置、输出电源负载应与设计相符,且不应连接与应急照明和疏散指示无关的负载或插座。

(5)应急照明集中电源应设主电和应急电源状态指示灯,主电状态用绿色,应急状态用红色。

(6)应急照明集中电源应设模拟主电源供电故障的自复式试验按钮(或开关),不应设影响应急功能的开关。

(7)应急照明集中电源应显示主电电压、电池电压、输出电压和输出电流,并应设主电、充电、故障和应急状态指示灯,主电状态用绿色,故障状态用黄色,充电状态和应急状态用红色。

(8)应急照明集中电源应能以手动、自动两种方式转入应急状态,且应设只有专业人员可操作的强制应急启动按钮。

(9)应急照明集中电源每个输出支路均应单独保护,且任一支路故障不应影响其他支路的正常工作。

(四)应急照明控制器检测项目

(1)应急照明控制器应安装在消防控制室或值班室内。

(2)应急照明控制器应能控制并显示与其相连的所有消防应急灯具的工作状态,并显示应急启动时间。

(3)应急照明控制器应能防止非专业人员操作。

(4)应急照明控制器在与其相连的消防应急灯具之间的连接线开路、短路(短路时消防应急灯具转入应急状态除外)时,应发出声、光故障信号,并指示故障部位。声故障信号应能手动消除,当有新的故障信号时,声故障信号应能再启动。光故障信号在故障排除前应保持。

(5)应急照明控制器应有主、备用电源的工作状态指示,并能实现主、备用电源的自动转换,且备用电源应能保证应急照明控制器正常工作 2 h。

(6)当应急照明控制器控制应急照明集中电源时,应急照明控制器应能控制并显示应急照明集中电源的工作状态(主电、充电、故障状态,电池电压、输出电压和输出电流),且在与应急照明集中电源之间连接线开路或短路时,发出声、光故障信号。

(7)应急照明控制器应能对本机及面板上的所有指示灯、显示器、音响器件进行功能检查。

(8)应急照明控制器应能以手动、自动两种方式使与其相连的所有消防应急灯具转入应急状态,且应设强制使所有消防应急灯具转入应急状态的按钮。

(9)当某一支路的消防应急灯具与应急照明控制器连接线开路、短路或接地时,不应影响其他支路的消防应急灯具和应急电源的工作。

(五)疏散指示标志牌检测项目

(1)疏散指示标志牌安装在疏散走道和主要疏散路线的地面时,其指示的疏散方向应与标志灯具指示方向相同,安装间距不应大于 1.5 m。

(2)疏散指示标志牌固定应牢固,无破损。

(3)疏散指示标志牌安装在地面上时,只能采用镶嵌式工艺,其安装后应平整、牢固。

(六)系统功能检测项目

1. 非集中控制型系统的应急控制

(1)未设置火灾自动报警系统的场所,系统应在正常照明中断后转入应急工作状态。

(2)设置火灾自动报警系统的场所,自带电源非集中控制型系统应由火灾自动报警系统联动各应急照明配电箱实现工作状态的转换;集中电源非集中控制型系统应由火灾自动报警系统联动各应急照明集中电源和应急照明分配电装置实现工作状态的转换。

2. 集中控制型系统的应急控制

(1)应急照明控制器应能接收火灾自动报警系统的火灾报警信号或联动控制信号,并控制相应的消防应急灯具转入应急工作状态。

（2）自带电源集中控制型系统，应由应急照明控制器控制系统内的应急照明配电箱和相应的消防应急灯具及其他附件实现工作状态转换。

（3）集中电源集中控制型系统，由应急照明控制器控制系统内应急照明集中电源、应急照明分配电装置和相应的消防应急灯具及其他附件实现工作状态转换。

（4）当系统需要根据火灾报警信号联动熄灭安全出口指示标志灯具时，应仅在接收到安全出口处设置的感温火灾探测器的火灾报警信号时，系统才能联动熄灭指示该出口和指向该出口的消防应急标志灯具。

（5）应急照明控制器的主电源应由消防电源供电；应急照明控制器的备用电源应至少使控制器在主电源中断后工作 3h。

（七）系统供配电检查

1. 平面疏散区域供电

（1）平面疏散区域供电应由应急照明总配电柜的主电以树干式或放射式供电，并按防火分区设置应急照明配电箱、应急照明集中电源或应急照明分配电装置；非人员密集场所可在多个防火分区设置一个共用应急照明配电箱，但每个防火分区宜采用单独的应急照明供电回路。

（2）应急照明配电箱的主电源宜取自于本防火分区的备用照明配电箱；多个防火分区共用一个应急照明配电箱的主电源应取自应急电源干线或备用照明配电箱的供电侧。

（3）大于 2 000 m^2的防火分区应单独设置应急照明配电箱或应急照明分配电装置；小于 2 000 m^2的防火分区可采用专用应急照明回路。

（4）应急照明回路沿电缆管井垂直敷设时，公共建筑应急照明配电箱供电范围不宜超过 8 层，住宅建筑不宜超过 16 层。

（5）一个应急照明配电箱或应急照明分配电装置所带灯具覆盖的防火分区总面积不宜超过 4 000 m^2，地铁隧道内不应超过一个区段的 1/2，道路交通隧道内不宜超过 500 m。

（6）检查应急照明集中电源、应急照明分配电装置的设置是否符合下列要求。

①两者在同一平面层时，应急照明电源应采用放射式供电方式。

②两者不在同一平面层，且配电分支干线沿同一电缆管井敷设时，应急照明集中电源可采用放射式或树干式供电方式。

（7）商住楼的商业部分与居住部分应分开，并单独设置应急照明配电箱或应急照明集中电源。

2. 垂直疏散区域及其扩展区域的供电

（1）每个垂直疏散通道及其扩展区可按一个独立的防火分区考虑，并应采用垂直配灯方式。

（2）建筑高度超过 50 m 的每个垂直疏散通道及扩展区，宜单独设置应急照明配电箱或应急照明分配电装置。

（3）避难层及航空疏散场所的消防应急照明应由变配电所放射式供电。

3. 消防工作区域及其疏散走道的供电

（1）消防控制室、高低压配电房、发电机房及蓄电池类自备电源室、消防水泵房、防烟及排烟机房、消防电梯机房、BAS 控制中心机房、电话机房、通信机房、大型计算机房、安全防范控制中心机房等在发生火灾时有人值班的场所，应同时设置备用照明和疏散照明；楼层配电间(室)及其他火灾时无人值班的场所可不设备用照明和疏散照明。

(2)备用照明可采用普通灯具,并由双电源供电。

4. 灯具配电回路

(1)AC220V或DC216V灯具的供电回路工作电流不宜大于10 A;安全电压灯具的供电回路工作电流不宜大于5 A。

(2)每个应急供电回路所配接的灯具数量不宜超过64个。

(3)应急照明集中电源应经应急照明分配电装置配接消防应急灯具。

(4)应急照明集中电源、应急照明分配电装置及应急照明配电箱的输入及输出配电回路中不应装设剩余电流动作脱扣保护装置。

5. 应急照明配电箱及应急照明分配电装置的输出

(1)输出回路不应超过8路。

(2)采用安全电压时的每个回路输出电流不应大于5 A。

(3)采用非安全电压时的每个回路输出电流不应大于16 A。

二、系统维护管理

系统在日常管理过程中应保持连续正常运行,不得随意中断;定期使系统进行自放电,更换应急放电时间小于30 min(超高层小于60 min)的产品或更换其电池;系统内的产品寿命应符合国家有关标准要求,达到寿命极限的产品应及时更换;当消防应急标志灯具的表面亮度小于15 cd/m^2时,应马上进行更换。

(一)应急照明系统功能的月检查

(1)每月检查消防应急灯具,如果发出故障信号或不能转入应急工作状态,应及时检查电池电压。如果电池电压过低,应及时更换电池;如果光源无法点亮或有其他故障,应及时通知产品制造商的维护人员进行维修或者更换。

(2)每月检查应急照明集中电源和应急照明控制器的状态。如果发现故障声光信号应及时通知产品制造商的维护人员进行维修或者更换。

(二)应急照明系统功能的季度检查

(1)每季度应检查和试验系统的功能。

①检查消防应急灯具、应急照明集中电源和应急照明控制器的指示状态。

②检查应急工作时间。

③检查转入应急工作状态的控制功能。

(2)值班人员一旦发现故障,应及时进行维护、更换。除常见的灯具故障外,设备的维修应由专业维修人员负责。常见的故障及其检查方法有以下几种。

①主电源故障:检查输入电源是否完好,熔丝有无烧断,接触是否不良等。

②备用电源故障:检查充电装置,电池有否损坏,连线有无断裂。

③灯具故障:检测灯具控制器、光源、电池是否完好,如有损坏,应对此灯具故障部分及时更换。

④回路通信故障:检查该回路从主机至灯具的接线是否完好,灯具控制器有无损坏。

⑤其他故障:对于一时排除不了的故障,应立即通知有关专业维修单位,以便尽快修复,恢复正常工作。

(三)应急照明系统功能的年检查

每年检查和试验系统的下列功能。

(1)除季检查内容外,还应对电池做容量检测试验。

(2)试验应急功能。

(3)试验自动和手动应急功能,进行与火灾自动报警系统的联动试验。

第六节 火灾自动报警系统维护管理

火灾自动报警系统是以实现火灾早期探测和报警,向各类消防设备发出控制信号并接收设备反馈信号,进而实现火灾预防和自动灭火功能的一种自动消防设施。火灾自动报警系统竣工后,建设单位应负责组织施工、设计、监理等单位进行检测,检测不合格不得投入使用。

一、系统维护管理

火灾自动报警系统的管理包括资料管理、系统性能检查、系统维护维修等。系统操作和维护人员应持证上岗。

(一)系统资料管理

火灾自动报警系统投入使用时,使用单位应建立下述技术资料档案,并应有电子备份档案。

(1)系统竣工图及设备的技术资料。

(2)公安消防机构出具的有关法律文书。

(3)系统的操作规程及维护保养管理制度。

(4)系统操作员名册及相应的工作职责。

(5)值班记录和使用图表。

(二)系统使用与检查

火灾自动报警系统应保持连续正常运行,不得随意中断。每日均应检查火灾报警控制器的功能。

1. 系统季度检查要求

每季度应检查和试验火灾自动报警系统的下列功能,并按要求填写相应的记录。

(1)采用专用检测仪器分期分批试验探测器的动作及确认灯显示。

(2)试验火灾警报装置的声光显示。

(3)试验水流指示器、压力开关等的报警功能、信号显示。

(4)对主电源和备用电源进行1~3次自动切换试验。

(5)用自动或手动检查下列消防控制设备的控制显示功能。

①室内消火栓,自动喷水、泡沫、气体、干粉等灭火系统的控制设备。

②抽验电动防火门、防火卷帘门,数量不小于总数的25%。

③选层试验消防应急广播设备,并试验公共广播强制转入火灾应急广播的功能,抽检

数量不小于总数的 25%。

④火灾应急照明与疏散指示标志的控制装置。

⑤送风机、排烟机和自动挡烟垂壁的控制设备。

⑥检查消防电梯迫降功能。

⑦应抽取不小于总数 25% 的消防电话和电话插孔在消防控制室进行对讲通话试验。

2. 系统年度检查要求

每年应检查和试验火灾自动报警系统的下列功能，并按要求填写相应的记录。

(1)应用专用检测仪器对所安装的全部探测器和手动报警装置试验至少 1 次。

(2)自动和手动打开排烟阀，关闭电动防火阀和空调系统。

(3)对全部电动防火门、防火卷帘的试验至少进行一次。

(4)强制切断非消防电源功能试验。

(5)对其他有关的消防控制装置进行功能试验。

(三)年度检测与维修

点型感烟火灾探测器投入运行两年后，应每隔三年至少全部清洗一遍；通过采样管采样的吸气式感烟火灾探测器根据使用环境的不同，需要对采样管道进行定期吹洗，最长的时间间隔不应超过一年；探测器的清洗应由有相关资质的机构根据产品生产企业的要求进行。探测器清洗后应做响应阈值及其他必要的功能试验，合格者方可继续使用。不合格探测器严禁重新安装使用，并应将该不合格品返回产品生产企业集中处理，严禁将离子感烟火灾探测器随意丢弃。可燃气体探测器的气敏元件超过生产企业规定的寿命年限后应及时更换，气敏元件的更换应由有相关资质的机构根据产品生产企业的要求进行。

不同类型的探测器应有 10% 且不少于 50 只的备品。火灾报警系统内的产品寿命应符合国家有关标准要求，达到寿命极限的产品应及时更换。

二、系统常见故障及处理方法

火灾自动报警系统常见故障有火灾探测器、通信、主电、备电等故障，故障发生时，可先按消音键中止故障报警声，然后进行排除。如果是探测器、模块或火灾显示盘等外控设备发生故障，则可暂时将其屏蔽隔离，待修复后再取消屏蔽隔离，恢复系统正常。

(一)常见故障及处理方法

1. 火灾探测器常见故障

(1)故障现象：火灾报警控制器发出故障报警，故障指示灯亮，打印机打印探测器故障类型、时间、部位等。

(2)故障原因：探测器与底座脱落、接触不良；报警总线与底座接触不良；报警总线开路或接地性能不良造成短路；探测器本身损坏；探测器接口板故障。

(3)排除方法：重新拧紧探测器或增大底座与探测器卡簧的接触面积；重新压接总线，使之与底座有良好接触；查出有故障的总线位置，予以更换；更换探测器；维修或更换接口板。

2. 主电源常见故障

(1)故障现象：火灾报警控制器发出故障报警，主电源故障灯亮，打印机打印主电故障、时间。

(2)故障原因:市电停电;电源线接触不良;主电熔断丝熔断等。

(3)排除方法:连续停电 8 h 时应关机,主电正常后再开机;重新接主电源线,或使用烙铁焊接牢固;更换熔丝或熔丝管。

3. 备用电源常见故障

(1)故障现象:火灾报警控制器发出故障报警、备用电源故障灯亮。

(2)故障原因:熔断丝熔断;备用电源损坏或电压不足;备用电池接线接触不良等。

(3)排除方法:用烙铁焊接备用电源的连接线,使备用电源与主机良好接触;更换熔断丝或保险管;开机充电 24 h 后,备用电源仍报故障,更换备用蓄电池。

4. 通信常见故障

(1)故障现象:火灾报警控制器发出故障报警,通信故障灯亮,打印机打印通信故障。

(2)故障原因:区域报警控制器或火灾显示盘损坏或未通电、开机;通信接口板损坏;通信线路短路、开路或接地性能不良造成短路。

(3)排除方法:更换设备,使设备供电正常,开启报警控制器;检查区域报警控制器与集中报警控制器的通信线路,若存在开路、短路、接地接触不良等故障,则更换线路;检查区域报警控制器与集中报警控制器的通信板,若存在故障,则维修或更换通信板;若因为探测器或模块等设备造成通信故障,则更换或维修相应设备。

(二)重大故障

1. 强电串入火灾自动报警及联动控制系统

(1)产生原因:主要是弱电控制模块与被控设备的启动控制柜的接口处,如卷帘、水泵、防排烟风机、防火阀等处发生强电的串入。

(2)排除方法:控制模块与受控设备间增设电气隔离模块。

2. 短路或接地故障而引起控制器损坏

(1)产生原因:传输总线与大地、水管、空调管等发生电气连接,从而造成控制器接口板的损坏。

(2)排除方法:按要求做好线路连接和绝缘处理,使设备尽量与水管、空调管隔开,保证设备和线路的绝缘电阻满足设计要求。

(三)火灾自动报警系统误报的原因

1. 产品质量

产品技术指标达不到要求,稳定性比较差,对使用环境中的非火灾因素如温度、湿度、灰尘、风速等引起的灵敏度漂移得不到补偿或补偿能力低,对各种干扰及线路分析参数的影响无法自动处理而误报。

2. 设备选择和布置不当

(1)探测器选型不合理:灵敏度高的火灾探测器能在很低的烟雾浓度下报警,相反,灵敏度低的探测器只能在高浓度烟雾环境中报警,如在会议室、地下车库等易集烟的环境选用高灵敏度的感烟探测器,在锅炉房高温度环境中选用定温探测器。

(2)使用场所性质变化后未及时更换相适应的探测器,例如将办公室、商场等改作厨房、洗浴房、会议室时,原有的感烟火灾探测器会受新场所产生的油烟、香烟烟雾、水蒸气、灰尘、杀虫剂以及醇类、酮类、醍类等腐蚀性气体的非火灾报警因素影响而误报警。

3. 环境因素

(1)电磁环境干扰主要表现为:空中电磁波干扰,电源及其他输入输出线上的窄脉冲群干扰、人体静电干扰。

(2)气流可影响烟气的流动线路,对离子感烟探测器影响比较大,对光电感烟探测器也有一定影响。

(3)感温探测器的布置距高温光源过近,感烟探测器距空调送风口过近,感温探测器安装在易产生水蒸气、车库等场所。

(4)光电感烟探测器安装在可能产生黑烟和大量粉尘、可能产生水蒸气和油雾等场所。

4. 其他原因

(1)系统接地被忽略或达不到标准要求,线路绝缘达不到要求,线路接头压接不良或布线不合理,系统开通前对防尘、防潮、防腐措施处理不当。

(2)元件老化,一般火灾探测器使用寿命约为10年,每3年要求全面清洗一次。

(3)灰尘和昆虫。据有关统计,60%的误报是因灰尘影响。

(4)探测器损坏。

第七节　城市消防远程监控系统维护管理

城市消防远程监控系统能够对联网用户的火灾报警信息、建筑消防设施运行状态信息进行接收、处理和查询,向城市消防通信指挥中心或其他接处警中心发送经确认的火灾报警信息,对联网用户的消防安全管理信息等进行管理,并为公安消防机构和联网用户提供信息服务。

一、系统运行管理

城市消防远程监控系统的运行及维护由具有独立法人资格的单位承担,该单位的主要技术人员应由从事火灾报警、消防设备、计算机软件、网络通信等专业5年以上(含5年)经历的人员构成。远程监控系统的运行操作人员上岗前还要具备熟练操作设备的能力。

(一)建立系统运行管理制度

为保证系统有效运行,应建立健全系统运行管理制度。主要包括以下制度。

(1)监控中心建立机房管理制度。

(2)操作人员管理制度。

(3)系统操作与运行安全制度。

(4)应急管理制度。

(5)网络安全管理制度。

(6)数据备份与恢复方案。

(二)建立系统运行管理档案

监控中心日常应做好如下技术文件的记录,并及时归档,妥善保管。

(1)交接班登记表。

(2)值班日志。

(3)接处警登记表。

(4)值班人员工作通话录音电子文档。

(5)设备运行、巡检及故障记录。

二、系统使用与日常检查

用户信息传输装置投入使用后,确保设备始终处于正常工作状态,保持连续运行,不得擅自关停。一旦发现故障,应及时查找原因,并组织修复。因故障维修等原因需要暂时停用的,经消防安全责任人批准,并提前通知监控中心;恢复启用后,及时通知监控中心恢复。

(一)用户信息传输装置的使用与检查

联网用户人为停止火灾自动报警系统等建筑消防设施的运行时,要提前通知监控中心;联网用户的建筑消防设施故障造成误报警超过5次/日,且不能及时修复时,应与监控中心协商处理办法。消防控制室值班人员接到报警信号后,应以最快的方式确认是否有火灾发生,确认火灾后,在拨打火灾报警电话119的同时,观察用户信息传输装置是否将火灾信息传送至监控中心。监控中心通过用户服务系统向远程监控系统的联网用户提供该单位火灾报警和建筑消防设施故障情况统计月报表。

用户信息传输装置按照以下要求进行定期检测与测试。

(1)每日进行1次功能自检。

(2)由火灾自动报警系统等建筑消防设施模拟生成火警,进行火灾报警信息发送试验,每个月试验次数不应少于2次。

(二)通信服务器软件的使用与检查

通信服务器软件投入使用后,要确保软件处于正常工作状态,并保持连续运行,不得擅自关闭软件。通信服务器软件必须由监控中心管理员进行维护管理,如因故障维修等原因需要暂时停用的,监控中心管理员应提前通知各联网用户单位消防安全负责人;恢复启用后,应及时通知各联网用户单位消防安全负责人。

通信服务器软件按照下列要求进行定期检测与测试。

(1)与监控中心报警受理系统的通信测试为1次/日。

(2)与设置在城市消防通信指挥中心或其他接处警中心的火警信息终端之间的通信测试为1次/日。

(3)实时监测与联网单位用户信息传输装置的通信链路状态,如果检测到链路故障,则应及时告知报警受理系统,报警受理系统值班人员应及时与联网用户单位值班人员联系,尽快解除链路故障。

(4)与报警受理系统、火警信息终端、用户信息传输装置等其他终端之间的时钟检查为1次/日。

(5)每月检查系统数据库使用情况.必要时对硬盘进行扩充。

(6)每月进行通信服务器软件运行日志整理。

(三)报警受理系统软件的使用与检查

报警受理系统软件投入使用后,要确保软件处于正常工作状态,并保持连续运行,不得擅自关闭软件。报警受理系统软件必须由监控中心管理员进行维护管理,如因故障维修等原因需要暂时停用的,监控中心报警受理值班员应提前通知系统管理员;恢复启用后,要及时通知系统管理员。

1. 报警受理系统软件定期检测与测试要求

报警受理系统软件应按照下列要求进行定期检测与测试。

(1)与通信服务器软件的通信测试为1次/日。

(2)与通信服务器软件的时钟检查为1次/日。

(3)每月进行报警受理系统软件运行日志整理。

2. 检查内容与顺序

(1)用户信息传输装置模拟报警,检查报警受理系统能否接收、显示、记录及查询用户信息传输装置发送的火灾报警信息、建筑消防设施运行状态信息。

(2)模拟系统故障信息,检查报警受理系统能否接收、显示、记录及查询通信服务器发送的系统告警信息。

(3)用户信息传输装置模拟报警,检查报警受理系统能否收到该报警信息,收到该信息后能否驱动声器件和显示界面发出声信号和显示提示。火灾报警信息声提示信号和显示提示是否明显区别于其他信息,报警信息的显示和处理是否优先于其他信息的显示及处理。声信号可以手动消除,当收到新的信息时,声信号是否能再启动。信息受理后,相应声信号、显示提示是否自动消除。

(4)用户信息传输装置模拟报警,检查报警受理系统能否收到该报警信息,受理用户信息传输装置发送的火灾报警、故障状态信息时,是否能显示下列内容。

①信息接收时间,用户名称、地址,联系人姓名、电话,单位信息,相关系统或部件的类型、状态等信息。

②该用户的地理信息、建筑消防设施的位置信息以及部件在建筑物中的位置信息。

③该用户信息传输装置发送的不少于5条的同类型历史信息记录。

(5)用户信息传输装置模拟报警,检查报警受理系统能否对火灾报警信息进行确认和记录归档。

(6)用户信息传输装置模拟手动报警信息,检查报警受理系统能否将信息上报至火警信息终端,信息内容是否包括报警联网用户的名称、地址,联系人姓名、电话,建筑物名称,报警点所在建筑物详细位置,监控中心受理员编号或姓名等;能否接收、显示和记录火警信息终端返回的确认时间、指挥中心受理员编号或姓名等信息;通信失败时是否能够告警。

(7)模拟至少10起用户信息传输装置故障信息,检查报警受理系统能否对用户信息传输装置发送的故障状态信息进行核实、记录、查询和统计;能否向联网用户相关人员或相关部门发送经核实的故障信息;能否对故障处理结果进行查询。

(四)信息查询系统软件的使用与检查

信息查询系统软件投入使用后,要确保软件处于正常工作状态,并保持连续运行,不得擅自关闭软件。信息查询系统软件必须由监控中心管理员进行维护管理,如因故障维修等原因需要暂时停用的,监控中心管理员应提前通知公安消防部门相关使用人员;恢复启用后,及时通知公安消防部门相关使用人员。

1. 信息查询系统软件定期检测与测试要求

信息查询系统软件应按照下列要求进行定期检测与测试。

(1)与监控中心的通信测试为1次/日。

(2)与监控中心的时钟检查为1次/日。

(3)每月进行信息查询系统软件运行日志整理。

2.检查内容与顺序

(1)以公安消防部门人员身份登录信息查询系统,检查信息查询系统能否查询所属辖区联网用户的火灾报警信息。

(2)以公安消防部门人员身份登录信息查询系统,检查信息查询系统能否按《消防安全技术实务》中所列内容查询联网用户的建筑消防设施运行状态信息。

(3)以公安消防部门人员身份登录信息查询系统,检查信息查询系统能否查询联网用户的消防安全管理信息。

(4)以公安消防部门人员身份登录信息查询系统,检查信息查询系统能否查询所属辖区联网用户的日常值班、在岗等信息。

(5)以公安消防部门人员身份登录信息查询系统,检查信息查询系统能否对火灾报警信息、建筑消防设施运行状态信息、联网用户的消防安全管理信息、联网用户的日常值班和在岗等信息,按日期、单位名称、单位类型、建筑物类型、建筑消防设施类型、信息类型等检索项进行检索和统计。

(五)用户服务系统软件的使用与检查

用户服务系统软件投入使用后,要确保软件处于正常工作状态,并保持连续运行,不得擅自关闭软件。用户服务系统软件必须由监控中心管理员进行维护管理,如因故障维修等原因需要暂时停用的,监控中心管理员应提前通知联网用户单位消防安全负责人;恢复启用后,要及时通知联网用户单位消防安全负责人。

1.用户服务系统软件定期检测与测试要求

用户服务系统软件应按照下列要求进行定期检测与测试。

(1)与监控中心的通信测试为1次/日。

(2)与监控中心的时钟检查为1次/日。

(3)每月进行用户服务系统软件运行日志整理。

2.检查内容与顺序

(1)以联网单位用户身份登录用户服务系统,检查用户服务系统能否查询其自身的火灾报警、建筑消防设施运行状态信息及消防安全管理信息,建筑消防设施运行状态信息是否能够包含《中华人民共和国消防法》规定的信息内容。

(2)以联网单位用户身份登录用户服务系统,检查用户服务系统能否对建筑消防设施日常维护保养情况进行管理。

(3)以联网单位用户身份登录用户服务系统,检查用户服务系统能否提供消防安全管理信息的数据录入、编辑服务。

(4)以联网单位消防安全负责人身份登录用户服务系统,检查用户服务系统能否通过随机查岗,实现对值班人员日常值班工作的远程监督。

(5)以不同权限的联网单位用户身份登录用户服务系统,检查用户服务系统能否提供不同用户、不同权限的管理。

(6)以联网单位用户身份登录用户服务系统,检查用户服务系统能否提供消防法律法规、消防常识和火灾情况等信息。

（六）火警信息终端软件的使用与检查

火警信息终端软件投入使用后，要确保软件处于正常工作状态，并保持连续运行，不得擅自关闭软件。火警信息终端软件必须由监控中心管理员进行维护管理，如因故障维修等原因需要暂时停用的，火警信息终端值班员应提前通知系统管理员；恢复启用后，及时通知系统管理员。

1. 火警信息终端软件定期检测与测试要求

火警信息终端软件应按照下列要求定期检测与测试。

（1）与通信服务器软件的通信测试为 1 次/日。

（2）与通信服务器软件的时钟检查为 1 次/日。

（3）每月进行火警信息终端软件运行日志整理。

2. 检查内容与顺序

（1）用户信息传输装置模拟手动报警信息，经报警受理系统受理确认以后，检查火警信息终端能否接收、显示、记录及查询监控中心报警受理系统发送的火灾报警信息。

（2）用户信息传输装置模拟手动报警信息，经报警受理系统受理确认以后，检查火警信息终端能否收到火灾报警及系统内部故障告警信息，是否能驱动声器件和显示界面发出声信号和显示提示。火灾报警信息声提示信号和显示提示是否明显区别于故障告警信息，且是否优先于其他信息的显示及处理。声信号是否能手动消除，当收到新的信息时，声信号是否能再启动。信息受理后，相应声信号、显示提示是否能自动消除。

（3）用户信息传输装置模拟手动报警信息，经报警受理系统受理确认以后，检查火警信息终端是否能显示报警联网用户的名称、地址，联系人姓名、电话，建筑物名称，报警点所在建筑物位置，联网用户的地理信息，监控中心受理员编号或姓名，接收时间等信息；经人工确认后，是否能向监控中心反馈确认时间、指挥中心受理员编号或姓名等信息；通信失败时能否告警。

三、年度检查与维护保养

1. 信息传输装置检查和测试内容

用户信息传输装置按下述内容定期进行检查和测试。

（1）对用户信息传输装置的主电源和备用电源进行切换试验，每半年的试验次数不少于 1 次。

（2）每年检测用户信息传输装置的金属外壳与电气保护接地干线的电气连续性，若发现连接处松动或断路，则应及时修复。

2. 年度检查内容

城市消防远程监控系统投入运行满 1 年后，每年度对下列内容进行检查。

（1）每半年检查录音文件的保存情况，必要时清理保存周期超过 6 个月的录音文件。

（2）每半年对通信服务器、报警受理系统、信息查询系统、用户服务系统、火警信息终端等组件进行检查、测试。

（3）每年检查系统运行及维护记录等文件是否完备。

（4）每年检查系统网络安全性。

(5)每年检查监控系统日志并进行整理备份。

(6)每年检查数据库使用情况,必要时对硬盘存储记录进行整理。

(7)每年对监控中心的火灾报警信息、建筑消防设施运行状态信息等记录进行备份,必要时清理保存周期超过1年的备份信息。

第十章 消防监督管理系统的设计

近年来,随着我国社会经济发展速度加快,城镇化建设进程加快。各类现代化建筑的火灾问题会威胁人民的生命以及财产安全,因此做好防火监督活动至关重要。但是从目前防火监督工作开展情况来看,防火监督活动仍需进一步创新优化,便于有效构建社会主义和谐社会。本章从消防监督管理系统设计的重要作用出发,分析消防管理工作的现状,提出设计并完善消防监督管理系统。

第一节 消防监督管理系统的设计概述

一、消防监督管理系统设计的重要作用

在新时期消防工作中开展消防监督管理系统的设计,内容涉及范围较广。通过良好的消防监督管理系统,当发生火灾之后消防员能第一时间出警。在消防防火监督中,相关消防人员要注重提高警惕意识,能集中察觉到周边环境存有的各项安全隐患,这样能对各项问题第一时间集中处理,对问题发展集中控制,事先采取有效预防和控制措施。通过良好的消防监督管理系统设计,能够实现对人力资源、物力和社会资源、财力和社会资源的集中分配,强化了防火监督的工作成效。

消防监督管理系统设计是有效保障人民群众生命财产安全的最好方式,进行消防监督管理系统的设计工作,能够合理地进行消防管理工作的分配,明确消防管理工作的责任划分,全面提高消防员工作的安全性以及消防灭火工作的质量,促使消防管理能稳定和落实,为我国人民的生活提供良好的安全保障。随着我国信息化发展,发生火灾的概率也逐渐提升,很多电子设备爆炸、电热毯着火等火灾危险事故频繁发生,导致火灾发生没有规律性可循。在这种情况下,消防管理人员要提高警觉性,才能集中控制各类火灾风险。消防监督管理系统设计工作中,要更加注重针对可能出现的火灾危险事件提前做好预防,降低火灾的危害性,所以全面做好消防监督管理系统设计是积极构建安全的生活的重要保障。

二、消防防火管理工作的现状

(一)消防安全工作得不到重视

对于消防安全工作得不到重视的问题,不仅表现在人们的日常生活中,也体现在各个部门的日常工作中。例如,在大多数公共区域,消防通道基本上都被一些随意堆放的垃圾占据。同时,公共区域的消火栓周围的清洁度无法保证。而一旦发生火灾事故,由于杂物的存在,防火门就不会及时打开,不仅会影响消防员灭火,还会在一定程度上阻碍人员的疏散。此外,大多数居民消防安全意识不强,这主要表现在居民不将家用灭火器放置在厨房

等易发生火灾的地方。而即使在一些公共场所，相关部门也没有配备相对完善的消防设备。

（二）基础建设创新有限

消防监督管理存在基础建设创新有限的问题。在监测设备方面，很多公共场所不仅没有及时更换最新的消防设备，而且经常出现设备停用的情况。不仅无法准确判断火灾风险发生率，而且难以及时预警火灾，延误事故救援。当前社会已经进入信息化时代，消防监管工作应及时适应信息化模式。然而，目前许多监管部门没有整合先进的信息技术，没有建立完整的网络信息管理平台，这些都限制了消防监管的优化升级。

（三）监督机制尚不健全

消防监督机制存在的问题也是制约监督工作顺利开展的重要因素。一方面，许多消防监管部门仍注重传统的工作模式，在责任网络建设上存在各种漏洞，在制度细化方面存在不足，缺乏与时俱进的细化监理建设，工作人员职责划分不明确，监理职责落实不到位。另一方面，监管需要加强，目前的消防安全缺乏严格的监督和检查机制，对生产生活中发生的人为火灾事故当事人处罚较少，致使许多消防安全规范难以实际实施。监督工作只是监督，难以提高预防火灾的效果。

（四）监督人员素质有待提高

消防监督管理系统需要一支兼具先进监督意识和监督能力的工作队伍，以此作为消防防火监督工作中的重要保障。但就目前各监督部门工作人员综合能力而言，还存在严重不足，很多监督人员对监督工作存在应付心理，没有意识到安全防控工作的重要性，在实际监督工作中未能严格遵循工作要求细致开展监督工作；同时，不少监督人员专业能力有限，而且缺乏必要的工作经验，无法有效遵循工作要求，再加上人才培养机制的不健全，以至监督人员的综合素质大受影响，对防火监督实效性提升产生较大阻碍。

三、提升消防监督管理系统有效性的措施

（一）构建消防检查队伍

建设一支专业的消防安全检查队伍对消防安全检查工作具有重要的作用。消防检查部门可以在单位内进行考核，选拔高素质的人才进行消防检查队伍的构建，同时保证层层落实消防责任，进而有效改进原本消防检查队伍中力量薄弱、人员不足等问题。相关地区的政府需要基于地方政府的主导力量，合理地构建一支消防监督管理队伍，组织社会各界的力量，确保在消防管理工作中可能存在的各种问题得到有效解决。与此同时，还需要进一步科学评价和制定监督准则，确保能够对管理人员工作行为进行合理约束，要科学拓展消防检查队伍，使其合理融入各个小区和居民委员会，确保相关人员具有更高的自我救助能力和自我保护能力，保障消防安全工作具有更大的覆盖面。可以通过消防部门和社区进行联动的方式，优化消防管理模式，推进社区消防管理事业的进一步发展。

在消防监督人员工作意识培养上，应着重处理以往工作人员在监督工作中出现的态度不端正、责任意识不强、服务意识不佳等思想问题，并在实际工作中定期组织思想教育，明确工作中容易出现的各种错误思想认知，结合信息技术应用下的人员管理制度与工作考评机制，对因个人工作意识不到位而造成的工作失误进行合理的处理。

（二）深入落实消防安全监督责任制

在消防监督管理系统设计的过程中，要充分利用消防安全监督责任制来贯彻执行消防工作总体目标和方针，要始终坚持从地方政府部门领导、专业单位监督管理到对企业负责的社会监督理念，消防监督管理作为一项社会性的活动，需要确保其参与的主体具有较高的多元化，可以从根本上实现加强安全意识宣传和学习消防知识、增强消防专业技能等作用。消防安全部门应该把安全消防标准化工作纳入民生保障建设规划中，并交由专门的消防监督管理分部负责，确保其安全监督管理系统有效地满足人们日益增长的需要。

在监督力度强化过程中，要先对各项消防事故问题加以明确，要联合公安、社区、市场监督管理局等单位进行联合监督，认真开展消防检查工作，确保被管理目标处于完善的监督管控中，各个单位和部门均应建设消防监督责任机制，将监督管理职责落实到具体的负责人，防止责权混乱，相互推诿的现象发生。监督巩固中，要从监督规划规范化开始，按照区域内易发火灾事故点，构建串联监管体系，通过分级管理制度的严格落实，将各项防火监督指标逐一连贯，确保能够全面而准确地完成各项监督任务。在监管执法中要将过程公开化，依据火灾防控的相关法律规范公正执法、严格执法，使监督执法环节置于阳光之下，既保证监督工作的规范性，又能增进群众认知，使监督工作更遵其责、落其实，取得应有的监督效果。

（三）优化建筑消防设施的工程设计

在对建筑工程建设消防系统时，要确保建筑消防具有更高的安全性，有效避免各类安全隐患。随着我国经济水平的提高，许多建筑的设计为了追求美观、艺术、智能等属性改变了原有的建筑设计风格，传统的防火设计已经不能很好地兼容在这些建筑物之中了，这种情况下，消防安全部门应该利用不同建筑物自身所具备的特点，通过现代科学技术手段来模拟现场可能发生火灾的情况，从而制定出一套符合该类型建筑物防火设计要求的设计。在消防工程的施工和验收环节，检查部门都需要对其设计进行严格的把关，合理地优化和完善消防工程设计。同时还要严格对比目前的施工状况和设计图纸，确保在现场进行检查的人员具有较高的专门性，避免验收过程流于形式。各级部门都需要针对现场的具体情况，科学地引进专业的验收人员和机构，强化项目的工程验收管理，同时还要定期向社会公布项目验收的结果。消防部门应对施工单位构建信誉档案，如果发现某个施工单位曾在施工中出现质量不合格的情况，则就需要将之纳入项目黑名单，保障整个项目的施工安全。

（四）加强消防安全宣传

消防安全监督管理部门应充分利用网络资源宣传消防安全知识，对各种典型案例进行全面普及，对相关人员进行有效的警示教育，全面普及火场自救知识、初期火灾扑救知识和火灾报警知识，确保社会大众具有更高的安全意识，从而实现人们逃生自救能力的有效增强。在线下则要开展消防安全讲座、举办消防安全知识竞赛，加强消防知识的宣传教育。这种线上宣传与线下的宣传有机结合的方式，能够极大地提升群众的消防安全意识。只有人民群众的消防意识得到了提高，才能够从根本上减少火灾的发生。在人员密集的场所，还需要督促有关经营单位加强对工作人员的火灾应急知识培训及消防安全知识培训，进行火灾逃生和疏散演习，使工作人员对火灾的危险性有更为充分的了解和认识，保证工作人员全面地掌握火灾逃生的路线，使他们的应急意识和能力得到有效提高。

综上所述，当前我国消防安全管理面临的形势十分复杂，任务越来越重，难度越来越大,传统粗放式的监督管理模式已难以适应社会的快速发展和变化,产生了诸多隐患。因此,消防安全监督管理部门应深入分析需要解决的主要问题,设计消防监督管理系统,将创新的管理理念和先进的技术手段融入消防监督管理系统建设中,通过高效、高质量的监督、管理和服务,降低火灾发生概率,保护人民群众的生命安全和财产不受损失。

第二节　系统功能需求分析

在深入了解消防监督管理系统工作的工作流程和具体需求后,本文进行了详细的需求分析。系统的需求分析主要目的是了解用户的问题,分析用户的需求,并做出能够解决这些问题的软件系统。只有反复与客户进行沟通,并对相关的知识进行学习,才能做出一个好的需求分析。如果需求分析做得不好,那么做出来的软件系统对实际问题的解决也是不能达到理想的效果的。下面,我们将对消防监督管理系统的技术架构设计、业务流程、系统功能、非功能性需求进行详尽的分析。

一、需求分析概述

在对消防监督管理所需要的功能进行调查之后,了解到该系统需要实现首页、基础信息、受理登记、监督检查、火灾调查、行政处罚、档案管理、决策分析、系统维护等九部分。

因此,本文确定了消防监督管理系统需要的具体功能主要包括首页功能、基础信息功能、受理登记功能、监督检查功能、火灾调查功能、行政处罚功能、档案管理功能、决策分析功能、系统维护功能等。其中,首页功能包括待办事项、工作查询、批语管理等;基础信息功能包括单位维护、管辖审批、建筑信息管理、户籍化管理、资料库入库审核等;受理登记功能包括举报投诉受理登记、火灾事故调查受理登记、火灾重新认定登记、行政处罚受理登记、监督复查申请登记;监督检查功能包括生成检查任务、本人检查任务、任务分工管理、隐患跟踪管理、执法统计、查询统计等;火灾调查功能包括生成火调任务、火灾事故调查、火灾重新认定、延期认定、查询统计等;行政处罚功能包括受案登记、处罚任务、拘留登记、当场处罚、刑事案件、查询统计等;档案管理功能包括任务重新归档、任务挂接单位;决策分析功能包括单位分析、建筑分析、检查分析、隐患分析、单位预警;系统维护功能包括代码表管理、文书管理、执法单位、处罚知识库、角色管理、流程管理、代办提醒、换承办人、项目操作等。

消防监督管理系统的总体功能,如图 10－1 所示。

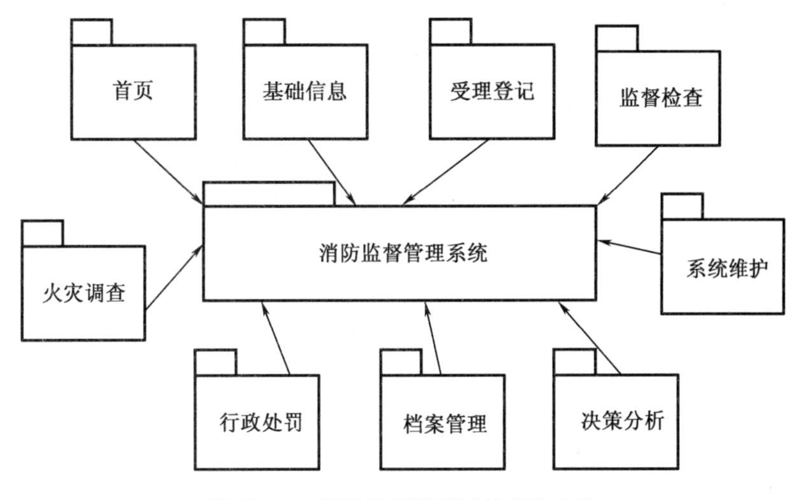

图 10－1　消防监督管理系统总体功能

二、系统功能分析

功能性需求分析是开发消防监督管理系统的重要环节。本文将围绕首页功能、基础信息功能、受理登记功能、监督检查功能、火灾调查功能、行政处罚功能、档案管理功能、决策分析功能、系统维护功能进行详细的分析。

(一)首页功能分析

首页模块主要提供了系统的入口页面,完成对待办事项、工作查询、批语管理等的设置。登录之后可以查看相关所需要的信息。

消防监督管理系统首页功能的用例图,如图 10－2 所示。

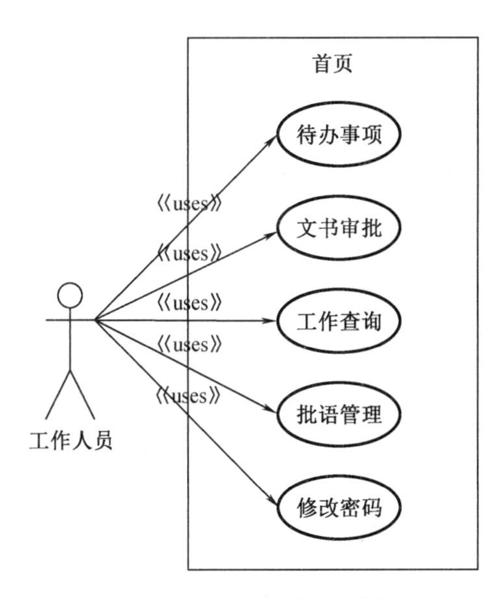

图 10－2　首页管理用例

消防监督管理系统首页模块的用例规约表,如表 10－1 所示。

表 10－1　首页用例规约

用例名称	首页
主要功能用例	处理代办事项，进行文书审批、工作查询，对批语进行管理，修改账号的密码
描述	消防工作人员可以登录系统首页进行对待办事项、文书、批语等的更改与查看
前置条件	工作人员登录消防监督管理系统，进入首页模块
基本事件流	消防工作人员进入首页模块，点击想要进行的操作，如需要完成的事项、文书的审批、批语的管理，点击确定，系统反馈设置结果
后置条件	无
异常事件流	无

（二）基础信息功能分析

消防监督管理系统基础信息模块具有单位维护和查询功能、管辖审批功能、建筑信息管理功能、户籍化管理和查询统计功能、资料库入库审核功能以及查询统计的功能。

消防监督管理系统基础信息模块的用例图，如图 10－3 所示。

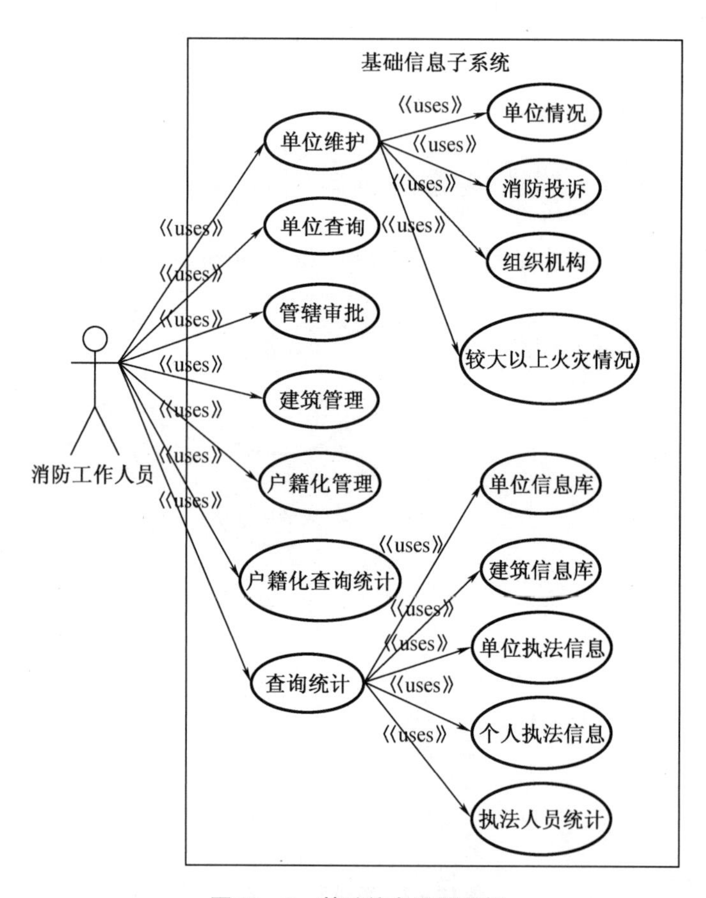

图 10－3　基础信息设置用例

消防监督管理系统基础信息模块的用例规约表，如表 10－2 所示。

表 10－2　基础信息用例规约

用例名称	基础信息
主要功能用例	可以进行单位维护和查询功能、管辖审批、建筑信息维护和查询功能、户籍化管理和查询功能、查询统计
描述	消防工作人员可以进行对单位的维护，对管辖的审批通过，对建筑信息的维护，对个人档案和单位执法档案的维护与查询
前置条件	消防工作人员登录消防监督管理系统，进入基础信息模块
基本事件流	1. 消防工作人员进入基础信息子系统，可以查询单位信息，并对单位信息进行维护； 2. 消防工作人员进入基础信息子系统，可以对其消防管辖的区域进行消防审批； 3. 消防工作人员进入基础信息子系统，可以对建筑的安全等进行审批； 4. 消防工作人员进入基础信息子系统，可以查询个人执法档案与单位执法档案，并在得到上级审核通过之后可以进行修改
后置条件	无
异常事件流	无

（三）受理登记功能分析

消防监督管理系统受理登记模块功能包括审核验收受理登记、安全检查受理登记、备案抽查受理登记、举报投诉受理登记、大型活动安全检查、监督复查申请登记、火灾事故调查受理登记、火灾认定复核受理登记、火灾重新认定登记、行政处罚受理登记等。审核验收受理登记是对建筑工程设计审核、竣工验收项目进行受理登记，并对设计审核进行局部变更，对竣工验收项目进行复验；安全检查受理登记是对公众聚集场所投入使用、营业前的安全检查项目进行受理登记；备案抽查受理登记是对建设工程设计备案、验收备案项目进行受理登记；举报投诉受理登记是对举报投诉消防违法行为核查项目进行受理登记；大型活动安全检查是对大型群众性活动举办前的消防安全检查进行受理登记；监督复查申请登记是对监督检查后不合格的单位及行政处罚中对被检查的单位进行"三停"处罚后的单位进行复查；火灾事故调查受理登记是对接到报警的火灾事故调查项目进行受理登记；火灾认定复核受理登记是对火灾发生后复核的结果进行受理登记；火灾重新认定登记是对火灾的调查结果进行重新的认定之后的受理登记；行政处罚受理登记是对消防不合格的单位进行行政处罚的受理登记。

消防监督管理系统受理登记模块的用例图，如图 10－4 所示。

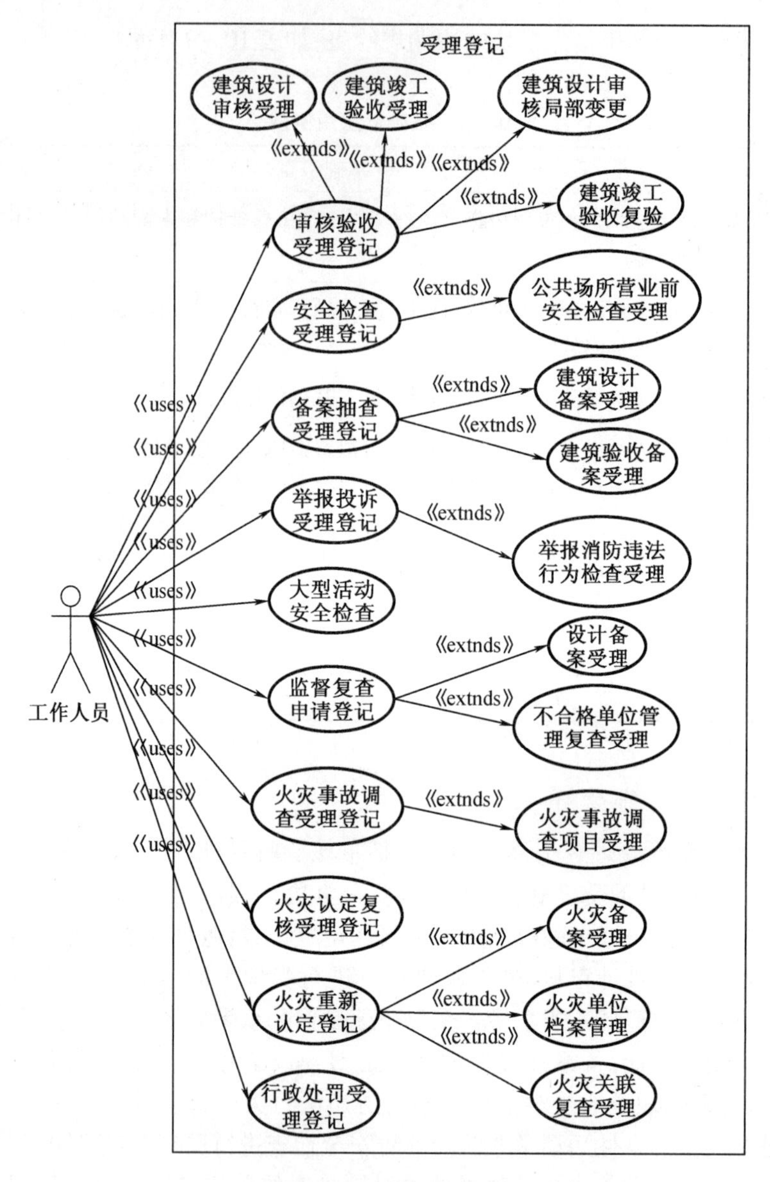

图 10－4　受理登记用例

消防监督管理系统受理登记模块的用例规约表，如表 10－3 所示。

表 10－3　受理登记用例规约

用例名称	受理登记
主要功能用例	进行审核验收受理登记、安全检查受理登记、备案抽查受理登记、举报投诉受理登记、大型活动安全检查、监督复查申请登记、火灾事故调查受理登记、火灾认定复核受理登记、火灾重新认定登记、行政处罚受理登记
描述	消防工作人员需要受理登记审核验、受理登记安全检查、受理登记备案抽查、受理登记举报投诉、安全检查大型活动、申请登记监督复查、受理登记火灾事故调查结果、受理登记火灾认定复核结果、登记火灾重新认定结果

表 10-3(续)

用例名称	受理登记
前置条件	消防工作人员登录消防监督管理系统，进入受理登记模块
基本事件流	1. 消防工作人员进入受理登记模块，选择审核验收受理登记，对建筑工程设计审核、竣工验收项目进行受理登记； 2. 消防工作人员进入受理登记模块，选择安全检查受理登记，对公众聚集场所投入使用、营业前安全检查项目进行受理登记； 3. 消防工作人员进入受理登记模块，选择备案抽查受理登记，对建设工程设计备案、验收备案项目进行受理登记； 4. 消防工作人员进入受理登记模块，选择举报投诉受理登记，对举报投诉消防违法行为核查项目进行受理登记； 5. 消防工作人员进入受理登记模块，选择大型活动安全检查，对大型群众性活动举办前的消防安全检查进行受理登记； 6. 消防工作人员进入受理登记模块，选择监督复查申请登记，对监督检查后不合格的单位及行政处罚中对被检查的单位进行“三停”处罚后的单位进行复查； 7. 消防工作人员进入受理登记模块，选择火灾事故调查受理登记，对接到报警的火灾事故调查项目进行受理登记； 8. 消防工作人员进入受理登记模块，选择火灾认定复核受理登记，对火灾发生后复核的结果进行受理登记； 9. 消防工作人员进入受理登记模块，选择火灾重新认定登记，对火灾的调查结果进行重新的认定之后的受理登记 10. 消防工作人员进入受理登记模块，选择行政处罚受理登记，对消防不合格的单位进行行政处罚的受理登记
后置条件	无
异常事件流	无

(四)监督检查功能分析

消防监督管理系统中的监督检查模块主要包括生成检查任务、本人检查任务、任务分工管理、隐患跟踪管理、执法统计、查询统计。生成检查任务中包含的功能有日常监督检查、监督抽查、抽样计划。在日常监督检查功能中可以进行任务监督检查、日常检查；在抽样计划功能中可以进行查询抽样计划、分次抽查；在监督抽查功能中有单位监督抽查。本人检查任务模块中包含的功能有本人未结任务、复查任务、临时查询。任务分工管理模块中包括的功能有本单位数据录入、抽查任务分工、任务分工调整。本单位数据录入功能中包括的操作有消防执法情况统计、数据录入；抽查任务分工功能中的操作有显示抽查后的单位列表页面，包括选择抽查的年份和抽查次数，显示最新的抽查单位的信息，包括单位编码，单位名称、地址、法人代表、联系电话、单位类别；任务分工调整功能中包括的操作有查看被查单位名称、预定检查日期、检查日期、检查类型、承办人、状态、操作信息，变更主承办人、协办人。隐患跟踪管理模块中包括的功能有复查隐患跟踪登记、一般隐患单位分析、重大隐患销案情况。执法统计模块中的功能有消防机构动态统计、各单位执法工作月报、全支队汇总月报。查询统计模块中包括的功能有监督抽查计划、监督检查任务、法律文书管理、其他文档管理。

消防监督管理系统监督检查模块的用例图,如图 10－5 所示。

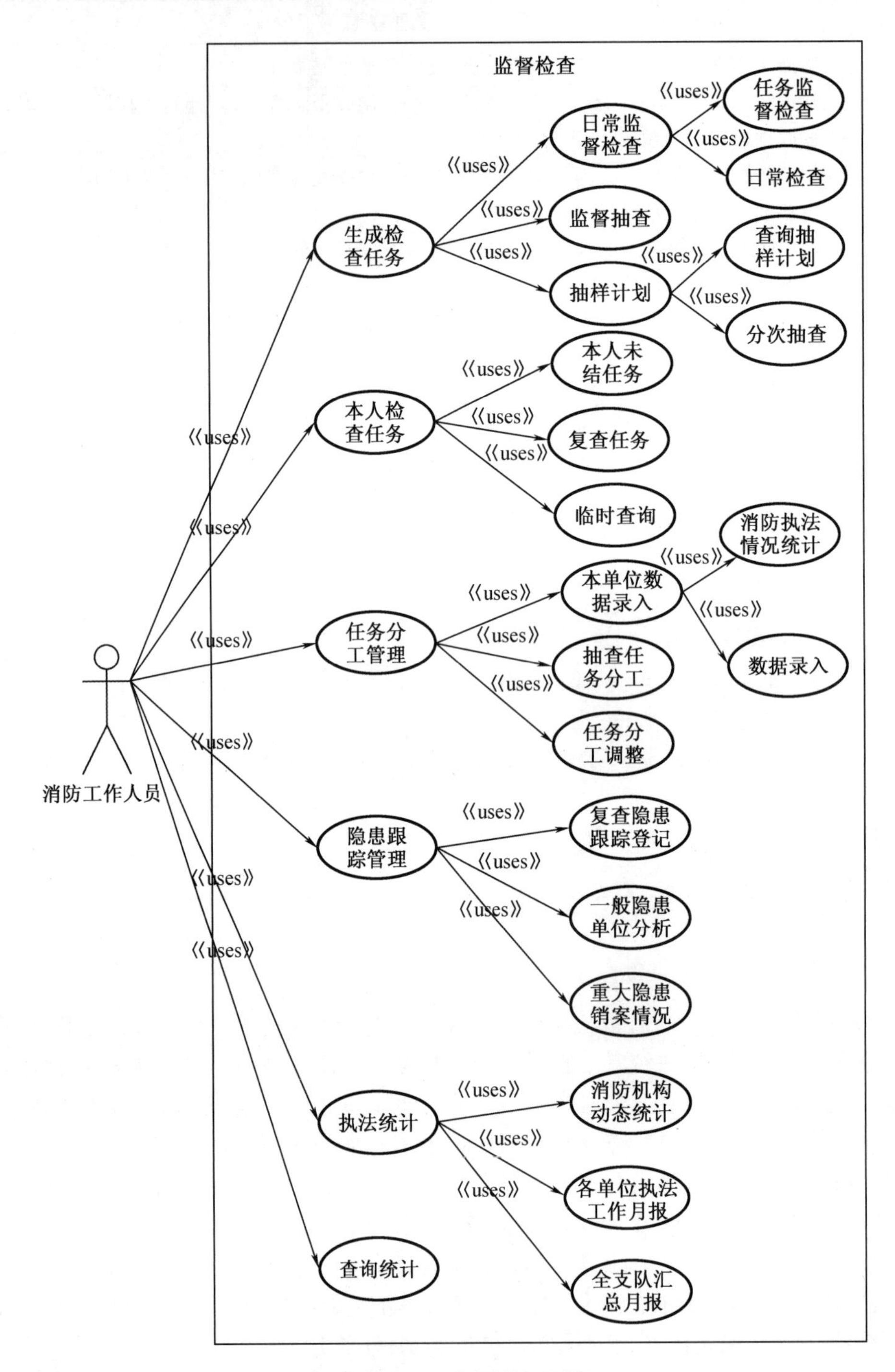

图 10－5　监督检查用例

消防监督管理系统监督检查模块的用例规约表,如表 10－4 所示。

表 10－4　监督检查用例规约

用例名称	监督检查
主要功能用例	生成检查任务、本人检查任务、任务分工管理、隐患跟踪管理、执法统计、查询统计
描述	消防工作人员可以生成自己的检查任务，对自己的检查任务进行查询，对任务分工进行管理，对隐患进行跟踪管理，对消防机构动态、各单位执法工作月报、全支队汇总月报进行执法统计，查询统计
前置条件	消防工作人员登录消防监督管理系统，进入监督检查模块
基本事件流	1. 消防工作人员进入系统中的监督检查模块，选择生成检查任务，点击日常监督检查、抽样计划或者监督抽查进行操作，点击保存确认生成检查任务，写入数据库； 2. 消防工作人员进入系统中的监督检查模块，选择本人检查任务，点击本人未结任务、复查任务或者临时查询进行操作； 3. 消防工作人员进入系统中的监督检查模块，选择任务分工管理，点击本单位数据录入、抽查任务分工或者任务分工调整进行操作，确认保存； 4. 消防工作人员进入系统中的监督检查模块，选择隐患跟踪管理，点击复查隐患跟踪登记、一般隐患单位分析或者重大隐患销案情况进行相应操作，确认保存； 5. 消防工作人员进入系统中的监督检查模块，选择执法统计，点击消防机构动态统计、各单位执法工作月报或者全支队汇总月报进行查看； 6. 消防工作人员进入系统中的监督检查模块，选择查询统计，点击监督抽查计划、监督检查任务、法律文书管理或者其他文档管理进行查看
后置条件	无
异常事件流	无

（五）火灾调查功能分析

消防监督管理系统中的火灾调查模块的功能主要包括生成火调任务、火灾事故调查、火灾重新认定、接受登记、延期认定、查询统计等。火灾调查模块中所涉及的法律法规及文档包括最新修订的《中华人民共和国消防法》《建设工程消防设计审查验收管理暂行规定》《火灾事故调查规定》《火灾报告表》《建设工程质量管理条例》《火灾现场勘察通知书》《火灾案件登记表》《保护火灾现场通知书》《火灾原因认定书》《火灾事故责任书》《解除保护火灾现场通知书》《火灾重新认定受理登记表》《火灾原因重新认定决定书》《火灾事故责任重新认定决定书》。

消防监督管理系统火灾调查模块的用例图，如图 10－6 所示。

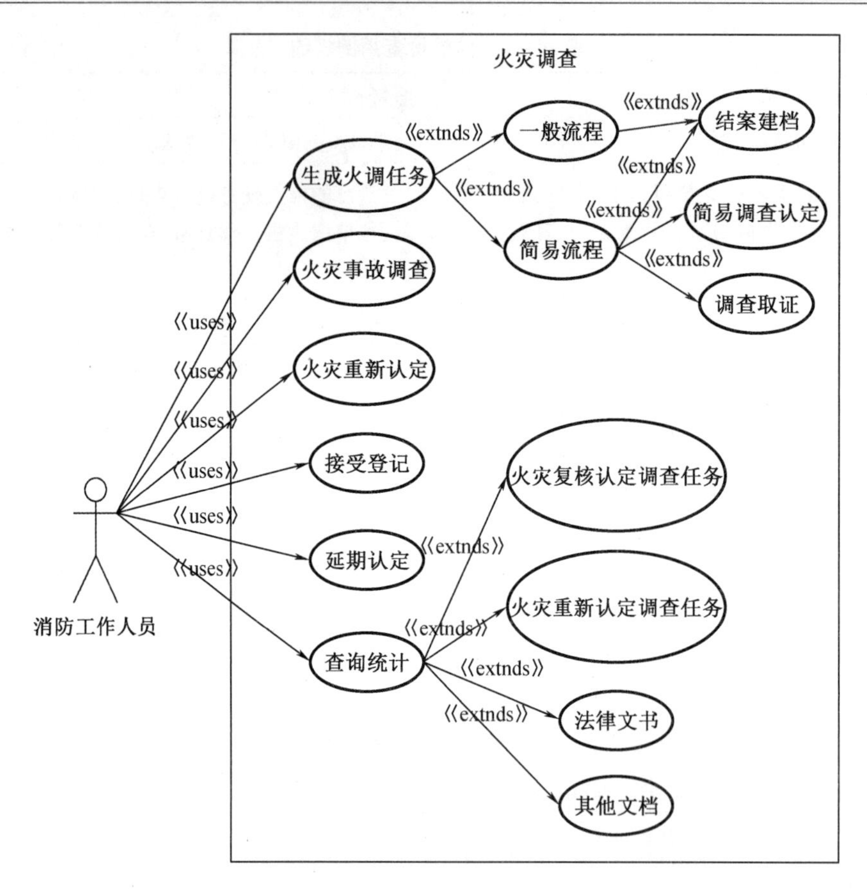

图 10－6　火灾调查用例

消防监督管理系统火灾调查模块的用例规约表,如表 10－5 所示。

表 10－5　火灾调查用例规约

用例名称	火灾调查
主要功能用例	生成火调任务、火灾事故调查、火灾重新认定、延期认定、查询统计
描述	消防工作人员完成对火调任务的生成、对火灾事故的调查、对火灾的重新认定、延期认定及统计查询工作
前置条件	消防工作人员登录消防监督管理系统,进入火灾调查模块
基本事件流	1. 消防工作人员进入系统中的火灾调查模块,选择生成火调任务,然后选择一般流程或简易流程进行点击确认,进行操作,生成火调任务。选定专业,点击箭头进行确认; 2. 消防工作人员进入系统中的火灾调查模块,选择火灾事故调查,保存调查结果; 3. 消防工作人员进入系统中的火灾调查模块,选择火灾重新认定,对火灾事故的认定结果进行重新认定,修改结果并进行保存; 4. 消防工作人员进入系统中的火灾调查模块,选择延期认定,进行操作并保存; 5. 消防工作人员进入系统中的火灾调查模块,选择查询统计,进行相应的查询
后置条件	无
异常事件流	无

（六）行政处罚功能分析

消防监督管理系统的行政处罚模块主要包括受案登记、处罚任务、拘留登记、当场处罚、刑事案件、查询统计等。受案登记主要来自三方面，分别是监督检查过程中的受案、火灾调查中的受案和单独受案。处罚任务中列出了本人需承办的所有处罚任务。拘留登记中需要对进行拘留的承办人进行登记。刑事案件包括受案登记和办案任务。查询统计提供全面的查询功能，可以查看此“处罚”业务到目前为止所有的法律文书、法律文书的数量以及法律文书的状态。

消防监督管理系统行政处罚模块的用例规约表，如表10－6所示。

表10－6　行政处罚用例规约

用例名称	行政处罚
主要功能用例	受案登记、处罚任务、拘留登记、当场处罚、刑事案件、查询统计
描述	消防工作人员完成对受理的案件进行登记，对受案的承办人进行处罚任务或者拘留登记，对刑事案件进行登记，也可以进行查询统计
前置条件	消防工作人员登录消防监督管理系统，进入行政处罚模块
基本事件流	1. 消防工作人员进入系统中的行政处罚模块，选择受案登记，确定要受理的案件是监督检查过程中的受案、火灾调查中的受案还是单独受案，然后点击保存； 2. 消防工作人员进入系统中的行政处罚模块，选择处罚任务，决定是否要对受理的案件进行处罚，然后保存确认； 3. 消防工作人员进入系统中的行政处罚模块，选择拘留登记，对进行拘留的承办人进行登记； 4. 消防工作人员进入系统中的行政处罚模块，选择刑事案件，然后确定是受案任务登记还是办案任务，然后进行操作； 5. 消防工作人员进入系统中的行政处罚模块，选择查询统计，查看此“处罚”业务到目前为止所有的法律文书、法律文书的数量以及法律文书的状态
后置条件	无
异常事件流	无

（七）档案管理功能分析

消防监督管理系统的档案管理模块主要包括任务重新归档、任务挂接单位。

（八）决策分析功能分析

消防监督管理系统中的决策分析模块的功能有单位分析、建筑分析、检查分析、隐患分析、单位预警。单位分析是提供统计图表对监管单位信息进行统计分析。建筑分析是提供统计表对建筑信息进行统计分析。检查分析是提供统计表对监督检查信息进行统计分析。隐患分析包括一般隐患单位分析、重大隐患销案情况、一般隐患统计、重大隐患统计、隐患种类统计五个功能。单位预警可查询并罗列出某段检查时间内出现“发生火灾”“重大火灾隐患”“隐患已整改完毕”“一般隐患整改”“未检查”或“检查未发现问题”等情况的单位相关信息。

消防监督管理系统决策分析模块的用例规约表,如表 10－7 所示。

表 10－7　决策分析用例规约

用例名称	决策分析
主要功能用例	单位分析、建筑分析、检查分析、隐患分析、单位预警
描述	消防工作人员进入决策分析功能模块,完成对单位、建筑、检查、隐患的分析,并进行单位预警
前置条件	消防工作人员登录消防监督管理系统,进入决策分析模块
基本事件流	1. 消防工作人员进入系统中的决策分析功能模块,选择单位分析,提供统计图表对监管单位信息进行统计分析操作; 2. 消防工作人员进入系统中的决策分析功能模块,选择建筑分析,提供统计表对建筑信息进行统计分析操作; 3. 消防工作人员进入系统中的决策分析功能模块,选择隐患分析,如果是要进行一般隐患单位分析,则需要查看一般隐患单位的信息;如果要进行重大隐患销案情况分析,需要查看重大隐患单位的销案情况;如果要进行一般隐患统计,则需要统计监督检查过程中发现隐患的单位;如果是要进行重大隐患统计,则需要统计监督检查过程中发现的重大隐患的单位数;如果要进行隐患种类统计,则需要对一般隐患种类进行统计; 4. 消防工作人员进入系统中的决策分析功能模块,选择单位预警,可查询检查时间内出现"发生火灾""重大火灾隐患""隐患已整改完毕""一般隐患整改""未检查"或"检查未发现问题"等情况的单位相关信息
后置条件	无
异常事件流	无

(九)系统维护功能分析

消防监督管理系统中的系统维护模块的功能有代码表管理、文书管理、执法单位、处罚知识库、角色管理、流程管理、代办提醒、换承办人、项目操作、节假日设置、备案抽查比例、日志查询等维护。

三、业务流程分析

业务流程分析是系统需求分析的重要组成成分,它能够解释系统功能的具体操作流程。消防监督管理系统的业务流程分析主要对首页功能、基础信息功能、受理登记功能、监督检查功能、火灾调查功能、行政处罚功能、档案管理功能这几项模块中涉及的操作流程进行分析。

(一)首页业务流程

消防监督管理系统中的首页模块提供了系统的入口页面。工作人员登录完成之后,可以完成对待办事项、工作查询、批语管理等的设置。普通用户登录之后可以查看相关所需要的信息。首页模块操作流程如图 10－7 所示。

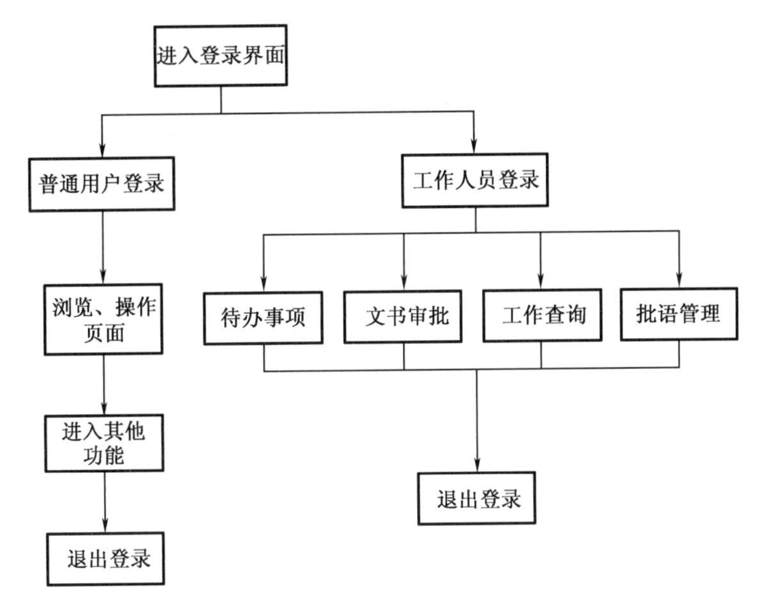

图 10－7　首页流程活动

（二）基础信息业务流程

消防监督管理系统中的基础信息模块主要是进行单位维护、管辖审批、建筑管理、户籍化管理、统计查询等。基础信息模块操作流程如图 10－8 所示。

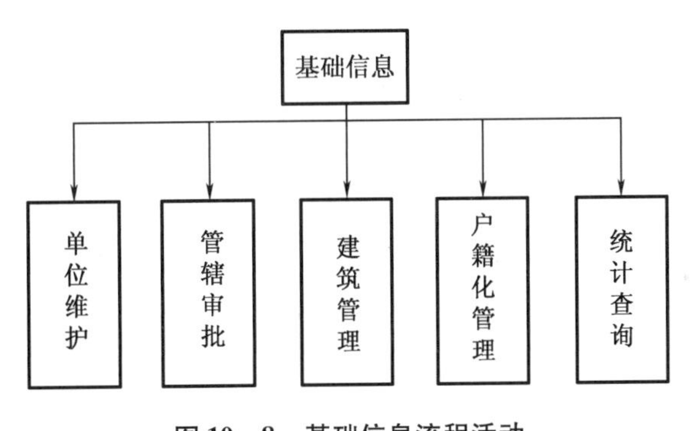

图 10－8　基础信息流程活动

（三）受理登记业务流程

消防监督管理系统的受理登记功能主要完成对案件的受理情况。当有安全检查中受案、火灾调查过程中受案或者单独受案的，需要先进行受案登记表的填写，然后发送进行审批。如果不通过受理，则要对其发送不予受理审批表，让其进行整改并重新发送进行审批，审批通过则自动结案。如果受理通过，则需要调查取证，进行行政处理审批，审批通过之后进行手工结案。

受理登记模块操作流程如图 10－9 所示。

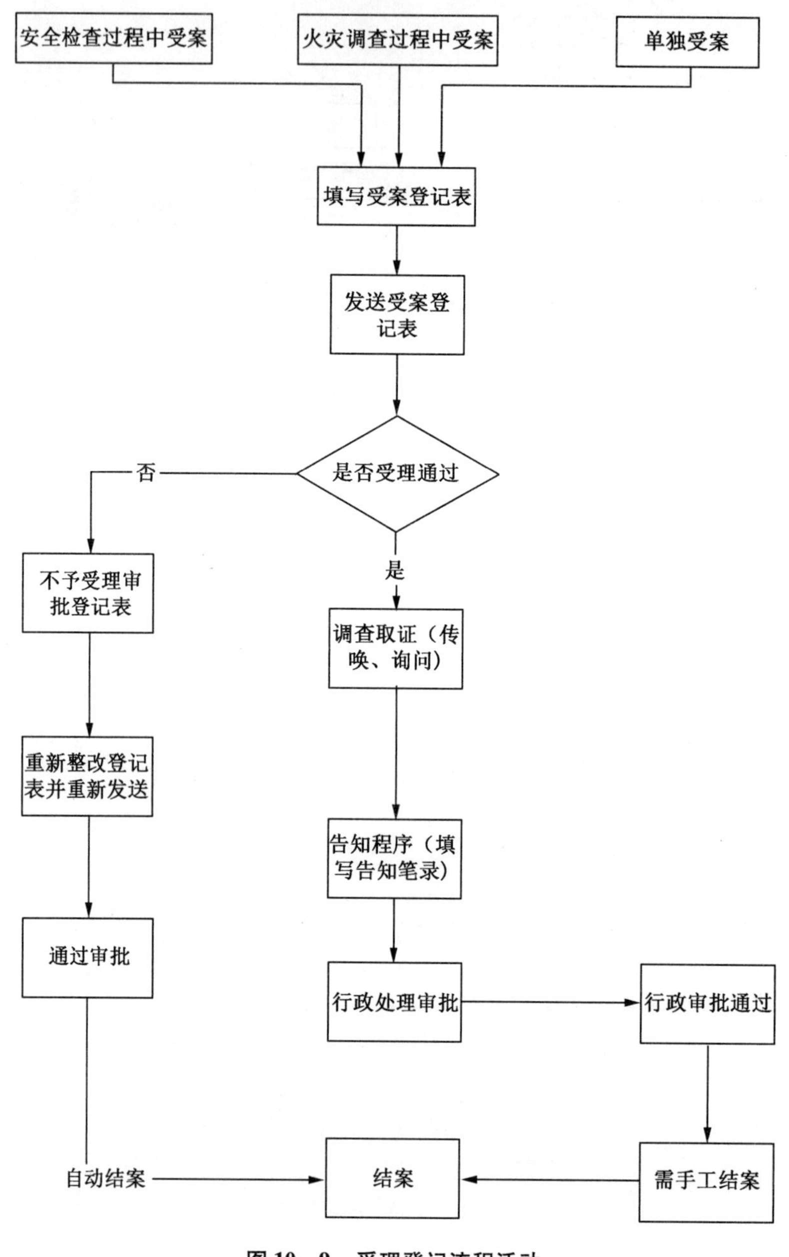

图 10－9　受理登记流程活动

(四)监督检查业务流程

消防监督管理系统中的监督检查模块的功能主要包括生成检查任务、本人检查任务、任务分工管理、隐患跟踪管理、隐患统计分析、执法统计、查询统计等。消防安全专项检查是针对需要作出整改要求和接受处罚和处理的消防单位。监督检查模块操作流程如图10－10所示。

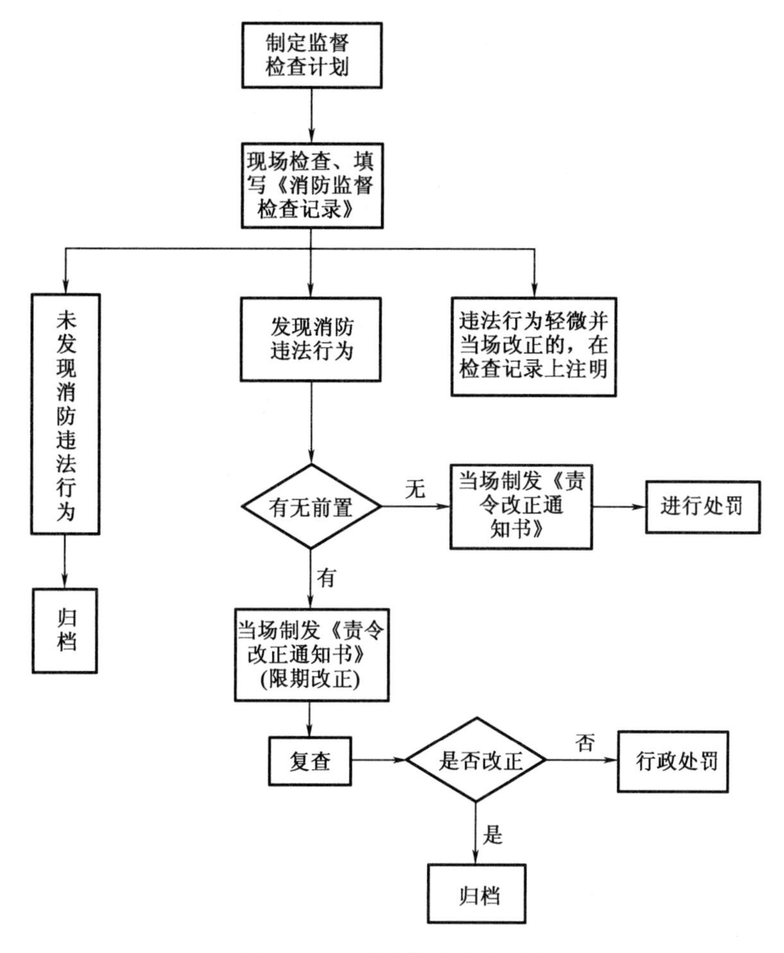

图 10－10　监督检查流程活动

下面,介绍监督检查模块中的任务分工管理的业务流程。进入任务分工管理模块之后,系统自动显示抽查后的单位列表页面,下面列表显示最新的抽查单位的信息,包括单位编码、单位名称、单位地址、法人代表、联系电话、单位类别等。可以通过设置主承办人、检查日期、截止日期及协办人的信息进行对单位的分工。分工后,在承办人的提醒事项中出现检查任务提醒。点击任务分工管理中的任务分工调整,会显示单位的信息,包括被查单位名称、预定检查日期、检查日期、检查类型、承办人、状态、操作信息。点击操作中的"更换",进入分工调整,可更改主承办人、协办人。

任务分工管理模块操作流程如图 10－11 所示。

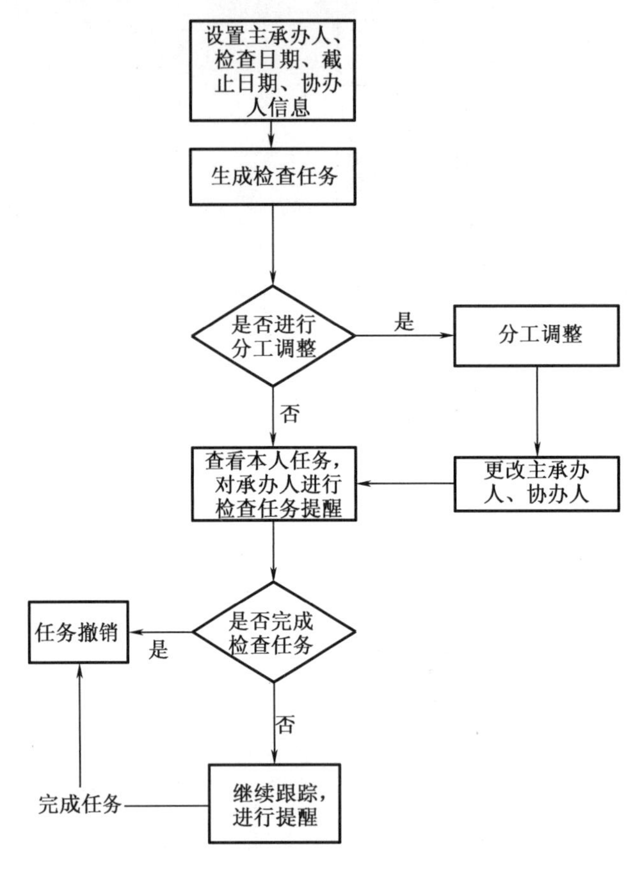

图 10－11　任务分工业务流程活动

（五）火灾调查业务流程

消防监督管理系统中的火灾调查模块主要任务是生成火调任务，对火灾事故进行调查，火灾重新认定、延期认定、查询统计等。具体流程为当火灾发生之后，首先需要对火灾案件进行登记，选择火灾项目类别为单位或者非单位，如果是单位，则填写火灾单位，如果是非单位，则填写火灾发生地点，然后再填写《火灾案件登记表》并发送审批。由领导确定火灾调查承办人，承办人分为主承办人和协办人员，一般来说不得少于2人。承办人进行火灾调查，填写《火灾现场保护通知书》，并进入火灾现场进行勘察。勘察完成后，承办人需要填写《火灾报告报》，办案过程中，《火灾报告表》可以随时进行修改。调查完成之后承办人需要填写《火灾原因认定书》，如果找到责任人需要填写《火灾事故责任书》。前面流程完成之后可以解除《火灾现场保护通知书》来解除对火灾现场的保护。后续如果需要依法追究刑事责任的需要填写《刑事案件登记表》，如果有违反消防法律、法规有关规定的，需要进行受案登记并予以行政处罚。最后承办人上传和项目有关的各种文档（如火灾现场照片、平面图等），结案完成。

火灾调查模块操作流程如图10－12所示。

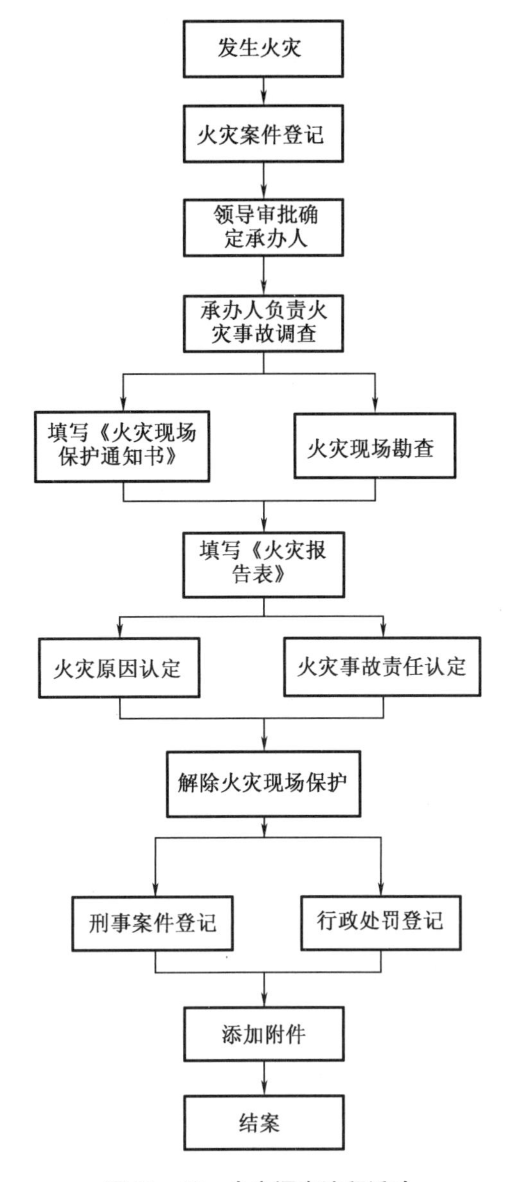

图 10－12　火灾调查流程活动

（六）行政处罚业务流程

消防监督管理系统中的行政处罚模块包括受理登记、处罚任务、拘留登记、当场处罚、刑事案件、查询统计等功能。行政处罚的主要流程为首先判断需要受案的是属于单独受案、监督检查过程中受案还是火灾调查过程中受案，然后填写受案登记表，发送给上级领导进行审批。审批过程中需要确定一名主办人和一名以上协办人。接着承办人进入处罚项目，如果不予处罚，则需要填写不予处罚审批表，进行发送、审批，如果需要进行处罚，则需要调查取证，主要有传唤、询问、讯问，接着告知程序，决定是否需要听证程序，然后行政处罚审批，告知笔录生成后需要进行公安行政处罚审批。最后进行结案。不予处理的案件，《不予处理审批表》审批通过后，项目将自动结案。需要行政处罚的案件《公安行政处罚决定书》签发后，可以通过“结案”功能进行手工结案。其中，处罚项目必须进行处罚或进行不予处理操作,否则将无法结案。

行政处罚模块操作流程如图 10－13 所示。

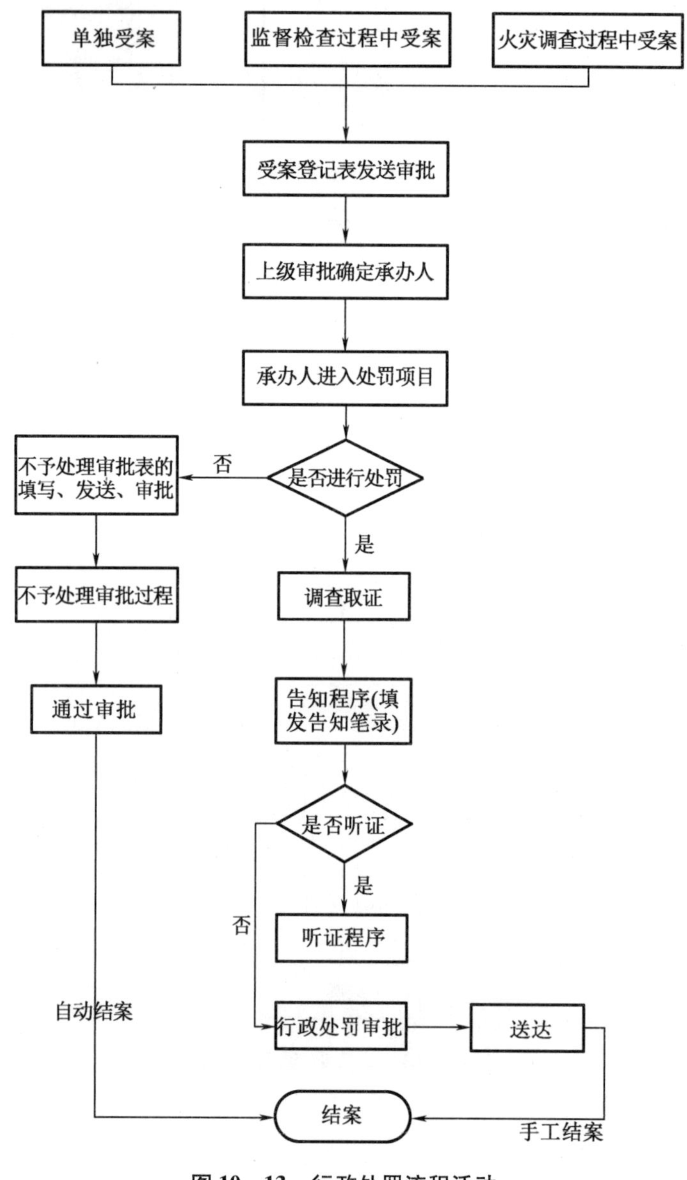

图 10－13　行政处罚流程活动

(七)档案管理业务流程

消防监督管理系统中的档案管理模块包括任务重新归档、任务挂接单位功能。档案管理的流程主要为首先由案卷经办人员审定纸质的档案,确认归档材料是否完整准确,然后确定专门的档案管理人员对档案进行管理审核。档案管理人员首先需要按照档案管理规定对档案进行整理排序,然后对档案进行页码的编制,做到不漏页、不重页,完成之后进行档案的电子扫描,再确定档案的类别。其中,消防监督管理档案主要分为建筑工程消防监督、开业(使用)或举办大型活动前消防安全检查、消防监督检查、消防产品质量检查、火灾事故调查、火灾统计6类。完成之后录入档案管理系统进行存档,将纸质档案装订成册进行分类保存。应当每年定期对保管期满的档案进行鉴定。保管期满且无继续保存价值的档案,应当编制销毁清册,经审核批准后按规定销毁。

档案管理模块操作流程如图10－14所示。

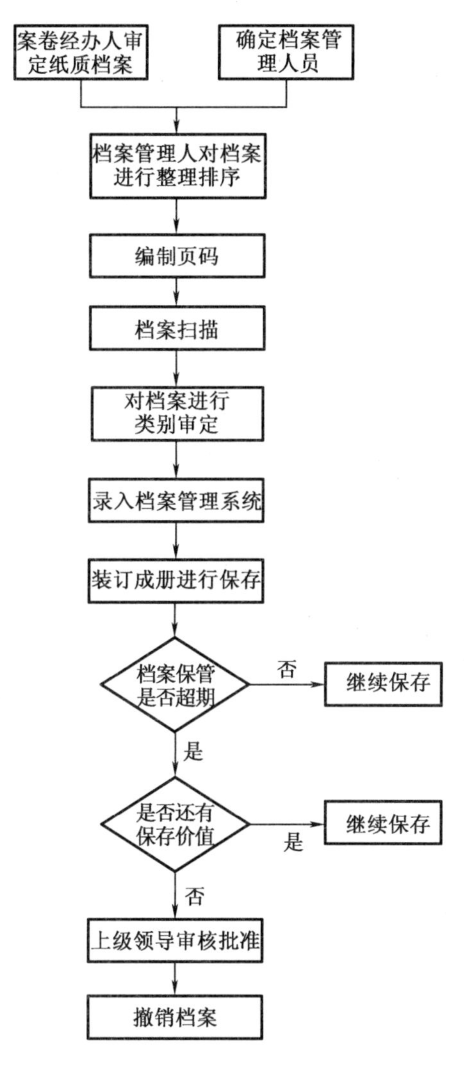

图10－14 档案管理流程活动

四、非功能性需求分析

消防监督管理系统主要是供消防工作人员使用的,该系统不仅要满足工作人员对于首页功能、基础信息功能、受理登记功能、监督检查功能、火灾调查功能、行政处罚功能、档案管理功能、决策分析功能、系统维护功能等功能的使用,还需要满足一些非功能性需求。消防监督管理系统在设计过程中,应注重保障系统的适应性、可靠性、可维护性以及安全性等非功能性需求。

（一）适应性原则

消防监督管理系统的使用人员主要是消防监督的管理人员，这些人员可能不具备很高的计算机知识水平，所以系统在设计时要充分考虑到适应性的需求。

系统的使用要十分简洁，操作不能过于烦琐，并且工作的业务流程要与系统应用之前的业务流程大体相近，这样可以使管理人员更快地掌握系统的使用。另外系统的界面要美观大方，设计要人性化，便于使用与浏览。

（二）可靠性原则

消防监督管理系统的可靠性主要是指用户在使用系统的过程中，如果出现操作错误、网络连接失败等异常现象时，系统会进行人性化的提示，从而方便用户发现错误。对于某些常见的错误，系统还能够自动采取相应的解决措施进行修复。

（三）可维护性原则

消防监督管理系统的可维护性主要是指对系统修改时所花费的努力。它不强求系统维护人员与编写系统人员必须是同一个人。同时，为了更加方便地对系统进行维护，需要对可维护性需求进行分析。在对系统的可维护性进行分析时，需要从易用性、安全性及稳定性等方面进行设计。

（四）安全性原则

消防监督管理系统的安全性是系统进行操作的前提，只有保障了系统的安全性，用户才能没有后顾之忧地在消防监督管理系统中进行相应的操作。消防监督管理系统对使用每一项功能的用户操作进行检测，对存在问题的操作进行限制，并且通过系统日志对这些潜在危险进行记录，从而保障系统的安全性。

第三节　消防监督管理系统的架构模式与开发技术

在对消防监督管理系统进行了详尽的需求分析后，本节将对消防监督管理系统进行设计，系统共分为首页功能、基础信息功能、受理登记功能、监督检查功能、火灾调查功能、行政处罚功能、档案管理功能、决策分析功能、系统维护功能等。下面，本文将围绕系统的技术架构设计、功能结构设计、功能模块设计、数据库设计等方面展开叙述。

一、系统技术构架设计

在对消防监督管理系统的设计过程中，本文采用基于 J2EE 平台的 JAVA 语言对系统进行底层开发，在软件开发的过程中用到了能够在浏览器端与服务器端进行操作的 B/S 架构。另外，本系统还采用视图 - 模型 - 控制器的方式，首先利用 MVC 模型将用户请求提交给系统，随后利用 Spring 框架、Struts2 框架、Hibernate 框架等对数据库间的数据进行操作处理。

消防监督管理系统所涉及的层次主要有视图层、控制层以及数据库层三个层次。用户可以在视图层与系统进行交互，选择相应的功能操作，如首页功能、基础信息功能、受理登记功能、监督检查功能、火灾调查功能、行政处罚功能、档案管理功能、决策分析功能、系统维护功能等;用户的请求将会在控制层被处理,处理过程中需要与数据库进行数据交互,传递所需的数据信息;用户请求被处理完成后,处理结果将会在视图层反馈给用户。

二、功能结构设计

在上述所进行的详细的需求分析的基础上,现将对消防监督管理系统的功能结构进行设计。消防监督管理系统所包含的功能主要有首页功能、基础信息功能、受理登记功能、监督检查功能、火灾调查功能、行政处罚功能、档案管理功能、决策分析功能、系统维护功能这几个方面,上一节已经有了详细的介绍。

三、功能模块设计

消防监督管理系统主要包括首页功能、基础信息功能、受理登记功能、监督检查功能、火灾调查功能、行政处罚功能、档案管理功能、决策分析功能、系统维护功能。下面将围绕这些基本的功能展开叙述。

(一)首页功能设计

在对消防监督管理系统的首页功能模块进行设计的过程中,所设计的类主要包括首页设置控制类 Home Page Action. java 与首页设置总逻辑类 Home Page Manage. java,其中首页设置总逻辑类包括待办事项逻辑类 Todo List Manage. java、文书审批逻辑类 Document Examination Manage. java、工作查询逻辑类 Work Query Manage. java、批语管理逻辑类 Comment Management Manage. java。待办事项逻辑类用到的实体类为 List Message. java、文书审批逻辑类用到的实体类为 Document Message. java,工作查询逻辑类用到的实体类为 Work Message. java、批语管理逻辑类用到的实体类为 Comment Message. java。创建待办事项实体类的对象为 list M,文书审批实体类的对象为 doc M,工作查询实体类的对象为 work M,批语管理实体类的对象为 com M。

其中,待办事项逻辑类所涉及的方法有待办事项添加方法 add List( )、待办事项删除方法 delete List( );文书审批逻辑类所涉及的方法有文书审批添加方法 add Document( )、文书审批删除方法 delete Document( )、文书审批修改方法 modify Document( );工作查询逻辑类所涉及的方法有工作信息查询方法 search Work Information( );批语管理逻辑类所涉及的方法有批语管理添加方法 add Comment( )、批语管理删除方法 delete Comment( )、批语管理修改方法 modify Comment( )。

首页功能中的各个类名及其方法描述如表 10－8 所示。

表 10－8　首页类名及其方法

类名	方法名	方法介绍
Todo List Manage. java	1. add List( ) 2. delete List( )	1. 新增待办事项 2. 删除待办事项
Document Examination Manage. java	1. add Document( ) 2. delete Document( ) 3. modify Document( )	1. 新添文书审批 2. 删除文书审批 3. 修改文书审批

表 10-8(续)

类名	方法名	方法介绍
Work Query Manage. java	1. search Work Information( )	1. 查询工作信息
Comment Management Manage. java	1. add Comment( ) 2. delete Comment( ) 3. modify Comment( )	1. 新增批语 2. 删除批语 3. 修改批语

(二)基础信息功能设计

在对消防监督管理系统的基础信息模块进行设计的过程中,所设计的类主要包括基础信息控制类 Basic Information Action. java 与基础信息总逻辑类 Basic Information Manage. java,其中基础信息总逻辑类包括单位维护逻辑类 Unit Maintenance Manage. java、管辖审批逻辑类 Jurisdiction Examination Manage. java、建筑管理逻辑类 Building Management Manage. java、户籍化管理逻辑类 Household Registration Manage. java。其中,单位维护逻辑类用到的实体类为 Unit Message. java、管辖审批逻辑类用到的实体类为 Jurisdiction Examination Message. java、建筑管理逻辑类用到的实体类为 Building Management Message. java、户籍化管理逻辑类用到的实体类为 Household Registration Message. java。创建单位维护实体类的对象为 maintenanceM,管辖审批实体类的对象为 jurisdictionM,建筑管理实体类的对象为 buildingM,户籍化管理实体类的对象为 householdM。

基础信息功能中单位维护逻辑类所设计的方法主要有新增单位信息 add Unit Info( )、添加单位类别 add Unit Type( )、确定承办人 add Director( )、修改单位信息 modify Unit( );管辖审批逻辑类所设计的方法主要有确定承办人 add Director( )、新增审批 add Jurisdiction( )、删除审批 delet Jurisdiction( );户籍化管理逻辑类所设计的方法主要有确定承办人 add Director( )、新增户籍信息 add Household Registration( )、修改户籍信息 modify Household Registration( )、删除户籍信息 delet Household Registration( );建筑管理逻辑类所设计的方法主要有确定承办人 add Director( )、新增建筑的信息 add Building( )、删除建筑的信息 delete Building( )、修改建筑的信息 modify Building( )。

(三)受理登记功能设计

受理登记模块进行设计的过程中,设计的类主要包括受理登记控制类 Accept And Register Action. java 与受理登记总逻辑类 Accept And Register Manage. java。其中,受理登记总逻辑类中包含审核验收受理登记逻辑类 Audit Acceptance Manage. java、安全检查受理登记逻辑类 Security CheckM anage. java、备案抽查受理登记逻辑类 Spot Check Mange. java、举报投诉受理登记逻辑类 Report Complaints Manage. java、火灾事故调查受理登记逻辑类 Fire Investigation Manage. java。审核验收受理登记逻辑类用到的实体类为 Audit Acceptance Message. java、安全检查受理登记逻辑类用到的实体类为 Security Check Message. java、备案抽查受理登记逻辑类用到的实体类为 Spot Check Message. java、举报投诉受理登记逻辑类用到的实体类为 Report Complaints Message. java、火灾事故调查受理登记逻辑类用到的实体类为 Fire Investigation Message. java。创建审核验收受理登记实体类的对象为 audit M,安全检查受理登记实体类的对象为 security M,备案抽查受理登记实体类的对象为 spot M,举报投诉受理登记实体类的对象为 report M，火灾事故调查受理登记实体类的对象为 fire M。

受理登记模块中审核验收受理登记逻辑类所设计认定的方法主要有对建筑工程设计审核、竣工验收项目的新增 add Audit( )、删除 delete Audit( )和修改 modify Audit( )；安全检查受理登记逻辑类所设计认定的方法主要有对公众聚集场所投入使用、营业前安全检查项目进行的新增 add Security( )、删除 delete Security( )和修改 modify Security( )；备案抽查受理登记逻辑类所设计认定的方法主要有对建设工程设计备案、验收备案项目进行的新增 add Spot( )、删除 delete Spot( )和修改 modify Spot( )；举报投诉受理登记逻辑类所设计认定的方法主要有对举报投诉消防违法行为核查项目进行的新增 add Complaints( )、删除 delete Complaints( )和修改 modify Complaints( )；火灾事故调查受理登记逻辑类所设计认定的方法主要有对接到报警的火灾事故调查项目进行的新增 add Fire( )、删除 delete Fire( )和修改 modify Fire( )。

（四）监督检查功能设计

监督检查模块主要包括监督检查控制类 Supervise And Check Action. java 与监督检查总逻辑类 Supervise And Check Manage. java 两个类。监督检查总逻辑类中包含实现该模块基本功能的逻辑类，主要有生成检查任务逻辑类 Build Check Task Manage. java、本人检查任务逻辑类 Check Task Manage. java、任务分工管理逻辑类 Task Division Manage. java、隐患跟踪管理逻辑类 Hidden Trouble Tracking Manage. java。生成检查任务逻辑类对应的实体类是 Build Check Task Message. java、本人检查任务逻辑类对应的实体类是 Check Task Message. java、任务分工管理逻辑类对应的实体类是 Task Division Message. java、隐患跟踪管理逻辑类对应的实体类是 Hidden Trouble Tracking Message. java。创建生成检查任务实体类的对象为 build Task M，本人检查任务实体类的对象为 task M，任务分工管理实体类的对象为 task Division M，隐患跟踪管理实体类的对象为 hidden racking M。

生成检查任务逻辑类中设计的方法有新增检查任务 add Check Task( )、设置任务预期完成时间 set Expected Time( )、设置检查类型 set Check Type( )、删除任务 delete Taks( )；本人检查任务逻辑类中设计的方法有查看本人任务 check Task( )；任务分工管理逻辑类中设计的方法有新增任务 add Task( )、更换承办人 change Organizer( )、修改任务 modify Task( )；隐患跟踪管理逻辑类中设计的方法有修改跟踪进度 modify Tracking Progress( )、新增隐患信息 add Hidden Trouble( )，删除隐患 delete Hidden Trouble( )等。

（五）火灾调查功能设计

在对火灾调查模块进行设计的过程中，所设计的类主要包括火灾调查控制类 Fire Investigation Action. java 和火灾调查总逻辑类 Fire Investigation Manage. java。其中，火灾调查总逻辑类中包含生成火调任务逻辑类 Generate Fire - tuning Task Manage. java、火灾事故调查逻辑类 Fire Investigation Manage. java、火灾重新认定逻辑类 Fire Re - determination Manage. java、延期认定逻辑类 Deferred Determination Manage. java。生成火调任务逻辑类对应的实体类为 Generate Firetuning Task Message. java、火灾事故调查逻辑类对应的实体类为 Fire Investigation Message. java、火灾重新认定逻辑类对应的实体类为 Fire Re - determination Message. java、火灾延期认定对应的实体类为 Deferred Determination Message. java。创建生成火调任务实体类的对象为 generate Fire Task M，火灾事故调查实体类的对象为 fire Investigation M，火灾重新认定实体类的对象为 fire Re - determination M，延期认定实体类的

对象为 deferred Determination M。

火灾调查模块中生成火调任务逻辑类所包含的方法主要有确定承办人 set Director( )、设置火灾地点 set Address( );火灾事故调查逻辑类所包含的方法主要有新增附件 add Attachments( )、新增报告表 add Report Form( )、设置火灾原因 set Cause( )、确定负责人 set Charger( );火灾重新认定逻辑类所包含的方法主要有确定承办人 set Director( )、修改火灾原因 modify Cause( )、添加火灾原因重新认定决定书 add Re - determination Decision( );延期认定逻辑类所包含的方法主要有确定承办人 set Director( )、修改火灾认定截止时间 modify Deadline( )。

(六)行政处罚功能设计

在对行政处罚模块进行设计的过程中,所设计的类主要包括行政处罚控制类 Administer Sanction Action. java 与行政处罚总逻辑类 Administer Sanction Manage. java。行政处罚总逻辑类包括确认受案登记逻辑类 Register Case Manage. java、拘留登记逻辑类 Register Detention Manage. java、处罚任务逻辑类 Punishment Task Manage. java、刑事案件逻辑类 Criminal Case Manage. java。受案登记逻辑类对应的实体类为 Register Case Message. java、拘留登记逻辑类对应的实体类为 Register Detention Message. java、处罚任务逻辑类对应的实体类为 Punishment Task Message. java、刑事案件逻辑类对应的实体类为 Criminal Case Message. java。创建受案登记实体类的对象为 case M,拘留登记实体类的对象为 detention M,处罚任务实体类的对象为 punishment M,刑事案件实体类的对象为 criminal M。

行政处罚模块中受案登记逻辑类所包含的方法主要有设置受案时间 set Case Time( ),设置受案类型 set Case Type( )、设置承办人 set Director( )、删除受案登记 delete Case( );拘留登记逻辑类所包含的方法主要有添加笔录 add Transcripts( )、新增拘留信息 add Detention Info( )、设置负责人 set Director( );处罚任务逻辑类所包含的方法主要有设置处罚对象 set Punishment People( )、设置处罚类型 set Punishment Type( ),设置处罚时间 set Punishment Time( );刑事案件逻辑类所包含的方法主要有设置登记刑事案件时间 set Case Time( ),设置承办人 set Director( )、修改登记信息 modify Case( )。

(七)档案管理功能设计

消防监督管理系统的档案管理模块中所设计控制类有档案管理控制类 File Management Action. java 和档案管理总逻辑类 File Management Manage. java。其中,档案管理控制总逻辑类中包含档案归档管理逻辑类 File Archive Manage. java、任务重新归档逻辑类 File Re Archive Manage. java。其中,档案归档管理逻辑类对应的实体类为 File Archive Message. java,任务重新归档逻辑类的实体类为 File Re Archive Message. java。创建档案归档管理实体类的对象为 file Archive M,任务重新归档实体类的对象为 file Re ArchiveM。

其中,档案管理模块中档案归档管理逻辑类所包含的方法主要有新增档案 add File( )、设置结案状态 set Case State( )、获取案卷类别 set Case Type( )、设置承办人 set Director( );任务重新归档逻辑类所包含的方法主要有修改入档时间 modify File Time( )、修改承办人 modify Director( )。

(八)决策分析功能设计

消防监督管理系统的决策分析模块的类主要包括决策分析控制类 Additional Function Action. java 与决策分析总逻辑类 Additional Function Manage. java,其中决策分析总逻辑类中包含单位分析逻辑类 Unit Analysis Manage. java、建筑分析逻辑类 Structure Analysis Manage. java、检查分析逻辑类 Check Analysis Manage. java、隐患分析逻辑类 Hidden Danger Analysis Manage. java。单位分析逻辑类对应的实体类是 Unit Analysis Message. java、建筑分析逻辑类对应的实体类是 Structure Analysis Message. java、检查分析逻辑类对应的实体类是 Check Analysis Message. java、隐患分析逻辑类对应的实体类是 Hidden Danger Analysis Message. java。创建单位分析实体类的对象为 unit Analy M,建筑分析实体类的对象为 structure Analy M,检查分析实体类的对象为 check Analy M,隐患分析实体类的对象为 hidden Danger M。

其中,决策分析模块中单位分析逻辑类所包含的方法主要有对监管单位信息的统计图表的新增 add Unit Info( )、修改 modify Unit Info( )、删除 delete Unit Info( )、检索 search Unit( );建筑分析逻辑类所包含的方法主要有对建筑信息统计表的新增 add Structure Info( )、修改 modify Structure Info( )、删除 delete Structure Info( )、条件检索 search Structure( );检查分析逻辑类所包含的方法主要有对监督检查信息的统计表的新增 add Check Info( )、修改 modify Check Info( )、删除 delete Check Info( )、条件检索 search Check( );隐患分析逻辑类所包含的方法主要有新增具有隐患单位信息 add Risk Unit( )、新增具有重大隐患单位信息 add Major Risk Unit( )、设置整改期限 set Deadline( )、检索隐患单位 sesrch Risk Unit( )。

(九)系统维护功能设计

系统维护模块的类主要包括系统维护控制类 System Maintenance Action. java 与系统维护总逻辑类 Additional Function Manage. java,其系统维护总逻辑类中包含代码表管理逻辑类 Code Table Manege. java、文书管理逻辑类 Document Management. java、处罚知识库逻辑类 Punisment Base Manage. java、角色管理逻辑类 Role Manage. java、流程管理逻辑类 Process Manage. java、日志查询逻辑类 Log Query Manange. java。其中,代码表管理逻辑类对应的实体类为 Code Table Message. java、文书管理逻辑类对应的实体类为 Document Message. java、处罚知识库对应的实体类为 Punisment Base Message. java、角色管理逻辑类对应的实体类为 Role Message. java、流程管理逻辑类对应的实体类为 Process Manage. java、日志查询逻辑类对应的实体类为 Log Query Message. java。创建代码表管理的实体类的对象为 code Table M,文书管理的实体类的对象为 document M,处罚知识库的实体类的对象为 punisment Base M,角色管理的实体类的对象为 Role M,流程管理的实体类的对象为 process M,日志查询的实体类的对象为 log Query M。

其中,系统维护模块中代码表管理逻辑类所包含的方法主要有新增代码表 add Code Table( )、修改代码表 modify Code Table( )、索引代码表 search Code Table( );文书管理逻辑类所包含的方法主要有对法律文书流程的设置 set Legal Document Flow( )、对法律文书的定义 define Legal Document( )、新增 add Legal Document( )、修改 modify Legal Document( );处罚知识库逻辑类所包含的方法主要有修改法律法规中的条款 modify LawItem( ),修改具体违法行为和与之相关处罚种类的关联 modify Relation( )、新增规章制度 add Regulations( )、新增技术标准 add Technical Standard( );角色管理逻辑类所包含的方法主要有设置角色权限 set Role Authority( )、对角色进行新增 add Role( )、删除 delete Role( )、修改 modifu Role( )、并对角色进行索引 search Role( );流程管理逻辑类所包含的方法主要有对流程图的新增 add Flow Chart( )、删除 delete Flow Chart( )、修改 modify Flow Chart( ),对审批过程的流程进行定义 define Approval Folow( )、修改 modify Approval Flow( );日志查询逻辑类包含的方法主要有新增工作日志 add Work Log( )、修改工作日志 modify Work Log( )、删除工作日志 delete Work Log( )、索引工作日志 search Work Log( )。

四、数据库设计

消防监督管理系统是在结合消防监督管理工作的实际需求的基础上,在 SQLSERVER2014 环境下设计完成的,下面将围绕消防监督管理系统数据库设计的 E – R 图以及所用到的数据表展开介绍。

在进行了详尽的需求分析后,本文决定将 SQLSERVER2014 作为消防监督数据库,其中,系统中有很多数据库是用来保存消防监督检查公文的,但本文由于篇幅所限,这里仅对部分公文的数据库概念设计和系统其他数据库的概念设计进行介绍。下面将通过 E – R 图的方式,对这些数据信息间的联系进行展现。

(一)登录信息表

登录信息表主要是用来存储系统的登陆者的信息,它的属性主要包括登录账号、密码、登录者编号、登录者姓名、登录者性别、身份证号、注册时间、管理权限、单位编号。

登录信息表的 E – R 图,如图 10 – 15 所示。

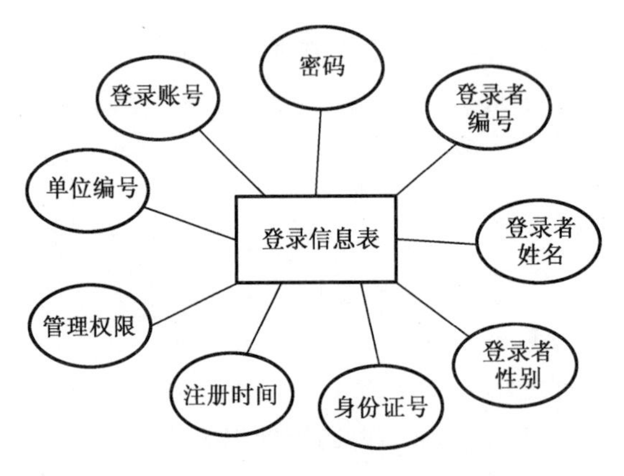

图 10 – 15 登录信息表 E – R 图

(二)单位信息表

单位信息表主要是用来存储消防监督管理部门所管辖的所有单位的信息,它的属性主要包括单位编号、单位名称、单位概况、单位地址、主责承办人姓名、承办人联系电话、法人姓名、法人联系电话、是否消防重点单位等。

单位信息表的 E – R 图,如图 10 – 16 所示。

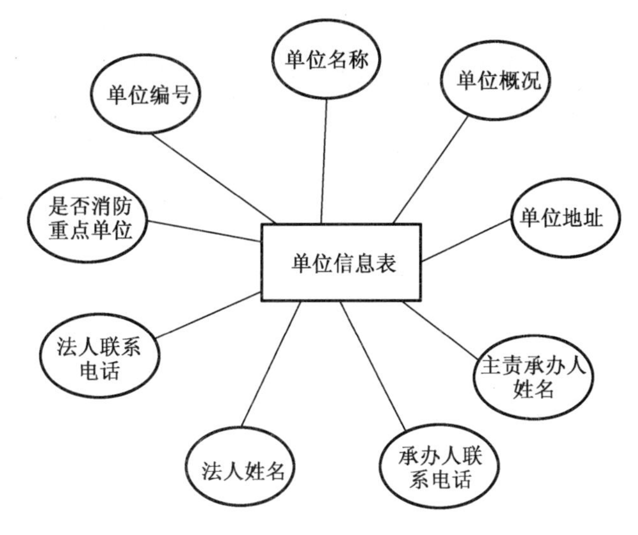

图 10－16　单位信息表 E－R 模型图

(三)火灾事故调查登记表

火灾事故调查登记表主要是用来存储消防监督管理部门对所有发生的火灾事故进行调查的登记表,它的属性主要包括记录编号、单位编号、单位名称、单位地址、法人姓名、法人联系电话、起火原因、起火时间、火灾等级等。

火灾事故调查登记表的 E－R 图,如图 10－17 所示。

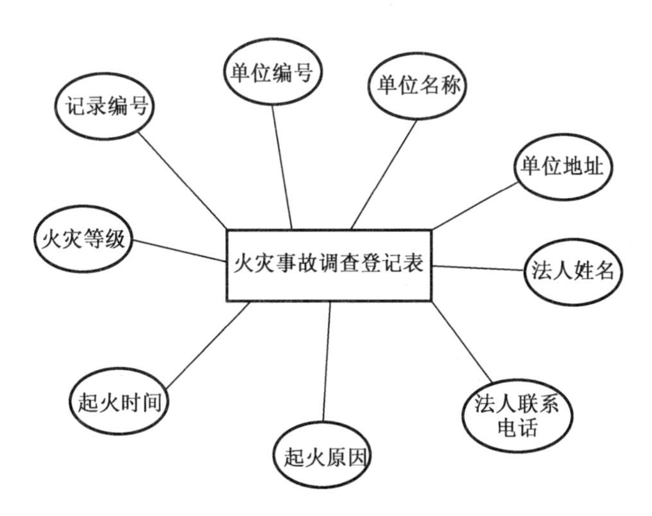

图 10－17　火灾事故调查表 E－R 图

(四)延期认定决定表

延期认定决定表主要是用来存储消防监督管理部门对火灾事故进行延期认定的登记表,它的属性主要包括记录编号、单位编号、单位名称、单位地址、火调截止日期、延期时限、延期原因、承办人、备注等。

延期认定决定表的 E－R 图,如图 10－18 所示。

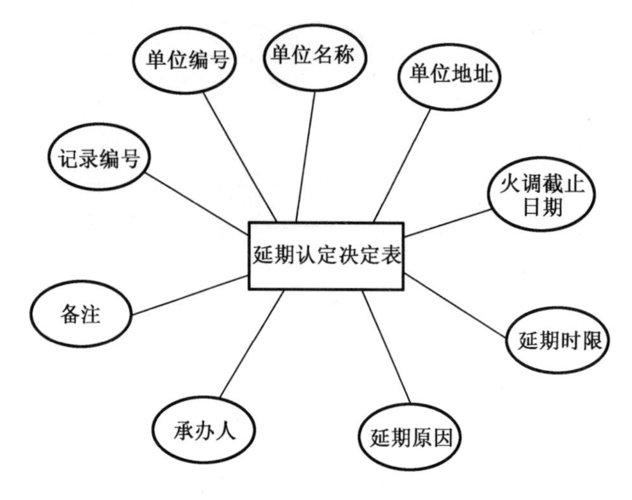

图 10－18　延期认定决定表 E－R 图

(五)检查任务表

检查任务表主要是用来存储消防监督管理部门的工作人员监督检查任务的,它的属性主要包括记录编号、单位编号、单位名称、单位地址、预定检查日期、检查类型、检查情况、检查状态、承办人、备注等。

检查任务表的 E－R 图,如图 10－19 所示。

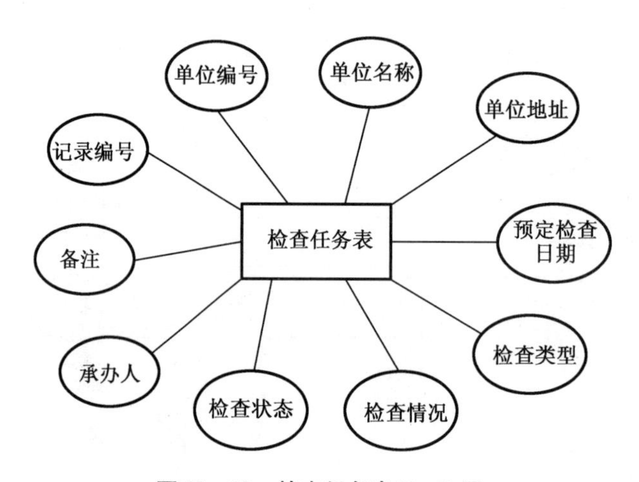

图 10－19　检查任务表 E－R 图

(六)责令限期改正通知表

责令限期改正通知表主要是用来存储消防监督管理部门责令检查有问题的单位进行改正的信息的,它的属性主要包括记录编号、单位编号、单位名称、单位地址、火灾隐患、消防违法行为、检查日期、改正截止日期、检查状态、承办人等。

责令限期改正通知表的 E－R 图,如图 10－20 所示。

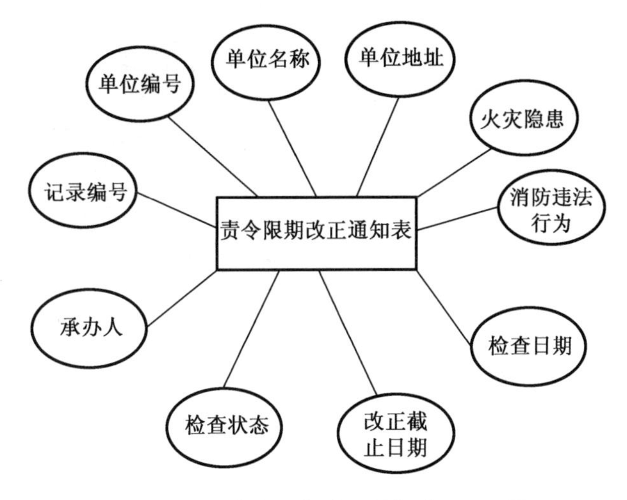

图 10－20 责令限期改正通知表 E－R 图

(七)行政处罚登记表

行政处罚登记表主要是用来存储消防监督管理部门对需要进行行政处罚的单位进行处罚的信息的,它的属性主要包括记录编号、处罚单位编号、处罚单位名称、处罚单位地址、处罚原因、处罚类型、登记时间、承办人、备注等。

行政处罚登记表的 E－R 图,如图 10－21 所示。

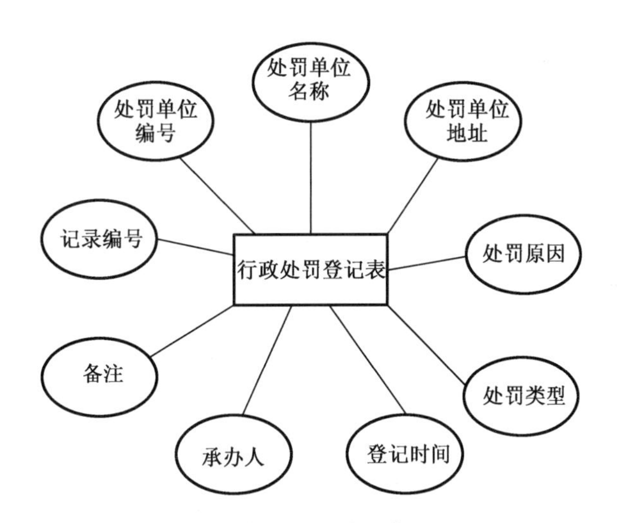

图 10－21 行政处罚登记表 E－R 图

(八)档案归档登记表

档案归档登记表主要是用来存储各单位档案的信息的,它的属性主要包括档案编号、单位编号、单位名称、单位地址、承办人姓名、承办人联系方式、法人姓名、法人联系电话、入档时间、案卷类别、保存年限等。

档案归档登记表的 E－R 图,如图 10－22 所示。

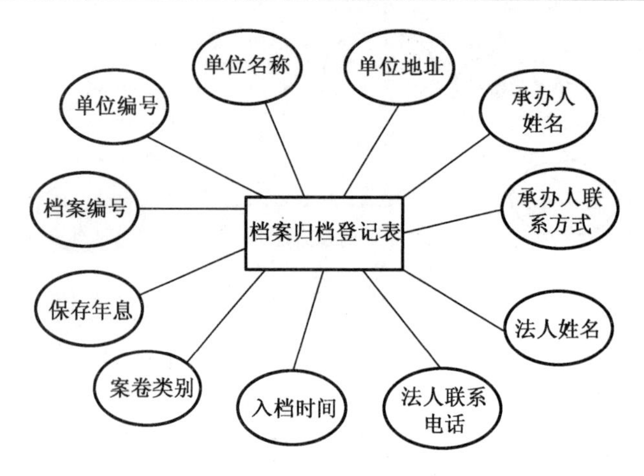

图 10－22　档案归档登记表 E－R 图

（九）违法行为举报、投诉查处情况表

违法行为举报、投诉查处情况表主要是用来存储投诉查处情况的基本信息的，它的属性主要包括投诉编号、投诉人姓名、投诉人联系电话、被投诉单位名称、投诉形式、受理时间、受理人员、投诉内容、备注等。

违法行为举报、投诉查处情况表的 E－R 图，如图 10－23 所示。

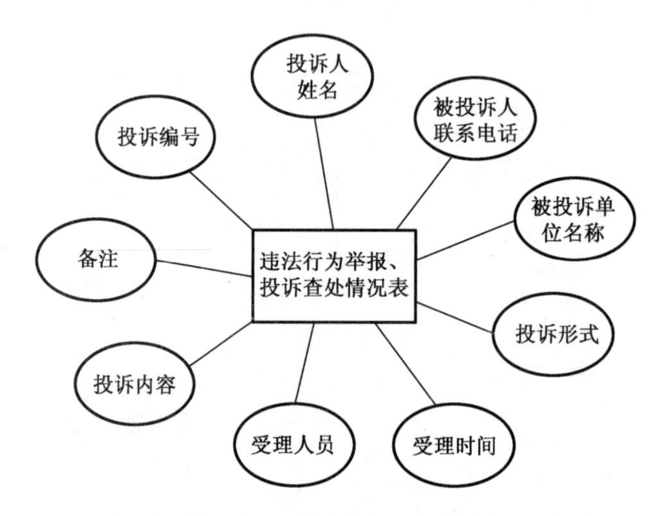

图 10－23　违法行为举报、投诉查处情况表 E－R 图

（十）隐患情况登记表

隐患情况登记表主要是用来存储具有隐患的单位的基本信息的，它的属性主要包括记录编号、单位编号、单位名称、单位地址、法人姓名、法人联系电话、承办人姓名、承办人联系电话、隐患内容、整改措施、整改完成期限、备注等。

隐患情况登记表的 E－R 图，如图 10－24 所示。

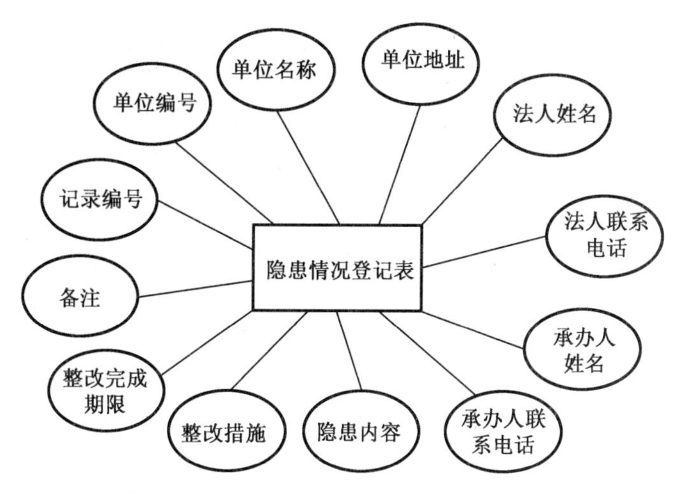

图 10－24　隐患情况登记表 E－R 图

(十一)系统整体 E－R 图

系统整体的 E－R 图,如图 10－25 所示。

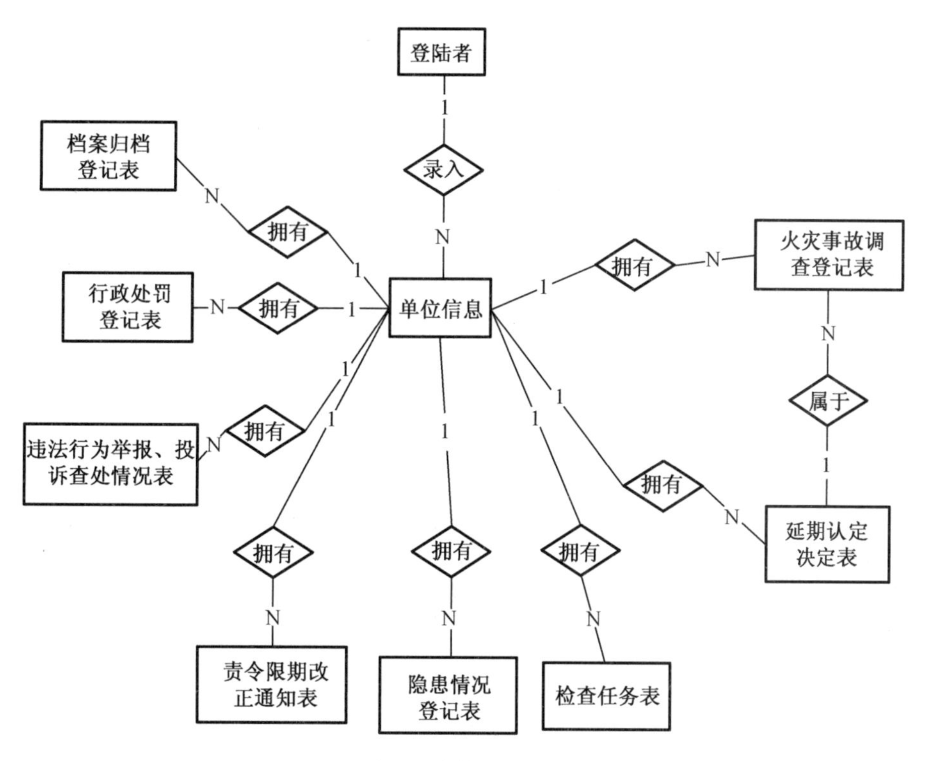

图 10－25　系统整体设计 E－R 图

参考文献

[1] 高素美,鞠全勇. 消防系统工程与应用[M]. 北京:中国水利水电出版社,2021.
[2] 田娟荣. 建筑设备[M]. 北京:机械工业出版社,2021.
[3] 刘景良,董菲菲. 防火防爆技术[M]. 北京:化学工业出版社,2021.
[4] 肖从真,王翠坤,李建辉. 超高层建筑结构新技术[M]. 北京:中国建筑工业出版社,2021.
[5] 张彤彤. 超高层综合体防火性能化设计[M]. 北京:中国建筑工业出版社,2021.
[6] 刘大威. 装配式建筑丛书:现代木结构设计指南[M]. 南京:东南大学出版社,2021.
[7] 叶巍,刘娜娜,谢龙魁. 建筑消防技术[M]. 武汉:华中科学技术大学出版社,2021.
[8] 李宏文. 文物建筑防火保护[M]. 北京:中国建筑工业出版社,2020.
[9] 栾海明. 图解《建筑设计防火规范(2018 年版)》:双色版[M]. 北京:化学工业出版社,2020.
[10] 张培红,尚融雪. 防火防爆[M]. 北京:冶金工业出版社,2020.
[11] 闫军. 防火强制性条文速查手册[M]. 北京:中国建筑工业出版社,2020.
[12] 徐志胜,孔杰. 高等消防工程学[M]. 北京:机械工业出版社,2020.
[13] 傅英栋. 建筑防火设计综合分析与拓展[M]. 开封:河南大学出版社,2019.
[14] 何以申. 建筑消防给水和自喷灭火系统应用技术分析[M]. 上海:同济大学出版社,2019.
[15] 顾金龙. 大型物流仓储建筑消防安全关键技术研究[M]. 上海:上海科学技术出版社,2019.
[16] 张泽江,刘微,李平立,等. 城市交通隧道火灾蔓延控制[M]. 成都:西南交通大学出版社,2020.
[17] 霍江华,王燕华. 消防灭火自动控制[M]. 北京:中国原子能出版社,2019.
[18] 侯文宝,李德路,张刚. 建筑电气消防技术[M]. 镇江:江苏大学出版社,2021.
[19] 梅胜,周鸿,何芳. 建筑给排水及消防工程系统[M]. 北京:机械工业出版社,2020.
[20] 侯耀华. 建筑消防给水和灭火设施[M]. 北京:化学工业出版社,2020.
[21] 王滨滨. 典型场所防火[M]. 北京:应急管理出版社,2020.
[22] 胡林芳,郭福雁. 建筑消防工程设计[M]. 哈尔滨:哈尔滨工程大学出版社,2017.
[23] 方正. 建筑消防理论与应用[M]. 武汉:武汉大学出版社,2016.
[24] 刘林. 物业设备设施管理与维护[M]. 北京:北京理工大学出版社,2020.
[25] 罗静,仝艳民,谢波. 消防安全案例分析[M]. 徐州:中国矿业大学出版社,2020.
[26] 应急管理部消防救援局. 消防监督检查手册:2019[M]. 昆明:云南科技出版社,2019.
[27] 赵杨. 建设工程建筑防火设计审核、消防验收与消防监督检查一本通[M]. 呼和浩特:内蒙古大学出版社,2019.

[28] 易兵,蔡升,陈明章. 消防安全责任人及管理人员培训教材[M]. 北京:航空工业出版社,2017.
[29] 闫胜利. 消防技术装备[M]. 北京:机械工业出版社,2019.
[30] 国网江苏省电力有限公司电力科学研究院. 电力消防技术[M]. 北京:中国电力出版社,2020.
[31] 李作强. 消防安全技术实务[M]. 北京:中国纺织出版社,2021.
[32] 华东建筑设计研究总院,上海市消防局. 消防设施物联网系统技术标准[M]. 上海:同济大学出版社,2018.
[33] 李采芹,王铭珍. 中国古建筑与消防[M]. 上海:上海科学技术出版社,2009.
[34] 班云霄. 建筑消防科学与技术[M]. 北京:中国铁道出版社,2015.